2nd Edition

旅館營運管理與實務

Hotel Operation Management and Practice

鈕先鉞◎著

二版序

　　政府自一九五六年開始倡導觀光產業以來，已有四十餘年光景。
蓽路藍縷，經各界人士胼手胝足，共同戮力經營之下，觀光產業在台灣
總算已開花結果，奠下良基，呈現一片美景。不啻在接待來華國際觀
光旅客總數每年已突破三百萬人次，二○○五年定為觀光年，二○○八
年更要達成五百萬人次的倍增計畫；至於各風景遊樂區遊客每年亦高達
上億人次之眾。尤其是二○○一年十月通過的重新修訂之「發展觀光條
例」，更使得台灣地區發展觀光產業的政策、方針與目標，有了嶄新的
依據與規範。同時，更開創了台灣地區發展觀光產業的新里程碑。

　　再者，回顧台灣光復初期，國民政府播遷來台之後，國際政治事務
活動頻繁熱絡，彼時勉強能夠接待國賓的旅館，也不過寥寥數家而已。
在設備方面，根本就是因陋就簡、濫竽充數，急脈緩灸，臨時急就章充
當一番。反觀今日台灣地區國際觀光旅館及觀光旅館就有上百家，而一
般的旅館亦有八十餘家，復加上風景遊樂區，休閒渡假旅館、山莊、農
舍、民宿等住宿設施，更是包山包海、星羅棋布，無以數計。

　　睽隔四十餘載，綜觀台灣地區旅館住宿業發展的速度，僅能以神奇
無比來形容。有鑑於台灣地區旅館住宿業快速的成長與興建，卻也有感
於旅館服務水準與品質的提升，乃為政府與民間亟於重視與加強者。昔
曰：「遠人不來，修文德以來之。」

　　筆者服務於交通部觀光局凡二十二載，並忝為副局長之職，復蒙
長官之愛戴，於一九九九年七月轉任為圓山大飯店總經理之職。除此之
外，於公餘之暇亦兼任中國文化大學、銘傳大學、高雄餐旅學院等觀光
事業系、所，講授「旅運經營管理」、「旅館經營管理實務」暨「企業
管理」之課程，凡二十餘載。

　　且於擔任公職期間，均不曾間斷地參與觀光政策、法令規章之釐訂
與修正，二○○一年九月，復修訂拙著《旅運經營學》第八版，二○○

五年乃有新著《旅運管理學》。在該書問世之後，旋即深受學術界、旅遊界及學生們之厚愛。咸認為其係坊間對觀光旅遊產業資料最為新穎、珍貴、臻至之最佳書籍，頓時給予本人極深的鼓舞與激勵。

　　二〇〇二年欣逢圓山大飯店開館五十週年慶，恭逢盛會；亦為本人任職圓山大飯店總經理屆滿三週年之際。是以，本人竊敢本著產、官、學三棲微不足取之經歷，復結合行政、學術、經營管理三方面之理論與實務經驗撰寫新書《旅館營運管理與實務》。以為莘莘學子們之閱讀與參考，並藉以向業界諸先進請益、討教。復於二〇〇八年七月重新修訂，增列觀光客倍增計畫、民宿崛起與營運的現況、政府獎勵投資條例等資料予以充實。

　　本書之能順利完稿，除應感謝業界同儕、本飯店同仁之鼓勵與協助外，特別要感謝中國文化大學法學碩士，並於一九八四年曾獲首屆中華民國觀光行政人員高等考試，唯一錄取也是第一位觀光狀元，黃清澤講師，同時也是本人之學隸之鼎力相助與編校。 最後本書匆匆付梓，疏漏謬誤之處，在所難免，尚請不吝賜教匡正，是為序。

觀光鐵　謹識

目　錄

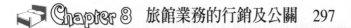

Chapter 1

緒論

第一節　旅館的定義

　　旅館業在觀光產業（tourism industry）當中，扮演著極重要的地位與角色，且其所投入的資金也極為龐大。古今中外，旅館所提供的產品，不外乎是餐飲、住宿及其他所衍生的各項服務。為此，旅館業就被列為「服務業」（hospitality industry）之行業，其原因在此。

　　曾有人說旅館是變幻無窮的小天堂，是多采多姿的文化與藝術的小園地，是國際之間交流的聯誼會，是社區活動的聚會所，更是休閒旅遊者，逍遙渡假的溫柔鄉。總之，旅館是具有全面性、多角化、多功能的產業，也不愧為是「服務業中的服務業」（如圖1-1、圖1-2）。

一、國外對旅館業所作的定義

1. 美國旅館鉅子史達特拉，其對旅館定義的註解為：「旅館是出售服務的企業。」這就是將旅館歸納於服務業的最佳說明。
2. 英國人偉伯德其對旅館所下的定義：「一座為公眾提供住宿、餐食及服務的建築物或設備。」
3. 美國巴蒙德州的判例，其強調的是旅館的公共性，與服務業之性質略為不同：「所謂旅館是公然的，明白的，向公眾表示是為接待旅行者及其他受服務的人所收取報酬之家。」
4. 美國紐約州的判例，強調只要支付費用，就可接受接待，對於停留期間或報酬並無需成文的契約。這種解釋比較偏重於法律上主客的關係。

　　由以上國外的定義觀之，旅館產業的定義實是牽涉甚廣，幾乎涵蓋著相關商業性的、服務性的、法律性的，甚至是文化與倫理性的產業。

圖1-1　台北圓山大飯店建築物

圖1-2　高雄圓山大飯店建築物

資料來源：圓山大飯店提供。

二、我國對旅館業所作的定義

依據新頒布「發展觀光條例」對旅館業所作之定義：

「發展觀光條例」係國內發展觀光產業之母法，舊法實施已超過二十餘載，此次為因應國內外觀光產業發展之潮流，立法院特於二〇〇一年十月三十一日會期通過新修正發展觀光條例。

該條例第二條對觀光產業所用名詞之定義作解釋外，特別對觀光旅館業及民宿作了明確的說明。

除了發展觀光條例對觀光旅館業有所規範之外，交通部觀光局之前亦頒布了「觀光旅館業管理規則」及其附則、「觀光旅館建築及設備標準」、「國際觀光旅館建築及設備標準」。以上皆為中央政府對於旅館業所作的規定。除此之外，各級地方政府包括廢省前的台灣省政府，亦都有訂定單行法規來管理旅館業，諸如：都市計畫法台灣省實行細則、都市計畫法高雄市實行細則、台北市土地使用分區管制規則、台灣省都市計畫住宅區旅館設備要點。

現在就「發展觀光條例」、「觀光旅館業管理規則」及附則、「觀光旅館建築及設備標準」、「國際觀光旅館建築及設備標準」之規範重點分述如下：

(一)發展觀光條例之規定

◆第二條第七項

觀光旅館業：指經營國際觀光旅館或一般觀光旅館，對旅客提供住宿及相關服務之營利事業。

◆第二條第八項、第九項

旅館業：指觀光旅館業以外，對旅客提供住宿、休息及其他經中央主管機關核定相關業務之營利事業。

民宿：指利用自用住宅空閒房間，結合當地人文、自然景觀、生

態、環境資源及農林漁牧生產活動，以家庭副業方式經營，提供旅客
鄉野生活之住宿處所。

◆第二十一條

經營觀光旅館業者，應先向中央主管機關申請核准，並依法辦妥
公司登記後，領取觀光旅館業執照，始得營業。

◆第二十二條

觀光旅館業業務範圍如下：

1.客房出租。
2.附設餐飲、會議場所、休閒場所及商店之經營。
3.其他經中央主管機關核准與觀光旅館有關之業務。

◆第二十三條

觀光旅館等級，按其建築與設備標準、經營、管理及服務方式區
分之。

觀光旅館之建築及設備標準，由中央主管機關會同內政部定之。

◆第二十四條

經營旅館業者，除依法辦妥公司或商業登記外，並應向地方主管
機關申請登記，領取登記證後，始得營業。

非以營利為目的且供特定對象住宿之場所，由各該目的事業主管
機關就其安全、經營等事項訂定辦法管理之。

◆第二十五條

主管機關應依據各地區人文、自然景觀、生態、環境資源及農林
漁牧生產活動，輔導管理民宿之設置。

民宿經營者，應向地方主管機關申請登記，領取登記證及專用標
識後，始得經營。

民宿之設置地區、經營規模、建築、消防、經營設備基準、申請

登記要件、管理監督及其他應遵行事項之管理辦法，由中央主管機關
會商有關機關定之。

(二)觀光旅館建築及設備標準，暨國際觀光旅館建築及設備標準之規定

　　如前所述兩項標準係根據「發展觀光條例」第二十三條第二項：
「觀光旅館之建築及設備標準，由中央主管機關會同內政部定之。」
交通部根據此條例，訂定「觀光旅館業管理規則」，經數度之修正發
布實施。而以上兩項建築及設備標準，係其管理規則之「附表一」及
「附表二」。因此，要興建觀光旅館及國際觀光旅館就得依據以上所
列之相關法規之規範。

　　換言之，「觀光旅館業管理規則」第二條之規定則更為明確。
「觀光旅館之建築及設備標準依表一及表二之規定。符合表二之規定
者，稱國際觀光旅館。」

第二節　我國旅館業發展沿革

　　最早在我國古代為旅客停留的場所叫做「驛亭」，因當時陸上的
交通工具是馬匹，驛亭除了有小屋子供旅客休息外，也有馬房讓馬匹
棲所。爾後逐漸演變一些廟宇也供沿途一些過路客投宿，通常寺廟僧
侶都是以慈悲為懷不收費用，但住客們都會留一些香油錢以示感謝。
但是廟宇住宿簡陋，而且多半只能供應一些簡單的餐點，住宿旅客往
往勞累一天，希望吃點小菜，小酌一番。於是生意人腦筋動得快，設
立了一些客棧來取代驛亭和廟宇來供旅客住宿，這些客棧慢慢地就轉
變成今日之旅社。除了旅社之外，還有一些所謂招待所，那都是一些
銀行或特定的組織，它們為了員工出差的方便可住在自己的機關，或
招待自己的社員住宿有所謂招待所，這些招待所通常設備方面都比較

完善，水準也比較高。所接待的對象除了公司主管來視察的人員外，也接待上級機構的人員，更有一些國外來訪之貴賓。像中國旅行社的天祥招待所、自由之家等即是如此，當時沒有所謂「觀光旅館」這個名稱。

一、台灣旅館業概況

　　光復之前台灣的旅館很少，屬於客棧型，待西元一九四五年台灣光復，那些客棧像永樂、台灣、蓬萊及大世界等客棧均改成為旅社。當時最具規模的歐式旅館是一幢三層樓高的鐵道飯店，是日據時代鐵道部所經營的，有三十餘間歐式房間，設備在當時可稱為相當齊全，有歐式浴缸、歐式沖洗的便池、西餐廳、咖啡廳、理髮室，可惜在二次世界末期被炸毀，該址目前已成為台北市「新光摩天大樓」。

　　西元一九四五年光復，因為戰爭的關係，市區的旅館多數被炸毀，所剩旅館間數有限。到西元一九四六年五月八日成立了台北市旅館商業同業公會，由南興旅行社老闆余圳清擔任理事長。當時的大、小旅館約有五十一家。西元一九四七年台灣省政府成立以後，留學法國的魏道明主席對於旅遊事業極為重視，其任內改組成立台灣旅行社股份有限公司隸屬於交通處，其經營範圍也從鐵路局所屬事業擴展至全省其他有關旅遊設施，業務部門經營一般旅行社的機、船票業務，另有餐管部門管理台灣鐵路飯店、台灣大飯店（圓山大飯店前身）、台北招待所、台旅飯店、台旅食堂、淡水沙崙海濱飯店、陽明山眾樂園飯店、台中、台南鐵路飯店、日月潭涵碧樓招待所，那個時候可說是執台灣旅館業之牛耳。至西元一九五六年，台灣可供接待外賓的旅館僅有圓山大飯店、台北招待所、中國之友社、自由之家、勵志社、台灣鐵路飯店、台南鐵路飯店及日月潭涵碧樓招待所等八家，西元一九五六年全年來台旅客約一萬五千人，尚可勉強應付外客需要。茲將台灣旅行社所屬之餐旅單位及其可接待外賓住宿之場所分述如下：

◆圓山大飯店

　　圓山大飯店（The Grand Hotel）於西元一九四九年一月間開始籌建，到西元一九五一年完工，當時並不稱為「圓山大飯店」而是屬於台灣旅行社所屬之「台灣大飯店」，當時僅有客房三十六間及餐廳一所。設備簡陋。至西元一九五二年期間，由於我國在當時的國際地位日益重要，外邦使節紛紛來華設館、盟軍將士、國際政商、歸國華僑，雲集台北，而中央政府所在首善之區，尚缺乏合乎國際水準之敦睦聯誼活動場所。經奉蔣公指示認為當時之台灣大飯店地理位置最恰當，且風光景色最為秀麗、風水極佳，乃由蔣夫人邀集政界重要人士——周宏濤、俞國華、尹仲容、黃仁宋、董顯光等五人，各出資新台幣五萬元將台灣大飯店予以改組，創立以促進國民敦睦聯誼及中外社會之公益為宗旨之聯誼組織圓山大飯店並成立俱樂部是為該飯店之始。該飯店接辦後，即銳意整頓內外環境，更新設備，首先於西元一九五三年籌建游泳池與網球場，而先後於西元一九五六年完成金龍廳與附屬大廳，西元一九五八年完成翠鳳廳，西元一九六三年完成金龍廳。其後，為配合國際觀光事業之成長及政府發展航空交通之政策，而於西元一九六四年間開闢台北國際機場餐廳，次年創辦空航餐桌供應站、為我國空中廚房之肇始，西元一九七〇年、一九七三年及一九九二年，相繼開辦花蓮、高雄及台東等機場餐廳，而高雄機場餐廳並兼辦空廚業務，逐步擴大對旅客之服務及空航餐點之供應，至此飯店之規模可謂大備，益且馳名國際，並於一九六八年獲美國《財星》雜誌評定為世界十大飯店之一。

　　西元一九六八年，適值國際觀光事業突飛猛進，政府為發展國家經濟建設，極力鼓勵開拓國際觀光事業，圓山飯店為緊跟隨政府國策，分別於台北、高雄兩地，規劃擴建新廈。於西元一九六九年開始興建高雄圓山大飯店五層樓宮殿式大廈，於西元一九七一年四月完成。而台北地區，則將台灣大飯店舊房舍拆除，改建成十四層宮殿大廈，並與原有之金龍、翠鳳、麒麟各廳相連，結為一體，於西元

一九七三年國慶日啓用。

◆台北招待所

　　台北招待所位於中山橋邊基隆河畔，係木造二層樓房子，房間二十七間及西餐廳乙間。

◆台旅飯店

　　台旅飯店設於忠孝西路火車站對面的台灣旅行社二、三樓，房客二十八間，但沒有餐廳。

◆陽明山衆樂園飯店

　　陽明山衆樂園飯店設有前、後兩棟，有溫泉及公共、個人浴池，亦有中／西餐廳，客房總共三十五間。

◆台中鐵路飯店

　　台中鐵路飯店係五層樓建築物，有咖啡廳、西餐廳，房間總共有三十六間。

◆日月潭涵碧樓招待所

　　日月潭涵碧樓招待所係先總統蔣公行館之一，面臨潭畔，環境幽靜，湖光景色聞名中外，共有客房二十六間，附設有中／西餐廳。光復前屬於電力公司之招待所。

◆淡水沙崙海濱飯店

　　淡水沙崙海濱飯店位於淡水沙崙海灘，為第一家海濱旅館，客房有十三間，另有西餐廳及酒吧。在當時算是一間新潮飯店。

◆台南鐵路飯店

　　台南鐵路飯店設於台南火車站二樓，客房十二間，並附設中／西餐廳各一處。

　　其他雖非登記為旅館但較具水準接待外賓之場所有：中國之友社（FOCC）、自由之家、勵志社三家，分述如下：

◆中國之友社

中國之友社光復初期曾經是中國航空公司招待所，係兩層樓房子，後來改組而成會員俱樂部。有客房四十五間，並有保齡球、舞池的設施，爲外國記者、國際電台人員聚集與聯絡之主要場所。原址後改爲行政院人事行政局，現由台北市政府收回爲公園管理處使用。

◆自由之家

自由之家位於愛國西路，是一幢二樓建築，客房二十七間，一樓有中餐廳及會議室，在觀光旅館未普遍前，很多會議都在此召開，另有理髮室一間，國內知名人士、達官顯要都喜歡在此理髮。

◆勵志社

勵志社係由蔣家親信黃仁霖將軍擔任總幹事並主持其事，對日抗戰，第二次世界大戰時招待盟軍軍官及其眷屬。係國民黨黨營事業，有客房十七間。

二、台灣國際觀光旅館的崛起

自西元一九六三年起，來台觀光客日漸增多，同年政府頒布國際觀光旅館及「觀光旅館建築設備標準要點」，以鼓勵民間興建國際觀光旅館及觀光旅館，到西元一九六四年新建之國際觀光旅館有：台北市的統一大飯店有客房三百三十間、國賓大飯店二百七十五間、台南的台南大飯店六十六間；另有觀光旅館包括：台北市的綠洲大飯店有客房五十間、台中市的華宮大飯店四十間、台中鐵路飯店三十一間、北投的別有天大飯店二十二間、南國大飯店四十間、花蓮第一大飯店三十二間等九家。

到西元一九六五年至西元一九七二年，應爲台灣旅館事業開始興盛的時期。當年來台觀光客已增加至十三萬三千六百六十六人，外匯收入美金一千八百二十餘萬，此期間增加的國際觀光旅館有：台北市

的中泰賓館、華國大飯店、陽明山的中國大飯店、中央大飯店（現已結束營業）、美琪大飯店（現已註銷）、華泰大飯店、世紀大飯店；高雄市則有華王大飯店；花蓮市的亞士都大飯店。而觀光飯店則有台北市的太陽飯店、天使大飯店、新亞大飯店、奧林匹克大飯店、北投的華南大飯店；桃園縣中壢的亞洲大飯店；台中市的鴻賓大飯店、寶島大飯店；高雄市的帝國大飯店等數十家。而西元一九七二年全年來台觀光客共為五十八萬餘人，外匯收入美金一億二千八百餘萬。旅館住用率相當高，有供不應求的感覺。

三、台灣旅館業全盛時期

到西元一九七三年，來華旅客人數已增至八十二萬四千三百九十三人，至西元一九七七年，五年之間已增至一百一十一萬餘人，外匯收入已達美金五億二千七百餘萬。當時來台之旅客日漸增多，尤其是日本旅客增加之數目尤為可觀，旅館供不應求，生意之興隆，業者整天嘴笑得合不攏，可謂盛極一時。而這期間增加的國際觀光旅館僅有台北的希爾頓及桃園芝麻大酒店兩間，而觀光旅館亦只有台北市的泛美、華城，桃園的夏威夷，高雄市的國統等數家。而企業界都開始動腦筋投入旅館的行業，有的當初準備投資作為辦公大樓的，亦改變計畫作為旅館，有的已快完成的辦公大樓亦變更設計為旅館，一時之間成為蓋旅館熱。觀光市場被炒得很熱，而政府也就開始重視觀光事業，並於西元一九七七年，由行政院頒布每年農曆正月十五日元宵節為觀光節。

四、台灣旅館業走向國際化

到西元一九七八年，全年來台觀光客人數一百二十七萬餘人，外匯收入美金六億八百萬，到西元一九八六年，來華旅客為一百六十一

萬餘人，外匯收入美金十三億三千三百餘萬。這時期可說是旅館增加
數目最多，新型的旅館紛紛設立，像國際觀光旅館，如康華大飯店、
三普大飯店、美麗華大飯店、財神大酒店、兄弟大飯店、三德大飯
店、亞都大飯店、來來香格里拉大飯店、環亞大飯店、富都大飯店、
福華大飯店。其他地區尚有桃園的南華大飯店、台中市的敬華大飯
店、高雄市的華王大飯店、屏東墾丁凱撒大飯店等。另外，觀光旅館
有台北市的麒麟大飯店、假期大飯店、中原大飯店、一樂園大飯店、
時代大飯店、宜蘭的幼獅大飯店、嘉義的嘉冠大飯店、高雄的三華大
飯店等數十家。旅館像雨後春筍般，紛紛建立，一時之間旅館形成過
多現象，而觀光客成長之比例沒有辦法與旅館成長數成正比，業者之
經營開始感到壓力，而住房率則一直在滑落。業界開始感到憂慮，決
定開始重視推廣工作。其中辦得較有成效的有兩個重要推廣活動，一
是招徠亞運旅客之推廣優惠活動，另一個為爭取國際獅子會年會在台
灣召開。茲分述如下：

(一)台灣旅館業招徠亞運旅客之推廣優惠活動

一九八六年亞運會在漢城（即今日之首爾）舉行，可預見到的世
界各地來參觀亞運的人數必定眾多，而漢城距離台灣僅兩個小時的旅
程，那些遊客既然已經到了東北亞，順道前往附近國家觀光旅遊的人
數應不在少數，有鑑於此，這應該是個很好的機會。於是我國推出了
一個「四大免費」的方案，所謂四大免費是指亞運期間來台之觀光客
可得到下列優惠：(1)住宿同一觀光旅館三夜者，可享受一夜之免費優
待；(2)台北市區半天免費旅遊招待；(3)中正國際機場（即今日之桃園
國際機場）至旅館免費來回接送；(4)免費贈送麥當勞漢堡一個。這個
方案推出後成效還不錯，那期間來台之旅客顯著增加。同時亞太旅行
協會中華民國分會在松山機場旅遊服務中心設立「觀光服務熱線來加
強觀光客的詢問並提供服務」。也在這項活動上盡了宣傳效果，使得
這項推廣活動圓滿成功。

(二)爭取國際獅子會年會在台灣召開

　　西元一九八七年之國際獅子會世界年會原定在菲律賓舉行，但是由於在西元一九八六年美洲旅遊協會年會在菲律賓舉行時會場發生爆炸事件，於是獅子會總會決定要易地舉行。當時我國獲得此項訊息後，我國獅子會會長蔡馨發先生即向觀光局詢問是否有意願爭取，經當時的觀光局長虞爲先生認爲目前旅館正處於低迷狀態，若能爭取到國際獅子會年會在台召開應該是一劑興奮劑，即表示願意爭取。當時極有意願爭取的有韓國、澳洲、香港等。爲了要積極爭取此項會議來台召開，必須要全國上下一致配合。當然觀光界更要有犧牲的打算，於是由國際組籌劃。除了向層峰爭取臨時預算外，當然要有觀光業界具體的配合行動，於是由國際組召集業界開會商議，會業界充分配合。航空業界中，華航首先同意提供頭等艙機票十張、經濟艙一百張；導遊協會決定所有導遊參與做義工；旅行業同意提供廉價或免費的旅程；台北市政府提供公車作機場免費接送。最可貴的是旅館界一致同意以極低廉的價格，觀光旅館五星級每間房間收淨價二十五美元，四星級每間十八美元，三星級每間房十二美元。這種優惠價推出後，要想不得標也是很困難，果然不出所料，在理事會中我國獲得多數國家認同，通過在我國舉行。由於國際獅子會年會在台召開，我國國際知名度大開，不但帶動了我國觀光事業，同時也促進了經濟發展，獅子會會員中不乏企業界大亨，由於過去對於台灣不瞭解，但藉由這次年會親睹了台灣企業界概況，瞭解了台灣經濟概況，會議期間我國簽下的訂單不在少數，其中尤其是證章業，所簽下的訂單兩、三年都趕不完。當然觀光業的帶動不在話下。爲了乘勝追擊，同年奧運在韓國舉行，爲了爭取更多國際觀光客，旅館界更推出「六大免費」的優惠，其內容是：(1)住宿同一旅館三夜者，可享受一夜免費住宿；(2)台北市區半天免費旅遊招待；(3)中正國際機場至旅館免費接送（上述三項與亞運一樣）；(4)台北市長贈送公車票十張；(5)免費參觀故宮

博物院；(6)贈送鍍金石英錶乙只。由於觀光業的兩項促銷活動，在次年西元一九八九年來華旅客突破兩百萬大關，其中貢獻最大者當推旅館業。

五、觀光客倍增計畫

我政府為推動國內餐旅產業（hospitality industry）的發展，除將二○○五年定為「觀光年」之外，並將二○○八年定為「觀光客倍增」的年度。其基本目標，係以「觀光」為目的來台旅客人數，由一百萬人次，提升至兩百萬人次以上。其努力目標，則在有效突破瓶頸，開拓潛在客源市場之作為下，達到來台旅客自二百六十萬人次成長至五百萬人次。

為達到「觀光客倍增計畫」之目標，觀光建設就朝向「顧客導向」（customer oriented）的思維、「套裝旅遊」（package tour）的架構、「目標管理」（target management）之手段。選擇重點，集中力量，有效地進行整合與推動。所採取的策略為下列數項：（二○○七年交通部觀光局網站資料）

1. 以既有國際觀光旅遊路線為優先，進行觀光資源開發，全面改善軟硬體設施，訂定「景觀法」，改善環境景觀及旅遊服務，使臻於國際水準。
2. 具有潛力的觀光資源則採「套裝旅遊線」模式，視市場需要及能力，逐步規劃開發。
3. 提供全方位的觀光旅遊服務，包括建置旅遊資訊服務網、推廣輔導平價旅館、建構觀光旅遊巴士系統及環島觀光列車，讓民間業者及政府各相關部門建立共識，以「人人心中有觀光」的心態，通力配合共同打造台灣的優質旅遊環境，同時規劃優惠旅遊套票，讓旅客享受優質、安全、貼心的旅遊服務。

4.以「目標管理」手法，進行國際觀光的宣傳與推廣，就個別客源市場訂定今後六年成長目標，結合各部會駐外單位之資源及人力，以「觀光」爲主軸，共同宣傳台灣之美；同時，爲擴大宣傳效果，並定二〇〇五年爲「台灣觀光年」，二〇〇八年舉辦「台灣博覽會」，以提升台灣之國際知名度。

5.爲迎合全球化時代，加速我國國際化，及助益觀光產業發展，將發展會議展覽產業（Meetings Incentive Conventions Exhibitions, MICE），俾藉此拓展國際視野，提升國際形象。

　　政府爲貫徹「觀光客倍增計畫」之執行，擬定了計畫之綱領及實施重點，並責成相關部會及機構，通力合作，俾於二〇〇八年達成倍增目標。該計畫共分成五大項，茲分述如下：

(一)整備現有套裝旅遊路線

　　台灣因各項觀光資源的開發與管理單位所司職責各有不同，未必都能從觀光資源利用與推廣行銷的角度做有效的規劃，致使投資效果打折，僅形成點狀之觀光景點。

　　且前往觀光地區旅遊路線，普遍存在周邊景觀不良、服務設施不足、旅遊交通不便等缺失。今後觀光建設應建構具國際魅力之套裝旅遊路線爲主軸，有效運用資源集中力量在旅遊線上，以改善各項軟硬體設施；以觀光局所轄之國家風景區、配合國家公園及循風景區路線，至森林遊樂區與濱海旅遊區。

　　此項整備現有套裝旅遊路線計畫，又分爲五小項：

1.北部海岸旅遊線。
2.日月潭旅遊線。
3.阿里山旅遊線。
4.恆春半島旅遊線。
5.花東旅遊線。

(二)開發新興旅遊路線及新景點

　　新興套裝旅遊路線係本前項現有套裝旅遊路線整備之原則,將具有建設為國際級觀光旅遊線之地區,在今後六年內開發出來。同時重點開發數個具標竿效果之新景點,使台灣的觀光發展能逐步涵蓋各地區,達成發展觀光產業振興地方經濟的效果。

　　此項開發新興套裝旅遊路線及新景點共分為十四小項:

　　1.蘭陽北橫旅遊線。

　　2.桃竹苗旅遊線。

　　3.雲嘉南濱海旅遊線。

　　4.高屏山麓旅遊線。

　　5.脊樑山脈旅遊線。

　　6.離島旅遊線。

　　7.環島鐵路觀光旅遊線。

　　8.國家花卉園區。

　　9.雲嘉南濱海風景區。

　　10.安平港國家歷史風景區。

　　11.國家軍事遊樂區。

　　12.國立故宮博物院中南部分院。

　　13.全國自行車道系統。

　　14.國家自然步道系統。

(三)建置觀光旅遊服務網

　　揆諸影響旅遊服務最鉅而急需改善者,莫過於地方觀光產品及服務之優質化不足,以及價格化普及不夠。例如台北都會區接待國際觀光客之旅館數量不足,且房價居高不下,影響接待國際旅客之能量與品質,不利於國際競爭力,且具有一定服務水準之平價旅社普遍缺乏。

再者，各觀光據點之交通系統尚無整合系統，主要交通據點亦缺乏提供旅客旅遊諮詢之服務中心等，均影響旅客之旅遊便利性。此外，離峰和尖峰時段遊客量之極大差異性，造成餐旅產業人力資源調配失衡等。

為達成二○○八年來台旅客數五百萬人次之計畫目標，並提供優質的旅遊服務，將透過觀光旅遊巴士系統及環島觀光列車之規劃、旅遊資訊服務網之建置、一般旅館品質之提升以及優惠旅遊套票之發行等，擴大吸引國際自助旅遊人士。

此項建置觀光旅遊服務網計畫，又細分為五項細目：

1.觀光旅遊巴士系統。
2.環島觀光列車。
3.旅遊資訊服務網。
4.一般旅館品質提升計畫。
5.優惠旅遊套票。

(四)國際觀光宣傳推廣

台灣雖有美麗的自然風光及豐富的人文觀光資源，然而卻因宣傳推廣不足，始終未能順利的登上世界的觀光舞台，故世人多認為台灣係工業之島，在觀光版圖上不具地位，實屬一大憾事。

有鑑於觀光資源及旅遊產品必須透過有力之宣傳及行銷推廣，方能達到招徠國際旅客來台觀光之效果。本計畫將針對主要及次要客源市場之開拓、推動及充分運用各部會駐外單位之宣導功能，積極提升台灣觀光新形象，有效吸引國際觀光旅客。

此項國際觀光宣傳推廣計畫，又分為三項細目：

1.客源市場開拓計畫。
2.二○○五台灣觀光年。
3.二○○八台灣博覽會。

(五)發展會議展覽產業

國際化是二十一世紀全球各大城市發展必須面對的「都市行銷」重要策略之一。所謂國際市，不在於規模的大小，而在於有無面對世界的重心，諸如，過去的新加坡、香港及新興的杜拜。會議產業（MICE）逐漸受到各城市的重視，主要係因為它帶給地方的乘數經濟效應，餐旅產業關聯性的事業，有如旅館、航空公司、餐飲、旅行代理業等都將受惠。

至於國際會議（international convention）和展覽（exhibition）在一個城市舉辦數量之多寡，攸關該城市國際化之程度，因此，世界各大都市紛紛成立會議局，俾能爭取國際會議的召開或舉辦國際展覽，以期造就成為一個會議觀光城市。

由於國際會議的發展狀況，普遍被認為是評量某一地區繁榮與否暨其國際化程度的重要指標。是以，許多城市把發展國際會議產業當成填補產業空洞化，或是一種新時代城市發展策略。

此項發展會議展覽產業計畫，又分為三項細目：

1.國際會展設施。
2.獎勵機制。
3.專業人才養成制度。

根據世界觀光旅遊委員會（WTTC）推估，未來十年全球觀光產業成長，旅程支出自4.21兆美元增長至8.61兆美元，觀光旅遊產業對GDP貢獻率將自3.6%增至3.8%，其就業人數將自現今一億九千八百萬人，增加至二億五千萬人。由此可見，觀光產業在今後全球經濟發展上將扮演重要的功能角色。反觀台灣觀光產業的發展和觀光產值的成長，距離理想和目標還有一段距離，是值得政府與民間深深檢討與省思的議題；往後如何突破，如何讓台灣走出去，讓世界走進來，更需要倚靠朝野之間共同的戮力。

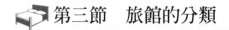# 第三節　旅館的分類

　　觀光產業的發展過程中，最早涉入的恐怕就非住宿業莫屬了。雖然隨著時代潮流的進步，觀光旅遊風氣的盛開，住宿業由最原始的供應自由奉獻的膳宿款待，到近代豪華舒適多功能的所謂「星級旅館」，其間的發展過程、建築設備的新穎、服務的迅捷舒適，在在都彰顯著其演變歷程的輾轉曲折，變化多端。因此，如果硬要再將旅館解釋為僅僅是為旅客提供住宿與餐飲，恐怕是昨日黃花，空留殘跡。更何況今日的旅館服務，也是順應著旅客不同的需求，而有各種不同類型之服務，遵照著市場的供需原理運作。

　　旅館分類的方式，內容繁複，然易於瞭解，茲將其歸納為下列數種。簡述如下：

一、依照旅館立地條件及地區的分類

　　追往古昔的旅館，大都是分布於商賈、傳教朝聖必經之要道，就算今日海陸空交通運輸事業飛黃騰達，一日千里之際，許多旅館的設立位置，還是考量其立地條件。尤以美加地區幅員遼闊的疆域，這種類型的旅館更是鱗次櫛比，五花八門。揆諸近代工商業發展神速，外交商務來往頻繁速捷，旅館設立於大都會地區者，更是比比皆是。再加以邇來休閒旅遊之風熾熱，風景旅遊區的旅館更是如雨後春筍般處處林立，這都是最好的例證。

(一)都市旅館

　　都市旅館（city hotel），顧名思義其旅館都設立於都會區。此種類型的旅館，如圓山大飯店，其規模除擁有四百九十間客房之外，另具有大型國際會議及宴會廳，各式各樣南北地方口味佳餚，還有游泳

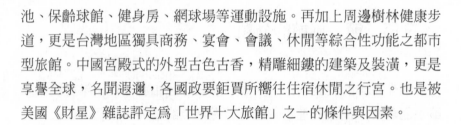

池、保齡球館、健身房、網球場等運動設施。再加上周邊樹林健康步道，更是台灣地區獨具商務、宴會、會議、休閒等綜合性功能之都市型旅館。中國宮殿式的外型古色古香，精雕細鏤的建築及裝潢，更是享譽全球，名聞遐邇，各國政要鉅賈所嚮往住宿休閒之行宮。也是被美國《財星》雜誌評定為「世界十大旅館」之一的條件與因素。

(二)休閒、遊憩旅館

休閒、遊憩旅館（resort hotel），純粹是工商業時代的產物；即所謂的「有錢有閒」之論調。尤以台灣過去經濟蓬勃發展，國民所得急遽成長，加之政府實施週休二日制，頓時，國民旅遊的習性，由朝山廟會之旅，改變為純休閒度假的旅遊。台灣地區過去的休閒、遊憩旅館最具典型的大概是省林務局所屬的墾丁賓館、阿里山賓館之類型；日月潭的涵碧樓、教師會館；台灣大學所屬台大實驗林場溪頭餐廳旅館，還有青年救國團所屬各地的活動中心。現在各地風景遊覽區逐一地闢建，中、小型的休閒旅館和民宿設施，就應運而生，且似有方興未艾，勢不可遏之況。

(三)公路旅館

公路旅館（highway hotel）多數是在疆域遼闊，建立有橫貫跨越數州、數省甚至數國的高速公路（highway）旁，旅行者長途跋涉，往往就選擇位於交流道旁的旅館，暫歇一宿，次日再急於趕路，因為收費低廉，這種旅館在美國、加拿大地區最為盛行。其旅館的名稱用辭，多數為汽車旅館（motel or motor inn）。尤為甚者幾乎是以大型的汽車連鎖旅館（motel chain）的型態在經營，而且類似麥當勞速食業（McDonald's fast food chain store）之型態的跨國企業組織，或許多數亦非直營，而係採用加盟連鎖（franchise chain），授權經營之企業生態。再則，近年來台灣地區高速公路交流道旁亦出現了為數不少的「汽車賓館」，當然其業務或許除了提供住宿外，兼而提供按時計費

的休息業務。

(四)鐵路旅館或機場旅館

鐵路旅館或機場旅館（terminal hotel）在其功能上當然是在服務過路、轉車、轉機等旅客短暫的住宿服務。其名稱不外乎為機場旅館、火車站旅館（station hotel），此外還有港口旅館（seaport hotel）。

在台灣地區類似此型態的旅館，大概是光復初期鐵路沿線重要城市靠近火車站的「交通飯店」，雖然其規模不大，設備簡陋，在當時亦為住宿業的翹楚。因係屬於台灣省政府所經營，這簡直就是台灣地區連鎖旅館（hotel chain）最早的雛型之一。還有一九七〇年代桃園中正機場交通部所屬之過境旅館的「國際機場旅館」也是本文所討論的旅館型式之一。

二、依照旅館住宿目的的分類

這類型的旅館最主要是按旅客的目的而有所不同。

(一)商務旅館

商務旅館（commercial hotel）的旅客當然是以生意為主，其使用旅館的目的除了住宿之外，有些還要與其客戶洽談業務，其所要求的客房，恐怕還需要有客廳或會議室的設備，當然免不了要用餐及使用資訊設備。另外，有些還利用旅館舉辦聯誼會、產品發表會、展覽會、演講會等，必然是企業界為其業務所舉辦者，所以這種旅客的消費金額，多數不亞於旅行團的消費。這種旅客當然包含國內外人士都在內。所以，商務旅館的設施與服務都必須具有一定的品質水準。同時這種旅客也就是通稱的「散客」（FIT）。

(二)會議旅館

會議旅館（convention hotel）類型的旅館專供會議之用，不論是國內廠商、社團、各種協會、學會、扶輪社、獅子會及各機關、文化團體等會議之用，其規模甚至有數千人以上者，或少數十人者，另外亦有供國際性會議之用的所謂「國際會議」（international convention），諸如國際扶輪社會議、國際獅子會會議、國際青年商會會議、國際崇她社會議、國際宗教會議等，此類型的旅客除了住宿客房、三餐甚至咖啡酒吧間等都有附加的收入，當然旅館必須具備有會議的場所和開會用的各種設施，這種旅館在台灣似乎未有專業性的旅館，多數都是在大型的國際觀光旅館內舉行。試以圓山大飯店為例，除設有可容納四百人戲院式的座位之國際會議廳（auditorium），並另有設在十二樓的大會廳（the grand ballroom），一次可容納千人以上之會議成員，除兩大會議廳之外，另配置有無數的中小型分組討論的會議室。並且，兩大會議廳亦裝置有現代化的電動螢幕、同步翻譯耳機、音響擴音器等會議配備，也是國內外人士亟欲使用的場地。其對旅館人氣凝聚與營收的效益，不言可喻。

(三)公寓旅館

公寓旅館（apartment hotel）型態其功用基本上是供應長期住宿的旅客，因之，其旅館內部的設施就必須仿照普通一般家庭化，此類旅館在台灣為數不多，如台北市「福華長春名苑」，其營業性質就偏向於公寓式的旅館型態，其優惠的辦法，住宿超過兩星期者七五折，超過一個月者七折，超過六個月者六五折。另外，台南市「流景飯店」（原中瑞飯店）似有類似業務，其辦法係每月租金以七萬元計，還有高雄圓山大飯店亦有一特別長期的住客，期間與飯店的年齡三十週年相仿，當然亦享有特別優惠的房租。高雄晶華飯店十三樓至三十五樓也有套房長期出租，其美其名為「商業行館」，亦為典型的公寓旅

館。

公寓式的旅館，在國外有長期租給學生寄宿（home stay）。在台灣大多數的旅館或多或少都有長期的住客，其客源大半是來自外商，或者外籍工程人員，如外國商社和台北捷運系統施工期間的外籍工程師，高速鐵路和高雄捷運系統施工時的外籍兵團等。旅館業如果有固定持平的長期住戶，實在是對營運狀況有相當大的穩定作用。這該是旅館業務推廣極為重大的策略，一點都疏忽不得。

(四)療養旅館

療養旅館（hospital hotel）顯而易見的是為住客提供療養和醫病的旅館，大都設於寧靜的郊外山區或濱海地區，此類型住客病人，或許是神經系統有狀況者，或者癌症病患，以及其他必須要長期療養慢性病者。近年有關醫學大學亦附設休閒健康之類的學系，是否也朝向以培養觀光休閒人才來配合醫院的造園管理休閒設施等管理工作。

另外，台灣地區大型醫院及學校、公司規模正逐漸擴大中，其所需管理餐飲、病房和其附設餐廳的管理在在都朝向專業經理人員的軌道，這或許也是這些行業未來提供觀光系所畢業生求才之管道。

再者，數年來台灣地區風景旅遊區的旅館大都強調溫泉和SPA的療效，雖非療養旅館，但也亦步亦趨以療效和紓解身心，恢復疲勞，充電等噱頭來招攬旅客。

三、依照旅客住宿時日的分類

前文公寓式的旅館已述及長期住客的性質。現在僅就旅館平常所接待旅客住宿停留時日的長短、久暫來區分旅館的性質。

(一)短期住宿用旅館

短期住宿用旅館（transient hotel）大概是指供住宿一週以下的

旅客，其旅客的性質不外是「散客」（FIT）和旅行團旅客（group tour）兩種，前者是由自己訂房、親友代訂、公司行號代訂，或社團代訂。團體旅客大都是由旅行社所訂，或政府機構、社團爲會議所訂的客房。通常是預收訂金，或提出合約申請（如**表1-1**），或抵押簽帳卡號碼等來作爲雙方彼此遵守履行權利與義務之憑證。至於僅住宿一夜房租的計費方式是下午兩點爲遷入時間之基準（check in），翌日中午十二點爲遷出時間之基準，每超過三小時就另加半日房租，而且通常都贈送早餐券。待旅客要遷出前務必先清查旅館借與住客使用之備品，還要清點冰箱飲料是否有飲用。再向櫃檯報告結帳。當然櫃檯還有洗衣部送來如清單和各餐廳所送來之清單（room service）等，一起總結。

(二)長期住宿用旅館

長期住宿用旅館（residential hotel）一般是指住宿長達一個月以上之旅客而言。旅館必須與旅客訂定合約書（如**表1-2**），彼此恪遵權利與義務。對住客亦供應免費早餐，然房租的收費標準，則每超過一定金額就結算一次，以免拖欠過久，累積過多，而導致有呆帳之虞。

(三)半長期住宿用旅館

半長期住宿用旅館（semi-residential），其性質就是介於長期住宿旅館與短期住宿用旅館之間的住宿旅館。其具有短期住宿用旅館的特點，至於旅客與旅館之間互動關係則大同小異。

(四)休息用旅館

這種旅館是時下台灣所最流行之休息用旅館，多數是以每三小時或兩小時爲計費標準，是提供給情侶談天約會的好地方。這種旅館如果使用迴轉率高時，其每間客房每日的總收入，將不亞於一般住宿用的旅館。

表1-1　旅館訂房合約申請表

旅館訂房合約申請表
Corporate Account Application Form

請用正楷填寫（Please Print）
公司中／英文名稱
Chinese Name : _____

English Name : _____

統一編號   公司總部位於
Invoice No. : _____   Location of Headquarters : _____

地址
Address : _____
電話   傳真
Telephone : _____   Fax : _____

公司類別
Industry : _____

代表人   職銜
Representative : _____   Title : _____

較常往來的飯店
Hotel(s) often used : _____

每月略估訂房
Average number of room nights per month : _____

住宿貴賓國籍
National of the visitor : _____

經辦人   職銜
Organizer : _____   Title : _____

簽字   日期
Signature : _____   Date : _____

專案經理 : _____   Account Manager : _____

資料來源：圓山大飯店提供。

表1-2　旅館訂房合約書

旅館訂房合約書

您好：

　　我們竭誠歡迎　貴公司成為本飯店的訂房合約客戶，此合約有效期限自○○年○○月○○日起至○○年○○月○○日止。

　　請詳讀此份合約並分送　貴公司國內、外相關人員，俾使今後訂房作業能迅速有效的處理，價格如下：

• 所有價格均需另加原價之一成服務費。

	客房種類	客房原價	優惠價（六五折）
經濟客房	Budget Room（2－9樓無景客房）	NT$ 4,500	NT$ 2,925
標準客房	Superior Room（麒麟廳、金龍廳）	NT$ 6,500	NT$ 4,225
高級客房	Deluxe Room（正館2－5樓）	NT$ 6,800	NT$ 4,420
豪華客房	Grand Deluxe Room（正館6－9樓）	NT$ 7,800	NT$ 5,070
商務套房	Junior Suite（正館2－9樓）	NT$10,000	NT$ 6,500
高級套房	Executive Suite（正館2－8樓）	NT$15,000	NT$ 9,750
豪華套房	Grand Suite（正館9樓）	NT$20,000	NT$13,000

• 加床費用每晚每床為NT$1,000＋10%服務費。
• 孩童未滿12歲（含）在同一房間內不另計價。
• 設有不吸菸樓層，請於訂房時提出需求。
• 早餐自費者每客費用為NT$450＋10%服務費。

優待項目
• 貴公司在本飯店舉辦會議，得以享有會議專案定價之九折優待或本飯店各會議場地租金之八五折優待（12樓大會廳除外）。
• 贈送每日早餐。
• 贈送鮮美水果。
• 贈送每日報紙。
• 免費使用健身房。
• 可使用圓山聯誼會之各項休閒設施及餐飲。
• 住房房客可免費停車。
• 免費定時專車往返圓山捷運站之接送服務。

合約條款
• 訂房時請提供　貴公司寶號及合約號碼。
• 住房時間：下午三點以後；退房時間：中午十二點以前。
• 在合約有效期間內，飯店保有隨時調整房價之權利。
• 所有臨時取消之訂房，需於當天下午六時前告知，否則將以當晚房價計費。

（續）表1-2　旅館訂房合約書

- 於旺季期間，請提供信用卡號碼擔保，以保障客人住房權益，如無法提供，則該訂房將保留至當天下午六時止。
- 凡經確認後之訂房而本飯店因故無法提供住宿時，本飯店負責將客人轉往其他同等級之飯店，除吸收當日房價外，並提供往返交通工具及免費長途電話一通（以三分鐘為限），若客人選擇於次日返回本飯店，將優先與予升等。
- 本合約之各項優惠，必須經過　貴公司訂房方為有效。
- 本飯店可代安排機場接送機服務，如需取消，請於所訂班機抵達前二小時通知櫃檯，如未通知逕行取消，則需自行負擔該費用。
- 房客之各項費用如需合約公司支付者，須預先詳細填寫申請表格並經本飯店會計部門審核同意，如需申請表格請洽詢本飯店業務部或訂房組。

　　此份合約所給予之優惠價係根據　貴公司過去訂房紀錄或是預估未來之訂房數而訂，因此建議　貴公司儘量向本飯店訂房，以便在下一年度獲得更好的優惠，請於簽署後，回傳至本飯店業務部，本合約於收到正本後立即生效。

　　若您尚有任何疑慮之處歡迎來電洽詢業務部專案經辦人。

合約號碼：	統一號碼：
公司名稱：	
地址：	
經辦人：	職稱：
代表人：	職稱：
電話：	簽名：
傳真：	
日期：　　　年　　　月　　　日	

飯店名稱：	
地址：	
經辦人：	職稱：
代表人：	職稱：
電話：	簽名：
傳真：	
日期：　　　年　　　月　　　日	

資料來源：圓山大飯店提供。

四、依照旅館規模大小的分類

如果按照旅館客房數目之多寡來分類，則旅館的規模大約可區分為大、中、小三種類型。就以台灣地區國際觀光旅館與觀光旅館所擁有客房數來區分其規模。

國際觀光旅館（international tourist hotels）包括大型、中型、小型規模。觀光旅館（tourist hotels）如果按照旅館客房房間數目的多寡來分類旅館的規模，則台灣地區觀光旅館的規模，超過五百間而可被列為大規模之旅館者，僅有二、三家，而多數觀光旅館均為中、小型規模之旅館，換言之，客房數都介於一百五十一間至四百九十九間之中型規模旅館，以及在一百五十間以下之小型規模旅館。

五、依照旅館房價方式的分類

旅館就其收費的制度而言，旅館的型態又可區分為下列數種，茲分述於下：

(一)歐洲式收費旅館

歐洲式收費旅館（European plan hotel）係於每日客房房租的定價只提供住客使用客房，早餐及其他餐飲消費則另外計價收費，時下多數的旅館都採用這種方式。另外有些旅館還有免費的歐陸式早餐（continental breakfast），也有被稱為歐陸式收費旅館（continental plan hotel）來加以區別。

(二)美國式收費旅館

美國式收費旅館（American plan hotel）係於每日客房房租的定價另附贈有三餐或兩餐在內的收費辦法旅館。

(三)修正美國式收費旅館

修正美國式收費旅館（modified American plan hotel）係於每日客房房租的定價另附贈兩餐者。住客若無法於館內用餐時亦不得要求退費或抵用。

(四)百慕達式收費旅館

百慕達式收費旅館（Bermuda plan hotel）係於每日客房房租的定價附贈美式早餐在內。

(五)混合式收費旅館

混合式收費旅館（dual plan hotel）係於每日客房房租定價時，同時採用美國式與歐洲式收費方式。這種型態的旅館能公開標示實行的並不多，不過旅館為了向住客提供更方便的服務，大都也會採取彈性的附贈辦法。

範例：以圓山大飯店房租收費的方式，來決定是否提供住客免費的早餐。一般團體旅客都是在房租內包含免費早餐，至於「散客」則視房租的收費標準而定。房價總額在旅館一般標準者，則提供一份或兩份免費早餐券。如果房價特價者則不予贈送。當然，在淡季促銷專案者則自然附贈早餐。早餐券的發放，是在旅客向櫃檯辦理遷入手續時（check in）連同房間鑰匙一同交給住客，並向其說明使用方法、用餐時間及餐廳地點。另外，未附贈早餐券的住客則可向櫃檯購買早餐券，或自行到餐廳付費用餐。因此圓山大飯店的早餐券可分為兩種：

1. 早餐招待券（complimentary breakfast coupon）（如**表1-3**）：住客可憑券享用早餐，但務必於招待券上填寫房號、姓名。
2. 早餐券（breakfast coupon）（如**表1-4**）：這是辦理遷入手續時向櫃檯訂購，但使用時亦須填寫房號、姓名，屆時辦理遷出（check out）時櫃檯一併結算。每客收費四百五十元另加一成

表1-3　旅館早餐招待券

早餐招待券
Complimentary Breakfast Coupon

請先將本餐券交予餐廳服務人員以憑供餐
Please present this coupon to the waiter/waitress before your order

房號
Room No ＿＿＿＿＿＿＿
姓名
Name ＿＿＿＿＿＿＿

申請單位
Issuing Dept. ＿＿＿＿＿＿＿
日期
Date ＿＿＿＿＿＿＿

松鶴廳供應時間:6:30AM-10:00AM
The Grand Garden Service hours

樂廊供應時間:7:00AM-11:00AM
The Lounge Service hours

限當日使用For use on above date only.

THE GRAND HOTEL
圓山大飯店

資料來源：圓山大飯店提供。

表1-4　旅館早餐券

早餐券 Breakfast Coupon　　　　（限個人用）

請先將本餐券交予餐廳服務人員以憑供餐
Please present This Coupon to the waiter/waitress before your order

房號
Room No ＿＿＿＿＿＿＿
姓名
Name ＿＿＿＿＿＿＿

申請單位
Issuing Dept. ＿＿＿＿＿＿＿
日期
Date ＿＿＿＿＿＿＿

松鶴廳供應時間:6:30AM-10:00AM
The Grand Garden Service hours

樂廊供應時間:7:00AM-11:00AM
The Lounge Service hours

限當日使用For use on above date only.

THE GRAND HOTEL
圓山大飯店

資料來源：圓山大飯店提供。

服務費。

圓山大飯店提供住客使用早餐的地方同時間開放兩處，任由住客選擇，一處在大廳樂廊（Lounge），另一處在大廳進門左邊的西餐廳——松鶴廳（Grand Garden Restaurant），用餐時間每天固定為A.M.6：00～A.M.10：00；樂廊則為A.M.7：00～A.M.11：00。

至於圓山大飯店所供應的早餐內容極為豐富（如**表1-5**），大致是中、西、和式三類並存。菜餚種類亦經常更新，備受住客的歡迎。主要是強調營養、清淡、可口的混合式菜餚，或稱「簞食壺漿以迎佳賓」。

第四節　旅館商品的功能及其特性

隨著工商業的神速發展，國民所得的增加，交通運輸業的改良，國民教育水準的提升，從事觀光活動的人口愈來愈多；尤其在第二次世界大戰以後，觀光產業的項目可說是包羅萬象不勝枚舉，從事觀光產業的人口更是如過江之鯽，成群結隊蜂擁而上。若究其與觀光旅遊活動有關的主要行業概為交通運輸業、旅館業、餐飲業、旅行業、遊樂業、會議公關行銷業、藝品業、免稅店、金融服務業、娛樂業、觀光旅遊協會等推廣組織，甚至還涵蓋觀光行政機構等。因此，觀光產業實可說是一項綜合性的產業，且都是環環相扣，密不可疏，而其中旅館住宿業，可說是觀光產業中極為重要的一項環節。

一、旅館的商品

基本上，如果就觀光旅遊消費者的角度而言，其所支付費用，急欲購買的商品就是——「服務」，不過服務卻可分為「物的服務」和「人的服務」。而物的服務是指旅館建築物的本身和室外周邊的

表1-5　旅館個人旅客及團體自助式早餐菜單（定期更新）

旅館個人旅客及團體自助式早餐
Tourist and Group Breakfast Buffet

一、西式

Hot Dishes（熱食）
1. Hash Browns　　　　　　　　　　　　　　薯餅
2. French toast filled with cranberry　　　　紅莓法式土司
3. B'ast sausage　　　　　　　　　　　　　早餐腸
4. Bacon　　　　　　　　　　　　　　　　培根
5. Ham　　　　　　　　　　　　　　　　　火腿
6. Scrambled eggs with smoked salmon　　燻鮭魚炒蛋
7. Boiled eggs　　　　　　　　　　　　　　白煮蛋
8. Stir fried vegetables with sesame seeds　炒青菜加芝麻
9. Turnip cake　　　　　　　　　　　　　　蘿蔔糕
10. Fried rice with ham & egg　　　　　　　火腿蛋炒飯

Bread（麵包類）
1. Banana Bread　　　　　　　　　　　　　香蕉麵包
2. French Baguette　　　　　　　　　　　　法式麵包
3. Farmer Bread　　　　　　　　　　　　　鄉舍麵包
4. Rye Bread　　　　　　　　　　　　　　黑麥麵包
5. ZOPE
（Whole）整顆
1. White Toast Bread Sliced　　　　　　　白吐司切片
2. Brown Toast Bread Sliced　　　　　　　黑麥吐司切片
3. IND. Brioche　　　　　　　　　　　　　奶油蛋捲
4. IND. Scones　　　　　　　　　　　　　圓餅——英式鬆餅
5. Hard Roll　　　　　　　　　　　　　　硬麵包
6. Sesame Roll　　　　　　　　　　　　　芝麻麵包
7. Soft Roll　　　　　　　　　　　　　　軟麵包
8. Five Corn Roll　　　　　　　　　　　　五角麵包

Breakfast Items（早餐包）
1. Butter Croissants　　　　　　　　　　　奶油牛角麵包
2. Chocolate Croissants　　　　　　　　　巧克力牛角麵包
3. Danish Pastries（3 kinds）　　　　　　丹麥酥點
4. Muffins（2 kinds）　　　　　　　　　　滿福蛋糕
Butter and Jam, Marmalade or Honey　　各式麵包及牛油、果醬或
　　　　　　　　　　　　　　　　　　蜂蜜

Coffee or Tea　　　　　　　　　　　　　咖啡或茶

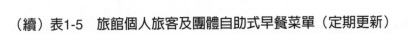

（續）表1-5　旅館個人旅客及團體自助式早餐菜單（定期更新）

二、中式
Chinese congee with garnishes　　　　　　中式美味粥佐各式醬菜
（肉鬆、花生麵筋、辣蘿蔔乾、日式梅子、味全醬瓜、油花生、嫩薑、鹹蛋、玉筍絲、豆漿、燒餅油條、皮蛋豆腐）

三、和式：味噌湯、生雞蛋、海苔片、柴魚片、各式醬菜。

四、Cold Corner（冷食類）
1.Lychee Fruit Compote　　　　　　　　　糖煮荔枝盅
2.Mandarin Fruit Compote　　　　　　　　糖煮柑橘水果盅
3.Pineapple Fruit Compote　　　　　　　　糖煮鳳梨盅
4.Fig Fruit Compote　　　　　　　　　　　糖煮無花果盅
5.Pear's Fruit Compote（In Glass Bowls）　糖煮梨盅

五、Juice（果汁類）
1.Orange Juice　　　　　　　　　　　　　柳橙汁
2.Grape fruit Juice　　　　　　　　　　　葡萄柚汁

六、Dairy Corner（乳品類）
1.Fresh Plain Milk　　　　　　　　　　　鮮奶
2.Low Fat Milk　　　　　　　　　　　　　低脂牛奶

Pastry點心房

七、Cereal Corner（穀類）
1.Corn Flakes　　　　　　　　　　　　　玉米片
2.Rice Crispies　　　　　　　　　　　　　香脆米片
3.Alpine Muesli　　　　　　　　　　　　　瑞士乾果
4.Swiss Birchermuesli　　　　　　　　　　瑞士燕麥粥
5.Dried Mango　　　　　　　　　　　　　芒果干
6.Dried Prunes　　　　　　　　　　　　　梅干
7.Chopped Walnuts　　　　　　　　　　　核桃果
8.All Bran　　　　　　　　　　　　　　　全麥
9.Shredded wheat　　　　　　　　　　　　小麥
10.Dried Pineapple　　　　　　　　　　　鳳梨乾
11.Dried Bananas　　　　　　　　　　　　香蕉乾
12.Sesame Seeds　　　　　　　　　　　　芝麻
13.Sun Flower Seeds　　　　　　　　　　　葵爪子

八、水果類：西瓜、哈蜜瓜、蕃石榴、柳橙、木瓜、火龍果等各種應節新鮮水果。

資料來源：圓山大飯店提供。

設施及環境，還有館內的各項硬體設備。人的服務就是要求高品質的服務水準。當然還要提供價格合理、色香味俱全的美食佳餚。如此，才能獲致觀光旅客之稱心滿意。對其而言，觀光旅遊的最主要目的及其所願購買的最後產品就是舉犖大端者——「實際的體驗和無限的回憶」。茲將旅館所銷售的產品簡述如下：

(一)旅館周邊的環境

觀光旅客選擇其所嚮往的旅館，對於旅館周邊環境的考量，應該是列為首要的因素。如有綠意盎然，白雲靄靄，鳥語花香的自然景觀，復配上四通八達的交通幹線，以及周邊人文資源的搭配，應該是觀光旅遊最佳的住宿環境。

試以圓山大飯店為例，其位於台北市劍潭山上，用地9.4公頃（如圖1-3），再加上後山「圓山風景區」有公園無數條的健康步道，其中三條主幹直通劍潭、大直、故宮博物院。山上又有一百五十座長青羽毛球場，平日遊客據估計約有五千人，假日則約有一萬五千人至二萬人在爬山運動。此外圓山大飯店居高臨下，遠眺觀音山及陽明山，重巒疊嶂、遠山含笑吞雲吐霧若影藏形的岳群；復有基隆河蜿蜒盤曲繞境而過；高架捷運系統以及中山高速公路連結市區、松山機場及中正機場，構成錯綜的便捷交通網，對觀光旅客提供了極為方便的運輸路線。

除此而外，無獨有偶，圓山大飯店雖座落於山頭，然其周遭竟有無數的人文景觀予以陪襯。諸如太原五百完人塚、忠烈祠、士林官邸、故宮博物院、陽明山、兒童育樂中心、市立美術館、孔子廟、士林夜市等，編織成為一條台北市區觀光的最佳路線（如圖1-4），似此即為國際觀光旅客所欲披沙揀金，登門造訪之旅館。

(二)旅館的設備

古代的商賈旅行者是利用最原始的駱駝、驢、馬車隊，日以繼夜

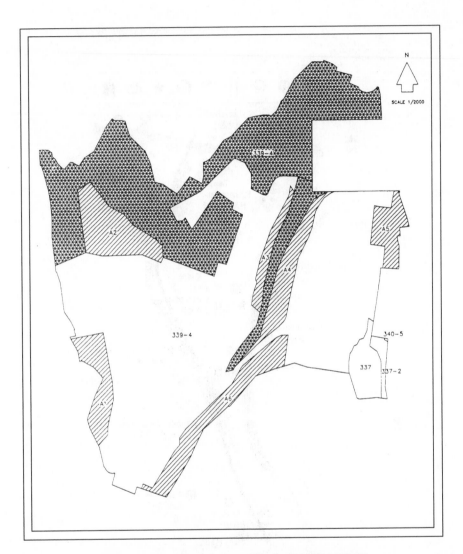

圖1-3　台北圓山大飯店租賃區域地籍配置圖

資料來源：台北圓山大飯店。

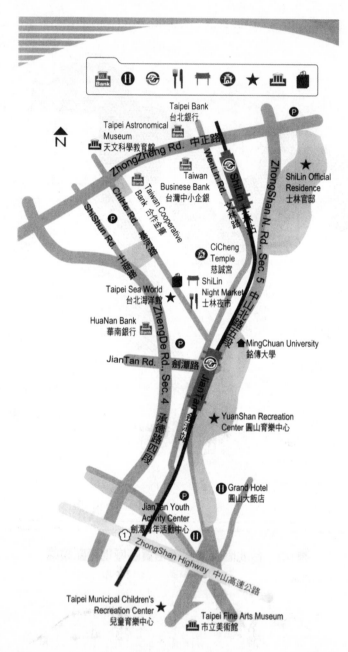

圖1-4　台北圓山大飯店周邊交通網及自然人文景觀圖

資料來源：台北市政府。

的翻山越嶺，跋山涉水，餐風露宿，可說是歷盡滄桑，極其勞苦。而現代的人生觀卻是抱著「勞動是生活方式，享樂才是目標」的意識。何況，觀光旅遊者是「人依其自由意志，以消費者的身分，在暫時離開日常生活的過程中，所產生的諸多現象與諸關係的總體。」其中旅館住宿業便成為旅遊者另一形式的「家外之家」，也是其在外活動的「庇護所」。是以，對旅館住宿的要求，除了清潔衛生、寧靜隱密之外，更要注重安全問題，以確保其生命之安危。

衡諸世界各大都市觀光旅館火災所造成觀光旅客之傷亡，政府於訂定「觀光旅館管理規則」時釐訂了規範條文：

第四條

經營觀光旅館業，應先備具下列文件，向觀光主管機關申請設觀光旅館。其中第七項：建築設計圖說。第八項：設備總說明書。

第八條

觀光旅館籌設完成後，應具備下列文件報請原受理之觀光主管機關會同警察、衛生及建管等有關機關查驗合格後，由交通部發給觀光旅館業營業執照及觀光旅館專用標識，始得營業。

第一項：營業執照申請書。

第二項：建築物使用執照影本及竣工圖。

第三項：公司登記證明文件影本。

第二十三條（發展觀光條例）

觀光旅館之等級建築、設備、經營、管理與服務方式，應符合本規則之規定。

觀光主管機關對於前項觀光旅館之建築、設備、經營、管理與服務方式，應實施定期或不定期檢查。經檢查之觀光旅館有不合規定事項時，應以書面限期令其改善。有危害旅客安全之虞者，在未改善

前，得責令暫停其一部或全部之使用；逾期未改善者，並得撤銷其營業執照。

　　觀光旅館違反規定，致旅客之生命、身體遭受損害，或嚴重影響觀光旅館業形象者，觀光主管機關應依據發展觀光條例規定處理。

　　觀光旅館之建築管理與防火防空避難設施、消防安全設備、營業衛生、安全防護，由各有關主管機關逕依主管法令實施定期或不定期檢查；經檢查有不合規定事項時，並由各有關主管機關逕依主管法令辦理。

　　另外在「觀光旅館建築及設備標準」及「國際觀光旅館建築及設備標準」表格內之規範亦包含各式客房之淨面積、窗戶、浴廁淨面積、出入口之樓層門廳及會客場所之規定、應附設餐廳、會議廳（室）、酒吧，並酌設空氣調節設備、床具、彩色電視機、收音機、自動電話、客用升降機座數、垃圾箱、冷藏密閉式之垃圾儲藏室、清水沖洗設備等。舉凡對於觀光旅客提供舒適、方便、安全、衛生、現代化之設施，作了極為詳細之規範，雖非滴水不漏，然其字裡行間，可謂字斟句酌，激濁揚清。

(三)旅館的餐飲

　　觀光旅遊本來就有人戲稱為「吃、喝、玩、樂」之活動。其中兩項就是涉及餐飲行業。因為旅客每到一地，除了觀賞其風景名勝之外，對於當地的道地風味，美食佳饌都有著新鮮感與好奇心，似有大快朵頤，以滿足其口感與食慾。復加上旅途奔波勞累，精疲力竭，雖非狼吞虎嚥，但必也非簞食瓢飲所能支應。此外，除了享受口福之外，也要搭配以精湛之歌舞技藝表演。甚至，旅客住宿於旅館之內，除飽食之餘，夜間閒暇無事，亦想邀約三兩好友，成群結伴小酌一杯，或想翩躚輕舞一番，以紓解旅途之緊迫壓力。是以國際星級的旅館在籌設當中就得考慮酒吧間及舞池的設施，尤其是郊區度假型的旅館。

　　還有，旅館餐飲的服務，還得向旅客提供客房餐飲服務（room service），即指將旅客所要求的餐食或飲品送至客房。通常來說，房客最常要求的客房餐飲服務，大都是在早餐時段比較多，因有些房客起床後尚未梳洗打扮，不願為早餐而倉促前往餐廳用餐；有時候，宵夜或酒品、冰塊，或小點心之類也是客房餐飲服務的項目。不過對一般有規模的旅館而言，如果客房餐飲服務的質量不多，對其成本或許會造成入不敷出之現象。然而，主要是旅館似乎都免不了要有這種不可或缺的客房餐飲服務項目。

(四)旅館的服務品質

　　旅館的服務對象是設備和人兩大項，設備的服務多數是屬於可看得見的硬體，而相對的人的服務，是比較傾向於知性、感性的服務人員的態度與行為，即通常比較容易聽得到的是「服務的好與壞」就是指人的服務品質態度親切與傲慢而言。服務業靠的是口碑相傳。據估計，好的口碑最快的傳遞是一個人僅能傳達四個人；壞的口碑則是一個人可傳達二十個人。馬克吐溫也曾說過：「當真理還在綁鞋帶時，謊言已繞了地球一周」，可見「好事不出門，壞事傳千里」，這雖只是一些比喻，但從事旅館、餐飲業者，在服務態度、品質方面，不能不隨時引以為惕。

　　就像享譽全球的連鎖速食餐廳麥當勞漢堡店（McDonald's），麥當勞打出的企業行銷廣告是QSCV——品質（quality）、服務（service）、清潔（clean）、價值（value），綜合而言，麥當勞重視的也是餐飲食品的品質，滿堂笑容可掬，親切和藹的服務態度。餐廳內外裝潢清爽明亮，機械桌椅玻璃擦拭得晶瑩剔透，顯得格外高雅清潔。復加上美味可口的餐點食品飲料，及不斷推陳出新的折扣策略，使消費者感覺到花錢花得值得。這就是百年老店歷久不衰，永續性的經營所具備的條件與氣勢。

二、旅館商品的功能

　　旅館商品所提供的內容，既然是環境、設備、餐飲、服務、衛生氣氛、安全等要素，才能獲取旅客的稱心滿意、讚美與頌揚，然旅館的商品究竟具備有哪些功能實難以條例敘述。

　　自早期的商旅開始，雖然出外旅遊的人數不多，但亦有因陋就簡，遮風避雨的經濟客棧（inn）來提供行商者的住宿，這可說是最早期的歐洲式旅館，也就是所謂「旅行者家外之家」，因此具有家的味道存在。往後住宿業的發展，因旅行者人數日眾，住宿業才逐漸的擴大規模，並提升其設施及服務水準，才有歐式旅館的發展。十九世紀旅館的功能開始逐漸擴充，同時美國的旅館亦如雨後春筍般逐一出現。在當時英國旅館皆為貴族們所享受，但在美國卻是較平民化才成為那時候的「社交中心」，接著更有注重私人「隱私性」（privacy）的旅館問世，所以旅館的功能又再向前踏了一步，於是在建築形式、經營管理方面都漸漸走上專業化的領域。往後，由於業者的競爭及市場的需求，旅館因而除了供應旅客的膳宿而演變為接待當地居民的大宴小酌的宴會業務。在菜餚的變化方面亦採用中、西、和式的料理餐食。甚而餐飲業務早已駕馭客房業務。這種旅館的功能方面又樹立另外一個格局。往後緊接著由於社會的變遷，人際關係交往互動頻繁，旅館宴會業務又向前擴展為集會性的業務需求，這也就是所稱的會議業務。因之旅館業的功能可以說漸臻佳境，騰蛟起鳳，各顯身手。

　　因此就有人說旅館是包羅萬象的天地，城市中的城市，文化藝術的殿堂，國際外交的小聯合國，社會活動的總樞紐。果不其然，以圓山大飯店攀龍附鳳，「各抱地勢，鉤心鬥角」（〈阿房宮賦〉），中國宮殿式仙山瓊閣、金碧輝煌的建築，以及氣象萬千、氣勢磅礴的歷史偉跡，這難道不是旅館商品功能最具典型的格局之寫照嗎！

三、旅館商品的特性

　　旅館商品既然具有這麼多的功能，那麼在這瞬息萬變的大千世界洪流，旅館商品之特性到底為何，旅館業者也務必掌控自己的優勢，放手擴展行銷；然後，也要瞭解自身的缺失，去蕪存菁，避重就輕，採取迂迴戰術，避開肉搏巷戰，以求知己知彼百戰百勝之功。

　　旅館商品的功能是綜合性、多元性的，舉凡住宿、餐飲、宴會、會議、展覽直接性的銷售業務，並有代售服務的業務，如代售航空公司機票、電話卡、代訂遊程（city tour）、販售土產紀念品、日常生活用品、代客洗衣、代客接發資訊、外匯買賣等相關業務與服務。因之，旅館商品之功能，與其說是旅行者家外之家，倒不如說是旅行者食、衣、住、行、育、樂，甚至企業、社交、資訊等活動的秘書或聯絡中心。

　　茲將旅館商品的特性分析如下：

　　第一，旅館的商品如客房、宴會廳、會議廳等設備，是該旅館獨一無二的特有商品，所以僅此一家，別無分號。就連鎖旅館而言，其商品也未必全然相同。

　　第二，旅館的商品既然具有其獨特的風格，但如果消費者，或其想引介的中間者，未曾前來使用，不能將其商品特色完全掌握與描述，又如何敢來嘗試。是以，就要加強旅館商品的規格、設施、場地、菜餚等印冊發行廣告。再說為了爭取更多的業務，也要引進顧客群前來參觀，甚至試用。因此，現代化旅館的經營方式，已非「坐以待客」，必須加強其公關、行銷、企劃、業務推廣等組織部門的功能，甚至在看板上做廣告。

　　第三，旅館商品的特性又因其所能提供的數量受限於其旅館本身既有的規模，就算有更多的觀光旅客，客房間數還是固定的。在宴會來說，台灣人民結婚喜宴都有擇定良辰吉日（通稱看日子）的習性，似此挑定的好日子往往都相互重疊在一天。再說，會議型的消費群，

各式大小會議，諸如演講會、行銷推廣會、週年紀念酒會、新產品展示發表會、定期的例會，雖有其規模大小之區別，但有時場地使用的衝突性也是常有的事。類此，旅館業沒有辦法完全吸收，臨時增加客房數量、宴會廳、會議廳之設備，所以只好眼看著消費群的流失；無奈，漏網之魚，不能一網打盡，頓時，成為過路財神，稍縱即逝，只能望客興嘆。這就是旅館商品的特性之一，旺季（on season）時，人滿為患，一房難求，溜之乎也，雖「鄭穆公使視客館，則束載厲兵秣馬矣」（《左傳》），實非畏戰之罪，乃非戰也。

第四，旅館商品之特性與航空公司客機的座位極為相似。客房及座位在旺季客滿時，一房難求，一票難求，要想臨時加工生產，增加客房或座位，實在是不可能（不過航空公司在旺季時可以增開班次）。然而，一旦到了淡季（off season）時，兩者卻同病相憐，都有同樣的情況發生，就是均沒有「庫存量」，客房到了夜間十時過後，就幾乎沒有多少銷售的機會，客機一起飛，其空餘的座位，也只好隨之「煙消雲散」。這就是為何旅館業及航空業在淡季時，都要採取促銷的活動。類此兩種不同的行業甚至同列於觀光產業的系列之中，再請旅行業加入（事實上許多情況是由旅行業主動策劃設計的）成立策略聯盟，規劃一系列的觀光旅遊套餐，共同行銷，「各盡所能，各取所需」，一起來「度小月」，否則要維持各自營銷的固定成本是極為困難的。以上就是旅館業商品「當日沒有銷售，次日就難有庫存」的現象，也是旅館商品特性之一。

第五，旅館的服務內容分為有形的和無形的；硬體的服務和軟體的服務；物的服務和人的服務之區別。事實上，看得到、觸摸得到的硬體、有形的物的服務，在一般情況之下是比較能改善的，甚至在旅館設計興建之前就可做好一系統性的規劃。只是，樣樣都要顧客覺得滿意，取得信賴感，實非易事，硬體的設備是可以眼見手觸，甚至瀏覽觀賞，或重新配合布置裝扮，以迎合顧客的需求。然而，偏偏是軟體的部分，尤其是「以人來服務」的旅館服務業，「工作人員的態度

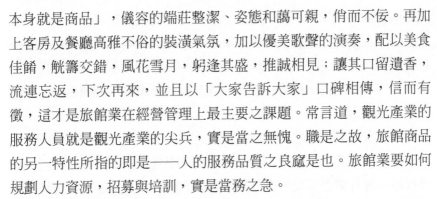

本身就是商品」，儀容的端莊整潔、姿態和藹可親，俏而不佞。再加上客房及餐廳高雅不俗的裝潢氣氛，加以優美歌聲的演奏，配以美食佳餚，觥籌交錯，風花雪月，躬逢其盛，推誠相見；讓其口留遺香，流連忘返，下次再來，並且以「大家告訴大家」口碑相傳，信而有徵，這才是旅館業在經營管理上最主要之課題。常言道，觀光產業的服務人員就是觀光產業的尖兵，實是當之無愧。職是之故，旅館商品的另一特性所指的即是——人的服務品質之良窳是也。旅館業要如何規劃人力資源，招募與培訓，實是當務之急。

　　第六，旅館立地條件的好壞與客房數之多寡，是決定旅館規模的大小和旅館營業的型式。當然也主導與影響旅館的營業方針。旅館立地條件如在風景區則屬於度假、療養型式之旅館，如在大都會則是屬於商務與旅遊之型態，如在機場或港口則是轉程旅客居多。所以選擇旅館的立地因素，就要決定顧客需求的導向，否則訂錯目標，將影響全盤營運；不但投資資本不易回收，甚至難以脫手。

　　還有旅館的規模大小，在規劃闢建前，也要作通盤完整的考量，到底是要建五百間以上客房之大型旅館，或者要建一百五十至五百間客房之中型旅館，又或者要蓋一百五十間以下之小型旅館，實在有賴詳細的市場調查與評估。否則投資與回收利害攸關，千慮一得，力所能及，取精用弘，才能勝券在握，萬無一失；若不然，潦草從事，粗心規劃，暴虎馮河，最後難免導致曲高和寡，前功盡棄，血本無歸之慘局。

　　是以，旅館規模大小與旅館立地條件，決定了旅館營運成敗之勢，即所謂「好的計畫，就是成功的一半」，這也是旅館商品特性之一。

　　第七，旅館業投資的資金本來就相當的龐大，是屬於一種介入較易，退出較難的市場型態。近二十餘年來，由於日本來華旅客急速的成長，以及國民所得的增加，休假制度的改良，使得觀光產業的發展，適逢其會，頓時，業界摩肩接踵，如蟻附羶，一蜂窩似的搶建，

尤以風景區度假旅館，更是趨之若鶩，一時造成旅館業百花爭鳴，盛況空前，堂堂的進入春秋戰國的時代，同時也促成了民宿業時來運轉趁機竄起，乘勝追擊。台灣地區的旅館確實呈現過一陣的美景。無奈，九二一大地震、經濟不景氣、桃芝和納莉颱風等接踵而至，使得民生凋敝，百業蕭條，無獨有偶的，九一一恐怖事件的突發，使得人心惶惶。旅館業也隨之陷入羅雀掘鼠之窘境。台灣地區的旅館業，一向都是各據山頭自吹自擂，各吹一把號各唱各的調，同業之間甚少聯合行銷。況且業界都集中在一起，競爭的機會較濃，相互模仿拷貝的成分較高，一旦生意被搶，失去聲譽，若想獨闢蹊徑，挽回頹勢，恐要費上九牛二虎之力。因之，旅館業隨時要遭受天災地變人禍的威脅，還要飽嘗同業之間的競爭壓力，是其最感弱勢之處，同時也可視為旅館商品在經營上的另一特性也。

第五節　台灣地區旅館發展現況分析

一、國際觀光旅館營運現況

　　台灣地區觀光產業的發展，雖然有一段時期，但比較有系統性和具體性的規劃，乃是自一九五六年先總統蔣中正先生的大力倡導之後，政府及民間才開始有積極性的推動。一九五〇年六月二十五日，北韓軍隊越過北緯三十八度線，向南韓發動攻擊行動，韓戰發生，這不僅是國際間的一件大事，對同屬於東亞地區的台灣亦有重要影響。美國總統杜魯門發表聲明，命令海空軍支援和掩護南韓陸軍擊退北韓入侵者，同時，「鑑於共產黨軍隊的占領台灣，將直接威脅到太平洋區域的安全……因之，本人已命令美國第七艦隊防止對台灣的任何攻擊……。」由此觀之，韓戰的爆發、美國第七艦隊的巡防、美軍顧問團的進駐台灣，不但對台海局勢的穩定，深具鐵壁銅牆、固若金湯的

防禦作用，同時，對於當初海峽兩岸劍拔弩張，一觸即發，驚濤駭浪的緊張局勢，有了緩和的轉機，也遏阻了中國大陸輕舉妄動的野心。頓時，台灣的局勢尚能維持穩定與成長的局面；復加上美軍的往來進出，已促使台灣地區，尤以台北、高雄兩大都市均啓開了接待來華國際觀光旅客的雛型，對於發展台灣地區觀光產業的概念，亦有如夢初醒、粉墨登場之態勢。往後，越戰的爆發，台灣再度被當爲美軍後勤補給維修的基地，來往台美的國際旅客，以及赴台休假的美國大兵，更是蜂擁而上，絡繹不絕。尤以中央政府播遷台灣，百廢待興，民生凋敝，一時由於美軍大量的消費，促使旅館業、餐飲業、交通運輸業、娛樂業等更是出現一線生機，靈機一動，紛紛改弦易轍、大張旗鼓，於是改變了原來經營的型態與模式。縱然，當初觀光產業並未有較爲豪華、現代化的設施，然就以一九五六年接待來華旅客統計來說，就有將近一萬五千人，一九五七年爲一萬八千餘人，成長率一下子就躍升爲21%。觀光產業普遍受到青睞與重視，咸認爲觀光產業是一項無煙囪的工業（no chimney industry），同時也是賺取大量外匯之最佳產業。再者東西橫貫公路之通車，促使台灣花蓮到台中的交通暢行無阻，也導致太魯閣之風景名勝成爲馳名海外之觀光旅遊地區，開闢了台灣地區觀光旅遊的黃金路線。

　　西元一九六五年外雙溪故宮博物院自霧峰遷移北上，正式對外開放供遊客觀賞，台灣歷史文物的典藏又成爲吸引國際觀光旅客來華旅遊最有力的著力點之一。一九六九年「發展觀光條例」正式公布實施，因之，台灣地區觀光產業獲得政府立法之規範與獎勵。

　　一九七一年五月高雄圓山澄清湖大飯店開幕，台灣南部開始有了代表中國傳統帝王皇宮式的商務、休閒與大型宴會設施之綜合旅館，可謂爲台灣南部的旅館業帶來了另一番的新氣象與新衝擊。同年六月交通部觀光局成立，台灣地區觀光行政企劃與管理開始有了專責的中央機構來主導與監督。

　　一九六一年至一九七六年的十五年之間，可算是台灣地區旅

館業極爲輝煌，最爲龍騰虎躍的時期。眞是無獨有偶，好事成雙，一九七六年來華觀光旅客竟然突破百萬大關，各界人士莫不爲之嘖嘖稱奇，額手稱慶；不幸，一九七三年發生能源危機，政府實施「禁止新建建築物辦法」，大約有一年餘的期間，再也沒有新旅館的申請興建。直到一九七五年方造成嚴重的旅館荒。由於市場供需失調，旅館客房身價百倍，於是，地下旅館業虎視眈眈，黃雀伺蟬，乘虛而入，大大方方的充扮了觀光產業的救護神，雖確實紓解了旅行業者一時之困境，然其係非合法營業者，所以似有劣幣驅逐良幣的情況發生，濫竽充數，因而造成主管單位莫大的困擾。復加上「套房式旅館」之興起，更造成了業主與委託經營者之間糾紛迭起不休，如財神酒店、芝麻酒店之例。

於是，政府復於一九七七年三月及五月，相繼公布新的旅館管理辦法「都市住宅區內興建國際觀光旅館處理原則」及「興建國際觀光旅館申請貸款要點」，來紓解建築用地及資金來源的困境。緊接著，中大型的觀光旅館再次出籠。

一九七七年觀光局公布「觀光旅館業管理規則」，使得觀光旅館之經營自立於特定營業之外，一九八〇年夜總會也跳脫於特種營業之管理，大大的降低了特許費用，而成爲國民日常休閒生活的娛樂場所。一九七九年世界經濟不景氣，來華國際觀光旅客急速下降，旅館業首當其衝，是以此期間總共有無數旅館關門大吉。之後，政府不斷地加強國際推廣工作，開闢風景旅遊區以及對業者的輔導與管理，並倡導國民旅遊之風氣。其中來華旅客達一百六十一萬三百八十五人次，成長率爲10.9%，外匯收入達十三億三千三百萬美元，成長率爲38.4%。一九八七年一百七十六萬九百四十八人次，成長率9.3%，一九八八年一百九十三萬五千一百三十人次，成長率爲9.9%；一九八九年首度突破了二百萬人次，一九九一年則負成長4.1%，一九九三年負成長1.2%；不過，一九九四年人數又回升爲二百一十二萬七千二百四十九人次，成長率爲15%，一九九五年成長率9.6%也

都是有相當亮麗的成績。二〇〇〇年來華旅客二百六十二萬四千零三十七人，成長率8.8%尚爲理想，本來抱待著即將衝破三百萬大關的願景，不斷地往前衝刺，不料事與願違，全國不景氣的煙霧瀰漫，桃芝、納莉兩次颱風的肆虐摧殘，復以九一一美國世界貿易大廈等被轟炸事件，美國攻打阿富汗反恐怖的事件，以及紐約客機的失事，雪上加霜，在在都導致國際觀光旅客的停滯不前，以致造成世界各國的旅遊人數大都呈現負成長的現象，類似天然災變以及國際間的政治關係變化與戰爭，都是直覺反映在國際間的觀光旅遊產業。導致世界各國之間的觀光產業均相爲疾首蹙額，束手無策。無不翹足引領，期盼戰爭的結束，和平的到來，景氣的復甦；觀光產業的遠景能早日東方翻白，再露一線曙光。

迄至二〇〇二年由於政府推動觀光倍增計畫及二〇〇四年推動台灣觀光年的努力宣傳下，吸引了大量旅客來台觀光，至二〇〇五年開始觀光客三百三十七萬八千一百一十八人次，二〇〇六年三百五十一萬九千八百二十七人次，二〇〇七年三百七十一萬六千零六十三人次開始突破了三百萬大關，開始持續穩定成長也帶動了旅館事業的成長。

二、觀光旅館營運現況

觀光局爲了提升國內觀光旅館的服務水準，對旅館業比照國外星級的評鑑方法，採取梅花的等級。於一九八三年聘請國內產、官、學界參與評鑑工作，於同年八月五日公布結果，將台灣地區的國際觀光旅館區分爲「五朵梅花級國際觀光旅館」及「四朵梅花級國際觀光旅館」。然後，另有業界自稱三朵梅花級的觀光旅館。其評鑑項目共有五十三項，分由建築設計及設備管理、室內設計及裝潢、建築管理及防火防空避難設施、衛生設備及管理、一般經營管理、觀光保防措施等六小組分別評分。其所訂定的五朵梅花標準爲九百分以上者，四

朵梅花標準為七百分以上者。其中獲五朵級的國際觀光旅館計有十八
家，獲四朵級的國際觀光旅館計有十五家。茲分列於下以作為查閱資
料之參考。

(一)五朵梅花級國際觀光旅館

(1)台北來來大飯店；(2)台北圓山大飯店；(3)高雄國賓大飯店；
(4)台北國賓大飯店；(5)台北亞都大飯店；(6)台北希爾頓大飯店；(7)
高雄華王大飯店；(8)台中全國大飯店；(9)台北統一大飯店；(10)高雄
圓山大飯店；(11)花蓮中信大飯店；(12)台北兄弟大飯店；(13)台北美
麗華大飯店；(14)桃園桃園大飯店；(15)高雄華園大飯店；(16)台北華
泰大飯店；(17)台北財神酒店；(18)台北中泰賓館。

其中統一大飯店、美麗華大飯店、財神酒店都相繼關門停業，並
都改建為其他用途。

(二)四朵梅花級國際觀光旅館

(1)台北三普大飯店；(2)台北三德大飯店；(3)高雄名人大飯店；
(4)日月潭大飯店；(5)嘉義嘉南大飯店；(6)花蓮統帥大飯店；(7)台北
國聯大飯店；(8)台北世紀大飯店；(9)花蓮亞士都大飯店；(10)台北康
華大飯店；(11)高雄皇統大飯店；(12)高雄帝王大飯店；(13)台北嘉年
華大飯店；(14)陽明山中國大飯店；(15)台中敬華大飯店。

第一次評鑑未合乎國際觀光旅館標準者，則為台北國王大飯店、
台南台南大飯店、桃園南華大飯店、台北美琪大飯店。一九八四年六
月又評鑑五家五朵梅花級之國際觀光旅館為台北環亞大飯店、台北富
都大飯店、台北老爺大飯店、台北福華大飯店及台北華國大飯店。觀
光局旋於一九八七年二月再度做第二次之國際觀光旅館之評鑑工作，
結果獲五朵梅花級的國際觀光旅館共有二十二家，比第一次評鑑多出
四家，獲四朵梅花級的國際觀光旅館共有十六家，比第一次評鑑多出
一家。

　　由於評鑑工作囿於法律及技術各方面的條件限制，使得評鑑工作，在先天上就有某些困難，再加上人情關說等的困擾，觀光局就暫停實施國際觀光旅館之評鑑工作。不過對於觀光旅館的管理及服務方面的標準與品質，確實提升了不少。

　　迄至二○○○年國內國際觀光級的旅館，大致如下：

　　台北環亞大飯店、台北晶華大飯店、台北凱悅大飯店、台北福華大飯店、台北國聯大飯店、高雄晶華酒店、高雄漢來大飯店、台北國賓大飯店、台北亞太大飯店、台北兄弟大飯店、台北遠東國際大飯店、台北富都大飯店、台北華泰王子大飯店、台北康華大飯店、台北圓山大飯店、台北希爾頓大飯店、台北華國洲際飯店、台北中泰賓館、台北力霸皇冠大飯店、台北豪景大飯店、台北老爺大酒店、台北三德大飯店、台北西華大飯店、台北亞都麗緻大飯店、台北六福皇宮、桃園南華大飯店、桃園假日大飯店、桃園寰鼎大溪別館、新竹老爺大酒店、新竹國賓大飯店、台中長榮桂冠酒店、台中晶華酒店、台中福華大飯店、台中全國大飯店、台中敬華大飯店、台中通豪大飯店、南投溪頭米堤大飯店、南投日月潭中信大飯店、台南台南大飯店、台南曾文山芙蓉渡假大酒店、高雄國賓大飯店、高雄華園大飯店、高雄福華大飯店、高雄漢來大飯店、高雄華王大飯店、高雄霖園大飯店、高雄皇統大飯店、屏東墾丁凱撒大飯店、墾丁福華渡假飯店、台東娜路彎大酒店、台東老爺大酒店、花蓮亞士都飯店、花蓮中信大飯店、花蓮天祥大飯店、花蓮統帥大飯店、花蓮美侖大飯店、台北國王大飯店、陽明山中國麗緻大飯店、高雄澄清湖圓山大飯店等五十九家。

　　至於，觀光旅館部分，大概可以解釋為，以前評鑑國際觀光旅館五朵及四朵級之國際觀光旅館之外，觀光旅館業自稱三朵級觀光旅館。也是如同第一章第二節所列之觀光旅館之名稱：

　　台北亞士都飯店、台北天成大飯店、帝后大飯店、台北第一大飯店、台北華華大飯店、台北慶泰大飯店、台北麒麟大飯店、台北六福

客棧、台北歐華酒店、中和福朋飯店、基隆長榮桂冠酒店、桃園尊爵大飯店、台中龍谷大飯店、彰化台灣大飯店、南投水沙蓮觀光飯店、台南遠東鴻利多大飯店、嘉義阿里山賓館、高雄統茂休閒飯店、屏東南台灣溫泉觀光大飯店、花蓮東洋大飯店、宜蘭幼獅大飯店、澎湖寶華大飯店共二十二家。觀光旅館的住客對象當然也是以國際觀光旅客為主，但是時下因國際觀光旅館林林總總，各式各樣琳瑯滿目，甚且有些經營得相當有基礎，設備新穎又具現代化，其業務早已根深葉茂，絕非觀光旅館業所能媲美競爭者，換言之，是大大的瞠乎其後；事實上，不可諱言的，許多觀光旅館是全心全力的在苦心經營。無奈，老驥伏櫪，時不我予，已非再有攻城略地之野心與條件；窘境困難揆情度理，有些業者只好順風轉舵，改變經營策略，轉變行銷通路（marketing place），開始承攬國民旅遊的住房業務，聊復爾耳，乃不失度德量力，排除萬難，披沙揀金之上策。惟部分的業者也因困境所逼，左衝右突，抓耳撓腮，束手無策，只好鑽頭覓縫，乾脆改變經營方式，做起按時計費之休息旅館，反而不必有太大的競爭壓力與負擔。而國際觀光旅館評鑑工作亦在此時停擺，不在有梅花朵數之分，只有國際觀光旅館、觀光旅館及一般旅館之分。

三、一般旅館營運現況

如前所述，我國旅館的分類係按照「發展觀光條例」及「觀光旅館業管理規則」，及其在「觀光旅館建築及設備標準」、「國際觀光旅館建築及設備標準」表格內，將國內的觀光級的旅館區分為「國際觀光旅館」及「一般觀光旅館」，其性質已在前文中略有介紹。至於一般的旅館大概就在這兩大類旅館之外的旅館。因國際觀光旅館及觀光旅館之主管機關，除了直轄市、縣市政府之外，主要是屬於交通部觀光局所管轄。然一般的旅館之目的事業主管機關則為直轄市或各地方縣市政府，這也是兩者之間最大的區別。

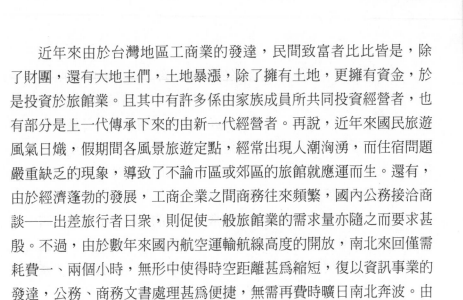

　　近年來由於台灣地區工商業的發達，民間致富者比比皆是，除了財團，還有大地主們，土地暴漲，除了擁有土地，更擁有資金，於是投資於旅館業。且其中有許多係由家族成員所共同投資經營者，也有部分是上一代傳承下來的由新一代經營者。再說，近年來國民旅遊風氣日熾，假期間各風景旅遊定點，經常出現人潮洶湧，而住宿問題嚴重缺乏的現象，導致了不論市區或郊區的旅館就應運而生。還有，由於經濟蓬勃的發展，工商企業之間商務往來頻繁，國內公務接洽商談——出差旅行者日眾，則促使一般旅館業的需求量亦隨之而要求甚殷。不過，由於數年來國內航空運輸航線高度的開放，南北來回僅需耗費一、兩個小時，無形中使得時空距離甚為縮短，復以資訊事業的發達，公務、商務文書處理甚為便捷，無需再費時曠日南北奔波。由是，一般旅館業的業務難免遭受池魚之殃，業務自然受到影響。不過台灣地區另外有一些民間特殊的宗教活動，所謂的朝山廟會之「進香團」眾則成群車隊，浩浩蕩蕩的「善男信女」，忠誠信徒，也是一般旅館所招攬的對象，不過這些旅行團不是由遊覽車公司所承接就是由「遊覽黃牛」所承包。

　　還有，近年來公、民營機構，亦定期的在舉辦「員工旅行」或「自強活動」，鼓勵同仁休閒旅遊活動，為數不少，也是一般旅館樂於承接者。當然，各級學校的春秋兩季旅行或畢業旅行，也都是其主要客源之一，更是一般旅館業慣於使出渾身解數，企足而盼者。

　　此外，每逢選舉期間，更是旅遊的旺季之一，各地時有傳聞，免費招待旅遊，藉以「打樁綁票」，無形中一般旅館業也是竭盡心力，借風使船，想盡辦法，用盡關係來爭取業務。過去政府機關一再三申五令，禁止賄選旅行，但大多數雷聲大，雨點小，往往是繪聲繪影，謠言滿天飛，到頭來查無實據不了了之。近來卻風馳電掣，風清弊絕，非澈底的消除賄選惡風而不罷休，至於其成效如何，尚未判決揭曉。然已聲嘶力竭，聲威大震，形成風聲鶴唳、草木皆兵之遏阻作用，且似有「山雨欲來風滿樓」之勢。如此，一般旅館業餐飲之生

意，難免又要失之交臂。

　　以上所述，僅爲一般旅館業的營業性質及其所面臨之瓶頸。至於一般旅館業客房之住用率，據瞭解各地平均約略爲40%餘，僅是北投地區大約在60%左右，因北投靠近台北市交通方便，又是中外馳名的溫泉區。近年來其色情行業幾近杜絕，多數舊式旅社均重建爲新式旅館，並打著溫泉酒店、飯店的噱頭，來大肆招攬住宿，似有改頭換面、重整旗鼓之態勢。

　　再則，台灣地區一般旅館業通常所慣用的名詞，不外是旅館、酒店、飯店、旅社、客棧、旅店、別館、賓館、之家、旅舍、會館、學舍、中心等等。然，究其性質不外乎是提供住宿、餐飲及小型宴會之用，至於大型的宴會或會議業務則爲數不多。

　　二〇〇一年十月三十一日新修正的「發展觀光條例」第二條增加了第八項，旅館業之定義爲：「指觀光旅館業以外，對旅客提供住宿、休息及其他經中央主管機關核定相關業務之營利事業。」依條文可發現一個現象，特別提到對旅館除了提供住宿之外，還特別提到「休息」之營業事項，這是在國際觀光旅館及一般觀光旅館之定義中所未列舉者。這並非解釋爲觀光旅館不能對旅客提供「休息」之服務業務，而是觀光旅館其對客人所要求的計價方式是按日出售，非有按時計價之零售服務，就算旅客的需求只有半天或數小時，仍然還是要支付一天的房價，尤其是所謂四、五朵梅花級的國際觀光旅館。但一般的旅館平日商務性的旅客並不十分平穩，住用率呈現起伏不定的現象，假若不提供旅客，尤其是當地居民的「休息」服務，恐怕就很難生存。不過這種「休息」的業務之零售方式，並不容許有其他不當之媒介勾當。

　　在上列一般旅館中，可發現幾種現象：第一，都市性的旅館多數爲商務及觀光之旅館；第二，愈是縣級的旅館大都爲商務兼休閒性之旅館，尤其是靠近山區、濱海、臨湖之風景旅遊區，則多數爲渡假性之休閒旅館；第三，屏東縣、台東縣、花蓮縣、宜蘭縣旅館數目成長

率最爲明顯。甚至連金門、澎湖、綠島都有許多旅館，此係受國民旅遊、國民休假制度及航空運輸開放政策之影響，地方政府亦大力的推廣當地風景名勝、歷史文化資源，來招攬各縣市旅客。

還有另一現象，一般旅館亦有全省連鎖經營之現象，諸如中信集團、麗緻集團、星辰集團等，都有連鎖旅館型態在經營，姑且不論其連鎖加盟的方式如何，旅館連鎖經營的潮流，是未來旅館發展之途徑，尤其加入WTO之後，可能情隨事遷，隨行就市，勢不可免。

四、休閒旅館營運現況

隨著工商業發展科技的進步、可支配所得的增加、休假制度的改進和教育文化的提升，人類的觀念也有很大的改變，人們無不視「休閒旅遊」爲紓解身心、走向自然、回歸大地的活動。古人有言，「仁者樂山，智者樂水」、「獨樂樂不如眾樂樂」，因此，不論好友結伴，親人成群，一到假日就是前往郊區，做較爲短暫的休閒旅遊活動。

政府有鑑於發展觀光產業之重要性，在行政體系之組織亦做適當的調整。除原有中央主管機關交通部觀光局之外，在院轄市則分別爲台北市政府交通局（第四科）、高雄市政府建設局（第六科）；各縣市政府過去大都於建設局下設觀光課，掌理觀光發展業務；惟隨著觀光產業的重要性日漸升高，紛紛將地方政府觀光行政機構之層級提升。諸如金門縣、南投縣、澎湖縣政府成立觀光局；台中縣政府成立交通旅遊局；宜蘭縣、花蓮縣政府成立工商旅遊局；台東縣政府成立觀光及城鄉發展局，台北市政府則另成立觀光委員會專責整合市府各局、處觀光資源及協調宣傳事務。並結合民間的力量，共同發展「本土、生態、三度空間的優質觀光新環境」，並進而促使以「全民心中有觀光」、「共同建設國際化」，讓台灣融入國際社會，使「全球眼中有台灣」的願景早日實現。

　　西元一九八二年內政部營建署依據「國家公園法」規劃設置第一個國家公園——墾丁國家公園，接著相繼有玉山國家公園、陽明山國家公園、太魯閣國家公園、雪霸國家公園及金門國家公園等六處國家公園，使得台灣地區的國土使用正式進入新的觀念與新的紀元。因為國家公園的功能除了具有國民休閒遊憩的特性之外，更具有自然保育及學術研究等特性。當然，由於國家公園之設置，無形中增加了國內外旅客多處旅遊的景點。不過，國土觀光遊憩計畫（National Plan）是一個國家最高層級的觀光遊憩資源規劃。以台灣地區來說，最高層級位階之計畫為「台灣地區綜合開發計畫」。

　　依據新修正「發展觀光條例」第二條第四項規定，風景特定區係「指依規定程序劃定之風景或名勝地區」。按交通部觀光局其組織之職掌，其中兩項有關資源、名勝古蹟及風景區之事權。其一為天然及文化觀光資源之調查與規劃事項；其二為觀光地區名勝、古蹟之維護，以及風景區之開發、管理事項。由是，觀光局於國內先後成立了十處風景特定區管理處，直接開發及管理國家級風景特定區觀光資源。其十處風景特定區管理處分別為：東北角海岸、東部海岸、澎湖、大鵬灣、花東縱谷、日月潭、馬祖、參山、阿里山、茂林。

　　另據「發展觀光條例」，第二條第三項其對「觀光地區」之定義為：「指風景特定區以外，經中央主管機關會商各目的事業主管機關同意後指定供觀光旅客遊覽之風景、名勝、古蹟、博物館、展覽場所及其他可供觀光之地區。」本來國內主要觀光遊憩資源就分屬於不同單位主管。除上述交通部觀光局所屬風景特定區、海水浴場、民營遊樂區以及內政部營建署所轄國家公園之外，行政院農業委員會所管理休閒農業及森林遊樂區、行政院退除役官兵輔導委員會所屬農（林）場、教育部所管大學實驗林、經濟部所督導之水庫及國營事業附屬觀光遊憩資源設置目標、管理機關及管理法令均不同，部分主管機關僅將觀光旅遊視為其多目標經營項目之一。為免疊床架屋、多頭馬車、各自為政之弊，為統一事權、有效整合觀光資源，行政院特於

一九九六年十一月成立跨部會之「行政院觀光發展推動小組」，由政務委員擔任召集人，觀光局負責小組作業幕僚工作。

由於政府機關上自行政院下至各縣市地方政府，戮力合作，再加上鼓勵民間的投資意願，使得台閩地區觀光產業的各項設施已嶄露頭角，似有見稜見角，逐漸茁壯成長之勢。就以近幾年造訪各觀光遊憩區遊客人數統計而言，曾有超過一億人次的紀錄，二〇〇〇年總數也高達九千六百多萬人次之多，其中以公營觀光區為首，寺廟次之。

由於觀光遊憩區的規劃開發，其周邊都市型的旅館或休閒式的旅館不由自主地隨之整軍經武，大興土木，大張旗鼓，星羅棋布之盛況已超乎空前。復以，政府再三鼓吹，「觀光產業本土化，一鄉一特色」之口號，姑且不論其成效如何？然就台閩地區觀光遊樂區的開發而言，確實已呈現了百花爭綻的新局面，尤以休閒式旅館之異軍突起，更是令人刮目相看。上山下海，林林總總，真可謂靠山吃山，靠海吃海之喻，無以復加。是以，交通部觀光局為加強國民旅遊業務之規劃與管理，特於二〇〇二年在霧峰成立「國民旅遊組」。

如就一九九五年至二〇〇〇年台灣地區觀光旅館住用率統計，台北市總平均為73%、花蓮地區總平均為39.12%、風景區為52.12%、高雄市為57.05%、台中市為56.12%、桃竹苗地區為55.52%、其他地區為48.11%，其中以台北市為最高，因其係都市型之旅館，住用率最為持穩。花蓮地區僅39.12%居末，與台北市相差33.89%，幾近一倍，風景區僅52.12%，與台北市相差20.88%。究其原因，都市型旅館外國旅客占多數，並以商務及觀光為主，住宿期大約三至七天。若以日本旅客為例，其旅遊旺季大概是每年一月、二月、三月、七月、八月、十一月最旺盛。至於休閒式的旅館多數集中於風景、遊憩區，住客也多數為本國人，旅遊目的是休閒兼觀光，多數集中在長週末（long weekend）的假日，或者寒暑假為最高峰，住宿期間一至三天，因為假期密集，住房集中，旺季時供不應求，淡季時門可羅雀，導致住用率不穩定之最主要因素。

　　休閒渡假旅館，絕大多數都設立在風景區，距離市區甚遠。旅客除了備用車輛自行往返之外，旅館通常都備有接駁車輛（shuttle bus），來回穿梭於車站與旅館之間的接送服務，對旅館而言，是一筆額外開銷，但對旅客而言，是一項極為便捷的服務，為爭攬生意，旅館同業之間都爭相仿效，惟恐落於人後。

　　休閒渡假式旅館因地處郊區，旅客夜間除飲酒作樂者外，有些亦要求麻將消遣性之設備服務，否則，難耐夜間閒暇之苦。尤有進者，部分旅館業者更增設多樣的休閒育樂設施來加強對旅客之服務，並藉以增加營收，其項目諸如，最近最廣為流行之SPA及溫泉泡湯設施、三溫暖、健身器材設施、游泳池、網球場、壁球場、射箭場，以及高爾夫球練習場、兒童電動遊樂場，甚至網咖等，樣樣齊全。這是一般都市旅館，所望塵莫及者。

　　都市旅館位於市區，尤其是位於都會區域內者，其業務除了客房收入之外，餐飲收入或會議場地出租收入都相當可觀，往往都超過客房之收入。然而，餐飲及宴會業務對休閒渡假式旅館而言卻竟成無源之水，無本之木，簡直就是緣木求魚，妄自興嘆。這就是休閒式旅館除了供應住宿客房簡單餐飲之外，無法爭取宴會業務的最大困境。

　　如前文「一般旅館」所述，旅館的用詞甚多，有如旅館、酒店、飯店、旅社、客棧、旅店、別館、賓館、之家、會館、中心等等。自從觀光遊憩區規劃後，風景區的分類不外乎是國家公園、國家級風景特定區、森林遊樂區、文物遊樂區、海水浴場遊樂區、高爾夫球場遊樂區、觀光農場、觀光果園、動物園、育樂園、文化園區、公園綠地，除中央主管機關內政部營建署暨交通部觀光局所直接管轄之國家公園和國家級風景特定區之外：另外「發展觀光條例」第二條第三項、第五項、第六項都有所規定。再加上第十條、第十一條、第十二條、第十三條、第十四條、第十五條、第十六條、第十七條、第十八條、第二十條都有所規範。再則，有些遊樂區的設置卻依「都市計畫法」或「非都市土地使用管理規則」，所准許設立者，當然其主管機

關爲各地方政府所轄。

　　職是之故，依照相關法規所設立之遊樂設施，審時度勢，甚囂塵上，如出一轍，紛紛出籠。緊接著，各式各樣的休閒式渡假旅館也不約而同似的長相左右，背山靠水紛紛掛牌開張。因此，其所取的旅館名稱更是五花八門，標新立異。諸如，渡假山莊、渡假村、俱樂部、生態農場、牧場、花園、會議中心、活動中心、海族樂園、小木屋、山莊、茶園、露營地等，無所不包。

五、民宿崛起與營運現況

　　民宿（Bed & Breakfast, B & B）係源自歐洲地區國家，當時僅僅在農場爲休閒（leisure）的旅客提供簡便住宿的床（bed）和早餐（breakfast）。以讓旅客享受農場自然的景觀和參與生產活動，並與主人共用早餐，融入農場家庭溫馨的家居生活，這通常係由家庭主婦或退休的耆英人士服務，一方面當作家庭副業，以些微的收入作爲家用的補貼；另一方面享樂於人生第二春事業的生涯規劃。

(一)台灣地區民宿的崛起

　　緣於台灣地區國民所得的增加，教育水準的提升，週休二日制度的實施，促使國人對於休閒旅遊養生之道觀念的重視。之後由於觀光旅憩區的設置，是以，每逢假期，各地旅客風起雲湧，車水馬龍，絡繹不絕，爭相擠向風景名勝遊覽區，踏青渡假，以求紓解充電與養精蓄銳。一時間，造成風景區人潮如織，對於住宿設施的提供，自是粥少僧多，一宿難求，對於旅客確實造成諸多不便與困擾。

　　有識之士，眼明手快，遂於各遊樂區的民房，或臨時搭建，或臨時擴建提供旅客住宿之處所，對於風景區的住宿問題，不可諱言的，的的確確發揮了不少救急之功效。然而，久而久之，這些民間的住宿設施，卻成爲三不管的「地下旅館」。日積月累，對於當地居住環境

與公安問題衍生了不少後遺症。諸如，建物、治安、消防、垃圾處理、污水處理等問題，都任其自生自滅。表面上看來各級政府似乎置若罔顧，或束手無策。事實上，本來就缺乏相關規章法令來加以規範與管理，再加上各地方政府原先的預算就捉襟見肘，員額編制不足，變成有責無權無錢、爭相責難的機構。

實際上，國內尚未有國家公園及觀光景點之前，以及在未制定民宿相關規章之前，在各地區的休閒農業及原住民部落體系區內，早有部分農民及原住民從事民宿之經營業務。只是於一九八二年墾丁國家公園成立之後，民間住宿設施（民宿），更形氾濫，管理問題亦日趨嚴重。政府有鑑於此，遂召集相關機構，開始著手民宿管理法令規章之制定。

(二)民宿法規的制定

◆民宿管理辦法的制定

交通部觀光局為配合推動行政院「促進東部地區農業發展計畫」執行計畫第5-1-2案，有關「研定民宿管理相關規定」案，多次經中央政府及地方有關政府機關與專家學者，開會研擬「民宿管理辦法草案初稿」，並就相關民宿之主管機構、設置地區、經營規模、建築、消防設施基準及課稅標準等問題，提報「行政院觀光發展推動小組委員會議」來討論。

此外，交通部觀光局並邀請財政部、經濟部、內政部、農業委員會、原住民委員會、法務部等相關部會共同商議，經行政院「觀光發展推動小組」第三十四次委員會會議確定民宿管理之重要原則。

爾後，於二○○一年十二月十二日，先行頒布「民宿管理辦法」，使得民宿的規範有了法源的根據。

◆發展觀光條例的規定

「發展觀光條例」於二○○三年六月十一日修正公布。為使民宿

之設立、經營與管理有所根據，於「發展觀光條例」第二十五條，特為立法規範：「主管機關應依據各地區人文、自然景觀、生態、環境資源及農林漁牧生產活動，輔導管理民宿之設置。

　　民宿經營者，應向地方主管機關申請登記，領取登記證及專用標識後，始得經營。

　　民宿之設置地區、經營規模、建築、消防、經營設備基準、申請登記要件、經營者資格、管理監督及其他應遵行事項之管理辦法，由中央主管機關會商有關機關定之。」

　　根據上列第二十五條第三款之規定，擬訂「民宿管理辦法」藉以釐清強化民宿之定義與定位，俾使有意經營民宿之業者有所遵循；並期望透過輔導體系的功能，提升民宿的經營品質。

　　除此而外，更冀望政府與民間藉此重規疊矩，俾能促進農業休閒，活絡農村、山區經濟及觀光產業的發展契機，以消弭或降低加入WTO之後，對於農業所帶來之衝擊，以平衡都市與鄉間產業發展之城鄉差距。

　　根據行政院主計處公布二○○五年農林漁牧普查結果，發現休閒農牧業收入是傳統農業的一百倍，休閒漁業則是傳統漁業的1.7倍，這是台灣首次針對休閒農林漁牧業所做的調查。足見政府為因應加入WTO農產品必須開放的挑戰，政府積極鼓勵傳統農林漁牧業升級轉型的成果，已嶄露頭角，出現端倪。

(三)民宿的定義與分類

◆民宿的定義

　　根據「發展觀光條例」第二條第九項，及「民宿管理辦法」第三條規定，民宿的定義：「指利用自用住宅空閒房間，結合當地人文、自然景觀、生態、環境資源及農林漁牧生產活動，以家庭副業方式經營，提供旅客鄉野生活之住宿處所。」

　　顯而易見的，民宿的經營條件，係以自用的住宅，而且是空閒的房間，並以家庭副業的方式經營。就其立法條件而論，係結合當地人文、自然景觀、生態、環境資源及農林漁牧生產活動等限制要件。且民宿係以家庭副業方式經營，所以無需繳交營業稅，不過每年也是必須申報綜合所得稅。

　　交通部觀光局為便於民宿業者之申請設立、經營管理，特於二○○三年七月編纂「民宿Q&A暨相關法規、解釋函彙編」，以資參考。此外，並與民宿協會及大專相關科系，共同建立民宿輔導機制，設立單一窗口；另請民宿協會選派十位「種子教師」，由觀光局施以適切訓練，俾「種子教師」能向民宿經營者解說民宿相關法令規定，以利營運。

◆民宿的分類

　　1.北美地區民宿經營的型態與種類：（詹益政、黃清澤，2006）

　　　(1)私人家庭經營（private homes）：此類民宿係由私人家庭經營，且僅是自己家人一、二位主事者，利用自用住宅空閒多餘的房間，有些是由於兒女成長後已離家，或在外做事或成家立業；而主人也是退休在家，當作副業來經營，既可增加收入，又可消遣時間，享受老年生活，一舉兩得。

　　　(2)家族經營（family-room operations）：此類型民宿係由家族經營所擁有的木屋（lodge）或客棧（inn），其特徵是主人可與旅客同桌用餐。然因其規模較私人家庭所經營的民宿大，旅客好像無法享受真正家庭的氣氛，溝通上也稍嫌缺少互動，似乎已經略帶有商業氣息。

　　　(3)商業性經營（commercial operations）：商業性經營的民宿，事實上是以專業經營的民宿。具有較大規模的商業性建築物，已失去了精巧麗緻的外貌，且不是以空閒多餘的房間來服務旅客。

(4)其他（others）：除了民宿（B&B）的簡易住宿業之
外，尚有客棧、供膳食的公寓（pension）、水上流
動旅館（floatel）、快艇旅館（yachtel）、休閒中心
（resort center）、渡假中心（holiday center）、汽艇旅館
（boatel）、農場民宿（ranch）、渡假旅舍（cottage）、露
營小屋（camp bungalow）、汽車旅舍（mobillage）、滑雪小
屋（skilodge）、拖車、休閒車、小遊艇及帳篷等等。

2.台灣民宿之設置地區依「民宿管理辦法」第五條規定：

「民宿之設置，以下列地區為限，並須符合相關土地使用管制法
令之規定：

一、風景特定區。

二、觀光地區。

三、國家公園區。

四、原住民地區。

五、偏遠地區。

六、離島地區。

七、經農業主管機關核發經營許可登記證之休閒農場或經農業主
管機關劃定之休閒農業區。

八、金門特定區計畫自然村。

九、非都市土地。」

3.台灣民宿的種類根據「民宿管理辦法」第六條規定：

「民宿之經營規模，以客房數五間以下，且客房總樓地板面積
一百五十平方公尺以下為原則。但位於原住民保留地、經農業主
管機關核發經營許可登記證之休閒農場、經農業主管機關劃定之
休閒農業區、觀光地區、偏遠地區及離島地區之特色民宿，得以
客房數十五間以下，且客房總樓地板面積二百平方公尺以下之規
模經營之。

前項偏遠地區及特色項目，由當地主管機關認定，報請中央主管機關備查後實施，並得視實際需要予以調整。」

總而言之，台灣民宿設立的地區、分類及限制條件，歸類為：

1.民宿：
　(1)設立地區：風景特定區、國家公園區、金門特定區計畫自然村、非都市土地。
　(2)限制條件：客房五間以下，客房總樓地板面積一百五十平方公尺以下。
2.特色民宿：
　(1)設立地區：觀光地區、原住民地區、偏遠地區、離島地區、休閒農場及休閒農業區。
　(2)限制條件：客房十五間以下，客房總樓地板面積二百平方公尺以下。

(四)台灣民宿發展現況

台灣地區住宿業的發展歷程，可溯自明末清初，日治時代，以至於國民政府播遷來台之後。由簡陋型供販夫走卒臨時棲身之所的「販仔間」，再推進為客棧、旅館，乃至於現代化以服務國際商務旅客及觀光旅客的四星級、五星級的觀光旅館及國際觀光旅館。

近年來由於國民旅遊風氣盛行，每年國民旅遊的人數都超過上億的人次，因此，除了國家公園、國家風景區的渡假休閒式旅館，早已開枝散葉之外，民宿業亦隨風起舞，這可說是台灣休閒產業另一嶄新的景象，也是住宿業史上空前的先例。

民宿的家數，根據交通部觀光局資料顯示，二〇〇三年五月經輔導合格登記的計有一百零四家，截至二〇〇六年十二月合格登記的計有一千七百零四家，非法者計有二百九十七家。

至於民宿的類型，在台灣約略分為溫泉民宿、農園民宿、濱海民

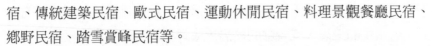

宿、傳統建築民宿、歐式民宿、運動休閒民宿、料理景觀餐廳民宿、鄉野民宿、踏雪賞峰民宿等。

有關民宿店家的名稱，更是五花八門，無奇不有。諸如渡假村、雅築、小棧、小屋、山莊、農莊、山居、田莊、山水居、天然居、天籟園、茶園、之家、雲宿、木屋等。

六、觀光產業發展與生態保育

由於山地與濱海地區過度的開發，加上濫伐、濫墾及濫建的狷獗，造成國土破壞及生態保育的漠視。風災、水災所帶來的土石流及地層下陷所帶來的嚴重後果。政府有鑑於此，於二○○五年一月十二日，通過「國土復育條例」行動綱領，於十年內投資一千億元實施國土復育工作，其主要內容：

1. 逾一千五百公尺高之山林禁止再開發建物並限期拆除，高山農業、旅遊景點將成歷史。
2. 在海岸部分，明定全台沿海平均高潮線至第一省道，濱海主要公路及背山之間的區域，禁止一切開發。

據此，違法開發的高山經濟作物、建物必須於五年內拆除復原。對於高山蔬果、休閒農業、休閒農場、休閒旅館、民宿若非經許可，則必強制拆除恢復原狀，對於原住民產業給予輔導，並採取必要之保護措施。

七、政府獎勵投資條例

「發展觀光條例」自一九六九年七月三十日首度公布，期間經三次的修正，於二○○三年六月十一日公布實施迄今。並修正及增列獎勵的條文，自四十四條到五十二條，共九條。期間主要的獎勵措施，

不外乎是公有土地使用權的取得，是承讓或承租或變更土地使用的限制，或租稅的優惠，或貸款的優惠，或營利事業所得稅的優惠，或優良觀光產業人員的表揚，或相關觀光之優良文學、藝術作品之獎勵等等。

　　茲將相關的獎勵條文與精義，簡略的分述如下：

　　第一，「發展觀光條例」第四十四條規定：「觀光旅館、旅館與觀光遊樂設施之興建及觀光產業之經營、管理，由中央主管機關會商有關機關訂定獎勵項目及標準獎勵之。」

　　根據此項條文的規定，時值政府目前正推動著二○○八年觀光客倍增計量，觀光客增加兩百萬人次，總數五百萬人次之目標，以及開放大陸人士全面性來台觀光旅遊等方案，對於觀光旅館、旅館與觀光遊樂設施之興建及觀光產業之經營、管理，由行政院觀光發展推動小組委員會召集相關機關會商，並訂定獎勵項目及標準獎勵之，以刺激民間的投資意願。

　　第二，「發展觀光條例」第四十五條規定：「民間機構開發經營觀光遊樂設施、觀光旅館經中央主管機關報請行政院核定者，其範圍內所需之公有土地得由公產管理機構讓售、出租、設定地上權、聯合開發、委託開發、合作經營、信託或以使用土地權利或租金出資方式，提供民間機構開發興建、營運，不受土地法第二十五條，國有財產法第二十八條及地方政府公產管理法令之限制。

　　依前項讓售之公有土地為公用財產者，仍應變更為非公用財產，由非公用財產管理機關辦理讓售。」

　　根據此項獎勵條文，對於民間投資觀光產業所需用土地，不論是開發、興建、營運，都免除原土地法第二十五條，國有財產法第二十八條及地方政府公產管理法令之限制，且公有土地亦可變更為非公用財產予與讓售。因此，許多觀光產業的用地，不是採取BOT的方式取得，就是向政府標購或承租。

　　第三，「發展觀光條例」第四十六條規定：「民間機構開發經營

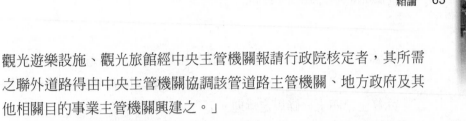
觀光遊樂設施、觀光旅館經中央主管機關報請行政院核定者，其所需之聯外道路得由中央主管機關協調該管道路主管機關、地方政府及其他相關目的事業主管機關興建之。」

政府為獎勵民間投資遊樂設施、觀光旅館，因所屬用地均非交通方便之處，是以，必須要有聯外道路之闢建，以利觀光客之進出，此聯外道路則由政府出資施工。

第四，「發展觀光條例」第四十七條規定：「民間機構開發經營觀光遊樂設施、觀光旅館經中央主管機關核定者，其範圍內所需用地如涉及都市計畫或非都市土地使用變更，應檢具書圖文件申請，依都市計畫法第二十七條或區域計畫法第十五條之一規定辦理逕行變更，不受通盤檢討之限制。」

根據此項獎勵條文之規定，民間投資開發經營觀光遊樂設施、觀光旅館，只要一經中央主管機關核定者，其範圍內所使用的土地，可依都市計畫法第二十七條或區域計畫法第十五條之一規定辦理逕行變更。假如再按通盤檢討之程序，方能通過變更規定，恐不知要耗費多少人力與時間，若要經過冗長的通盤檢討，怕是遠水救不了近火，對於觀光產業的推動，似有曠日廢時之延宕。

第五，「發展觀光條例」第四十八條規定：「民間機構經營觀光遊樂業、觀光旅館業、旅館業之貸款經中央主管機關報請行政院核定者，中央主管機關為配合發展觀光政策之需要，得洽請相關機關或金融機構提供優惠貸款。」

經營觀光遊樂業及旅館業所需資金龐大，且又受到季節性之限制，營運狀況極為不穩定，除了要支付固定營業費用之外，若再要負擔高額的利息費用，恐會降低投資意願；政府為獎勵投資觀光產業，體恤民間業者之疾苦，特制定此項條例，提供優惠貸款，除了貸款額度並提供優惠利率。此外，政府另外編列約一百億以提供現有旅館貸款，從事更新計畫，每家旅館以不超過一億元為原則，利率約年息3%。

　　第六，「發展觀光條例」第四十九條規定：「民間機構經營觀光遊樂業、觀光旅館業之租稅優惠，依促進民間參與公共建設法第三十六條至第四十一條規定辦理。」

　　為配合發展觀光政策之需要，獎勵民間投資觀光產業之意願，除提供優惠貸款額度及優惠利率之外，並提供優惠租稅條件，依照「促進民間參與公共建設法第三十六條至第四十一條規定」辦理。當然優惠的條件也有一定年度的限制。

　　第七，「發展觀光條例」第五十條規定：「為加強國際觀光宣傳推廣，公司組織之觀光產業，得在下列用途項下支出金額百分之十至百分之二十限度內，抵減當年度應納營利事業所得稅額；當年度不足抵減時，得在以後四年內抵減之：

　　一、配合政府參與國際宣傳推廣之費用。

　　二、配合政府參加國際觀光組織及旅遊展覽之費用。

　　三、配合政府推廣會議旅遊之費用。

　　前項投資抵減，其每一年度得抵減總額，以不超過該公司當年度應納營利事業所得稅額百分之五十為限。但最後年度抵減金額，不在此限。

　　第一項投資抵減之適用範圍、核定機關、申請期限、申請程序、施行期限、抵減率及其他相關事項之辦法，由行政院定之。」

　　關於此項規定，政府用意在鼓勵嘉惠觀光產業之經營者，積極參與國際觀光組織及國內外所舉辦的定期與不定期旅遊會展；以讓台灣走出去，世界走進來之國際行銷目標。

　　以台灣目前所參與的國際觀光組織，有如太平洋區旅行協會（Pacific Area Travel Association, PATA）、國際航空運輸協會（International Air Transport Association, IATA）；所參加的國際旅遊展覽，則有如東京旅展及台灣每年所舉辦的台北旅展、中國地區的旅展等。這些宣傳推廣費用，政府都允許在年度營利事業所得稅額上予以抵減。

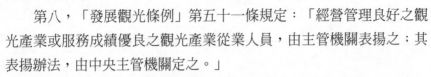

　　第八，「發展觀光條例」第五十一條規定：「經營管理良好之觀光產業或服務成績優良之觀光產業從業人員，由主管機關表揚之；其表揚辦法，由中央主管機關定之。」

　　關於此項規定，用以激勵觀光產業從業人員之服務熱忱，並藉以提升觀光產業之服務品質與樹立優良之品牌形象。此辦法行之有年，最顯著之例子，則有如交通部觀光局每年於觀光節所舉辦的表揚大會。

　　第九，「發展觀光條例」第五十二條規定：「主管機關為加強觀光宣傳，促進觀光產業發展，對有關觀光之優良文學、藝術作品，應予獎勵；其辦法，由中央主管機關會同有關機關定之。中央主管機關，對促進觀光產業之發展有重大貢獻者，授給獎金、獎章或獎狀表揚之。」

　　關於此項規定，在未修訂前係僅以對有關「觀光地區或風景特定區」之文學、藝術作品，予以獎勵經修訂之後，其範圍乃擴及所有對觀光之優良文學、藝術作品，均予以獎勵。

　　類此獎勵措施最顯著的例子，如每年台灣地區各地所舉辦的元宵花燈及煙火施放活動等，有益於觀光宣傳，促進觀光產業發展之藝術作品。

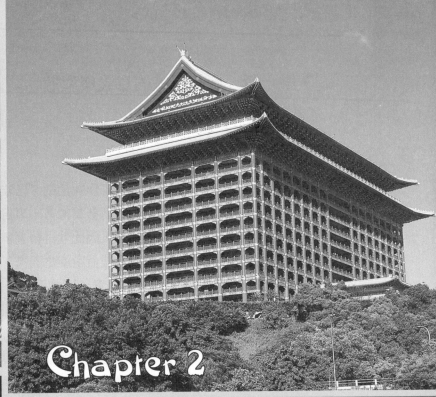

Chapter 2

旅館內部組織的架構及
其功能之簡介

第一節　旅館組織的意義與型態
第二節　旅館組織的架構與職掌

 第一節　旅館組織的意義與型態

一、組織的意義

　　自工業革命之後，人類爲完成其工作與活動，已非靠一己之力量所能一氣呵成，單靠個人的力量，非但勢單力薄，事倍功半，同時在質與量方面，也會受到相當大的限制，因此就得藉著多數人的合作，才能眾志成城，一蹴即成。爲使多數成員所屬之團體，能產生最高之產值，則工作必須分工合作，分層負責，適才適所；此外，爲達成團體共同之目標，則必須形成協調的組合，以及維持固若金湯，井然有序之團體規範。類此團體，才是有系統、有原則、有規律之組織——「鋼鐵的團隊」。換言之，組織就是建立與確認人與事的最佳組合（composition），其用意在於發揮最大的效率，達成共同的目標。至於管理則係人類追求組織績效的一種工具。

二、組織型態的演變

　　一九七〇年是一個變化激烈的年代，尤其對於今日公司經營的綜效（synergy）、公司內外部環境的變化，和維持公司永續經營所需的組織型態，都有其背景與趨勢。茲將營運組織型態的演變，歸類爲：(1)直線式組織；(2)職能式組織；(3)直線、幕僚組織；(4)職能部門組織；(5)事業部門組織；(6)矩陣式組織。

　　企業體究竟該採取哪一種組織的型態，則應視各企業體之功能和條件而異。我國觀光旅館亦屬企業之一環，其係爲特許行業，均爲公司組織，而一般旅館係爲登記制，其爲公司、獨資、合夥等三種。至於，旅館在其內部營運與操作方面應採取哪一種組織模式，方能達到其服務旅客、達到最高的企業經營成效，則要視其旅館立地的條件、

規模的大小、經營的型態、歷史的發展沿革等等因素，來決定其業務上所須採用的組織架構與型態，方能發揮統御領導與管理效率之功效，進而完成旅館所賦予之使命。

三、組織的特性

　　旅館業係服務業，在經營管理方面，多少有別於一般的生產事業，不過旅館組織的特性，與其他的企業組織也有其共同性。茲將旅館組織之特性分述如下：

(一)企業目標一致性

　　全體員工上下共同為提高旅館的營業收入、提高旅館的住房率，以及餐飲、會議收入而努力。更重要的是提升旅館的知名度（image）而能達到永續經營之最終目標。

(二)藉收統一事權之效

　　各部門專司其責，並向最高主管階層負責。命令與報告，上傳下達，下情上達，藉著雙向之溝通，而能達成旅館管理之系統化、效率化，以求其最佳之經營成果。至於，逐級授權，分層負責，經營階層應將此奉為圭臬。

(三)釐清權責，界定賞罰

　　組織的權責若能劃分清楚，乃是推動企業機器之首要因素，才能免其因循苟且，防其敷衍搪塞之弊；並進而製造賞罰之標準與細則，察察為明，信賞必罰，勿枉勿縱。賞罰分明，實為經營管理直接入道，不必言傳之唯一不二法門。

(四)確立分工制度，建立合理化經營

　　將旅館工作流程做詳盡之細分，並經由橫向面的協調與合作來達成工作的目標，並控制合理化之薪津、費用等等會計項目。單位經營，利潤中心制，就是朝向合理化經營之最高準則。

(五)建立標準化、單純化之作業流程

　　藉由組織之機制來建立旅館作業之簡單化、專業化與標準化，以提高產值，創造營業績效。

(六)教育員工，培養通才

　　藉旅館組織之機能，不斷地訓練員工，培養生產技能，深植團隊觀念，並實施輪調制度，廣開升遷管道，輔以獎懲辦法，以提高員工之向心力與戰鬥力。類此，綱舉目張，去蕪存菁，見微知著，則如大旱望雲霓，民德歸厚矣！

　　事實上，旅館組織架構之建構正確，猶如土木工程鋼筋鐵骨之架撐，如果再加上領導得宜，在經營管理上則無不得心應手，氣貫長虹。無怪乎，人言：「統御領導既是藝術，且是技術。」

第二節　旅館組織的架構與職掌

　　經營企業機構，本來就是一項整體性的任務，所追求的目標其實就是整體性的績效。不過，就企業整個發展歷程而言，隨著企業規模擴大，配合分工與專精的需要，其組織內部遂出現機能分合的發展趨勢，如何整合內部的蛻化變質，配合組織績效的意義與外在環境的變化，而加以調適，通權達變，以順應時勢和潮流的衝擊，乃是當今企業經營者最重要的課題。旅館業既是當下最時髦的產業之一，其所面

臨裡外的劇變與壓力，如何提升競爭力，如何隨波逐流，實有賴旅館業領導階層的慎謀能斷與當機立斷。如何調整旅館的組織架構，如何強化旅館組織的功能與職掌，實是業者應劍及履及、隨機應變、殫精竭慮的當務之急。

一、旅館組織的架構

旅館業既是服務業，其對旅客所提供者，係指有形「硬體的設施」以及趨向於無形的「人的服務」品質，這包括提供勞務者的知識、技術與態度。是以，就旅館服務的性質而言，其各有不同的組織型態。但，總而言之，可歸納為兩大部門，其一為前檯（front of the house），也就是外務；另一為後檯（back of the house），也就是內務，此兩大部門即類似歌舞劇院的前場與後場。其中，外務部門即包括客房部與餐飲部兩大主要營業單位，以及其附帶的營業項目、電話、商店購物等。內務部門則含括財務、總務、人事、採購、工務等等輔助營業作業的部門，也就是後勤部門。

茲將較具規模之飯店組織系統略作說明（如圖2-1）。董事會為最高決策單位，董事長下設總經理負責管理及執行董事會所決議交辦的事項。董事會另派任一位總稽核駐店，直接向董事長負責，專門處理稽核有關飯店之財務會計事務。這就是飯店目前最高階層之管理層。

在總經理之下，通常設有兩位副總經理，一位業務副總經理，一位後勤副總經理，然，盱衡情勢，或為對外接洽業務便捷，設有三至五位副總者亦有之，也有僅僅設立一位副總來襄助總經理管理飯店。另外，大型飯店除本店之外，另有分支營業單位，如台北圓山大飯店、高雄圓山大飯店，以構成整個組織架構。

再說，飯店作業組織系統，除上述總經理、副總經理之外，並設一名總經理特別助理。此外，亦設有總經理室來處理總經理及副總經理交辦事項，即承上啓下之所有公事文件之呈覆。在副總經理之下，

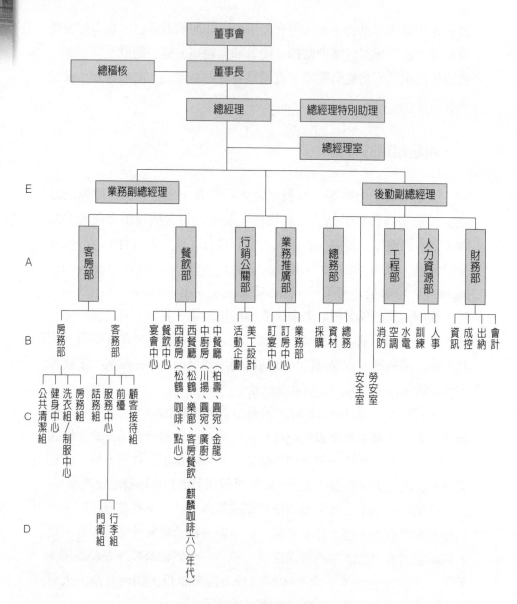

圖2-1　飯店組織系統表

資料來源：台北圓山大飯店提供。

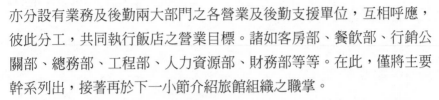

亦分設有業務及後勤兩大部門之各營業及後勤支援單位，互相呼應，彼此分工，共同執行飯店之營業目標。諸如客房部、餐飲部、行銷公關部、總務部、工程部、人力資源部、財務部等等。在此，僅將主要幹系列出，接著再於下一小節介紹旅館組織之職掌。

　　揆諸，擔任旅館的最高階層領導者，始終信奉的管理與工作哲學是「勤與誠」。「勤」就是要勤於任事，花比別人多的心血與精力，投注在工作上，自然可以發現許多問題，立即處理解決；「誠」就是要誠懇待人，對幹部、員工都是一樣的，不管溝通上有什麼問題，誠實永遠是上策，絕不會因為問題不容易解決，就刻意隱瞞或欺騙，才能建立與所有員工之間的信賴基礎。

　　再則，這些信任的基礎，來自每天不斷地捉住機會溝通，讓每一個員工都能認識到自己扮演的角色與重要性。適才適所的發揮，正是掌握員工的秘訣。

　　公司在用人方面，不應先入為主的判定個人的好與壞，完全由工作表現作為評估的標準，但是對於幹部，則特別強調「品德與操守」，幹部必須以身作則，才能帶動其他部屬為大家效法的典範，對於基層員工，所要求的則是「紀律」。同時在制度或是員工福利方面，有任何爭議或意見，都可以提出來討論，但絕對不能改變的原則就是──操守與紀律。

　　管理階層既然將大量時間投入工作，為了深刻體驗所有業務細節，持續「走動式的管理方式」，隨時發現問題，和幹部溝通，把每一個工作流程細節規劃好、管理好。讓顧客有賓至如歸的感覺，才能留住顧客的心，業績也才能成長。

　　旅館組織架構精良，人才安排適才適用，經營階層以身作則，上下通力合作，出奇制勝，再創佳績，勢必指日可待。

二、旅館組織的職掌

(一)總經理的職掌

1. 承奉董事會之決議暨董事長之命令，執行旅館經營管理之全責，並向董事會提出營運報告。
2. 對外代表旅館，全力做好公關、行銷業務。
3. 對內統理旅館營運事項及管理工作。
4. 聘用工程人員檢查旅館建築及設施之安全維護工作。
5. 督促人事部門，選用、派任、培訓人才，確實建立人事管理規章。
6. 隨時關注旅館設備之實用性及時潮性，以滿足旅客之需求。
7. 隨時檢查營業狀況是否達成預算目標。
8. 隨時檢查客房住用率，是否能保持一定水準，或有否超收，及處理辦法。
9. 隨時與旅行社建立良好公共關係，以確保客源。
10. 隨時掌控業務推廣部門作業狀況，並定期舉行會議，以利追蹤，檢討得失。
11. 隨時與社團負責人聯絡，以爭取會議業務。
12. 經常與政府官員保持良好互動關係，以爭取國內外會議及宴會業務。
13. 隨時檢討旅館的設備、裝潢及景緻特色，是否足以吸引顧客再次光臨。
14. 審核日報表，以確實掌控營運、費用、成本，使之經營合理化。
15. 隨時檢核企劃案之執行，並作修正與調整。
16. 督促各部門建立中、長程營運企劃，並加以彙總，按期檢討。
17. 與國內外大型旅館保持密切關係，確實掌握資訊，並舉行觀摩

及交流會議。

18.配合各級政府或公益團體，辦理社會非營利事業之活動，以回饋社會，並提升旅館之形象。

19.隨時注意國內外政治、經濟、社會、文化之現象變化以資採取因應措施。

20.蒐集國內外旅遊資訊，並向相關主管機構提出建言。

21.配合社區或各級政府，做好環境衛生及生態保護工作。

(二)副總經理的職掌

1.協助總經理以貫徹旅館經營管理之使命。

2.隨時向總經理報告有關各部門業務執行之情形，並提出改進之措施。

3.總經理因故外出時，代其行使職務，並負全部責任（現因資訊設備充足，遇重大事故急於裁決時，應隨時請示）。

4.代理總經理執行公關及行銷事項。

5.襄助總經理解決各部門之間的工作分配與協調工作，以利業務之推動。

6.協助推行旅館的政策、方針及營業目標。

7.協助總經理檢驗各部門之業務計畫，並督促提出改進措施。

8.協助掌控旅館人員選用、派任、培訓等人力資源規劃，以做到人盡其才，適才適所。

9.協助掌控旅館各項收支日報表，以杜絕浪費。

10.協助總經理及各部門主管，處理各項緊急狀況。

11.協助總經理與各社團及公民營機構之公關，以爭取更多的客源。

12.督促房務部確實做好客房之清潔與服務工作。

13.督促餐飲部做好餐飲菜餚及服務之品質。

14.確實掌控旅館各項用品及生鮮材料之進貨成本。

15.督促工務部門做好旅館設備之維修和周邊環境之維護工作。

16.督促安全、衛生部門做好安衛工作，以確保旅客及員工之衛生與安全。

17.協助總經理督促各部門之營業預算執行情況，並提出改進措施。

18.協助總經理督促各部門擬訂旅館中長期之營業計畫書，並彙總呈報總經理核示。

19.充當總經理與各部門和各級員工之間的溝通協調工作。並扮演橋樑及潤滑作用，化解員工與公司之間不必要的爭端與誤解。

(三)財務部的職掌

　　旅館財務部之下分別設立有：會計室、成本控制室、資訊室、出納室（包括餐廳出納）等，其業務鉅細靡遺，凡有關收支的財務事項，無所不包，茲將重要者列述如下：

1.總公司暨分支單位每月報表之審核與彙總工作。

2.總公司暨分支單位每年預算與決算之彙編。

3.總公司各項收入與支出之審核及報表製作與分析。

4.固定資產之投保作業及折舊提列訂單。

5.餐飲成本及其他營業用品之成本分析及控制。

6.瞭解食物及飲料酒類之市價、成本、計算菜單、酒單每一客分量之成本。

7.會同盤點存貨，與帳簿記載數量比較，做出存貨調節表，並調查存貨差異之原因。

8.協助預算彙編作業。

9.資本支出預算控制。

10.負責編訂物品料號，並輸入電腦。

11.負責清點每日營收現金、外幣。

12.負責員工薪津、獎金之發放。

13.處理顧客或員工簽帳、house use、ENT等業務。

14.支付為營運所需之各項銷售管理費用。

15.應收帳款之收受及催收。

16.營利事業所得稅之結算申報事宜。

17.年度預算編審擬訂及每月檢討分析。

18.現金流量預測與控制。

19.所有稅捐之計算、申報與繳稅。

20.協助總經理彙編每月結算、每年結算及新年度預算報告書，以資向董事會提出口頭及書面報告。

(四)客務部的職掌

客務部隸屬於客房部門。其屬下設有顧客接待組、話務組、服務中心等單位。茲將其重要職掌列述如下：

◆顧客接待組

1.負責旅客住入、遷出、住宿登記、個人資料等有關電腦之作業與建立手冊。

2.負責旅客住宿前之準備、住入之安排、接待、到達歡迎及遷出時結帳之有關服務工作。

3.負責訂房中心營業時間以外之國內、外訂房事宜。

4.負責接聽所有電話留言及轉送房客、外客交待之物品。

5.負責貴重物品之保管、信件包裹收發及快遞服務。

6.與房務部保持聯繫，掌握客房可用情形，可隨時對訂房做最適當的彈性調整和控制。

7.提供旅客餐宿旅遊資料及商業訊息。

8.負責機票確認及更改服務。

9.代售電話卡、郵票及外幣兌換服務。

10.提供旅客到達、離開或其他用途之車輛安排服務。

11.負責旅館行政用車輛之支援、安排。

12.負責提供商務中心之服務：秘書服務、會議室租用、筆譯、口譯服務、設備器材租用、傳眞影印服務、印刷服務、包裝服務等。

13.機場代表負責後送行李之處理。

14.其他臨時交辦事宜。

◆話務組

1.國內外長途電話之撥接及帳務處理。

2.負責旅客晨間喚醒（morning call），或另外囑咐之時間提醒旅客準備。

3.負責緊急事故發生時，配合安全單位做緊急通告。

4.負責建立本地交通運輸業、貿易商、旅館業、銀行或其他商務機構之分類電話建檔。

◆服務中心

1.負責協調、安排並管理特約計程車、接駁車（shuttle bus）。

2.負責代客泊車服務（parking service）。

3.負責旅客遷入或遷出時行李之裝卸工作，及行李搬送、搬移客房之服務。

4.負責櫃檯交辦接機、送機或旅客換房服務。

5.負責遞送旅客及相關人員之文件、信件、傳眞、報紙、包裹或遺留物品。

6.其他臨時交辦事項。

(五)房務部的職掌

房務部隸屬客房部門，其屬下除設有辦公室外，另設房務組（樓

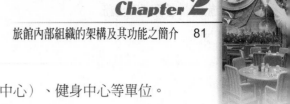

層服務）、公共清潔組、洗衣組（制服中心）、健身中心等單位。

◆房務組（樓層服務或清潔服務）

1.安排旅客遷入後之各項服務。

2.負責所有客房之清潔、衛生作業並掌控客房之任何狀況。

3.將整理好可使用或請修中之客房及住用情形等狀況，提供正確資料予客務部。

4.負責客房內特別布置或VIP住客之特別服務工作。

5.負責於旅客遷出時聯絡服務中心搬運行李、出納櫃檯結帳事宜。

6.負責清點旅客借用品（如衣袍等）或冰箱飲料等，並通知櫃檯結帳，以免造成旅客離去而跑帳。

7.客房內之設備、家具、物品之清潔維護及請修之工作。

8.客房用消耗品之請領、補充、管控、保護、維護、更新等記錄及年度預算計畫工作。

9.會同安全單位共同處理客房所發生之緊急事故。

10.其他客房臨時事項或上級交辦事項。

◆公共清潔組

1.負責旅館內部各公共區域之清潔工作。

2.負責夜間旅館內各區清潔、維護，包括餐飲部各用餐區及廚房區域。

3.負責所有辦公室之清潔作業。

4.負責所有洗手間之清潔工作。

5.協助搬運旅館內各項家具。

6.負責特定VIP遷入前之準備事宜。

7.負責旅館內各區之植物、花草等工作。

8.負責保養維護公共區域之財產等工作。

9.其他交辦事項。

◆洗衣組（制服中心）

1.負責各餐廳送洗布巾數量、品質、清點管控工作。

2.負責客房物品數量清點、品質管控作業。

3.負責核算每日及每月布巾送洗數量並編列報表。

4.負責布巾庫存、汰舊換新及請購列表事宜。

5.負責客衣送洗數量、清點、品質管控等作業。

6.負責制服送洗數量、清潔、品管等工作。

7.其他交辦事項。

◆健身中心

1.健身房及三溫暖各項設施之維護工作。

2.負責指導顧客使用健身器材之工作。

3.健身房收費之記帳工作。

4.負責健身房、三溫暖家具、空調、燈光、池水溫度之控制等維
　修與管控工作。

5.負責為顧客測量心肺、血壓功能。

6.其他交辦事項。

(六)餐飲部的職掌

　　餐飲部在旅館業之中，尤其是對觀光旅館級以上者而言，是一大
部門，甚至有些旅館的餐飲收入卻獨占鰲頭、一柱擎天。所以餐飲部
是一個極為重要的部門。在餐飲部組織之下，通常設有中西餐廳、中
西廚房、客房餐飲中心、餐務服務、宴會中心等單位。

　　現就餐飲部之主要職掌簡列如下，至於其附屬單位之職能，且於
後文再述。

1.配合業務推廣部，訂定年度餐飲活動推廣計畫，以及各節令促銷活動計畫，按期實施。

2.將各項設施物品保持完整堪用，減少破壞遺失，並維持工作場所環境之整潔、安全與衛生。

3.負責制定各式菜單，並以色、香、味及品質、內容標準化，並嚴格控制品質及成本。

4.負責旅館中西式餐飲服務，做好有關筵席、宴會、酒會、會議、外燴等業務。

5.負責對各餐廳之餐具器皿之供應、使用、回收、洗滌、保養、保存及添購等作業。

6.負責客房訂餐服務及用具之回收工作。

7.訂定調酒規定，嚴格管制，酒品品牌、年份、數量及調酒員牌照等事宜。

8.建立行銷網，確立消費者之資料，隨時掌控，聯絡推廣。

9.處理顧客抱怨、迅速謀求解決之道，並儘速反映上級處理。

10.製作海報，包括囍宴、壽宴、會議等指示牌。

11.囍宴時，於大廳負責迎賓送客之禮儀服務。

12.與旅館內各部門（如安全、總務、工程、人事、客房等部門）密切配合，分工合作。

13.與人力資源部隨時聯繫，調派大型宴會所需臨時工作人員（part time）或與各級學校配合，實施建教合作。

14.與外部宴會場所布置人員配合現場布置工作。

15.加強培訓廚房生產人員及餐廳服務人員之服務、作業品質。

16.隨時注意顧客之反應，並做經常性之問卷調查，以利改善，精益求精。

17.隨時注意餐飲業同行之菜餚變化及行銷活動。

18.其他上級交辦事項。

(七)業務推廣部的職掌

現代是一個多元性企業策劃的時代，企業的經營管理，已到了組合策略、企業定位、市場行銷、研究發展與競爭激烈的總體戰時代。觀光產業如何發展，旅館業如何因應，如何自力更生，如何圖存求活。個別旅館就必須為自身的環境選擇一適當的環節位置，並且主動去蒐羅利用與自身競爭力有關的重要關鍵因素。當然，其中的方法與途徑甚多，然業務推廣仍不失為其重要的行銷（marketing）策略（strategy）。

旅館業的業務推廣部門，其下設有業務部、國際推廣組、國內推廣組、訂房中心等等。現僅將其主要業務綜合列述如下，餘則於後文相關章節再詳述。

1. 依據各事業體對住宿、餐食、宴會、會議等設施需求以及分析國內外市場之變化，訂定旅館年度市場行銷企劃案（marketing plan）。

2. 依據公司所擬訂之業務推廣計畫（sales & promation），採定期或不定期分別向公司行號、社團、政府機構及旅行業進軍推廣。

3. 分別向各企業與非企業團體行銷推廣，以爭取固定客源及非固定客源（機會銷售），以廣增營業範圍。

4. 對固定客戶資料建檔，並以電話、卡片問候，並親自登門造訪，以保持最密切的關係，和建立最融洽之客情關係。

5. 適時派員參加國、內外相關餐旅推廣會議，以建立公司之知名度。

6. 負責編列預算並印製業務資料夾（sales kit），以及相關宣傳品，以備與客戶訪問聯絡時使用。

7. 建立旅館全體員工「全員參與」與「全員經營」之理念，務必灌輸同舟共濟、榮譽分享之思想，共同成為旅館業務的推銷員

與工作夥伴。

8.與客房部及餐飲部密切合作，隨時處理退房、退宴、超房、超宴等緊急措施。

9.加強業務推廣部各業務員（salesman）之教育訓練，增強推銷技能。

10.隨時注意國際間政治、經濟、社會、文化等變化，尤其是天災人禍，以採取應變措施。

11.隨時蒐集國內外之同行資訊，並向上級做具體之報告與建議。

12.負責迅速處理訂房、訂宴、會議等相關作業，以利業務之順利進行。

13.配合公關部門、客房部門、餐飲部門，做好迎接VIP光臨及住宿問題。

14.其他上級交辦事項。

(八)行銷公關部的職掌

在美國近代已逐漸流行著一種觀念——「以服務代替行銷」。目前旅館業（含住宿、餐飲、會議服務）競爭日熾，建築物的外表型態格局及內部的裝潢設施，日益新穎富麗，服務項目與款式，也是日益改良翻新。在這種情況下，假如在經營上要與別人有所匹敵，有所抗衡，恐非在「顧客服務」方面加把勁是無別良策。所謂「顧客至上」、「消費者第一」絕非打打廣告，喊喊口號而已。更何況是在今日消費者意識抬頭，消費者權益備受重視的消費者時代導向。有鑑於此，旅館業者除了在硬體設施方面力求精進之外，更是加強人的服務品質。於是，除了政府及民間設有消費者文教基金會來保護消費者權益之外，旅館業亦設有行銷公關部，來加強服務消費者。茲將公關部之主要職掌簡述如下：

其包含積極性的與消極性之職能。

◆積極性職能

1.統籌飯店有關客房、餐飲宴席、會議業務等顧客之接待事宜。

2.協調該部門之有關顧客服務事宜。

3.配合業務推廣部門拜會、聯繫、協調政府機構、人民團體與接待其貴賓等相關事宜。

4.代表旅館參加公益活動或其他社團活動，以建立旅館良好之形象與關係。

5.設計「意見調查表」，以統計分析消費者之反應，作爲經營管理之參考。

6.負責旅館之文宣，包括報導、宣傳、廣告之剪報，並呈閱上級及分送有關部門參考。

7.協助安排VIP接待儀式。並致贈鮮花、水果、卡片、紀念品等事項，通知相關部門辦理。

8.會同房務部於貴賓抵達前完成房間布置檢查。

9.編列「廣告預算計畫表」，負責廣告促銷活動，如媒體選擇、文字擬稿審核、廣告刊登；協調美工製作宣傳品以及宣傳品之寄發等工作。

10.負責旅館之報導、宣傳事宜，並與媒體記者建立良好之公關。

11.負責接待消費者、機關團體及學校之參觀導覽事宜。

12.其他上級交辦事項。

◆消極性職能

1.負責現場顧客之抱怨（complaint）。

2.負責處理顧客對旅館之讚譽及抱怨之信函、傳眞。

3.負責顧客之緊急及意外事件。

(九)總務部的職掌

　　總務部門所管轄之業務範圍較廣，幾乎無所不包，嚴格說來它眞的是旅館的後勤單位。其所屬可分爲總務、資材、採購等單位。其業務較爲繁複與瑣碎，茲簡述如下：

◆總務

　　1.負責各辦公室及其衛生間與員工休閒中心之清潔及維護。

　　2.工務車之調配工作。

　　3.公務車輛之保養、檢驗工作。

　　4.顧客車輛停車之計時收費。

　　5.負責疏導來館與離館尖峰時段車流，以維行車順暢。

　　6.員工餐廳、員工廚房、員工更衣室及員工宿舍之清潔維護及管理。

　　7.旅館周邊、認養公園道路之清潔維護及管理。

　　8.旅館廣場及周邊花木栽植、除草與修枝等工作。

　　9.盆景栽培、繁殖、澆水與施肥等工作。

　　10.客房盆花插飾及囍宴插花布置。

　　11.廢棄物處理工作。

　　12.信件及郵務處理工作。

　　13.員工制服管理作業。

　　14.其他上級臨時交辦事項。

◆資材

　　1.負責各項財產之登錄、盤點、調撥協調、編號及有關之資產處理等工作。

　　2.負責各庫房帳管理及文具庫房管理。

　　3.負責乾貨、飲料、酒庫庫房管理作業。

4.負責一切維護、雜項倉庫之作業管理。

5.其他上級臨時交辦事項。

◆採購

1.掌理全飯店各部門因經營、服務、管理、工作等方面所需物品與設備之一切採購、訂貨、交貨及品質、價格控制等事項。

2.掌握市場價格之變動資料，並做分析。

3.掌理接續貨源供應情況之市場調查工作。

4.掌理提供新產品、開發新貨源、發掘新供應商。

5.掌理修繕、保養、消毒工作之比價、發包、驗收。

6.制定每一倉儲物品之安全存量。

7.提出滯銷品報告表。

8.協助成本控制單位定期之盤點作業。

9.負責生鮮食品、酒品、飲料、事務用品、營業用品、工程用品等之驗收與倉儲、領貨作業。

10.其他上級交辦事項。

(十)工程部的職掌

旅館硬體設備方面的維修與養護工作何其重要，就如人類的組織系統裡面的循環系統。諸如空氣調節、電氣、電訊、電梯、冷凍、冷藏、鍋爐、給水管、排水管、消防設施、廢水處理、播音、裝潢、水線、照明、土木工程修繕等等，必須要有專業人才負責保養、檢查、修護等工作，甚至需要具備各項的專業技術證照。中型以上的旅館工程部門的編制較大，工作分類較細，其宗旨在維持旅館每天二十四小時，每年三百六十五天的營業。工程部門係為默默耕耘的無名英雄，其對旅館的貢獻度與重要性不言而喻。

規模略大的旅館，其工程部的組織人員概約包括有：總工程師、副總工程師、木土及機電工程師、工程部秘書、工程技術員、練習生

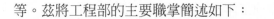

等。茲將工程部的主要職掌簡述如下：

1. 負責旅館建築物之維護保養、整修、油漆、粉刷，並維持新鮮美觀。

2. 維持旅館及周邊各項路燈、機械設備、管路、路線、馬達、幫浦、排風機之定期檢查、保養、維修。

3. 掌控旅館內空調設備、冷凍（藏）設備、給水、排水及濾水處理器設備、鍋爐、電梯、發電機、變壓機、變壓器等重要設備之定期檢查保養，務必保持正常運作。

4. 負責旅館及其附屬建築物內消防設備器材、防颱設備器材、總機電話器材、電視音響設備等之定期檢查、保養及維修，務必保持正常運作。

5. 掌控旅館之水、電、油、瓦斯等能源使用情形之檢查及詳予記錄，並研究改進節約使用方法。

6. 負責受理旅館內部各部門使用固定及非固定設備損壞故障之請修單、電話請修、緊急請修或移動物品之送修。

7. 依據餐飲部之宴會通知單，派員協助器材組至宴會或會議場所支援燈光、音響、放映等設備之裝卸。

8. 客房門匙之遺失或更換鎖頭。

9. 編列預算，按期實施汰舊換新工程，增設或改裝設備器材，負責施工、監工、完工驗收之事宜。

10. 負責專案修護，如變更用途、擴建、增建、修建等特別工程之計畫預算。擬訂外包、招標、監標、比價、設計之參考，派員參與施工、監工、驗收之事宜。

11. 負責機械室、發電室之清潔、維護，並定期檢查。

12. 所有房務、廚房、餐廳、洗衣房、總機房、採購、總務及男女員工宿舍均要密切配合，隨時支援其維修工程。

13. 依據消防編組任務、派員負責水災、火災、風災、地震等災害

搶救工作及災害後處理工作。

14.其他上級臨時交辦事項。

(十一)人力資源部的職掌

旅館係為一多目標、多功能、多角化的綜合性服務業，它提供了旅客食、衣、住、行、育、樂無所不包的服務，其範圍有如前文所述，包含了住宿、餐飲、會議、娛樂、購物、健身、社交等等業務。由於，它是比較偏重於「人的服務」的行業，在管理上、在作業上，管理者和服務員總是處於最前端的面對面服務，並隨時要給予顧客舒適暢心的滿足感，所以在管理上是比較屬於一種「無形的管理」。

也因為旅館員工流動頻繁，造成旅館服務品質不能穩定，直接影響到旅館的形象。又因為旅館業旺季與淡季的業務差異較為明顯，是以在人力資源的規劃方面，也是很費心力的。總之，人力資源部在旅館後勤單位之中所扮演的角色相當重要，總是挑起重擔，隨時準備救火，補充人員，培訓人員，以維持旅館正常的運作。

人力資源部其組織的編制，包括人事、訓練兩單位，分掌所有的人事業務，茲將其主要職掌分述如下：

◆人事

1.依據旅館經營之方針、政策與目標，擬訂總店及各分支機構之組織制度、員額編制、職責職掌、人力運用與分析、人事管理制度與規章等政策。

2.負責研討勞動之發展，員工中、長期性前程規劃，員工意向及勞動條件之調查研究事項。

3.負責勞資關係政策研擬修訂、勞資會議舉辦、勞資爭議事件處理等事項。

4.負責員工招募面談、任用決定、到職報到、勞動契約簽訂（變更、續約）及試用期滿考核等事項。

5.負責辦理員工離職（含退休、退職、撫卹、解僱）等相關事宜。

6.負責員工薪津制度之研擬、核定、職務升等升級、薪資待遇水準之調查變更、薪資獎金計算核發等事宜。

7.負責員工平日及年度之考績考核、研擬及執行獎勵、懲戒制度、發布獎懲通報及考績獎金計算核發等事宜。

8.負責員工上／下班、請假（換班、補休、年假）其考勤管理事項之查核登錄及統計作業事宜。

9.負責員工之勞工保險、健康保險加退保事項，勞健保投保薪資調整、健保卡換發等事項。

10.負責員工輿情之瞭解、傷病探慰、員工協助與輔導、員工抱怨處理及勞資雙方之諮詢等事宜。

11.負責督導各分支單位之人事管理及二級主管以上之任用、調遷、晉升等作業事項之審核轉呈。

12.負責辦理各分支單位員工之退休、退職、撫卹等相關事宜。

13.負責評估及辦理建教合作事宜。

14.其他上級臨時交辦事項。

◆訓練

1.負責擬訂年度員工訓練計畫。

2.負責辦理新進人員訓練及一般訓練課程。

3.負責辦理建教合作，實習生之新生訓練。

4.負責編印旅館對內刊物及圖書之管理。

5.負責建立訓練員制度及交換訓練辦法。

6.安排旅館內之訓練員及延聘旅館外之講師，以實施各部門各階層之訓練教育。

7.負責處理各級學校或機關參觀飯店之相關事宜。

8.其他上級臨時交辦事項。

(十二)安全室的職掌

　　旅館的安全其所涵蓋的範圍，係包括住宿、用餐、開會、休閒活動的顧客；此外，還包含自身的員工，甚至應包括前來旅館送貨或承包業務之協力廠商，這些都是對象。而至於安全工作的目標係指：(1)旅客與員工生命免於危害；(2)旅客與員工之身體不受損傷；(3)旅客與員工之財物不使其遭受損失。旅客旅遊在外，員工上班於旅館之內，若其人身及財物都無法獲得安全保障，則其旅遊或者工作都將失去目的與意義。因之，旅館之安全問題，其重要性就可想而知了。

　　旅館安全部門，其組織編制設有安全室主管及副主管外，又分安管組及警衛班。茲將其職掌簡介於下：

1.負責計畫、執行、督導有關旅館之旅客、員工及財產之安全業務。

2.負責旅館新進員工、進入飯店區工作及施工人員之安全查核工作。

3.負責旅館工程合約與各項物品採購合約對保工作。

4.於重大節慶，政府高級官員及國賓等蒞臨旅館期間，執行安全維護工作。

5.監督員工上下班打卡、攜帶物品檢查、門禁管制及協助交通管制。

6.負責旅館安全監視系統之操作、錄影及監視，遇有可疑者應通知就近警衛查明處理。

7.協助安衛室檢查消防系統及所有可能之消防危險事項。

8.平時做好與警政單位之公關，以利各項事業的推展與執行。

9.防範不肖惡客詐財、偷竊、破壞、滋事，並通告相關單位注意。

10.負責「台北市政府警察局觀光飯店安全聯防」業務。

11.其他上級臨時交辦事項。

(十三)安衛室（勞工安全衛生室）的職掌

依據「勞工安全衛生法」第一條規定：「為防止職業災害，保障勞工安全與健康，特制定本法；本法未規定者，適用其他有關法律之規定。」

第二條第四項規定：「本法所稱職業災害，謂勞工就業場所之建築物、設備、原料、材料、化學物品、氣體、蒸氣、粉塵等或作業活動及其他職業上原因引起之勞工疾病、傷害、殘廢或死亡。」

第四條規定：「本法適用於左列各業：……七、餐旅業。……」

旅館業居於「勞工安全衛生法」之規定，凡勞工超過五百人以上者，設立「勞工安全衛生室」以維護勞工之安全。

茲將安衛室之職掌簡介如下：安衛室與安全室之業務需相互瞭解與支援，兩單位之主管互為休假時之職務代理人。

1.負責規劃及督導各部門之勞工安全衛生管理。

2.擬訂職業災害防止計畫，並指導有關部門實施。

3.規劃及督導安全衛生設施之檢點與查核。

4.勞工安全衛生教育訓練之規劃與實施。

5.規劃勞工健康檢查並實施健康管理。

6.辦理職業災害之調查、處理以及統計。

7.定期實施消防訓練與演習。

8.負責提供本旅館有關勞工安全衛生管理之資料及建議。

9.提供員工醫療服務。

10.其他上級臨時交辦事項。

旅館組織架構與職掌雖如文中所言，惟事實上僅係原則而已。且任何一種型態都有其優點，但相對之下，亦均有其缺失。故實際上在組織設計方面，要如何擷取其各項優點而融合公司當時的營運狀況，最需要的組織型態，尚須注意以下各項：

1.組織的目的性：組織內各分子能夠致力於達成各自的目標，但必須與組織的共同目標相連接配合。

2.組織的安定性：組織漸次的調整和革新是有其必要性的。在調整短期間或許未適應而影響整體績效。若由於經常的變換，員工失去信心，必然是公司最嚴重的損失。

3.組織的彈性：如何穩住組織的安定性是絕對必要的，但又要適應公司內外部環境的變化，如何保住基本的型態，如何再做適度、彈性的調整，是極其重要的。

4.組織的專業性：組織在設計時，如何將每個人或每個單位僅擔當一項主要機能，以期發揮預期效果。惟規模較小的公司，由於工作量的關係，恐難達此理想，所以應如何將類似工作加以綜合歸納，再指定專人負責，是一要務。

5.組織的永續性：公司組織的目的是持續性的，因之，在組織設計上應考慮其永續性的經營與發展。

6.組織的均衡性：在組織設計上要考慮單位之間勞逸均分，不偏不倚，免得造成單位之間的爭執與偏見，以致影響公司的整體利益。

7.業務範圍的明確化：各分支所擔當的職能或業務範圍必須要有明確的劃分，可避免遺漏或重複之現象，致影響公司的整體效益。

8.指揮系統的一元化：在組織設計上，切勿有權責不分、頭重腳輕或多頭馬車之弊病。否則政令不一，不知所從，終致影響效率，而失去工作熱忱。

9.作業程序的制度化：公司內各組成分子所擔當的職能或業務的範圍如未予明確規定，則不但責任無法明瞭，而且也可能發生雜亂無章的現象。如果不能制度化，往往會造成業務的摸索而浪費時間，凡事請示、推諉而影響整體效益。因之，各項業務的推行方法，應依循合理的方法，予以標準化與文字化，促使

公司每個人或各項活動均有跡可循，亦可藉著主管的授權而
提高行事效率，主管亦因而可擴大其管理幅度。（陳國鐘，
1985）

Chapter 3

旅館客房訂房來源及訂房作業

　　旅館係觀光產業的主要基石之一，沒有旅館，觀光產業就無從發展，這是無庸置疑的。它和交通運輸業、旅行業、餐飲娛樂業、購物零售業、風景遊覽區之間構成了觀光產業的生態關係，彼此之間是共生、互補的連鎖反應的產業活動鏈。究其緣由，只有一項，也是唯一的一項，就是它的客體——旅客（含國際觀光旅客及國內旅客）。換言之，不論是國內外旅客，都是旅館的房客，也就是旅館訂房獨一無二的客源。

　　至於旅館的顧客之訂房方式或來源，到底有哪些途徑。茲分述如下：

🛏 第一節　旅館訂房的來源

一、旅客親自訂房或委託他人代訂

　　旅客向旅館親自訂房，過去在電話或資訊設施不太普遍化時，是親自上門（walk in）向旅館櫃檯直接訂房，有時甚至當場完成交易，如有空房就提著行李由「客戶女服務生」（room maid）或門僮（俗稱boy）領著進入客房。這在現代工商業發達的年代，雖然還存有此現象，但畢竟如鳳毛麟角不太多見。現在電腦資訊作業迅捷便利，已改用上網尋找適當的旅館訂房，尤其是目前正流行的自助旅行，更是上網訂房的好例子。

　　除了直接訂房之外，亦常委託親戚好友代訂，或向旅行社訂定。至於其訂房之佣金問題，則視各旅館的政策和旅遊地區或旅遊季節而定。通常旅館給予個別訂房或親友代訂房者有一定的折扣優惠價格，而旅行社的佣金則視其與旅館的契約而定。再說，像這種旅客個別訂房者，俗稱「散客」（FIT），其旅遊的目的則不外是觀光旅遊、探親、開會、商務、醫療等性質。

二、旅行社安排觀光旅遊的訂房

　　旅行社在安排旅客出國觀光旅遊行程時，務必訂妥機位、車輛、旅館與餐廳，先解決交通、住宿及用餐問題。因之，旅館客房的來源應是以旅行社為最大宗，所以旅行社與旅館之間的關係應是最為密切者，旅館所派出之業務員也都以旅行社為主要行銷對象。諸如東南旅行社、新亞旅行社、福星旅行、假日旅行社、三普旅行社、櫻花旅行社等各大旅行社都受旅館業之青睞。為何這些大旅行社有如此多的觀光旅客來源，事實上，它們除了與國外旅行業建立了數十年之交情外（尤其是做日本inbound之業務者），同時它們在海外都設有營業據點，在招攬國際觀光旅客，以確保其源源不斷的客源。這有如東南旅行社在海外有東京、名古屋、大阪、福岡和美國等分公司，除了安排國人前往日本、美國之旅行事宜（outbound）之外，最主要的目的是在招攬當地旅客來台旅遊。似此有龐大的販賣網，無怪乎其在台灣的inbound業務，始終是獨占鰲頭。當然也是旅館業者亟於借風使船，同聲相應，同氣相求者。至於，其房價則視旅行社與旅館業之間的契約而定，通常也有十六送一（one free）的優待方式，也有年底結算退佣方式者。

三、公司、機關團體為商務旅客或參加會議者的訂房

　　類似這樣的訂房多數是由主辦機構或商務往來機構代訂者，如政府單位所邀請的貴賓、貿易公司的顧客（buyer）。還有各社團（如國際扶輪社、國際獅子會、國際青商會、國際婦女會等）所籌辦的國際性大型會議，都是由籌備的主辦單位全盤安排其交通、住宿、餐飲、會議、旅遊等節目。至於國際會議大致可分為「企業性會議」與「非企業性會議」兩大類，企業性的會議有如國外母公司前來當地召開經銷商聯誼會、商品展示會或教育訓練研習會等；還有貿易商從事國際

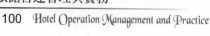

貿易的外國買主，其客源爲數也頗多，這類旅客應歸類於「散客」。
非企業性的會議，其可約略區分爲「國際政府組織的會議」和「國際
性非政府組織的會議」兩大類。國際政府組織的會議諸如參加各式慶
典或友好訪問及考察團，多數由當地政府外交部接待，代爲訂房，其
中不乏國家元首級的政要，在旅館安全防護工作上，甚爲重要。在旅
館住宿期間往往也會舉辦國宴或其他大型的宴會，所以對旅館的收入
必然是相當可觀。至於，國際性非政府組織的會議，如上述的國際性
各類社團組織，其住宿期間也包含餐飲場地出租等其他消費，也是旅
館一大收入。此種訂房方式則應視情況而定（case by case），在房價
方面是可享有優惠價格。不過唯一要考慮的條件是，旅館應具備有會
議場所的先決條件。

四、交通運輸業為其旅客代訂者

　　這有如航空公司、輪船公司或一般性的交通運輸公司爲其旅客所
代訂者。因交通運輸公司之旅客，往往會因旅客到來的日期比較不能
確定，所以在客房使用的控制上，也較難以掌握。此外，航空公司經常
也會因班機的延遲起飛而耽誤行程者，或因故未按原定時間抵達者，航
空公司平時也會爲其旅客安排住宿而訂房。不過像這種訂房方式旅館是
不用付佣的，而交通運輸業一向也不會向旅館要求佣金。還有，一般性
的交通運輸公司過去最常見的該是遊覽汽車公司，有時還包辦承攬旅遊
業務，如學校的畢業旅行、鄉里間的進香團，往昔常常藉「旅行黃牛」
（有些寄生在遊覽車業者），包辦旅遊，含交通、住宿、餐飲、購物等
活動。這也是旅館訂房的來源，不過，其所訂之旅館，大都傾向於大眾
化的一般旅館，或風景區的旅館。而旅館消防安全問題，則是一大隱
憂，當然保險問題更是被漠然置之，置若罔聞，其所造成的意外和糾紛
實是屢見不鮮，思空見慣。這是台灣在發展觀光產業歷程中一段觸目驚
心，不堪回首的血的教訓。

　　另外，受到世界經濟不景氣，以及九一一恐怖事件波及的影響，整個觀光產業全面受創，尤以航空業為然。就如華航為了吸引旅客上門，提高航機載客率，華航藉著四十二週年慶提出一連串旅遊優惠方案來促銷。其平均售價往下調降10%至20%，這種行銷策略如果奏效，相對也帶動著旅行業、旅館業及其他觀光行業的業務。旅館住宿訂房生意連帶依草附木，水漲船高，可見其共生關係之緊密。

第二節　旅館訂房作業的流程

一、旅館訂房的方式

　　旅館訂房的方式，多半是以書面為主。但也有電話訂房、書信訂房、口頭訂房、傳真訂房、電報訂房、國際網路網站訂房（電腦訂位系統）等方式。茲簡介如下：

(一)電話訂房

　　一般以個別旅客（FIT）、公司行號代其顧客所訂，或是旅行社在開簽訂房單時，也會先以電話聯繫。個別旅客或公司行號代訂者，依慣例都需先匯寄訂金，但事實上能主動匯寄訂金者，寥寥無幾，幾乎少之又少，旅館又不能不等待旅客的到來，所以權宜之變，旅館往往將客房留置到下午六點為止，旅客若不聯絡或不光臨，只好將它出售。不過現在因信用卡（credit card）甚為流行，旅館可要求旅客個人或代訂者，先將信用卡號碼報來作為訂金，彼此先有個約定或預刷。

(二)書信訂房

　　這種方式通常是由個人或者大型的旅行團所使用。旅行社會開具訂房單一式兩份，一份交由旅館，一份交由旅行社保管，以作為訂房

憑據。一般的方式，旅館通常在訂房單上蓋有接受（confirm）訂房或等候（on waiting）訂房。

(三)口頭訂房

這個方式通常是由旅客本人或其代理者親自向旅館訂房。有時還是由住宿於旅館內之旅客預訂下回使用的日期。當然這是以常客爲多。

(四)傳眞訂房

利用傳眞方式向旅館訂房，而旅館亦以書面（或用傳眞）來確認旅客之訂房，以作爲回覆。現在已被廣爲使用。

(五)電報訂房

這種電報訂房（telegram）方式與傳眞訂房方式類似。近年來傳眞機功效進展甚快，已取代了老式的電報訂房，省事甚多。

(六)國際網路網站訂房或電腦訂位系統訂房

因電腦係時代潮流下的產物，國際網路網站訂房（internet）或電腦訂位系統（CRS）訂房的功能極爲廣大，且已普遍被使用。旅館業爲業務所需亦將其旅館的簡介做成網頁（homepage）輸入上網，旅客只要在電腦上尋求其認爲最適合的旅館，就可藉由電腦訂房，尤其是自助旅行的年輕人更爲熱衷。

此外，近年來在北美地區亦興起了另一種旅遊服務業，其係向消費者推銷旅遊券，憑券可向旅館享用折扣優待。這或許可稱爲另一形式的訂房方式，但旅客來源卻充滿著不確定性，成效如何，實在有待暸解。類此住宿業行銷公司，台灣亦逐漸流行中。

二、旅館訂房作業的程序

　　關於上述旅客訂房的方式和預收訂金之相關情況，以下再論述有關旅客訂房之作業程序。

1.旅館訂房中心在接獲旅客之電話訂房或訂房書信文件時，應立即查詢訂房處理系統，若尚有空餘客房時，即將客房型態、房價告之旅客，經旅客確認同意後，並告之旅館訂房中心其住宿日期（如**圖**3-1）。接著填寫「訂房單」（reservation），如係團體訂房則填寫 group reservation card，個人訂房則填寫 guest /reservation card FIT（如**表**3-1、**表**3-2）一式兩聯。註明訂房者及住宿需求等相關資料。一般格式內容大概包括有：

(1)旅客姓名。

(2)旅客抵達旅館日期、時間。

(3)旅客離開旅館日期、時間。

(4)客房種類等級、客房數量、客房價格。

(5)客房樓層客房號碼。

(6)訂房者。

(7)備註。

(8)佣金。

(9)旅客等級。

(10)折扣百分比、折扣摘要。

(11)訂房人或訂房機構、電話、傳眞號碼。

(12)修正、取消事項、時間、傳眞號碼。

(13)接受訂房者姓名。

2.如果無法接受旅客之訂房條件，立即予以婉拒，並需說明、解釋原委。同時應將旅客資料存檔，以作爲往後業務行銷推廣之用。

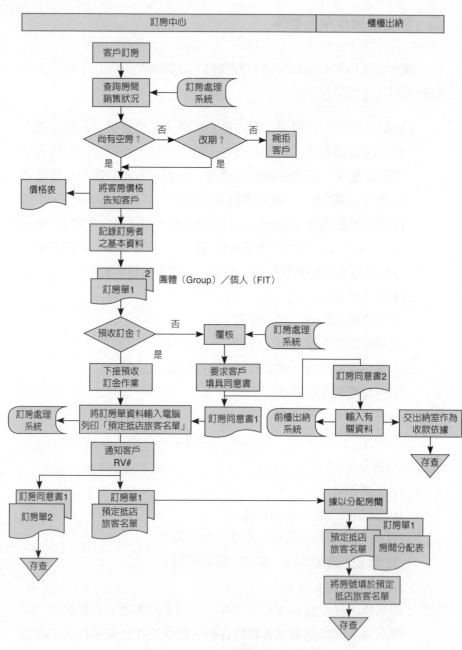

圖3-1　旅館訂房作業程序

資料來源：台北圓山大飯店提供。

表3-1　旅館團體旅客訂房卡

DATE		NAME		CODE		
ARRIVING	TIME	DEPARTURE DATE		TIME		GROUP RESERVATION CARD
ROOM TYPE: MIS, MIT, MID, MNU, MEJ, MWJ, MET1, MWT1, MBC2, MBC1, MBT2, MBT1, MFC2, MFC1, MFT1, MNV, MNP, CFT, CBT, CNU2, CNU1, CNV, GNT, GNU2, GNU1, JNT, JNU,						
UNITS	FLOOR		RATE		NO OF PAX:	
ROOM NO.						
CALLER/TEL/T/A NAME				BILLING INS.		
COMMENTS		COMMISSION		DISC%		DISC RMKS
AMEND CANCELLED BY			DATE	CNFM/LETTER/TELEX/TELEPHONE		
RECFM(1)			ACCEPTED BY			NO.

資料來源：台北圓山大飯店提供。

表3-2　旅館個人旅客（散客FIT）訂房卡

DATE		HISTORY NO.		RESV NO.		
NAME: (LAST)		FIRST		INITIAL		GUEST/RESERVATIONS CARD FIT
ARRIVING DATE		TIME		DEPARTURE DATE		TIME
ROOM TYPE: MIT, MID, MNU, MEJ, MWJ, MET, MWT, MBC2, MBT1, MFT1, MBC, MFC, MNP, CFT, CBT, CNU, GNU, CNV,						
FLOOR		BLOCK ROOM NO.		UNITS		RATE
CALLER/TEL				BILLING INS.		
COMMENTS		COMMISSION		GUEST CLASS		
DISC%		DISC RMKS		CFM/LETTER/TELEX/TEL		
AMEND CANCELLED BY			DATE	NO OF PAX:		
RECFM(1)			ACCEPTED BY			NO.

資料來源：台北圓山大飯店提供。

3.訂房中心根據旅客訂房資料、住宿時段及客房情況，再決定是否應向其收取訂金，以為憑藉。

(1)如需收取訂金時，應告知旅客於規定期限內繳交，然後再開立「訂房訂金單」（如**表3-3**），送交出納單位。

(2)如不需收取訂金時，訂房中心於確認旅客為簽帳客戶之後，與簽帳客戶聯絡要求簽具「訂房同意書」（如**表3-4**），俟收到客戶簽回之「訂房同意書」後將副本或影本交櫃檯出納於前檯出納系統輸入有關資料，於旅客遷入後併同旅客登記卡存查，作為簽帳之依據。

(3)「訂房同意書」正本送交出納室，以作為收款之依據，訂房中心依需要另行保存影本。

4.訂房中心將訂房單資料輸入訂房處理系統，並以口頭或書面通知客戶預約號碼（RV#），以作為遷入之依據。

表3-3　旅館訂房訂金單

To:　　　Chief Cashier	Date:
致：　　　出納主任	No.
Booking Agent:	
Name of Clients or Tour:	
Arriving Date:　　　　　　　　　　　（　　）Single Room(s)	
（　nights）　Provide:(　　）Twin Room(s)	
Departuring Date:　　　　　　　　　（　　）Suite(s)	
Amount of Deposit/Prepayment:　Check NO.　　US$	
We enclose herewith the check as the above captioned for your handling.	
茲附上述客戶寄來之支票一紙，請查照辦理。	
Booking Office 　　　　　　　　　　　　　　　　　訂房中心	

資料來源：台北圓山大飯店提供。

表3-4　旅館訂房同意書

FROM：_____ 飯店訂房中心　DATE：_____
TO：_____　FAX：_____
頃獲來電，貴公司將負責支付下列住客之帳款。敬請填妥表後儘速電傳至本店。訂
房中心專屬FAX：_____，謝謝合作。
※※※※※※※※※※※※※※※※※※※※※※※※※※※※※※※
敬啓者：
本公司客人 _____（訂房代號：_____）於 _____ 年 _____ 月 _____ 日
將住宿 _____ 飯店，共 _____ 晚。本公司將支付其住宿期間費用，包括（請勾
選招待之項目）：
□1.全帳招待（含2、3項）
□2.僅付房帳
　3.其他消費：
　　　　□餐費（含飲料及啤酒）　　□國內長途電話
　　　　□客房冰箱內飲料及糖果　　□國際長途電話
　　　　□國產酒　　　　　　　　　□電報、傳真、影印
　　　　□洋酒　　　　　　　　　　□接送機服務
　　　　□洗衣費　　　　　　　　　□雜項（代支費、雜支）
　　　　□付費電視　　　　　　　　□租車服務
本公司資料如下：
地址：
發票抬頭：_____
統一編號：_____
本公司將在上述客人退房前以下列方式付款（請勾選一項）：
□公司即期支票　（請於退房前一天送至飯店）
□現金　　　　　（請於退房前一天送至飯店）
□信用卡　　　　　請填寫下列資料
　　□大來卡（DINER）　　　　□威士／萬事達（VISA/MASTER）
　　□美國運通（A/E　CARD）　□JCB　□聯合信用卡
卡號：_____
信用卡有效日期 _____ 止
同意人
姓名：_____（請書寫正楷）
簽名：_____（與信用卡簽署相同）
　　　　　　　　　　　　中華民國　　年　　月　　日

資料來源：台北圓山大飯店提供。

5.訂房中心每日列印預定到達旅客之名單（arrival list）一聯送交
　櫃檯接待，另一聯由訂房中心存查。

6.櫃檯接獲訂房單第一聯與預定抵達旅客名單時，據以分配客
　房，填發客房分配表，並將房號填於預定到達旅客名單上，作
　為旅客辦理住房手續之資料。

7.預收訂金作業（如圖3-2）：

　(1)訂房中心接獲旅客繳交訂房訂金後，須開立「訂房訂金
　　單」。確認金額無誤後，一併送交出納。

　(2)旅客以信用卡簽帳繳交訂金者，訂房中心，據以填立信用卡
　　簽帳單，連同「訂房訂金單」送交出納。

　(3)出納依據訂房中心送來「訂房訂金單」，現金、支票、信用
　　卡簽帳單核對無誤後，交由財務部門核對入帳，「訂房訂金
　　單」一式四聯，其分送程序如下：

　　• 第一聯：由出納室簽章後交會計室入帳。

　　• 第二聯：由出納室簽章後交訂房中心存查。

　　• 第三聯：由出納室交客房部出納，作為客房遷入、遷出時
　　　結帳之依據。

　　• 第四聯：由出納室存查。

第三節　旅館訂房變更或取消的作業方式

　　旅館訂房取消（cancel）或變更（amend），這個主動主體係指旅
客而言，並非指旅館主動取消或變更旅客的訂房。

一、訂房的取消或變更原因

　　大概不外天災人禍、疾病、私事、經濟、商務等等突發狀況。導

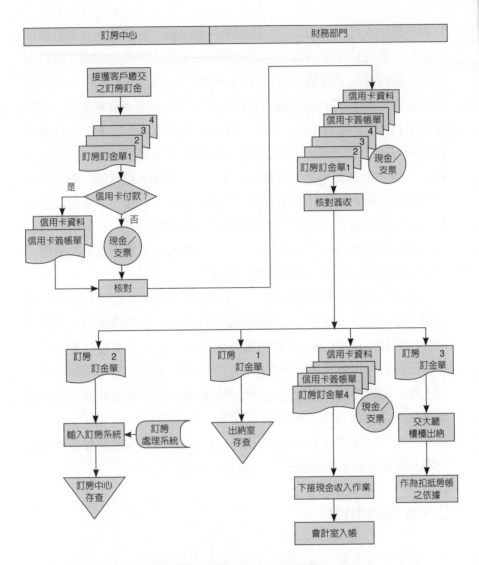

圖3-2　旅館訂房作業──預收訂金作業

資料來源：台北圓山大飯店提供。

致旅客無法成行，例如九一一恐怖事件發生後，許多觀光客都取消原來行程，寧可待在家裡而不敢搭飛機出國旅遊（尤其是美國人和日本人）。據國際航空運輸協會分析，國際觀光旅客比二○○○年九月份負成長6%。另以來台國際觀光旅客來說，九月份來台旅客比二○○○年減少12.8%。如果光以九月十二日至三十日短短十九天計，就減少19.4%；其中三大主要市場美國減少26.9%，日本減少9.4%，香港減少8%（中華民國旅館事業協會會刊，2001）。再則，據瞭解日本交通公社（JTB）在美國九一一事件發生後數天內，美國團一下子就取消了約五萬人，這還不包括其他旅行社承攬的旅遊團在內。

　　列舉上述的例子，無非在佐證天災人禍所造成觀光產業的巨創，對於旅館客房的變更或取消是無法倖免。

　　再說旅館訂房被取消的另一大因素，乃因國內的旅行社為爭取國外觀光客的業務，往往事先向國內的旅館先取得訂房同意書，或已接受訂房單據（confirm），再向國外旅行社（尤以日本旅行業）展示手中已握有客房數等等。但到最後不是因為日方業者招攬不到旅客，要不然就是將招攬來的旅客交由台灣別的旅行社承接。如此，惡性循環就往往造成原本旅行社已向旅館業「拿好的房間」（取得的訂房數），至終演變到訂房的取消現象。這大概是目前旅館業最感到頭痛的事，也是造成旅館超收客房（over booking）的因素之一。

二、取消訂房作業

取消訂房作業（cancellation operation）程序如下：

1. 訂房中心接到客戶取消訂房通知時，應於訂房單第二聯註記取消字樣，並將資料輸入電腦列印預定抵達旅館旅客名單，連同訂房影本一併送交櫃檯接待取消已分配客房。
2. 旅客如未按時遷入，大廳櫃檯應即通知訂房中心與客戶聯絡。

若確定客戶須取消訂房則取消分配客房。

3.訂房中心於查閱「訂房訂金單」，確認客戶已繳交訂金時，依
規定向客戶收取違約金。

以上約略爲訂房變更及訂房取消作業程序，至於取消訂房，沒
收訂金則無可厚非。然，至於旅行社變更或取消訂房若事先能提早通
知，或許還有情商斟酌的餘地。總之，變更訂房或取消訂房絕大多數
都是情非得已。但站在旅館業之經營立場，要如何預估每月的客房銷
售量，和要如何控制每月客房的預售量，才能不致於超收訂房和短售
客房，以免造成「空餘恨」之憾，於拿捏進退之間，訂房中心之工作
人員，雖非膽顫心驚，但務必膽大心細，期能履險如夷，俾能提高每
日之客房銷售率，進而達到「零庫存」之最高目標。

三、變動訂房作業

1.旅客變更訂房時，訂房中心應先瞭解變更內容是否可接受，並
以口頭或書面回報客戶。

2.訂房中心於接受變更訂房後，應於「訂房單」第二聯更改旅客
訂房資料，並將資料輸入電腦列印預定抵達旅館旅客名單，連
同訂房單影本一併送交櫃檯接待據以更改客房分配資料。

第四節　旅館訂房的預估與控制

誠如前面所述旅館訂房預估與控制，其目的是要提高每日客房之
住用率（hotel occupancy）。換言之，每增加一間客房之銷售，就是
增加旅館的營業額；每減少一間客房之銷售無形中就減少旅館的營業
額。須知旅館的建物投資雖很龐大，客房的設備使用雖有折舊，汰舊
換新的年限，但畢竟只要有旅客住宿，每間客房僅需提供少數量的消

耗品，及部分的借用品，至於裝潢、床具等大都屬於「耐用品」，所以若要以成本和毛利率來計算，或許客房的毛利率應該是高於餐飲的毛利率。這就是為何旅館業急著要提高客房住用率的原因之一。

一、旅館訂房的預估

旅館商品具有許多的特性，包括不能隔日再賣、不能臨時增加客房、不能易地出售等等。再者就是受到季節性的影響是相當大的。常言道，旺季時旅客有如過江之鯽，送往迎來，高朋滿座；淡季時，旅客卻如風流雲散，零零散散，寥若星辰，兩種景象之差異，有如天壤之別。難怪旅館經營者無不小心翼翼，絲毫都不敢掉以輕心。

旅館住用率的高低是影響營運的主要關鍵，這是眾所皆知者。而在住用率之間，假設「散客」或者「會議旅客」（congress or convention tourist）所占的客房比例較高時，則當日旅館營業收入一定是隨之偏高，此乃因為這類型的旅客房價要比旅遊團體（group tour）旅客的房價高，而且FIT的旅客通常會在旅館內使用午、晚餐，或其他附帶性消費。所以多數的旅館無不挖空心思，紛相爭取「散客」的住宿。為了提高「散客」的訂房，旅館業者必須根據往年的住宿紀錄加以預估（forecasting）、預測，然後再衡量國際間的政治、社會、經濟、文化等結構因素的蛻變，以及其所引發的連鎖效應，復加修正、評估、預測，或做加成減成的預算，當然行銷公關業務之配合作戰，是脣齒攸關，同心協力，戮力以赴者。

除了「散客」的旅客是旅館業鳴鼓而攻的最愛對象之外，事實上旅行業所承攬國際來台旅遊（inbound）之觀光客人數之眾，才是台灣地區發展觀光產業的主流要因，每年來台旅客已達二、三百萬人之譜，都是旅行業與旅館業所樂此不疲，急欲拉攏爭取的生意。

就如上文所言，旅行社為承攬國外旅行社的業務，就必須向旅館取得「訂房單」，然後再向國外旅行社展示，以贏取信心。類此，國

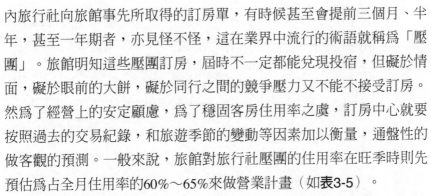

內旅行社向旅館事先所取得的訂房單，有時候甚至會提前三個月、半年，甚至一年期者，亦見怪不怪，這在業界中流行的術語就稱為「壓團」。旅館明知這些壓團訂房，屆時不一定都能兌現投宿，但礙於情面，礙於眼前的大餅，礙於同行之間的競爭壓力又不能不接受訂房。然為了經營上的安定顧慮，為了穩固客房住用率之虞，訂房中心就要按照過去的交易紀錄，和旅遊季節的變動等因素加以衡量，通盤性的做客觀的預測。一般來說，旅館對旅行社壓團的住用率在旺季時則先預估為占全月住用率的60%～65%來做營業計畫（如**表3-5**）。

　　國外旅行團出國旅遊，受季節性的影響，已不用再贅文。就以來台旅遊的日本旅行團為例，依據往年的經驗，每年的旺季是：一月、三月、八月、十一月為最盛。平季月份為：二月、五月、七月、九月、十月。淡季則為：四月、五月、六月。其中十二月係為大淡季。四月、五月係因暑期將屆，延後再加入團體。六月是日本「年中結算」，大家忙碌，致出國旅行者略少，十二月上半月也因「年終結算」而影響出國旅行心願。一月、三月則是因為過年及春假旅遊季節出國人數大增，八月則是暑假中期當然旅客集中在當月份中，尤其是年輕學生或家長攜家帶眷結伴旅遊。十一月則因十二月的「年終結算」比較忙碌，故提前出國旅遊。以上為日本人出國旅遊的習性分析，觀光業者不能不加以瞭解，加以預估，預做準備接待事宜。不過，影響觀光旅遊的變數極大，業者有時確實防不勝防。

二、旅館客房銷售的掌控

　　旅館客房管理的最高目標，無非是提高住用率。但是若要提高住用率則必須具備一些方法和技巧。在旅館作業程序中，要算訂房中心與櫃檯單位之關係最為直接與密切。因為櫃檯對客房之控制情況每天都有所變化，絕對很難做到與訂房中心所控制的情況，百分之百地吻合。好在資訊設備發達，旅館業都將電腦控制列為經營管理工具。

表3-5　旅館客房之預估與控制表（範例）

RA. 14 ONE YEAR FORECAST (365 DAYS)PRINT-Procedure: YEARPERC

RT=Rooms (Incl. Tentatives) BD=Beds (Excl. Tentatives)

2001	November RT	November BD	December RT	December BD	January RT	January BD	February RT	February BD	March RT	March BD	April RT	April BD	May RT	May BD	June RT	June BD	July RT	July BD	August RT	August BD	September RT	September BD	October RT	October BD
1	87	101	52	69	96	154	55	85	69	109	7	10	19	15	0	1	2	2			4	5		
2	99	127	61	78	111	178	58	91	73	115	25	22												
3	87	131	40	48	98	157	53	82	47	73	29	29												
4	76	105	39	47	79	127	80	125	40	62	25	22												
5	84	111	55	69	75	122	62	96	34	51	5	6	4	7	19	30	51	68	10	13				
6	88	116	70	84	72	116	53	82	44	68	31	49	4	7	25	41	51	68	10	13				
7	91	124	71	86	42	67	62	96	51	80	55	90	4	7	35	57	51	68	10	13				
8	98	134	83	114	51	101	63	99	63	98	67	104	6	8	29	47	51	68						
9	93	127	62	94	95	187	62	94	62	97	67	104	2	1	21	24	1	1					4	5
10	99	135	37	48	103	190	53	80	57	90	43	66	22	35	10	17							10	15
11	89	118	44	58	86	112	40	67	32	49	45	70	2	1	11	18								
12	78	101	53	73	86	138	39	66	24	35	33	54			1	2								
13	76	95	61	85	84	133	47	73	38	58	15	24			1	2								
14	99	124	63	95	56	89	60	69	51	78	26	39			21	25	7	10			5	7	25	40
15	99	125	72	106	44	69	60	92	43	67	26	39			21	25					48	67	25	40
16	100	126	57	85	65	103	63	97	44	67	28	42	38	61	21	25					43	60	55	65
17	100	128	62	87	62	100	43	66	44	68	3	4	38	61	21	25					43	60	55	65
18	91	117	60	96	56	90	43	63	34	52	3	4			41	67					43	60		
19	58	66	54	94	51	149	62	94	30	46	57	92			41	67					12	10		
20	55	68	74	84	51	83	84	126	45	69	46	75	64	103	41	67					53	77		
21	83	140	74	116	61	99	86	133	88	140	45	67	77	125	41	67					41	67		
22	74	96	77	118	65	106	105	161	106	169	68	106	58	89	41	67					41	67		
23	98	140	70	106	51	81	98	155	110	175	68	106	10	11	58	95								
24	60	143	56	85	49	79	87	137	73	116	45	69	6	10	58	95			21	34			4	5
25	60	80	65	98	52	82	51	79	35	54	17	27	21	17	18	28			24	38			4	5
26	47	59	84	129	52	84	37	56	23	34	17	27	52	67	18	28			24	38				
27	40	47	78	118	59	90	57	89	49	77	11	17	51	67	6	10			24	38				
28	60	74	90	137	50	76	97	154	50	77	11	17	54	125	1	1								
29	72	94	105	165	34	55			42	65	11	17	54	125	1	2								
30	58	76	104	167	57	92			48	75			31	50										
31					54	88			43	69													59	68
%	81	108	65	94	67	110	62	97	51	80	31	47	20	32	22	34	9	11	4	6	11	16	8	10
Min%	81	92	64	85	66	91	62	86	51	73	31	46	20	30	22	34	9	11	4	6	11	16	8	10
LY					0	0	0	0	6	9	70	121	69	111	75	120	65	112	76	136	61	101	65	106

資料來源：台北圓山大飯店提供。

每日皆將旅館客房變換之狀況分別輸入於電腦中。諸如客房的型式、類別、價格、房號、價格、折扣、優惠辦法；甚至客房使用情況的變化，或使用中，或待售中，或整理清潔中，或故障待修中，或已準備好可以再出售中。甚至旅客個人的資料、國籍、進住、遷出之日期時間、人數、付款方式、地位、電話、傳眞號碼等詳細資料列於電腦中，以作爲住宿期間的服務和往後行銷推廣（marketing promotion）之檔案資料。更是旅館客房持續再售給下一位旅客的最正確、最迅速的資訊，也是維持高住用率的最基本作業。這項電腦作業大概是每天櫃檯工作人員隨時必要做的事，這必要做的事，也是最起碼的客房銷售控制。

　　旅客未抵達飯店之前，通常旅館都應該要做訂房的核對工作，以便掌控客房的使用狀況，同時也應該隨時修正。至於核對工作於旅客尚未進住之前一個月，由訂房中心以電話、傳眞或書信向訂房者請教，該旅客是否可以如期前來，或者還有其他的變化，隨時修正掌控。

　　至於核對工作大約分爲三個階段，方能算是滴水不漏，萬無一失，至於臨時發生的狀況，則屬於不確定的因素。茲將旅客進住旅館前三次核對的階段性作業介紹於下：

1. 第一階段：每天由訂房員自次月同日，預定進住的旅客名單中查出，若訂房與進住的期限距離不到一個月則可省略此項作業。
2. 第二階段：在旅客進住旅館之前一星期爲之，其作業方法與第一階段相同。
3. 第三階段：在旅客進住旅館之前一天爲之。其作業方法與前面兩個階段相同。

　　至於，旅行社所承攬國外旅行團所做之訂房，如前文所述大都是提前做「壓團」訂房。更嚴重者，等到訂房期限屆滿時，往往會「拆團」分房，就是將一整團的訂房，分拆成無數的小團體，甚且不是同

日進住，往往分批分期，三三兩兩姍姍來遲，類此化整爲零的取巧作法，確實爲旅館的作業帶來不少的困擾。更有甚者，屆期竟無旅客進門（no show），臨時取消訂房，導致旅館客房坐失銷售的商機。所以在團體的訂房核對工作，務必更加小心爲之。其核對工作有時不止三次，甚至一個月核對乙次最爲適當。若訂房與進住期間超過一年期限者，其核對工作亦分三個階段來核對：

1.第一階段：在團體訂房以後六個月爲之。
2.第二階段：在第一階段核對後三個月內爲之。
3.第三階段：三個月以後則每個月核對一次。

至於旅館預收訂金（deposit）之後，旅館隨時在與旅客、訂房者或旅行社核對訂房進住情況，以確保客房的住用率，然旅客或旅行社往往也會有中途解約或違約的情形發生，其訂金是否應予沒收，通常是視實際的情況做個案處理（case by case）。有時，在旺季時旅行社團體的訂房，臨時取消時有些旅館會要求賠償當日總住宿費用押金的三分之一來彌補損失。但是，旅館在處理訂房問題時除了要兼顧「情」、「理」、「法」之外，還將仰仗平日熟練的經驗與技巧，否則雙方鬧得不愉快，未免因小失大，而有傷和氣。

第五節　旅館客房超額訂房的處理方式

何謂旅館客房的超額訂房（超收訂房），顧名思義就是所接受訂房的數額，超過了原來旅館所擁有的客房總數。舉例來說，假如旅館只有客房總數一百間，而在某一天卻接受一百一十間的住客，同時所預訂的旅客卻全部都如期進住，甚且本來已進住的「老住客」連一個也沒遷出。那麼在這種情況之下這超出的十間客房就是超額訂房，也就是「超賣客房」（over selling），其超收率爲10%。

一、旅館客房超額出售的原因

　　旅館客房的滿檔，也就是住用率百分之百的「零庫存」現象，這種客滿，大爆滿的情景，大概是經營者最稱心滿意者，也是旅館工作同仁之間所感到最有成就感的時刻。夢寐以求，歡欣鼓舞，爭相走告，眉開眼笑，情緒高亢，實在是很值得大書特書的事。惟可憾的是，好景不常在，好花不常開，旅館的住用率往往受著諸多變數的影響，和受著諸多條件的限制，要想常常維持在居高不下的住用率，的確是很不容易做到。因而，在旺季時，或者在俗稱的「大日子」時，又唯恐有漏網之魚，凡碰到個人旅客或團體旅客的訂房單，就來者不拒，照單全收。到頭來，超收訂房，「有客無房」，造成相當大的困擾，想解決客房超賣的旅客住宿問題，左思右想，還是百思不解，進退失據，就算最後勉強擺平，也早已心驚肉顫，身疲力竭。此種為提高住用率、增加營業收入所做的權宜之計，僅能用一句話來形容，簡直就是「一則以憂，一則以喜，挑戰再挑戰！」

　　至於，為何旅館業會有如此超額訂房的作業方式發生呢？究其原因，概可歸納為下列數點，簡述如下：

1.原來住進的「老住客」臨時要求要延住，無形中增加當日客房數。
2.不同訂房者，如旅行社或會議公司為某些特定旅客向同一家旅館重複訂房，導致旅館客房數無形中相對減少。
3.訂房者往往會在當日才取消訂房，旅館為防範未然，故有超收訂房的情形。而當最後原訂房數並未取消時，則產生客房臨時不敷使用的現象。
4.旅館訂房中心或櫃檯員因作業疏忽，未列出確實訂房數額，導致一房兩賣之現象。這是旅館內部的管理問題。
5.因訂房者如旅行社、會議公司、貿易公司，甚至旅館承攬業者

（whole sale），爲了確保其顧客之客房，同時間向不同旅館重複訂房，而往往才於當日突然取消訂房，導致旅館爲避免舊事重演，方會有客房超賣的作法。

6.旅館業錯估過去的訂房紀錄，導致客房超賣的現象產生。這是旅館大膽的假設問題。

7.旅館房務部未將故障待修的客房，確實填具申請維修單，導致訂房中心或櫃檯員將不能使用的客房一併出售，導致超賣客房的現象。這當然也是旅館內部的管理問題。

二、旅館客房超額出售後的善後措施

綜合上面所述，旅館客房超額出售之原因，有些是出於旅館本身作業的問題，有些是由於代訂者，包括旅行業、會議公司、旅館承攬業，以及貿易公司方面重複訂房所致，經常演變成旅館方面道歉、賠償、代替安排同行旅館暫住。時常因而賠了夫人又折兵，有時雖已處理妥當又不見得會獲得諒解。另外，在代訂房者方面而言，其所付的訂金或押金，說不定還要被沒收，心裡上也很難平衡，但顧慮到往後與旅館之間的良好關係會被破壞，如再碰到「大日子」要向旅館「拿房間」（訂房），恐怕會被列爲「黑名單」而無法順利取得訂房單，而影響國際旅客承攬業務只好忍氣吞聲。總之，旅館超額訂房所造成的困擾問題，是旅館與代訂房者雙方之間爲自己的業務所造成的「無心之過」，最多雖經雙方勉爲其難的談判、妥協，加以善後處理，但受害者終究都是旅客，不管是個人旅客或者團體旅客都一樣，一下飛機就因旅館住宿問題搞得人仰馬翻，愁雲慘霧，大大的影響了旅遊的閒情逸致。這實在是旅館業與旅行業及代訂房者應深思熟慮，未雨綢繆，嚴謹規劃，防患於未然者。

旅館超額訂房問題，既然造成了旅館業、代訂房者、旅客三方面精神上與物質上的損失。但在旅館業方面應如何防範未然，以及發生

超賣客房之後，要如何緊急來處理善後問題。茲將這兩項措施分述如下。

(一)旅館對客房超額出售前的管理方法

1.確實詳查電腦住房紀錄，詳細分析客房住用率之準確性。並運用職場上所累積的經驗加以研判。

2.對於訂房者之客房使用可能性，加以研析，是否會如期進住，是否會是重複訂房。

3.對已訂房之團體應於一週前處理過濾確定其是否按時進住，並催其付款。

4.對已訂房之個人或團體應於三天前澈底清查訂房資料與訂房者，再次的確認與溝通。

5.對個人旅客或團體旅客當天再以電話聯絡，是否如期搭機，按時抵館。

6.對預定遷出的原住客，於前一天應以電話及信函通知其務必按時遷出旅館。如想再遷回，可先替其安排其他旅館暫住，迄客房空出後，再將客人遷回。

7.在旺季或者大日子時，對於個人旅客或團體旅客訂房時，應先收取房租，如使用刷卡亦可，但須先調查其信用狀況，以免刷了空卡，屆時收不到錢。

總之，超收訂房、超賣訂房之目的是為了提高客房住用率，為了達成客房百分之百的銷售，確實是旅館業者樂此不疲，絕路逢生，放手一搏的大好時機，但沒有事前的完善規劃，對於旅館業者和團體訂房者都沒有什麼好處，有時候反而會造成偷雞不著蝕把米的窘境。

(二)旅館對客房超額訂房後的處理方法

旅館為了圖生存，為了營利，到底能否允許偶有客房超賣的情

況。除了事先良好的規劃之外，到底能不能做比較有把握的超賣作業，到底有沒有所謂「合理的超額訂房」之理論存在。事實上，每家旅館在營運上都難免有超收客房的情況發生，雖非天天，然亦時有所聞。

至於旅館能否多收幾間客房，一般的專家論點甚多，但也僅能作為參考，因為一旦沒有辦法處理超收訂房，任何理論、任何預測公式都無濟於事。不過，規劃、清理、確認的訂房程序是不可省略的。還有，根據旅館業資深訂房員及櫃檯員的看法，如果旅館超額訂房在其旅館總客房數4%～5%之內，臨時要解決就容易多了。所以，旅館訂房的掌控，經驗的累積，是旅館的另一法寶。

旅館對客房超額訂房之後的處理方法：

1. 平常與同等級旅館之間，應建立良好的互動關係，若遇超收訂房時，可將其旅客送往同等旅館收容。同業之間的互通有無，是第一要務（但同時客滿時則甚難通融）。
2. 將旅館內待修中但尚可使用的客房，以優惠價的方式請已進住之旅客暫宿一晚。
3. 將旅館內附設於總統套房中之侍衛房、公子（主）房挪出，作為暫宿客房之用。
4. 徵求旅客之同意能否兩人或數人暫時合宿一房。
5. 將平日由公司高階主管暫用的客房遷出，以應不時之需，畢竟營業第一，旅客至上。
6. 要以最虔誠的態度向旅客致歉。
7. 要由高階的主管向旅客說明並請其至辦公室以示尊重，並委婉解釋，讓旅客釋懷。
8. 轉送到外之旅客應妥為保管行李，並代轉達其電話、信件、訪客之善後補救工作。
9. 轉送到外之旅客如有意願再遷回本館，務必派車前往迎接。
10. 轉送到外之旅客若不願再遷回本館，則應由總經理寫信致歉。

11.轉送到外之旅客遷回本館，迄住滿遷出時，由總經理致贈禮物以表歉意。

12.轉送到外之旅客遷回本館後，應於其客房內以總經理的名義，致贈鮮花、水果或餐券等以資補償。

　　總而言之，旅客永遠是旅館客房超額訂房之下的最大輸家，為了亡羊補牢，為了旅館的形象，應該如何採取適當的因應措施，期能以喜劇收場，造成雙贏或三贏的局面，才是旅館經營者最高的策略與手腕，此即所謂「運用之妙，存乎一心」了。

Chapter 4

旅館客房的種類及客房部
組織的功能與任務

　　俗稱旅館爲旅行者「家外之家」（the home away from home）或稱爲「庇護之所」，可見旅行者對旅館之重視，也可見旅館對旅行者之重要性。旅館對於旅行者所提供的服務，主要的是以住宿和餐飲兩大項目。而客房就是旅行者最爲切身棲息之所，不管客房設備的豪華精緻，或者小巧玲瓏，只要提供旅行者安全、方便、溫暖、舒適的服務，讓旅行者能盡情的享樂、恬靜的休養和暢心的交談，在在都能使其享有「賓至如歸」的感覺，這才是具備旅館客房最基本的功能。由此可見，客房部門在旅館中扮演著重要的角色。

第一節　旅館客房的種類

　　自古以來，不論是帝王、官吏、商賈、文人，也不論是基於政治、外交、軍事、經濟、宗教、社會、文化、娛樂等不同的目的，其中包括帝王巡遊、官吏差旅、文人漫遊、宗教朝聖，更遑論歐洲地區古代的腓尼基人、希臘人和埃及人，甚或中國歷代周、秦、漢、隋、唐、元、明、清等朝代皇室「巡守」、「巡遊」、「巡幸」等長途跋涉、翻山越嶺，其旅遊活動的實質形態則是異曲同工、殊途同歸。撫今追昔，任憑渠等不懼艱難，戴月披星，風塵僕僕，縱橫馳騁，但終究還是要安營紮寨，養精蓄銳。是以，住宿及餐飲就爲最亟須解決之肇始。於是「驛亭」、「逆旅」、「客棧」、「私館」等相繼應運而生，以及其產生迄今的所謂現代化的「星級旅館」、「洲際旅館」之誕生。縱然，旅館建築的型態、設施的改良創新，然其所崇尚至高無上的功能就是安全、衛生、實用，其餘則是附帶性的功能。旅館的功能隨著時代的變遷不斷地更新，客房種類繁多，不能勝數。茲將旅館客房的種類簡介如下：

一、依照客房床數及床型區分

(一)雙人房

雙人房（twin bed room）係指一張床可供兩個人使用（如**圖**4-1）。

(二)單人房附沙發

單人房附沙發（single and sofa）係指在客房中僅擺設一張單人床及一簡單沙發椅，可說是現代旅館中最簡單、經濟的客房。

(三)沙發及床兩用房

沙發及床兩用房（studio room）係指沙發及床兩用之客房，白天當沙發椅用，夜間把沙發拉開可當臥床用。這在過去歐美的經濟客房普遍使用。而現在一般民房為接待訪客在小客廳中亦常有擺設。

圖4-1　旅館雙人房客房

資料來源：台北圓山大飯店提供。

(四)三人房

三人房（triple room）係指客房中擺設一張雙人床，再為小孩擺設一小床，或單人床。類此在高雄圓山大飯店設有之，在台北圓山大飯店則是安排兩張雙人床，若要再加一單人床，則另外酌收費用。這種客房是提供給家庭旅遊或外商全家人半長期住客使用。

(五)四人房

四人房（quart room）係指客房內擺設有兩張雙人床，可提供給四人使用，這類型客房若不是提供給家庭用，就是會議型、學校或機關團體旅遊之旅客使用（如圖4-2）。

圖4-2　旅館四人房客房

資料來源：台北圓山大飯店提供。

二、依照客房的方向區分

(一)向內的客房

　　向內的客房（inside room）係指客房的位置並沒有窗戶，換言之，這是夾在死角或樓層中間，這是將就旅館樓層的造型而設計的，當然房價略為便宜，類此在台北圓山大飯店計有一百一十七間（總客房數四百八十九間），其間售價相差兩千元之譜。這種客房就是no view room（如圖4-3）。

(二)向外的客房

　　向外的客房（outside room）係指客房面向外面周邊景色，甚至可遠眺市區或山林河川、湖泊景致，尤以夜間或可欣賞市區燈火夜景。類此outside room在台北圓山大飯店則分成兩類型，一為面市（台北

圖4-3　旅館向內客房

資料來源：台北圓山大飯店提供。

市）客房，一爲面山客房。而在高雄圓山大飯店亦分爲兩類型，一爲面市客房（高雄市），一爲面湖客房（澄清湖），各有特色。在圓山大飯店，不論台北或高雄之outside room客房皆有欄杆陽台，住客可於陽台欣賞景致，這也是旅館行銷方法的另一主題訴求。

三、依照客房與客房間之連接關係區分

(一)兩個單元的客房中間有門相連者

兩個單元的客房中間有門相連者（connecting room）平常有獨立的兩扇門，各自出入。但必要時可由內部之連通門進出。平常當然可分別出售予不同旅客。

(二)兩個客房相連接，中間無門可通

兩個客房相連接，中間無門可通（adjoining room）是一般的獨立客房，其客房出售亦以每一單元計價，雖親友隔鄰彼此住宿，但必須從各自獨立的大門進出，因中間並無連通門互通。

四、依照客房特殊目的區分

係指客房內除臥室外，附設有客廳、廚房、酒吧，甚至於有會議廳等齊全設備（如圖4-4）。套房（suite）又可區分爲：

(一)標準套房

標準套房（standard room）係指由兩個單元的房間構成，其中一爲客廳及起居室之用，另一爲寢室、浴室、化妝之用。而其床鋪則爲雙人床（double bed）。

圖4-4　旅館套房

資料來源：台北圓山大飯店提供。

(二)商務套房

商務套房（executive room）顧名思義是提供給予商務旅客之用，客房內除床鋪之外，另外提供商用之設備，或提供旅客會客之設施。其售價較一般套房略高。此類型之客房係都市型的商務旅館居多。旅館立地條件爲重要項目。或許旅客也會舉辦會議、說明會、展覽會，旅館必須具備有中、小型的會議場所與會議設施。

(三)豪華套房

豪華套房（deluxe suite）又可分爲兩類型：

1.此類型套房在一般未設有總統套房之旅館，應是最高級之套房。其房間大概包括三種，即客廳起居室、臥房、會議室、浴室、更衣室，還有其他設施。其售價當然非比尋常。

2.雙樓套房：deluxe與前面豪華套房的設施大同小異，若有不同，
　就是將寢室設置於上一層，也可說是樓中樓的客房。

(四)總統套房

　　總統套房（president suite room）類型的旅館，顧名思義是提供
給國內外元首、政要巨賈、名流等住宿使用，豪華、舒適、新穎、寬
敞、高級、方便、齊全就是其特色，設有客廳、會議廳、餐廳、書
房、廚房、按摩浴缸、烤箱、三溫暖、蒸氣浴室。除主臥室之外，另
設有公子（公主）房、侍衛房等等（如圖4-5、圖4-6、圖4-7）。總
統套房是高級旅館才有的設施，其使用率不高，但對提高旅館的知名
度，具有相當的宣傳作用。以圓山大飯店為例，其已接待了無數的國
內外元首、政要名流，可說是圓山大飯店的另一大特色。

　　以上大概是中外旅館客房的種類，依功能、立地、設備等等條件
來區隔。除此而外，旅館另有其他的分類（詹益政，1999）。

圖4-5　旅館總統套房臥室

資料來源：台北圓山大飯店提供。

圖4-6　旅館總統套房公主（子）房臥室

資料來源：台北圓山大飯店提供。

圖4-7　旅館總統套房餐廳

資料來源：台北圓山大飯店提供。

五、依照客房其他類型區分

(一)典型的基本分類

◆單人房不附浴室

單人房不附浴室（single without bath, SW / OB）的旅館，大概是台灣地區早期在日據時代或光復初期，國民政府播遷來台，百廢待興，工商業尚在萌芽時期，旅館業也正在慘澹經營之際，彼時的旅館除供應客房之外，大概是僅提供公用廁所、公用浴室之類的設備，雖非蓬戶甕牖，畢竟也是因陋就簡，五方雜處。

◆雙人房不附浴室

雙人房不附浴室（double without bath, DW / OB）的旅館，大都是與上一類型相同，僅是客房中擺設雙人床。爲台灣早期旅館的雙人房旅館之典型。

◆單人房附浴室

單人房附浴室（single with shower, SW shower）的旅館除提供單人客房之外，還設置有客房浴室設施，只是這種衛浴設備未設浴缸，僅有簡單的淋浴設施而已，當然都是中外早期旅館典型的設備。

◆雙人房附浴室

雙人房附浴室（double with shower, DW shower）客房是提供雙人床之外，另附設淋浴設施，在早期歐美的旅館也算是具有隱私權的設施，在當時或許可算是比較高級的旅館。

◆單人房附浴室

單人房附浴室（single with bath, SWB / SW / B）旅館的客房又向前推進一步，將附設淋浴設備改善爲有浴缸設施。

◆雙人房附浴室

雙人房附浴室（double with bath, DWB / DW / B）的旅館客房除提供雙人床外，另附浴缸的設備，在旅館的發展歷程中，客房的設施改善，已往前更邁進一大步，也大概是今日旅館現代化設施所取精用弘者也。

(二)按旅館服務方式區分

◆高級服務

高級服務（full service）旅館之客房除了附設有現代化設備之外，洗衣、商務、郵務、代客叫車、購物、安排市區旅遊、提供會議設備等等，甚至是提供客房用餐服務（room service），幾乎是無所不包。

◆經濟服務

經濟服務（economy）的旅館除了提供客房及衛浴設備、自動燒水壺設備外，一切都由旅客自行動手服務，甚至沒有咖啡廳或餐廳的設置，除了提供住宿，並不提供其他附帶服務。這類型最常見的就是歐美地區洲際高速公路旁的汽車旅館（motel），或以往台灣地區車站旁邊的小旅館均屬之。

◆套房式旅館

套房式旅館（all-suit）是現代化的旅館，其型態大約就是包含上述的各型套房：標準式套房、商務套房、高級套房、總統套房、樓中樓套房等等，是旅館訂價最昂貴、設備最新穎的客房。

◆休閒旅館

休閒旅館（resort hotel）也是時代的產物，在人們豐衣足食、行有餘力，尋幽訪勝條件下所使然。以山川、湖泊、海濱、水域或風景名勝引人，或以鄉土文藝相邀。瞬時間，吸引了成千上萬的遊客，趨之若鶩。旅館開發商、旅館經營者於焉而生，因勢利導，上山下海爭

先搶建。就其所提供的客房而言，有豪華舒適型、經濟方便型，其間價格的差異甚大。尤以民宿業的崛起，實是休閒旅館業的異軍，對解決台灣休假期間風景遊覽區住宿問題，不無助益。新修改的「發展觀光條例特」將民宿列為規範項目之一；也寄望民宿業的經營能化暗為明，充當既經濟又實惠的住宿業後起新力軍。

第二節　旅館客務部的組織架構

　　旅館的客務部（room division）包含著被稱之為前檯（front desk）或者櫃檯者，其係直接與旅客面對面而服務的部門，當旅客抵達旅館第一個接觸的就是客務部門的人員——門衛班及行李班，旅客對於旅館的第一印象就在此時開始建立，「好的開始就是成功的一半」也許是老生常談，陳腔濫調，但是對於首次踏進旅館大門的國際旅客而言，如能給予熱烈的歡迎，必定能為其烙下刻骨銘心的美好回憶，為旅館樹立良好的形象。

　　茲將旅館客務部之組織架構簡介如下：

　　旅館客務部（front office）和房務部（housekeeping）兩大部門構成旅館客房之主要服務工作。在一般的旅館有些是將兩大部門合而為一，而在規模較大的旅館則分而為二，以分別督導客務和房務業務。以圓山大飯店為例，是成立兩個獨立單元，各司其職，分別作業，但兩單位部門經理之上設置一位協理來統籌整個客房服務業務，其單位為客房部。

　　再說旅館與旅客兩者之間的生產者與消費者的買賣，確實是存在著交易關係。只是這種生產與消費的過程，卻有別於一般的生產事業之市場銷貨狀況。旅館對旅客所提供的產品，除了軟、硬體的服務品質之外，旅客對於旅館的「最終服務品質」的評價，才是飯店提供服務的總結。旅客對於旅館的滿意與否，實是繫於旅客對旅館服務的

「期望品質」和「經驗品質」相互比較得知「感覺品質」之下的滿意程度。因之,可以明確的認定旅客對飯店的要求,比較偏向於「心理上的感覺」。假如不能讓旅客的心理感受到舒適方便、實用、親切與受尊重,再好的軟、硬體設施也只能嘆乎徒勞無功,枉費心機,甚至影響旅館的形象。

　　至於旅館要如何服務才能滿足旅客的需求,因為旅客的心理世界,總是時時隨著時間、地點、旅遊節目而變化,不同的情況、不同的階段和不同的環境,環環相扣,起伏不定。更何況旅客的背景是極其繁雜的,其因年齡、性別、職業、國籍、種族、宗教信仰、教育水準、所得程度等條件的異同,需求的目的與效用也就因人而異。旅館要提供多功能和全方位的服務,才能充分的滿足旅客的欲望。那麼,在旅館方面與旅客第一瞬間接觸迎接者與最後離開旅館所送別者,都是客房部門的從業人員。在此,就先將客務部之組織簡介如下:

　　旅館客務部係包括大廳經理(duty manager)、訂房中心(room reservation)、櫃檯(front desk)、服務中心(bell service)、旅客關係(guest relation)、總機(switch board operator)、夜間經理(night manager)。就以圓山大飯店為例,訂房中心現歸於業務推廣部,夜間經理則於客務部經理之下。實際上,客務部經理所管轄為四大部門:(1)櫃檯;(2)服務中心;(3)旅客關係(大廳接待);(4)總機(如**圖4-8**)。

第三節　旅館客務部各級員工的主要職責

一、客務部經理的職責

　　客務部經理之職責包括:負責管理客務部的所有工作,同時也要配合或運用旅館內各部門的人力與組織等功能,來達成客務部的機能,以提升服務旅客之最高宗旨。至於其主要的職責為下列數項:

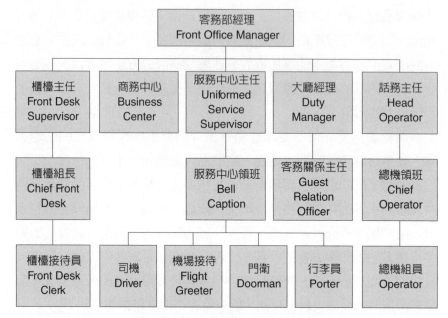

圖4-8　旅館客務部組織系統圖

資料來源：圓山大飯店提供。

1.對於客務部人員之甄選、培訓、任用考核等人事有關事項，並配合人力資源部之作業。

2.配合旅館其他部門之資源與人力組織，來協助達成客務部之功能。

3.對於旅館客房所有鑰匙的總匯（master key）之管制。

4.尤其對於房務部所屬之工作給予密切的聯繫與配合，務必做到客房之「零缺點目標」為最高原則。

5.對於櫃檯旅客之遷入、遷出及會計、出納帳務之監督管理。

6.配合訂房中心之訂房作業，以有效的管制訂房的業務，提升旅館之住房率。

7.配合與協調有關部門及代訂房單位，來解決「散客」及團體旅客的需求。

8.確實審查每日營業報表、客房營業日報表（前日）（daily rooms report）、每日預定遷入旅客名單（次日）（daily arrival list）及每日遷出旅客名單（次日）（daily departure list），來掌控旅客之動態、背景及客房之住用率。

9.確實做好旅館每日、每週、每月及三個月的訂房實際與預估報表，提供給上級主管作為經營之參考。

10.務必以最佳的方式來解決超收訂房之難題。

11.協助上級主管做好迎賓送客之工作，尤其是對貴賓（VIP）更應細心服務。

二、客務部副理的職責

客務部副理（有些稱之為大廳經理）之職責如下：

1.協助客務部經理對於客務部人員之甄選、任用、培訓、考核等工作。

2.協助客務部經理協調其他部門之組織及功能之運用。

3.協助經理監督管理櫃檯之作業。

4.協助經理協調訂房中心之訂房作業。

5.協助經理解決FIT及GIT之需求與配合事項。

6.協助經理解決超收訂房之困難。

7.協助經理做好迎賓送客之工作。

8.協助經理解決旅客報怨事項。

9.協助經理處理上級所臨時交辦事項。

三、夜間經理的職責

所謂夜間經理，係指每日於24：00至次日08：00值班時間內代表總經理督導所有值班員工工作。因其係屬於客務部，所以亦受客務部

經理之直接管理。其主要的工作職責為：

1. 巡視全館各區域注意電源、水源、火種、瓦斯及非正在營業之場所；檢查夜間燈火管制工作；向最高主管呈報緊急狀況。
2. 督導維護旅館建築物財產與旅客及值班員工之安全；督導各單位員工保持清醒且有效率的工作狀態。
3. 負責夜間公共場所，特別是大廳秩序之維護，杜絕宵小及其他非法活動。
4. 負責夜間所有工作之檢查，督導夜間清潔工作並驗收及檢查。
5. 督導次日預定遷出旅客之所有準備事項，並處理旅客抱怨及突發事件。
6. 將特殊狀況詳細記載於日誌簿上，並於次日移交給早班人員做追蹤處理。
7. 夜間臨時walk-in旅客之接待或處理工作。
8. 每日複製電腦記憶資料。
9. 保險箱使用之管制，並督導服務中心與櫃檯，夜間寄存的包裹、留言、信件、水果、花籃、派報之處理。
10. 幫忙處理晚到遷入的旅客，安排其住宿。
11. 協助夜間值班人員填製每日之報表，並於次日07：00之前分送各有關單位。
12. 澈底瞭解旅館所有設備、營業項目、價格及有關之活動。
13. 夜間一切有關事項及臨時交辦事項。

四、服務中心的職責

服務中心大約包括了詢問櫃檯（concierge）、行李中心（bell center）、機場代表（flight greeter），茲將其職責分述如下：

(一)詢問櫃檯

詢問櫃檯之職責如下：

1.提供旅客有關旅館設施與服務及重大活動之諮詢服務。
2.收發旅客及旅館郵件。
3.向郵局申購郵票及為住客提供代辦郵務。
4.代旅客訂購或確認機票。
5.提供顧客有關鐵、公路及航空班機時刻諮詢服務。
6.提供顧客有關旅遊路線、風景區之諮詢建議服務。
7.提供旅客租車服務、接受旅客預訂旅館車輛。
8.協助旅客找尋遺失之行李或延遲送達之行李。

(二)行李中心

行李中心所屬又可分為門衛（門房服務員）（door man）和行李員（porter）兩種，前者是站在門口迎送旅客及維持旅館門口之交通秩序，後者是引導旅客至客房，並將旅客之行李送往客房。茲將其職責簡介如下：

◆門衛

門衛亦稱為門房服務員，其主要職責為：

1.迎接遷入之旅客及歡送遷出之旅客，並安排旅客搭乘計程車。於旅客搭乘計程車時立即將車牌號碼抄下，一聯交由乘客，一聯由飯店保存，以確保旅客之安全。
2.當旅客所搭乘車輛抵達飯店門口時，應即趨前代為開啟車門，並致以最熱忱之歡迎，說聲「歡迎光臨」。
3.隨時維持旅館大門口之交通秩序，讓車輛能保持順利暢通之狀態，必要時經常代客泊車。
4.當下雨天，旅客欲進入旅館大門時，應迅速將雨傘套交由旅客

將雨傘套封，免得水濺大廳。而且，應準備大傘於雨天旅客欲離開飯店時，護送其至停車處所。

5.隨時瞭解旅館之活動、宴會及會議場地，以備赴宴顧客及與會人員之詢問，並指引其路徑。

6.應確實瞭解飯店內之各項設施、項目、價格，以便回覆顧客詢問。

7.代客泊車時需維護車體完整、安全、留意宵小破壞車輛，並小心謹慎保管車輛之鑰匙。

8.處理乘客與計程車司機發生之糾紛，並迅速清理大門口之擁擠情形。

9.制止任何奇裝異服或行為怪異之人物進入旅館大廳，並防止攤販在停車場或騎樓下流動逗留。

10.隨時注意旅館大門之清潔，若有不潔難以清除或遭受破壞，應立即通報處理。

11.支援行李員搬運行李，若有貴賓來臨，支援配合設置歡迎標示牌，並應特意維護大門之清潔、流暢與安全。

12.當旅客欲離去時除代為安排車輛外，並應幫忙行李員將旅客行李搬上車輛，且代為關門，隨即說聲「謝謝光臨」、「再見！請慢走」等送客言語。

13.當團體旅客欲離去時，應協助行李員將其行李搬置於遊覽車上，並向旅客揮手致意，歡送其離去，以盡國民外交之義務。

14.指引旅客搭乘旅館之交通車或接駁車，並告之沿途停靠站牌，及起迄、接駁車站。

15.協助婚宴、會議主辦人員之行李搬卸，以及旅館門口迎嫁婚禮儀式之助理工作。

◆行李員之職責

行李員之工作人員設有領班及副領班，以分配及督促行李員之作

業。行李搬運工作，其服務對象不僅是住宿旅客，還包括婚宴喜慶及開會之顧客。就以住宿旅客而言，亦分別為個人散客及團體旅客，甚至還有貴賓級旅客，其中還不乏有國際級之中外政要、經貿、學術人物。是以行李員其搬運工作之責任及操守，亦非蝸行牛步或見財起意之徒所能充任。

又旅客不論是散客或團體旅客，遷入與遷出之時間不定，往往是隨著班機時間而進出旅館。所以旅館對於住宿旅客之方便，亦將行李員分別編組早午班及晚班來服務旅客。此外，亦將行李員分成旅客遷入和遷出搬運行李作業之程序，暨旅客寄放行李、遺失行李或留言、傳真郵件，以及旅客要求更換客房等之處理程序。

1.旅客遷入時行李員搬運行李之作業程序

　(1)早午班行李員之職責

　　●旅客到達飯店門口時應隨同門衛，親切且迅速趨前接待，除替旅客開啟車門之外，並將其行李卸下。

　　●要以很謙卑的態度引導旅客前往櫃檯辦理住宿手續。

　　●當旅客辦妥住宿登記手續之後，請其認清所攜帶之行李並當場點清，隨即將客房號碼登錄於行李牌上（如**表4-1**），及遷入行李記錄表內，在最快速的時間內，將旅客的行李安全的送達客房。

　　●行李員協助領班或副領班填寫行李資料於有關表格，如「遷入行李記錄表」（如**表4-2**）、「團體旅客行李遷入記錄表」（如**表4-3**）、「寄存行李收據」（如**表4-4**）等。

　　●旅客要求換房時，聽候櫃檯指示，協助換房工作。

　　●聽候櫃檯指示，配合房務部準備迎接VIP之蒞臨。

　　●聽從領班或副領班之令，協助或代理門衛之職務。

　　●協助門衛或安全人員管制衣冠不整或行為不正之人物進入旅館。

表4-1　旅館旅客行李牌

旅館旅客行李牌
姓　　名 Name　＿＿＿＿＿＿＿＿＿＿＿＿＿＿＿ 房　　號 Room No.＿＿＿＿＿＿＿＿＿＿＿＿＿＿ 日　　期 Date　＿＿＿＿＿＿＿＿＿＿＿＿＿＿＿

資料來源：圓山大飯店提供。

- 下雨天協助門衛處理旅客雨傘之收封或停車事宜。
- 協助維護大廳及門口之整潔。
- 確實掌握旅館當日之宴會及會議狀態，以便隨時回覆顧客之詢問。
- 嚴禁將行李推進客房，必須置放於走廊靠邊處。
- 請教旅客是否還有其他吩咐，否則放好行李立即迅速離開。請告訴旅客，如有任何事情請與「服務中心」聯絡。
- 當團體旅客由遊覽車逐漸進入旅館之際，領班應率先配合導遊人員將旅客集中在一起，等候辦理check in手續。
- 行李員將遊覽車上之行李搬下集中放在服務中心，但須與一般FIT或其他GIT旅客之行李區隔，以免混淆不清，並繫好行李牌，並請導遊人員確認，再逐一登錄於團體旅客遷入／遷出記錄表。
- 務必記得，有多團GIT旅客抵達旅館時，則需使用不同顏色之行李牌，以為區隔，並分別存放以免混亂。

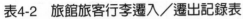

表4-2　旅館旅客行李遷入／遷出記錄表

月　　日　　班

姓名								
時間								
車行								
車號								
件數								
房號								
時間								
車行								
車號								
件數								
房號								
時間								
車行								
車號								
件數								
房號								
時間								
車行								
車號								
件數								
房號								
時間								
車行								
車號								
件數								
房號								
時間								
車行								
車號								
件數								
房號								

資料來源：圓山大飯店提供。

表4-3　旅館團體旅客行李運入／運出記錄表

中華民國　年　月　日

□團體名稱							
房間號碼							
下行李時間							
行李件數							

中華民國　年　月　日

□團體名稱							
房間號碼							
下行李時間							
行李件數							

資料來源：圓山大飯店提供。

表4-4　旅館旅客寄存行李收據

正面

N𝐨 00001
房號　　　　　　　　　　　　　　　　日期
Room No: _____　Date: _____
房客姓名
Received From: _____
_____
_____
_____
請詳閱背後說明：　　　　　　　　　　行李員
Direction of Storage at Back Page　　Received By: _____

背面

1. 本飯店房客可免費寄存行李，但不負任何損壞或遺失之責任，寄存期限為十天。 Luggage May Be Stored Free of Charge For A Period of Not More Than 10 Days At Owners Risk.
2. 行李庫房僅為離店客人使用。 Baggage Storage Space For Out-Of-Town Guests Only.

資料來源：圓山大飯店提供。

(2)夜班行李員之職責

- 一般來說與日班行李員之職責略同。
- 整理當日所有記錄報表。
- 檢查所有用品，並將要補充的用品記錄於交班冊本內。
- 整理夜間住宿旅客之留言並遞送之。
- 負責掌理旅館大門旅客之進出與接待。並配合警衛於晚間 23：00管制訪客之進入。
- 協助門衛替旅客叫車或開門之服務。
- 應與警衛配合，防止有從事色情行業之人物進入旅館。

2.旅客遷出時行李員搬運行李之作業程序

- 旅客打電話或本人親自向服務中心要求將行李提下來時，應先查明是否要遷出及查明客房號碼和行李件數。若其本人則須先向旅客索取鑰匙，以便打開房門，幫其將行李提下。
- 準備行李車至客房，並將資料登記在「行李遷出記錄表」內（check out record）之房號及行李描述格上（baggage description）。
- 先按客房門鈴，再表明行李員之身分。請旅客說明行李種類及件數，要注意是否有易碎之行李。之後，再將行李放在門外走道邊處。
- 向旅客索取鑰匙，再將門扣上，並道聲「珍重再見」。
- 將行李擺置於服務中心櫃檯前，要注意區隔他人之行李，以免混亂。
- 行李牌上房號不符時，應予更正，如沒房號則予以填上。並以電話聯絡櫃檯確認客房之鑰匙是否交回。
- 協助駕駛員將行李搬上行李箱，再核對行李件數。
- 在「遷出登記表」內記明：離開時間（time out）、車種及車號（car No.）。
- 協助清點客房內之借用品及冰箱內之飲料消耗品，以便向櫃

檯通報結帳。

- 若有寄存行李，則依寄存辦法處理之。
- 若將行李交給其他旅客，請留下受委託人之資料，以便通知受託人來領取。
- 前往櫃檯確認旅客之帳款是否結清。

3.旅客寄存行李及領取行李之處理程序

　(1)寄存行李之處理方式

- 與旅客當面點清寄存行李之件數，若有貴重物品、易燃物及爆炸物請其說明清楚。貴重物品請旅客自行保管或寄存於保險箱內。危險物品則拒絕寄存，並將寄存行李集中於服務中心櫃檯。
- 向旅客索回客房鑰匙，如已繳交別的單位，則務必聯絡確認之。
- 領班或副領班開具「寄存行李收據」。
- 請旅客在行李收據上簽名，並將標籤下聯撕下交予旅客保管，以作為憑證。
- 行李標籤上聯繫於行李上，若行李有兩件以上者，則需用繩子捆綁。
- 若行李寄存時間短暫時，則放置於服務中心櫃檯內。
- 若行李寄存時間較長時，則放置於行李儲藏室內，並將寄存編號登記於「行李寄存記錄表」。
- 旅客離開飯店後，如有帳單未付清，或任何留言、文件、電報等，則將其有關文件資料黏貼在行李標籤上。

　(2)領取寄存行李之處理方式

- 請旅客繳交寄存行李收據，然後取出行李，核對行李收據號碼。
- 確定旅客所有帳款均已付清，鑰匙確已繳回，再提出行李交由旅客取回。

- 核對旅客行李之件數，核對無誤後，行李員在「行李寄存記錄表」上簽名。
- 將寄存行李收據存檔備查。
- 旅客簽名要一致，若發現不符合時應向值班經理報告處理。
- 代領寄存行李時，須繳交寄存行李之委託書及收據，同時須備有原寄存旅客之簽名。代領人須於「行李寄存記錄表」簽名。
- 假若旅客遺失原寄存行李收據時：請旅客提出身分證明，並作記錄。問明旅客寄存日期、時間、原客房號碼及行李件數、種類等是否相符合。請旅客再次簽名，以核對與行李標籤上聯簽字是否符合。旅客領取行李後，請其在「行李寄存記錄表」之「備註」欄處簽名，以防找回原寄存行李收據後，節外生枝。

4.旅客遺失行李或誤送行李之處理

(1)旅客遺失行李

- 先查明旅客姓名、客房號碼、遺失地點、行李件數及內容。
- 假如係在機場或飛機上遺失，則請旅客至旅館前檯接待處所，由前檯接待人員代為辦理手續處理。
- 假如係遺失在計程車上，先查明「行李遷入／遷出記錄表」上所記載之車號。將詳情報告值班經理處理。值班經理將其資料記錄後，再與廣播電台聯絡請其代為廣播尋找或報警處理。
- 假如係遺落在小客車上，查明車行，請車行代為尋找。
- 假如係遺落在風景區、娛樂場所或購物中心，除了向該處詢問外，最好報警處理，否則證件遺失，麻煩較多。

(2)誤送行李

- 旅客若告知行李被誤送時，即時詢問客房號碼、姓名、行李樣式、旅行袋顏色、行李件數。

- 假如係為已遷入之旅客，應即核對其「行李遷入記錄表」之記錄是否相符。若核對後無誤，再查看同一時間內遷入旅客的行李資料，再尋找誤送之客房，再行交換追回。

- 假如係為遷出之旅客，先查明「行李遷出記錄表」所記載乘坐車種及車號、離開旅館之時間及前往之目的地，並將詳細情況向值班經理報告處理。

- 假如係團體旅客之行李，先將實情向導遊報告，請其協助處理，若旅行團已離開旅館而無法再聯絡上導遊時，則立即向該團體所屬旅行社報告，請旅行社協助處理。

- 假如係同一時間辦理遷出之不同旅行團體，應設法先聯絡雙方旅行團之導遊，若一時無法聯絡上導遊時，則儘速聯絡雙方所屬旅行社，將詳情告之，並請求協助處理。

- 假如旅客係已返回本國，則應將誤送互換之行李暫時妥為保管，並請旅行社協助處理。

5.旅館所代收旅客之留言、傳真、郵件或其他物品之遞送

- 留言、傳真、郵件或其他物品之遞送時，先將遞送物品打上時間。

- 領班或副領班登記在「遞送記錄表」（delivered record）（如**表4-5**）內填明旅客姓名、客房號碼、送物時間、物品名稱、物品件數、遞送之行李員姓名。

- 送至旅客客房之留言、傳真、文件，一律均由門下遞進即可。

- 旅客之掛號信件、緊急文件或包裹，遞送時先按門鈴，並表明「服務中心人員」之身分。旅客開門後先向其問好，並告之「掛號信」或「緊急文件」；離去時再度請安並輕輕將房門帶上。

表4-5　旅館旅客物品遞送記錄表

日期	時間	房號	物品名稱	行李員

資料來源：圓山大飯店提供。

- 假如係貴重物品，務必請旅客先在「遞送記錄表」簽名。
- 假如係小包裹亦可由門下遞進，若係大宗郵件無法自門下遞送，則請樓層服務員代為開門送入亦可。
- 假如碰到旅客將「請勿打擾」牌掛上時，即將物品暫存於服務中心，並附上通知紙條，亦可再請前檯接待人員留言給旅客，方為周全。
- 假如係在樓層服務員下班後，欲遞送物品給旅客時，應先與旅客聯絡，取得同意後再送。
- 遞送物品時，若旅客表明次日自取或次日再送時，應在「行李寄存記錄表」上註明「自取日期」或「再送日期」。
- 旅客若不在客房時，可向前檯接待或值班經理報告後，索取客房鑰匙，開門將物品送往客房內。

6.客房更換之作業程序

　　旅客在投宿旅館之前，常對旅館有或多或少的憧憬。而且，每位旅客對於旅館的服務標準，也不全都感到滿意。通常是依照個人的財力狀況、偏好或品味等條件審慎挑選，不過等到住宿旅館之後，卻會因當時的心境、環境的因素或服務的品質等種種變化，而要求更改客房。旅館為了滿足旅客的需求，為了後續的經營，如果不是在客房客滿的情況下，都會給予更換客房之方便。

　　更換客房的作業流程，實際上牽涉到幾個相關部門的工作，在此僅將有關服務中心所屬行李員（porter）之換房作業流程簡述如下：

(1)服務中心接到櫃檯送來旅客換房單（如表4-6）後，查看客房號碼，並向櫃檯索取客房鑰匙。
(2)去審閱「行李遷入記錄表」上之原記載房號，將房號更改，並在「日誌簿」上登記旅客姓名，以及由原客房更換至新客房之號碼。

表4-6　旅館旅客換房單（客房）

```
                  ROOM/RATE CHANGE

  NAME: _____   DATE: _____

  |          FROM          |           TO            |
  | ROOM NO.               | ROOM NO.                |
  | ROOM RATE              | ROOM RATE               |
  | SEV.CHARGE             | SEV.CHARGE              |

  GUEST SIGNATURE

  REMARK:                    □ 換房        □ 改帳


  _____          _____
      接待員簽章                  出納櫃檯簽章
```

資料來源：圓山大飯店提供。

(3)持著新鑰匙及換房單或行李車到原客房，並通知樓層服務員更換的客房號碼，請其清查客房冰箱飲料之消費及客房借用品。

(4)按鈴後立即表明身分及來意，並把行李車擺置於門外走道旁。幫旅客搬移行李，並檢查是否尚有遺留行李。與旅客當場核對行李件數。

(5)請旅客交回原客房鑰匙，將行李搬置於行李車，再推移至新客房。打開房門及室內燈光，請旅客先進入客房。

(6)將行李移至新客房後，先與旅客核對行李件數，再依旅客的
　　吩咐將其行李放置於行李架上，衣服掛好於衣櫃內。換好客
　　房將新客房鑰匙交予旅客，並道聲祝福之話語後，迅速退出
　　客房。

(7)換房完畢後，將原客房鑰匙交予櫃檯。

(8)在更換客房時，假如旅客不在原客房時，務必要刻意留神，
　　以免出了差錯。若旅客未事先打理好其衣物行李，應替旅客
　　收拾，並記住原物件衣物放置之位置，並反覆審查客房中是
　　否存留衣物等。迄將衣物等搬移新客房後，盡量按照原客房
　　擺設之位置，依樣排放，如此，則大功告成。

　　總而言之，服務中心的門衛及行李員係整個飯店對旅客提供服務
最為細微與繁雜者，如果服務得宜不但會受旅客之讚賞，同時旅客往
往亦會「感恩圖報」而「略施小惠」，因此小費（tip），往往是他
們額外的一筆收入。所以，在旅館編制上有董事長或總經理的座車司
機，大都被編列於總務部門，其工作就是替老闆開車服務，雖有時忙
至深夜，但若不出車，平常則閒而無事，似有浪費人力資源之虞。有
感於此，似有將上列之司機人員編入於服務中心，以充分運用人力，
並增加額外收入。再則，服務中心之前線服務基層員工，因平日與旅
客接觸頻繁，故其儀容及行為務必要力求端裝親切、整齊有禮，否則
有失旅館尖兵之角色。此外，服務中心的前線工作夥伴，其與房務部
人員等直接接觸旅客之私人行李、物件、錢財等貴重物品，非有高操
之品行者，實難坐懷不亂，是以，各級主管在選用、培訓、考核員工
時務必特別小心謹慎。

(三)機場代表

　　所謂「機場代表」，係旅館派駐於機場，負責歡迎旅客入境或歡
送出境者。為何旅館業必須於機場設置機場代表呢？無庸置疑，此係

旅館為加強對即將來投宿的國際旅客和已遷出返國的旅客給予最高的熱忱。這些旅客中當然包含有FIT和GIT，甚至有些FIT是第一次進入本國國境，而且在訂房時就已言明要有人到機場接送機。至於團體旅客，是由旅行社的幹部或導遊人員負責接送機，但旅館的代表若能趨前迎送，勢必顯得特別親切。有時，機場代表的反應較靈活時，還可接待尚未訂房之入境旅客（inbound tourist）。這或許可以推移至台灣地區光復初期，各大都市的火車站夜間都可看到無數旅社的代表，手提書寫旅社名稱的燈籠在火車站爭相攬客，這就是最為原始的「旅社代表」。往後因時代的演進，旅社的「接車代表」自然銷聲匿跡，遁之於無形。不過，旅館業機場代表之業務，直至目前還是卓有成效，例不可廢。

茲將旅館機場代表接機送機之主要作業程序，簡介如下：

◆接機之主要作業程序

1. 先查閱櫃檯轉來之「在民用航空機場接載預約旅（乘）客名單」（limousine report）（如**表4-7**），在旅客出境後，若熟悉旅客者則應直呼其名。如係第一次來本旅館，查核「旅館接機記錄表」（limousine report）（如**表4-8**），確定旅客姓名，詳「填乘車證」（limousine service ticket）（如**表4-9**），告訴客人車資，徵求其同意，請其簽名。

2. 接獲旅客後，陪同旅客至機場大廳門口，告訴機場到旅館所需時間。如係初次來者，詳細告知旅館之一切設施及新的活動節目。

3. 如旅館專車抵達機場門口受查時，則出示「在民用航空機場接載預約旅（乘）客名單」之黃色聯給予檢查。

4. 協助司機上妥旅客行李，再請旅客上車，恭祝假期愉快，並將「乘車證」回執聯交駕駛。

5. 旅客離開後在「發車記錄登記簿」登記日期、客人名字、班機

表4-7　往民用航空機場接載預約旅（乘）客名單

大客車				
旅館、旅行業	地址：		電話：	年　月　日
業者或租車人				
所接班機	航空公司名稱：	班次：	到達時間：　月　日　時　分	自行預約 □　服務單位分配 □
接載人數	男：	女：	合計：　　人	
車輛	牌照號碼	駕駛人姓名	旅客來自	隨車人員姓名
旅（乘）客名單				
簽章	個勤航警簽章　　時　分	旅客服務單位分配簽章　　時　分	租車人或業者負責人簽章　　時　分	

附註：
1. 本表由租車人或業者負責人事先填妥一式二份加蓋印章，於車輛駛入機場停車時，即交在場航警，一份收存，一份簽字後還還隨車人員存執，以備查核。
2. 旅乘客名單欄請註明旅乘客姓名，並男女分明，如格欄不敷填寫，可改用附件之，填「如附件」三字（附件末員應由航警簽字）。
3. 如接載之旅客係由旅客服務單位臨時分配者，可比照規定，於接受分配當時洽請觀光局旅客服務中心在旅客服務單位分配簽章欄內簽章證明。

資料來源：台北圓山大飯店提供。

表4-8 旅館接機記錄表

Date: _____

Flight No & Time	R.V.NO	Guest Name	Remarks	Flight No & Time	R.V.NO	Guest Name	Remarks

資料來源：台北圓山大飯店提供。

號碼、乘坐人數、司機車號、姓名、乘車證號碼、金額、發車
時間及機場代表簽名。

表4-9　旅館旅客乘車證

乘車證

NO：000001

Shuttle Service Ticket

Limousine Service Ticket

Room No: _____　　No Pax: _____　　Value: _____

Effective Date: _____　　Time: _____

Hotel ⟶ CKS Airport　　　　　　　Others

CKS Airport ⟶ Hotel

Present this ticket to driver when boarding.

登車時請將此票交給服務人員

Please contact BELL CAPTAIN ten minutes before departure.

PAYMENT:　　　CHARGE TO ROOM　　　CASH

Guest Signature: _____

Issued By: _____　　Date: _____

資料來源：圓山大飯店提供。

6.將上列資料及reservation No.等電告旅館值班經理，以提醒其在旅館接待。

7.若遇班機延誤、取消或變更，應立即電告旅館櫃檯，並迅速電告旅客。

8.若有早班飛機旅客，應於前一晚19：30前，將資料傳真給機場旅客訂房中心，請其轉交旅館機場代表，促其至機場接機。

9.當日早晨應與航空公司聯絡，以確定班機是否準時到達，以便準備接機。

◆送機之主要作業程序

1.事先須先詳閱「daily limousine record」上所記載旅客在旅館搭車時間及所搭乘班機班次。在旅客其抵達機場前，在航空公司櫃檯前等候。

2.在旅館專車抵達機場時，立即前往開門致意，並表明身分，之後，替旅客開車門，幫司機下行李。請旅客搬移行李，且替旅客辦理check in手續。

3.辦妥登機手續後，再請旅客填妥「出境旅客申報單」。

4.旅客如欲兌換外鈔時，陪同至機場銀行服務台辦理。

5.隨時注意班機告示牌之指示，以引導旅客出境。

6.替旅客提其隨身行李，並代送其證件至查驗口，並祝其「旅途愉快」說聲「歡迎下次再來」。

7.旅客所搭乘之班機變更、延誤或取消，遵照航空公司之安排，儘量協助旅客。若班機取消又無法轉機，則航空公司應負責旅客當天食宿問題，並等候安排。

8.送機時旅客服務優先順序，應注意是否有特別要求服務者、VIP、搭旅館專車者、行李多件者及行動不便、年邁者，要禮讓、關心、照顧。

五、大廳接待或旅客關係主任的職責

　　大廳接待或旅客關係之職稱，在其他旅館也有被稱之為「客務關係主任」（guest relation officer）。其工作任務是負責與旅客建立良好的公共關係，並且接待VIP的工作。其在編制上係向大廳經理（客務部副理）負責，但也有的是直接向客務部經理負責。茲將其主要的職掌簡介如下：

1. 其係客務部經理底下之副主管，平時協助督導客務部所屬各單位之工作，並為客務部經理之職務代理人。
2. 隨時觀察訂房狀況，設法提高旅館之住房率。
3. 會同房務部於貴賓抵達前，檢視客房之準備工作。
4. 陪同貴賓至客房完成check in手續。
5. 協助處理解決旅客或其他消費者之抱怨。
6. 應確實瞭解旅館內各項設施、營業項目、價格、甚至各種行銷推廣活動，或宴席、會議等節目。
7. 檢查每日旅客到達名單，注意VIP客房之分配及接待工作。協調迎接VIP之禮節儀式，贈送花果、卡片等物品細節。
8. 會同安全單位解決大廳旅客之糾紛事件。
9. 協助督導櫃檯出納處理有關旅客帳務之折扣、催收、刷卡、佣金等事項。
10. 負責督導大廳內各區域角落之清潔工作。
11. 負責督導大廳內各項產品展示及表演活動。
12. 配合人事單位訓練所屬員工之事項。
13. 督導屬下將保管物品登記管理。
14. 負責燈光之管制。
15. 聯繫及溝通旅館內各相關部門之互動工作。

　　至於，旅館對貴賓於大門口之迎接儀式，通常是發動全旅館所有

重要級的幹部。如果是國內外元首或政要、聞人，往往則勞師動眾排列於大門口或大廳入口處列隊迎賓，甚至派員獻花。又在貴賓離開旅館前之歡送儀式，雖沒有迎接時之隆重，但禮節亦不可省。此迎賓送客之禮節，實是旅館之一大課題與任務。

六、電話總機的職責

電話總機（PBX operator）係為住宿之旅客提供順利、舒暢、方便的通訊、溝通、聯絡服務。其功能似乎有些類似人體組織看不見卻極為緊密重要的神經系統。且話務人員係躲於幕後的服務人員，其與旅客的關係僅以話語之間的聯繫，而且足足可以影響旅客之情緒變化，和提升旅館服務品質或經營形象之關鍵人物，是以其語氣的柔和強硬和操作的迅捷遲緩在在都代表旅館的服務品質與效率。是以，對於話務人員之選用、培訓、考核作業都必須要有嚴謹之規範。

茲將總機之工作程序及職掌簡介如下：

(一)外線打進電話之處理

1. 外線電話信號一進來，不要讓其響聲超過三次。儘速回答對方「您好」等問候詞，並先道明「The XX hotel」、「May I help you」，迄對方表明轉接單位，再予承轉正確單位。
2. 假如係訂房電話，於白天接給訂房組，於夜間則接給櫃檯。
3. 假如係找客房旅客，應先查明旅客姓名及客房號碼，是否符合，再予轉接。若旅客未到達，則告之預定到達時日，是欲留言，則代為留言，或轉接櫃檯代為處理。
4. 早晨八點以前之電話，若沒有晨喚時間，則先徵求旅客之同意再轉接。VIP客房之電話則應特別留神。
5. 如係轉接餐廳之電話，必須問明是哪家餐廳。
6. 如係轉接餐廳而要尋找顧客，則迄待發受雙方通話後，始可完

成任務。

7.如係市區電話轉接客房時，響聲二十秒（約十響），若無人接聽，將主動轉入總機，再詢問是否要留言，則轉至櫃檯代為處理。

8.如電話係在通話中，即告知對方是否願意等候，或待會兒再打進來。如欲留言，則轉至櫃檯代為處理。

(二)客房內線打出電話之處理

1.視旅客實際需要再以轉接。

2.客房分機係自動化設施，可告知旅客可直接撥「0」再撥外線。

3.若欲撥其他客房之內線電話亦告知直撥的使用方法。

4.欲掛接長途電話時，若無人接聽，或通話中，立即告知是否再撥接。

(三)國際或國內長途電話之處理

1.打進來的國際或國內長途電話，如係由對方付費（incoming collect call）都經由當地的國際台轉接。

2.先請教付費方式，如係對方付費，即可轉接至客房。

3.若欲住宿旅客付費時，先徵求旅客同意後再接入，但務必填入一式三聯的「長途電話登記單」（如**表4-10**）。若旅客無欲付費時，則應向對方委婉表明。

4.若住房旅客同意付費時，在「長途電話登記單」上記錄「通話時間」、「開始通話時間」及旅客姓名、房號等。且國際台回報電話分數時再互換代號，再將正確的通話時間登錄。

5.在「長途電話登記單」之「已通」欄處打「✔」及備註欄處註明「incoming collect call」，再依通話的時間及國家，對照長途電話換算收費。

6.旅館長途電話費的收費標準，係另加20%計算。

表4-10 旅館長途電話登記單

Long Distance Telephone Call

Room No. _____ Date: _____

Name of Caller: _____

Place of Call: _____

No. of Telephone Called: _____

Name of Person Called: _____

Time of Call: _____

Minutes: _____ Charge: NT$ _____

　　　　　　　　　　　　　　　　 Service Charge: _____

　　　　　　　　　　　　　　　　 Total: _____

　　　　　　　　　　　　　　　　 5% Tax: _____

　　　　　　　　　　　　　　　　 GRAND _____

　　　　　　　　　　　　　　　　 TOTAL NT$ _____

Remarks: _____

　　　　　 _____

　　　　　 _____

　　　　　 _____

　　　　　 _____

　　　　　　　　　　　　　　　　　　　　 _____

　　　　　　　　　　　　　　　　　　　　　　　　 Operator

資料來源：圓山大飯店提供。

7.「長途電話登記單」填妥後，話務員簽名，並將其用電腦連線入帳。

8.打出的國際長途電話，客房內可直撥，並自動電腦入帳。

9.沒有直撥線路的國家或指定收話人或刷卡記帳或對方付費之電話，先將旅客姓名、房號及欲掛往國家、地區、區域號碼、受話人、信用卡號碼等資料登錄於「長途電話登記單」。

10.再向國際台「booking」，先撥「100」即可接通。旅客接通電話後，再將其入電腦計費。

11.電話費的計算方式通常約增收20%之處理費用（handling），若係由對方付款或用信用卡付帳者，只收電話處理費NT$50。

12.打出的國內長途電話，可由客房直撥，電腦入帳。

13.如係由分機掛接，或另須找人則要總機協助，並在登記單上填上「通話時間」、「開始通話時間」，再以電腦計帳。

14.旅客於check in時，櫃檯接待於做完電腦輸入登記手續後，旅客即可自客房內，自由使用國內、國際長途直撥電話。旅館除酌收處理費用之外，並於旅客通話完畢後，由電腦主動計帳。

(四)留言處理

◆外客留言

1.若旅客外出，而訪客來訪未遇，欲留言（message）時，則將電話轉給櫃檯處理。

2.若旅客在客房內，但電話占線時，則記下留言，待旅客講完電話時，將留言轉達旅客。

◆住宿旅客留言

1.問明留言內容、留言對象姓名。

2.複述留言內容，確定無誤。

3.將留言內容填寫於值機台上留言用便條紙，註明留言時間，再轉給其他值機員。

(五)晨喚及叫醒電話處理

晨喚及叫醒電話處理（morning call & wake up call）如下：

1.確認房客姓名、客房號碼、晨喚及叫醒時間，並登記於「旅客早晨喚醒通知單」內（如**表**4-11）。

2.若係白天叫醒電話，尚須確定若有國內、國際長途電話，願否接聽或留言，再將叫喚時間撥記在鬧鐘上。

3.聽到鬧鐘聲響時，按登記之客房予以喚醒。

4.於晨喚及叫醒作業時，叫喚數次仍無人接應時，通知房務部或

表4-11　旅館旅客早晨喚醒通知單

團體名稱
Name of Group: _____

早叫時間：
Morning Call Time: _____

早叫日期
Morning Call Date: _____

下行李時間
Baggage Down Time: _____

出發時間
Check Out Time: _____

房間號碼
Room Number: _____

_____

電話
Tel: _____

團體接待人
Tour Guide: _____

總機　　　　　　　　　　　　　　　接待員
Operator: _____　　Receptionist: _____

注意：本單填寫後即送總機房。

資料來源：圓山大飯店提供。

值班經理前往查看，並記錄於日誌簿上。

5.未交待晨喚之旅客，若有外線電話於早上八點前打入，除國際
電話之外，最好請對方於八點後再來電話。

6.叫醒電話，應將此吩咐連同房號、時間，填寫於便條上，並貼
於鬧鐘上，以免誤事。

Chapter 5

旅館櫃檯組織的功能及其作業的性質

　　旅館客務部之櫃檯（front office / front desk / reception），其係客務部服務和管理之指揮樞紐，是旅館對外之代表單位。其服務的對象除了投宿旅館的旅客之外，舉凡步入旅館亟欲與旅館洽公交涉業務或拜訪旅客之各路人馬，皆以櫃檯為焦聚之點。再說，櫃檯又是旅館對內之聯絡中心，客務部經理對其所屬單位命令之傳達，或與旅館內部各部門之協調，亦皆以櫃檯為重心。再者，客務部所屬單位欲向其經理報告之事項，多數亦多集中於此，是以，櫃檯係客務部命令與報告之收受中心，或謂為旅館之神經中樞。

　　客務部服務中心所屬之門衛／門僮，係旅客進入旅館首先接觸之引導者，當旅客下車步入大門時第一位代表旅館接待者就是門衛，之後，門衛替旅客提著行李馬上就是前往櫃檯辦理住宿登記手續。職是之故，或曰，門衛之角色為「旅館之門口」，那櫃檯之角色扮演，豈不為「旅館之窗口」。是以，若要建立旅客之第一印象，就務必抓住旅客check in之時刻，足可見其重要性。

🛏 第一節　旅館櫃檯的設置型態及其作業的性質

一、旅館櫃檯設置的型態

　　旅館櫃檯設置之型態，隨著旅館發展之歷程，也有不同的形式，而且每一個形式都代表著不同年代的歷史背景。至於，現代化旅館櫃檯設置之型態，卻隨著旅館之規模、立地的條件、功能、營業性質等而有分門別類的設置。不過就其現有的型態，約略可分為下列數種：（詹益政，1999）

(一)歐洲式的旅館

　　歐洲式的旅館分為兩個部門，即：

1.接待組（reception）：專門負責旅館客房銷售業務。

2.出納（cashier）：即櫃檯前面設置一個服務檯，由服務主任（concierge）為首，負責調派行李領班（bell captain）、行李員及管理鑰匙、信件、詢問、導遊等業務。

(二)美國、日本式的旅館

美國、日本式的旅館分為三個部門，即：

1.出納組：由帳務員負責製作顧客帳單（bill），再由出納員接受現款結帳，其後亦設有信用部門（credit），負責收回賒帳。

2.客房組：負責辦理訂房、分配客房、出售客房、確認旅客姓名、製作旅客住宿check in之資料及客房銷售控制中心。其後又設立一專門處理旅客留言事務之小組。

3.行李間：負責保管鑰匙、信件、館內、市區及觀光諮詢等工作。

(三)中型的旅館

中型的旅館分為兩個部門，其中一個部門負責人出納業務，負責客房銷售及各種消費之帳務，另一部門負責客房、鑰匙保管、信件處理及諮詢工作。

(四)小型的旅館

小型的旅館則是將中型旅館之兩個部門合而為一。

至於，圓山大飯店客務部所屬櫃檯之組織，則是將旅客住宿登記、出售客房、調配客房出納帳務、客房鑰匙保管、編製各統計表及各式報表、外幣兌換水單、編製旅客名冊、招待賓客、賓客與員工聯絡工作、保管箱之管理工作，甚至商務中心（business center）等業務都混合編組輪值，由房務部經理及副理統籌分配工作。出納業務工作

則比較繁瑣，責任也比較繁重，所以新進之櫃檯員對於出納帳務則較少接觸，由資深櫃檯員負責處理並培訓之。由於現代電腦化之後，許多旅館櫃檯的作業，也多數由電腦操作，省時省力，迅速確實，是現代旅館經營的一大進步，也是經營管理的一大突破。

二、旅館櫃檯的作業性質與原則

旅館櫃檯接待作業係提供旅客住宿登記、詢問、結帳、交通、商業資訊等服務，除接待旅客之外，並協助旅客解決住宿期間所發生之問題而設立。當然，由於旅館規模較大者其前檯的組織編制與作業分工較細，櫃檯原所屬的工作，目前有些業務則分門別類另歸服務中心、旅客關係單位、甚至大廳經理、夜間經理來分擔負責，同甘共苦，責有攸歸，相輔相成。茲將旅館櫃檯（前檯）之作業性質及程序簡略如下：

1. 櫃檯之作業係每天二十四小時，每年三百六十五天之工作，採三班制之輪值。
2. 對於無事先訂房之旅客（walk in），若其無信用卡，或預先刷卡保證，必須要求其一次付清預定住宿期間之房租，原則上不予賒帳，但櫃檯務必注意管制其在旅館內之其他消費，並採取防範之措施。
3. 若旅客的消費帳款，如欲簽由當地公司清償時，必須檢附付款同意書，經由業務部門及財務部門之核可。
4. 櫃檯每日必須將客房帳款超過催帳限度者（依各旅館之規定而異），向上級反應催收，不得積壓。
5. 值班經理負責處理帳務或折扣事項，但事先則應向上級報告。
6. 住宿旅館之旅客如欲相互代為付款時，櫃檯員必須在登記卡上標示，並由代付帳者填具同意書（agreement）。
7. 兌換外幣（exchange）時，僅限住宿於旅館內之旅客。但兌換

總額，原則上每日每人不得超過US$1,000。

8.晨間辦理check out之旅客，櫃檯務必詢問是否有使用早餐或mini bar。

9.主鑰匙（master key），務必由值班經理負責保管，以備開啓反鎖之客房。

10.每日下午之準備工作（如圖5-1），訂房中心務必印製一份「次日到達表」（arrival report）連同「訂房單」於夜間一起交由櫃檯接待，櫃檯依照訂房單上所註明的資料安排客房及已排定房號（Block Room），並印製每位旅客之旅客住宿登記表（如表5-1），及訂房單（如表5-2），兩者合併夾在一處，依客人房號，依序排列，以作爲次日check in之用。

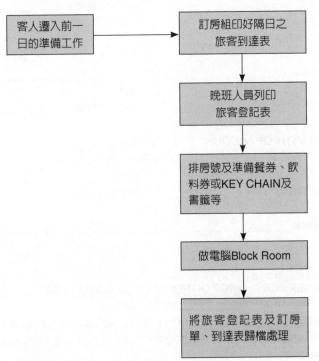

圖5-1　旅館旅客遷入前一日的準備工作

資料來源：圓山大飯店提供。

表5-1　旅館旅客住宿登記表

PLEASE IN BLOCK LETTERS		

RV NO.	ARRIVAL DATE & TIME		DEPARTURE DATE & TIME
RM TYPE	RM NO.	RM RATE	NO. OF GUESTS

姓名
FULL NAME _____
　　　　　　　　LASR　　　FIRST　　　MIDDLE

出生年月日　　　　　　　　　　　　護照號碼
DATE OF BIRTH _____ PASSPORT NO. _____
　　　　　YEAR MONTH DATE

配偶姓名　　　　　　　　　　　　國籍
NAME OF SPOUSE _____ NATIONALITY _____

公司名稱
COMPANY NAME _____

地址
ADDRESS _____

　　　　　　　　　　　　　　　電話
　　_____ TELEPHONE _____

付款方式
SETTLEMENT OF ACCOUNT ☐ CREDIT CARD ☐ CASH ☐ VOUCHER
　　　　　　　　　　　☐ OTHER ARRANGEMENT

簽名　　　　　　　　　　　　接待員
GUEST SIGNATURE _____ RECEPTIONIST _____

備註
REMARKS _____

_____

1. 10% SERVICE CHARGE ON ROOM, FOOD & BEVERAGE.
2. NO PERSONAL CHECKS WILL BE ACCEPTED.
3. PLEASE SETTLE YOUR ACCOUNT WITH THE CASHIER EVERY FIVE DAYS.
4. IF EXTENSION OF STAY IS NEEDED, PLEASE CONTACT REGISTRATION
　 DESK.

資料來源：圓山大飯店提供。

表5-2　旅館旅客團體訂房單

DATE	GUEST NAME / GROUP NAME		CODE	RESERVATION CARD FIT < > < > GROUP < >
ARRIVING DATE	TIME	DEPARTURE DATE	TIME	HISTORY NO.
ROOM TYPE: MIS, MID, MIT, MBT, MBT2, MFT, MFT2, MET, MWT MEJ, MWJ, MBC, MFC, CBT, CFT, CNU, GNT, GNJ, GNC, MNP				BLOCK ROOM
ROOM TYPE: *UNITS*: *RATE*:				NO. OF PAX:
COMPANY:				HK CODE:
CALLER / TEL:				DEPOSIT:
BILLING INS:				
COMMENT-I:				
COMMENT-II:				
COMMISSION		DISC%	DISC RMKS	
AMEND				
CANCELLED BY				ACCEPTED BY
RECFM				

資料來源：圓山大飯店提供。

11.有關VIP旅客之投宿，係由值班經理或更高階之主管伴送至客房，並且在客房內完成C／I之手續。

12.旅客要求代付現款時，總金額以NT\$2,000為限，但不得以信用卡借貸現款。

13.櫃檯之保險箱係以旅客借用為主，員工不得使用。

14.旅客所住宿之客房號碼，務必保密，非經旅客同意不得外洩。

15.旅客之外來留言，應填寫「留言條」二聯，一聯交與櫃檯供旅客領取，一聯由行李員裝入信封，掛於客房門上，每日清晨01：00清點一次，並將留置於櫃檯之留言條送往旅客住宿之客房。

16.旅客若遺失保險箱之鑰匙時，必須負責賠償，金額約為NT\$2,000。

17.為使住宿之旅客有受到尊重的優越感，櫃檯員務必訓練到能記住其大名，每次遇見時均能以姓氏尊稱之。

18.旅客對旅館之服務有任何不滿意時，若能解決應即時解決，若有誤會也應迅速化解澄清，若真無法解決應儘速向上級報告反應。

19.旅客有緊急事件發生，或身罹急病時也應迅速處理或送醫。

20.對神情怪異、行為不當者，應嚴加提防，必要時向上級反應，報警協助處理。

　　以上皆為旅館客務部櫃檯接待作業之基本原則。換言之，也是櫃檯甚至所有前檯人員務必遵守之模式。

第二節　旅客辦理遷入作業的要項

　　世界上任何國家之任何旅館，對於住宿的旅客，第一道手續即是要完成遷入手續（即check in），就算是對VIP之旅客，雖由高階主管護送其進入客房，也是要在客房辦理check in。至於，為何旅館一定要

求旅客必須辦理check in之手續，究其作用，簡述如下（如圖5-2、圖5-3）：

　　為掌握旅客詳細之資料，以作為即時推銷客房等級之參考，以免錯估旅客之身分而失敬。因為旅客之類別有異，有較高身分之商務旅客或名人、要員之FIT，亦有與旅館長期訂約之合約旅客，以及由旅行社承攬而來的觀光旅客，甚至也有未經訂房walk in之FIT，因此藉由check in之手續，可藉此掌握旅客之身分資料，此其一。旅館行銷推廣之策略，必須確實掌握住宿過旅客之資料，以作為往後promotion之檔案，此其二。再者，藉由check in之手續可確實掌握旅客住宿之夜數，以作為旅館次日銷售客房之依據，這就是前文所言，櫃檯作業員必須於前一日晚間將訂房中心所送來之旅客「次日到達表」和旅客「訂房單」夾在一起，再製成旅客登記表，以作為次日安排客房之依據，此其三。旅館營業當中，最關心的就是每日的客房住用率，要如何提高住用率大概是經營者時時所絞盡腦汁，精打細算者。旅館每每號稱有多少客房總數，但每日情況不一，有些客房的變化需要隨時考慮到，像住宿使用中、清潔整理中、退房待整中、可出售空房、故障待修中等因素。再說，還有延住不遷之客房，未遷入no show之客房，類此種種變數捉摸不定，難以掌握之情況隨時會發生，如果沒有嚴謹、疏而不漏的預測與控制，恐將造成浪費空房沒有銷售而短收房租，或是造成一宿難求over booking之窘態，這也是為什麼住宿旅客必須辦理check in手續之緣由，此其四。旅客的種類繁多，身分水準參差不齊，假如沒有辦理check in之手續，非但無法防範不法分子於未然，更是無法補救於事後，為了補偏救弊，辦理check in之手續似乎是無庸贅述之事。有鑑於昔日台灣地區的各大、小旅館，在旅客投宿時，不僅要辦理登記，甚且第二天還要將住宿旅客名單送往警政單位備查，為了治安問題，是以要辦理check in之手續，此其五。

　　以上皆為旅館對住宿要求辦理遷入手續之緣由及其重要性。

　　茲將旅客辦理遷入之作業要件簡述如下：

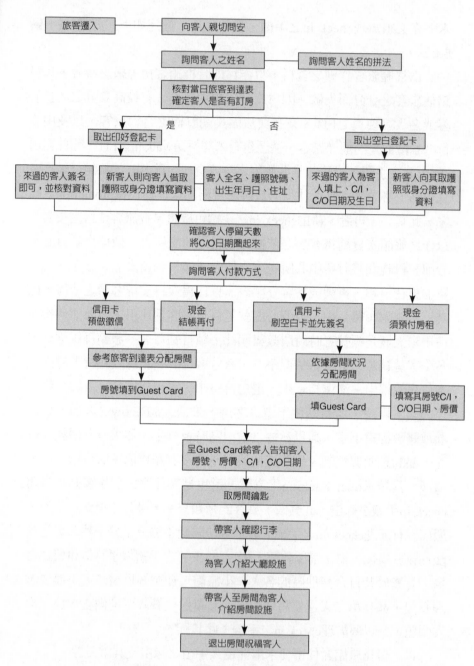

圖5-2　旅館旅客「遷入」之作業程序

資料來源：圓山大飯店提供。

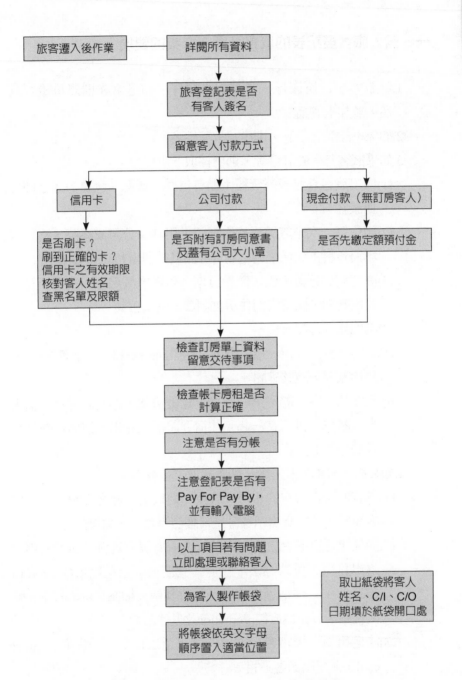

圖5-3　旅館旅客「遷入後」之作業程序

資料來源：圓山大飯店提供。

一、個人旅客登記表的填寫及遷入作業的要項

1.當旅客接近櫃檯時，要親切的問好，如是常客則應可直呼其名，並加上尊稱。

2.如係不認識之旅客，則應請教其姓名。

3.如果旅客有事先訂房者，則應採取之步驟為：

(1)取出旅客登記表等資料，如有信件、傳眞、包裹等應立即交與旅客。

(2)如係第一次來旅館之旅客，請借用其身分證或護照，為旅客填寫資料；如係來過之旅客亦請其核對資料後再簽名。

(3)確定旅客停留天數、離館日期，若與原訂房遷出日期不符，若欲延期，確實查明住房控制表，當場確認。

(4)詢問旅客付款方式。

(5)填寫房號、房價、遷入遷出日期於guest card上（如**表5-3**）並呈給旅客，請其確認。

(6)登記表上有三聯，第一聯寫上正確房號，連同訂房單、信用卡簽帳單一併釘在一起。住宿登記辦理完畢，櫃檯員在「旅客登記表上」簽名。

4.如果旅客未事先訂房者，則應採取之步驟為：

(1)先查明是否有空的客房，若有，則取出「旅客登記表」請旅客填寫，並請其出示身分證、護照等證件，並核對之。

(2)如係來住宿過之旅客，則替旅客填寫個人資料，並書明遷入遷出日期、付款方法，並於「登記表」上註明R/G（return guest）──住宿過之旅客，並將其個人檔案之history No.輸入電腦，以作為旅館promotion之基本資料。

(3)決定房價、填寫客房號碼、遷入遷出日期，一併填於guest card，並呈給旅客過目。

(4)最後櫃檯員於「旅客登記表」上簽名，就算完成check in，再

表5-3　旅館guest card

```
_____

_____
        Guest Name

_____
       Room Number

_____
   Arrival/Departure Date

_____
      Room Rate NT$


    Plus 10% Service Charge


_____
       Receptionist
```

As a precaution, it is advisable to make use of the safety latch on your room door, and also to place your Valuables inside the safe in your room.

資料來源：圓山大飯店提供。

由服務中心人員帶往客房。

(5)旅客辦理完遷入手續後所應注意者，「旅客登記表」是否有旅客簽名；付款方式是信用卡付款、公司付款或現金付款；如果係主動上門（walk in）之旅客，是否先繳納部分預付金（在國外則先以信用卡刷押）

(6)再查核帳卡（folio），若有優惠折扣價應在電腦資料中加以分別。

(7)為旅客開列帳號，再將「訂房單」、「信用卡簽帳紙」、「新舊旅客登記表」及其他有關資料，依序排列，按客房號碼存入帳夾。

二、團體旅客遷入作業的要項

1. 團體旅客大都由旅行社向旅館訂房，旅館應將資料輸入電腦。

2. 訂房中心在旅客投宿之前一天下午應印妥「arrival report」與訂房單交與客務部櫃檯（有些旅館訂房中心亦屬於客務部之單位，而也有些旅館則劃歸於業務推廣部）。

3. 晚班櫃檯員立即著手做遷入接待準備工作，開始分配客房逐一填寫在arrival report上，若需加床則請房務部處理（如**表5-4**）。

4. 大夜班櫃檯員根據arrival report做master room選擇，並註明在arrival report上。

5. 櫃檯員並準備團體guest card，meal card按天數、份數分別裝訂，並裝入牛皮紙袋。

6. 早班櫃檯員隨即檢查available room及expect room之客房鑰匙，一併裝入牛皮紙袋，等候導遊人員來電話，並告之團體客房之

表5-4　旅館旅客加床表

Extra Bed Check
Room No. ＿＿＿＿＿＿＿＿＿＿＿＿　　　Date ＿＿＿＿＿＿＿＿＿＿＿＿
Name: 　＿＿＿＿＿＿＿＿＿＿＿＿　　　Time ＿＿＿＿＿＿＿＿＿＿＿＿
☐ NT$840 EXTRA BED
☐ NT$880 EXTRA COT
☐ NT$550 BABY CRIB
TOTAL: NT$ ＿＿＿＿＿＿＿＿＿＿＿＿
GUEST SIGNATURE: ＿＿＿＿＿＿＿＿＿＿＿＿
接待員簽認 ＿＿＿＿＿＿＿＿＿＿＿　　　服務生簽具 ＿＿＿＿＿＿＿＿＿＿＿
第一聯：房間部

資料來源：圓山大飯店提供。

分配。

7.當團體旅客到達旅館後，熱烈引導於旅館大廳（lobby）等候導
遊人員分配客房。

8.導遊人員隨即將團體名單，已填具客房號碼者交與櫃檯，並同
時取回櫃檯事先準備好之牛皮紙袋。

9.櫃檯員將團體旅客之名單影印二份，一份交給行李員，一份由
櫃檯自行輸入電腦存檔備查。

10.行李員將旅客名條繫於行李上，並依客房號碼填入於名條內，
再逐一送往客房。

三、旅客要求延續住宿作業的要項

1.旅館於淡季、住用率不高或有空房時，可自行決定。

2.前櫃主管，參考住用率情形，及來往公司行號之對象類別、等
級而裁決。

3.登記於「旅館旅客延住記錄表」（hotel guest extension record）
（如表5-5），註明客房號碼、旅客姓名、續住日期，若其係為
VIP之旅客也應特別註明。

4.旅館方面不論同意旅客續住與否，均應主動與旅客聯絡或留
言。如旅館方面暫不能同意，則務必請旅客諒解並請其隨時保
持聯絡，再予解決。

5.櫃檯方面如同意旅客續住，則應立即處理續住作業，並知會相
關部門，有關旅客之遷出日期。

四、旅客取消當日住房作業的要項

1.問明欲取消訂房者之姓名及聯絡電話。

2.在「訂房單」之「取消」處打上「✔」之記號，並填上取消訂

表5-5　旅館旅客延住記錄表

HOTEL GUEST EXTENSION RECORD

DATE: _____

ROOM NO.	GUEST NAME	REQUEST DEPARTURE DATE	APPROVED BY

資料來源：圓山大飯店提供。

房者之姓名、電話、日期，並簽上訂房者之姓名。

3.並在arrival report上「RM NO.」之處註明：「CXLD by Mr. Mrs. XXX」電話及時間。

4.此外，亦需在訂房中心之交接本寫明取消住房之名單。

五、旅客延期遷入作業的要項

1.問明延期遷入住房者姓名及聯絡者之姓名、電話、遷入日期。

2.延期遷入住房若不在當日者，則將資料變更。

3.假如係當天應遷入旅客者，則取出「旅客登記表」及「訂房單」，並將「旅客訂房單」作廢。

4.將原訂房單之到達時期（arrival date），變更為新的日期。櫃檯員簽名並在電腦作up date。

5.將「訂房單」轉送訂房中心，並在訂房中心交接本上說明。

六、沒有出現旅客處理作業的要項

沒有出現（no show）旅客處理作業的要項如下：

1.櫃檯大夜班整理資料時，應抽出前一天N/S旅客之「訂房單」及「旅客登記表」。

2.將其輸入電腦，作成no show list。

3.將no show list印成二份，一份交與訂房中心，一份給與大廳值班經理。

4.將no show list資料填寫於交班本內。

七、客房鑰匙管理及控制作業的要項

1.旅客遷出時，須注意客房鑰匙是否交出。收到繳交鑰匙後應立

即做成記錄。若找不著時，應依鑰匙遺失處理之。

2.櫃檯員於每天下班前，須核對鑰匙。依「客房狀況表」
（available & expected arrival）與大廳內鑰匙箱核對，確定空號
房，再依空房記錄，核對大廳內鑰匙箱及備用鑰匙箱內之鑰匙
鍊是否完整無缺。鑰匙缺少，先與房務組或服務中心聯絡，設
法找回鑰匙。

3.如果係旅客自報鑰匙遺失時，先協助其尋找。若確定無法找回
時，再依遺失辦法處理之。

八、外賓要求參觀旅館作業的要項

1.前檯接待員帶領外賓至大廳，並參觀客房，介紹旅館一切設
施、營業內容及其他服務項目，有些大飯店則會另外安排參觀
總統套房、特殊景觀、國賓廳等國寶級文物遺跡。

2.要以很親切的態度回答外賓所詢問之問題。

3.主動向外賓索取名片，並交由前檯經理歸檔。

4.最好協調餐飲部安排，西餐禮儀示範節目，配合外賓之參觀活
動。

5.機關、學校、團體之參觀團，應以電話、書信事先約定，以做
適當之安排及解說。

九、貴賓接待作業的要項

(一)訂房中心之作業

1.登記在訂房單備註處。

2.將VIP之資料輸入電腦。

3.在貴賓到達之前一天，列印出「VIP list」。

(二)業務推廣部作業

　　負責於VIP到達前四十八小時發文給各單位。

(三)值班經理之作業

　1.晚班之值班經理於VIP抵達旅館前一晚檢查VIP room是否已安排妥當。
　2.檢查各相關單位，是否已安排妥當。
　3.預定上午抵達旅館之VIP，須在08：00以前將「訂房單」及「旅客登記表」準備好，並檢查VIP room。

(四)前檯人員作遷入前之準備工作

　1.詳閱「arrival report」，並加註記號。VVVIP之到來，須於兩天前通知餐飲部門做special set-up之準備工作。
　2.貴賓到達之當天早晨開列「VIP treatment request」交與房務部門及餐飲部門準備蛋糕、水果、鮮花。並分成A、B、C三級之贈物。
　3.客房分配作業係依照貴賓所要求之客房類型，若未指定則主動給予升級（upgrade）。
　4.客房分配定案後，立即通知房務部，且儘量不再予調整更動。
　5.另行通知房務部門及餐飲部門，告知VIP之姓名及房號，並將「VIP treatment request」之物品送入客房。

(五)貴賓客房事先之檢查作業

　1.VIP抵達旅館前之一小時，值班經理、房務部經理，會同一起檢查VIP room。
　2.如果係VVVIP room則另須由高階主管，含總經理親自複查。

(六)通知貴賓在途中之準備工作

通知貴賓在途中（on the way）之準備工作如下：

1. 前檯接待詳細記錄貴賓之姓名、特徵、車號、當時位置、離開時間，將資料交由服務中心後，再交給前門接待。
2. 前檯接待聯絡有關部門準備工作，VIP級僅通知值班經理、房務部門、總機、餐飲部門。VVIP級則通知值班經理、房務部門或業務部門、顧客關係部門、總機及餐飲服務部門。VVVIP級則通知值班經理、公關經理、總經理辦公室、房務部門、總機等單位。
3. VVVIP級之貴賓視上級指示而需有列隊迎賓禮節。在圓山大飯店則由總經理率領各單位主管迎賓及送客（如圖5-4、圖5-5）。

(七)貴賓到達飯店時歡迎及遷入作業要項

1. VIP級之貴賓除上述之歡迎儀式外，須由公關部門照相並獻花。相片於遷出時送給貴賓留念，以示尊重。
2. 值班經理及前檯接待陪同進入VIP room，並適時取出「旅客登記表」請貴賓簽字，迄行李送至且放置妥當後，始得離開客房。
3. VVVIP級之貴賓進入客房前須有房務員及樓層領班在門口迎接，並尊呼其名，二十四小時貼身服務之。

十、旅客客房消費入帳作業的要項

(一)客房餐飲、電話、傳眞、冰箱飲料、洗衣帳之處理作業要項

1. 電腦系統化，櫃檯與餐廳、總機、房務組之電腦連線作業，將

圖5-4　旅館總經理率領幹部歡迎VVVIP景象

資料來源：圓山大飯店提供。

圖5-5　台北圓山大飯店鈕總經理迎接瓜地馬拉總統波狄優伉儷

資料來源：圓山大飯店提供。

以上所列於客房內消費帳，全部入帳，並將消費單送往櫃檯簽收。

2.櫃檯查核電腦是否入帳，查核有問題時退回各原單位重新更正。

3.查核無誤時，全部消費單置放於旅客之帳袋。

(二)冰箱飲料帳之處理作業要項

1.平日客房內之冰箱飲料在旅客未C／O之數天前，均由樓層服務員將冰箱飲料單（如**表5-6**）交房務部輸入電腦。而客人C／O當日則由櫃檯持單詢問旅客是否在前一天晚上到C／O時，有否再使用冰箱飲料。

2.若旅客再使用冰箱飲料，再由櫃檯填寫冰箱飲料單，請其簽名後，再輸入電腦。

3.冰箱飲料單白聯由房務部門自存；藍聯交前櫃；紅聯轉會計單位。

4.房務部門取得白聯帳單後，與樓層服務員核對，若有短缺，則由服務生填寫飲料單並註明「跑帳」。再由房務部記錄，於月底全盤統計。

(三)旅客所暫賒之車資、影印費用、雜費等帳之處理作業要項

帳單由商務中心直接輸入電腦後轉前櫃，前櫃出納將房客收執聯與帳本查核無誤後簽收，並按房號置放於帳袋內。

十一、旅客兌換外幣作業的要項

1.依政府規定，外國貨幣、支票在本國內不能通用時，必須經過合法之手續，換算本國貨幣才得使用。每日經由財政部辦公室

表5-6　旅館客房冰箱飲料單

ROOM FRIDGE BEVERAGE ORDER

房號：　　　　　　　　服務員：　　　　　　　　日期：
ROOM NO ＿＿＿＿＿＿＿　ATTENDANT ＿＿＿＿＿＿＿　DATE ＿＿＿＿＿＿＿

存量 STOCK	品名 ITEM	單價 UNIT PRICE	數量 QTY	小計 AMOUNT	存量 STOCK	品名 ITEM	單價 UNIT PRICE	數量 QTY	小計 AMOUNT
1	白蘭地 Cognac V.S.O.P.	300			1	七喜汽水 Seven-up	100		
1	白酒 White Wine	200			1	橘子汁 Orange Juice	100		
1	紅酒 Red Wine	200			1	蘋果汁 Apple Juice	100		
1	威士忌 Scotch Whisky	250			1	巧克力 Chocolate	100		
1	咖啡甜酒 Kahlua	100			1	乾果 Nuts/Macadamia	200		
1	愛爾蘭甜酒 Bailey's Irish Cream	150			1	礦泉水 Mineral Water	100		
1	琴酒 Gin	200							
1	伏特加 Vodka	200							
1	蘭姆酒 Rum	200							
2	台灣啤酒 Taiwan Beer	100							
2	進口啤酒 Imported Beer	120							
1	氣泡礦泉水 Perrier Water	150							
1	可口可樂 Coca Cola	100							
1	無糖可樂 Diet Cola	100							
房客簽字 GUEST SIGNATURE					合計 SUB TOTAL				
					服務費 10% SERVICE CHARGE				
					加值稅 5% V.A.TAX				
					總計 TOTAL				

不收現金　　　　　　　　　　　只入房帳

NO CASH ACCEPTED　　　　　ROOM CHARGE ONLY

資料來源：圓山大飯店提供。

電告外幣兌換率，並將日期、兌換率填寫於匯率表上，並懸掛匯率板於櫃檯上方。

2.旅客需兌換本國貨幣時，可向櫃檯接洽，並由櫃檯員填具「外匯水單」（如**表5-7**），並由旅客簽名，一式三聯。

3.旅客兌換本國貨幣時，若持用旅行支票，亦由旅客在「外匯水單」及旅行支票背面簽字。水單必須填寫正確之匯率及外幣金額。兌換不同國家外幣時，水單則必須分別開列。

4.目前台灣銀行掛牌可兌換之外幣如下：

(1)AMERICAN DOLLAR：USD 　（美金）

(2)AUSTRALIAN DOLLAR：AUD 　（澳幣）

(3)CANADIAN DOLLAR：CAD 　（加拿大幣）

(4)HONG KONG DOLLAR：HKD 　（港幣）

(5)ENGLISH POUND：GBP 　（英鎊）

表5-7　外匯水單

資料來源：圓山大飯店提供。

(6)SINGAPORE DOLLAR：SGD　新加坡幣

(7)SWISS FRANC：CHF　瑞士法郎

(8)JAPANESE YEN：JPY　日圓

(9)NEW ZEALAND DOLLAR：NZD　紐元

(10)SWEDEN KRONA：SEK　瑞典幣

十二、旅客遺失物品處理作業的要項

1.旅客或旅館員工於旅館內拾獲物品，交至櫃檯，櫃檯員將它登錄於「旅客遺留物品登記簿」（lost & found）。詳細列明物品之名稱、日期、地點、拾獲人，並由櫃檯經手人簽名後，將之編號，貼上條碼，再歸檔。

2.若物主前來認領，務必確實查明遺失物品之內容、時間，仔細核對無誤後再簽收領回。

3.若所拾獲為現金、珠寶、金飾、有價證券等物品，櫃檯員將失物轉交於旅館之安全單位。若失主前來認領，經詳查無誤後予以領回，並銷檔。

4.住宿旅客遷出後，遺留在客房內之物品，交由物管中心處理，或電告或書面通知旅客，請其前來領回。

十三、商務中心作業的要項

1.商務中心係為提供住宿之商務旅客各項商務作業而設立。其提供之項目包括：電話傳眞、打字翻譯、影印、名片製作，並代為處理傳眞機、打字機、手提電腦之租借服務。商務中心之組織，因各旅館之功能而異，許多旅館係將其列於客務部門，與服務中心、櫃檯等並行而獨立作業，而有些旅館則將它編於旅館櫃檯之組織內，圓山大飯店商業中心則編制於客務部櫃檯

內，其工作由櫃檯員輪流充任，在人力方面較爲節省。

2.旅館商務中心之任務係確實瞭解旅客之需求，並協助其住宿或
會議期間之商務、文書、資訊等服務，並酌量收取服務費用
（如**表5-8**）。並開立旅館「雜項收入單據」（如**表5-9**），請
旅客於單據上簽名並確認金額無誤後，輸入電腦列帳。

第三節　旅客辦理遷出作業的要項

　　旅客在投宿旅館期間，旅館所提供的各項服務，包括軟、硬體方
面的「人與物」的服務。其所牽涉旅館部門範圍之廣泛，幾乎無所不
包，不論是前檯或是後檯，雖所司有別，但只有一個共同的目的，就
是如何對旅客提供最佳的服務品質，如何提高旅館的住用率。

　　至於，旅客投宿於旅館之過程，大約可分爲四個階段：住宿前、
遷入時、住宿期、遷出時。當旅客抵達旅館及離開旅館第一個和最後
一個替他服務者都是門衛及行李員，只是他們的服務僅限於提供勞力
上的勞務而已。事實上，嚴格說來負責第二階段和第四階段的旅館工
作人員就是櫃檯的接待員和出納員，也就是check in和check out的服務
工作。當旅客踏進旅館在辦理check in時受到親切的接待而感到溫馨，
在住宿期間對於餐飲、客房各方面的服務也都感到滿足，那麼在最後
階段，也是最後一個關口，辦理結帳，交還鑰匙的階段，假若沒有把
持最後親切的服務，豈不是功敗垂成，功虧一簣。再說，假如在旅客
離店之前，能夠再給予喜眉笑眼的友善服務，絕對會對旅客營造一個
永遠甜蜜的回憶。旅客能把住宿旅館的滿足感帶回去，說不定下次還
有再度光臨的機會。所以說，旅客無限的回味是旅客出國旅遊，旅館
所提供足以「滿足旅客之需求與欲望」，這或許可以列入旅客住宿旅
館的第五個階段，也是最重要的一個階段。當然這五個階段對旅客而
言，係環環相扣，息息相關，循環不已的價值觀。

表5-8　旅館商務中心費用表

Business Center Tariff

List Of Services	Tariff
1. Facsimile	
Incoming Fax	Complimentary For In House Guests
Outgoing Fax	
• Domestic	NT$40/Page
• Asia	NT$180/Page
• Other Int'L Countries	NT$200/Page
2. Photocopying & Miscellaneous Service	
(Over 100 Pages - 30% Discount)	
• A4/B4/A3	NT$10/Page
• Transparency	NT$30/Page
• Laser Print-Outs	NT$30/Page
3. Typing	
• English	NT$200/Page (A4)
• Chinese	NT$400/Page (A4)
4. Translation/Interpretation	
• Cost + 20% Service Charge	
5. Printing Service (Business Card And Personalized Stationery)	
• Cost + 20% Service Charge	
6. Courier Service	
• Cost + 20% Service Charge	
7. Internet/E Mail	
• NT$100 Every 10 Minutes	
8. Personal Computer	
• Complimentary Use In Business Center	
9. Equipment Rental	
• Portable PC	NT$200/Hour; NT$2,000/Day
• Printer	NT$100/Hour; NT$500/Day
• Fax Machine	NT$200/Hour; NT$1,000/Day
• Overhead Projector	NTS1,500/Day
• Slide Projector	NT$1,500/Day
• Video Projector	NT$6,000/Day
• TV (25")	NT$1,500/Day
• Wireless Microphone	NT$1,000/Day
• Clip Microphone	NT$1,500/Day
• Portable Screen	NT$1,500/Day
• Filpchart	NT$500/Day
• Automatic White Board	NT$1,500/Day

*Prices Are Subject To Change Without Notices.

資料來源：圓山大飯店提供。

表5-9　旅館雜項收入單據

No. 336699		
Room No_____		日期：_____
Guest Name _____ SUNDRY CHARGE		Date：_____

項目（Item）	金額（Amount）	備註（Remark）
1.		
2.		
3.		
4.		
合計 Total		

Name in Print _____

經手人 _____　Signature _____

資料來源：圓山大飯店提供。

　　茲將旅客辦理遷出作業的要項簡述如下：

一、個人旅客遷出作業的要項

　　個人旅客遷出作業要項如下：

1.旅館櫃檯辦理遷出的時間大約是每天上午07：30～10：30，約三個小時的時間，有鑑於此，櫃檯出納員在早班輪值者，心理上就要先有準備。

2.旅客在動身前準備辦理遷出時，一般來說，都會先以電話通知櫃檯，櫃檯應立即通知行李員準備替旅客提行李。此外，櫃檯員應取出旅客之個別牛皮紙袋，將事先置放於袋中的各種消費單據和發票取出以便結帳，迄旅客抵達櫃檯時，打開電腦辦理

結帳作業。

3.在旅客辦理遷出退房結帳時，務必詢問旅客當天早晨是否還有其他消費，諸如早餐、長途電話、迷你吧等，或者還有其他的消費。

4.結帳時旅客常用的是刷卡、旅行支票、現金、記帳等方式，櫃檯都務必查明，其信用情形、支票與外鈔的真偽，記帳代償的公司關係和債信，才能接受付款結帳。

5.等旅客結帳完後行李員應替其搬運行李並代安排車輛送其離開旅館。但最重要的是不論是櫃檯出納員或大門門衛，都別忘了向旅客說聲「謝謝光臨，歡迎再來」等道謝與祝福的客套話。

6.旅客退房後，房務部門人員應立即查房及整理房間，準備迎接下一波到來的旅客。若發現有旅客遺留的物品，應送往櫃檯，由櫃檯登記保管待領。

二、團體旅客遷出作業的要項

團體旅客不論是國際觀光旅客或國民旅遊旅客，大都是由旅行社所承攬包辦之旅行團。其住宿費用的結算係由旅行社負責。此外，旅行團的行程大都係相當穩定，除非有特殊狀況發生，否則甚少更變行程。因此，團體旅客的遷出似乎都可事先加以掌握。在遷出時團體行李可集中於大廳角落，以便清點。

1.櫃檯出納員在旅行團check out之前半小時應可做好結帳之準備工作。

2.櫃檯出納員與領隊人員或導遊人員核對團體名稱、編號，與原訂房條件、查明客房之分配是否有更換，尤以單人房與雙人房之客房間數要查對清楚。

3.團體在辦理遷出退房時，如果剛好客房必須緊急加以清理以便迎接第二波之旅客時，櫃檯可向導遊人員協商，請其提前將旅

客暫時集中至較大的空房。

4.櫃檯務必請導遊人員叮嚀旅客交出鑰匙，並繳付未清償之個人消費帳款，如電話費、冰箱飲料等消費。

5.行李員務必將啓程的團體行李，和即將個別行動的個別旅客行李，分開堆置。

6.假若尚有未清洗完畢之衣物者，詢問導遊人員團體之行程，再予補送。

7.迄團體旅客遷出退房後，房務部服務員應立即清查客房，若發現有旅客遺留之物品，迅速送往櫃檯，再聯絡導遊人員或其所屬旅行社，以便歸還旅客。

三、旅客遷出結帳作業的程序

以上所述者係對於個人旅客及團體旅客之遷出作業要項。在此，再將旅客遷出結帳作業程序給予歸納。因為，旅客遷入及遷出最重要的是進帳──旅館的營業收入。

1.旅客前往櫃檯結帳時，櫃檯接待員及出納員均應面帶微笑向旅客請問「是否要遷出」、「房號爲何」，並取回客房鑰匙。若鑰匙遺失，即時向值班經理報告，並依鑰匙遺失辦法處理。

2.查明前晚或今晨是否有使用冰箱飲料、早餐及其他消費等。若有，則應查明消費項目及消費金額。

3.取出客房帳袋，並尊稱前來結帳旅客之姓名，以確無誤，開始辦理遷出作業，並印出帳單，須特別注意帳卡夾內是否附有其他應辦事項之紙條。

4.帳單印出後，再次核對房號及旅客姓名有無錯誤。

5.帳單核對無誤後，按日期先後順序排列，交由旅客檢查，如係爲第一次住宿之旅客，應詳加解釋各項帳目明細。

6.旅客對帳單檢查無誤之後，請旅客在帳單上簽名，並請教其付

款辦法，現金、信用卡、旅行支票等，均按規定處理。

7.撕下帳單、信用卡簽帳紙，及其他消費旅客收執聯或發票訂在一起，放置於旅館用信封袋內交予旅客。在交予旅客同時，並向其請教住宿期間一切尚為滿意否？如有任何抱怨，請旅客填寫意見書，若旅客有任何讚譽應立即向前感謝。迄旅客離開後即時將其抱怨事項記錄於「log book」內。

8.旅客離開旅館時，應面帶笑容向前致最高之謝忱並互道珍重再見。

9.信用卡簽帳單之特約商收執聯，帳單第二聯與訂房單、帳袋，依順序訂在一起作銷帳作業。

四、旅客遷出後的資料整理工作

1.作電腦銷帳作業。

2.開立二聯式發票，如係公司帳或客人要求三聯式發票，則須將統一發票輸入電腦。

3.用發票機印出之發票須與客房帳單上之金額核對無誤。

4.發票開列完畢，若為四聯式，第一、二聯交出納室，第三聯交給旅客，第四聯連同帳單、旅客登記表訂好交會計室。

5.發票及旅客資料存妥，作為總結帳整理時使用。

五、旅客迅速遷出作業的要項

　　旅行業每於旅遊旺季（on season）之際，除了客房會有供不應求之虞外，在於遷入和遷出之作業方面也是顯得極其忙碌，有時甚至會把櫃檯擠得水洩不通，出納員忙得焦頭爛額，而惟恐服務不周或耽誤了旅客的行程。也為了紓解出納員的工作壓力，於是，業者乃設計了類似機場海關「快速通關」之點子，即所謂的「快速遷出」（express

check out）之作業方式。其要項為：

1.在旅客遷出之前一晚，櫃檯準備了一份設計好之表格，再對照「旅客住宿登記表」，及旅客消費時所刷的信用卡帳單，經旅客確認無誤後簽名。

2.旅客在表格內簽名，授權給出納員，填具其於旅館內消費之總金額。

3.於遷出當日清早，旅館將此表格（帳單），從客房的門縫塞入，其目的係要使旅客有充分的時間瞭解其所應付之帳款，當然旅客也很可能在收取帳單之後，再使用冰箱飲料、早餐等其他消費，然其已授權給出納員，再由出納員結算即可。

4.旅客於遷出當日，僅需向櫃檯繳交鑰匙，即可離去。

5.旅館把旅客最終消費之帳單寄給旅客即可。

六、旅館大廳的擺設及櫃檯感性化的設施與服務

(一)旅館大廳之擺設及氣氛

　　旅客千里迢迢熬過長途的跋涉抵達旅遊目的地，踏入旅館，第一要務就是想要獲得休息和解決餐飲的需求。

　　這個階段的旅客，對於時間的知覺，是顯得特別的敏銳。他們所要求的是行李的搬運動作要迅捷而熟練，辦理遷入住房的手續要快速而親切。同時，在一瞬間，映入他們腦海之中的第一影像，就是旅館大廳的環境，從布置、裝潢、陳設、氣氛，甚至是要有對旅客具有十足吸引力的「焦點」（focus），在在都構成一種對旅客的「靜態的服務」（如圖5-6）。旅館大廳的形象，不但是對旅客會造成「第一印象」，同時也會造成旅客的「最後印象」。尤其是「第一印象」，是旅客透過思維對事物做出第一步的評價，也是影響往後對整個旅館的評價和住宿情趣。這同時也就是旅館經營者，亟欲挖空心思，對於旅

圖5-6　台北圓山大飯店大廳之景象

資料來源：圓山大飯店提供。

館大廳的擺設，想盡辦法，希望能夠樹立一枝獨秀，標新立異，鶴立
雞群的旅館獨特之標誌。如一、二十年前交通部觀光局為了提升國內
國際觀光旅館的服務品質，曾經聘請美國旅館專家來台，對於台灣地
區的國際觀光旅館做了一番評鑑工作，其中對於旅館大廳的擺設，提
供了建議，認為台灣地區的國際觀光旅館大廳普遍「缺乏足以吸引人
的焦點」。當時，這確實是一項很貼切、踏實的建議，不過事隔一、
二十年，台灣地區國際觀光旅館大廳的裝潢設計與裝飾擺設，在在都
已有獨具匠心，別出心裁的創意與風格，藉以提升旅館之格調與形
象。

　　總之，旅館大廳之設施與氣氛，配以服務人員的禮貌儀態、談吐
應對，就是構成旅館整體的形象，也正是影響旅客的「第一印象」與
「最後印象」，事實上，都是攸關旅館的經營成敗。

(二)旅館櫃檯感性之設施與服務

　　旅客投宿旅館，進入旅館大廳，接受大廳環境與氣氛的「靜態服
務」之外，緊接著就是要迅速辦理遷入手續，期於短時間之內，進入
客房安頓行李，與獲得休息，以紓解身心之疲憊。有感於此，櫃檯接
待員係其第一個接觸的「動態服務」者，所以在言談舉止上務必做到

親切自然，而在動作上則要講求速度及效率，以爭取旅客的「第一個
印象」。除此而外，旅客在抵達旅館大門下車之後，並不一定都會接
受門僮代提行李之服務。要不然，至少隨身行李也要親自提至櫃檯去
辦理遷入手續，此時旅客因旅途勞累，而且在瞬間要完成遷入手續，
勢必要將其行李置放於地上。因之，旅館有鑑於對旅客之感性服務，
就在櫃檯前頭擺設小茶几，以讓旅客在辦理遷入和遷出手續時，放置
其手提行李。除此之外，旅館亦會考慮在櫃檯附近設立一位門僮，以
服務旅客進入客房或者步出大門時之服務（如圖5-7）。

圖5-7　旅館大廳櫃檯接待旅客遷入遷出之作業景象

資料來源：圓山大飯店提供。

Chapter 6

旅館房務部的組織功能
及其任務

第一節　旅館房務部的組織與功能

　　如眾所周知，旅館主要是提供旅客及消費大眾住宿、餐飲以及會議等服務。而住宿所用之客房就是旅館最初、也是最基本和最直接的產品，當然是屬於旅館硬體的設施，如再配合工作人員的各種服務績效，也就是所謂軟體的功能，就會構成旅館多采多姿的商品特色。同時也會贏得旅客的喝采與讚譽。

　　旅客欲投宿旅館，不論是個人自己訂房，或者委由親友代訂，或者加入旅行團體等等之旅行訂房方式。迄其抵達旅館，第一位就是由大門口的門衛代為開啟車門，搬運行李，再帶領其前往櫃檯辦理遷入手續，這些旅館第一階段的服務過程皆屬於旅館客務部門的接待工作。再接著辦完遷入手續後，由櫃檯員交給客房鑰匙，由行李員代提行李陪其步往客房（或後送大宗行李至客房）。之後，在旅客所住宿的客房之接待及服務工作，大都是屬於旅館房務部的作業範圍。

　　旅館房務部的管理工作，主要是經常保養及改善客房。不但要使客房維持在能隨時出售、隨時能夠提供旅客住宿或者休息之狀態。因此，客房必須經常保持整齊、清潔、恬靜、舒適以及安全可用。更重要的是醞釀優雅、親切的氣氛，以及和藹、友善的服務態度。能夠讓旅客住得滿意、住得安心、住得稱心、住得方便和實用，使旅客能感受到就像回到自己的家一樣的溫馨。如此，旅客一有機會，自然就會再來訂房，說不定還會主動的介紹給他們的親友前來住宿，旅館的客源，自然就會源源不絕，旅館的生意也就自然會日以繼夜，門庭若市，財源滾滾。有客自遠方來，不亦樂乎！

一、旅館房務部的主要組織

　　旅館房務部的管理工作，既然是要經常保養及改善客房的狀態，

茲將其部門的主要編組簡列如**圖6-1**。

(一)物管中心

物管中心（room center）負責所有客房所需的裝備、備品、器具之申購及客房設備之維修的申請；發放客房用品、管理樓層鑰匙等。

(二)樓層

樓層（floor station）負責每日住宿旅客狀態之掌握。負責全部客房及各樓層走廊的清潔衛生，並負責客房內備品的補充、更換及簡易設備之保養與維修。

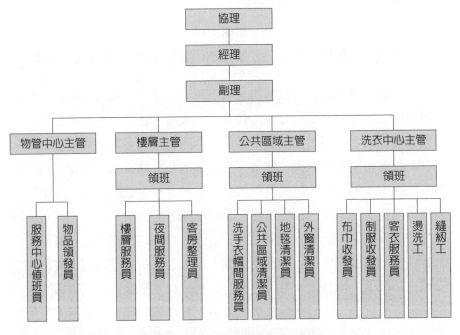

圖6-1　旅館房務部組織系統圖

資料來源：圓山大飯店提供。

(三)公共區域

公共區域（public area）負責旅館各部門之辦公室、餐廳（廚房之外）、公共洗手間、大廳、樓梯、電梯內、各通道走廊、門窗、陽台等之清潔與整理工作。

(四)洗衣中心

洗衣中心（laundry room）負責收洗旅客衣服、員工制服；客房及餐飲部門營業用布巾類物品分類、收發、保管洗滌；以及對損壞的制服布巾類等修補工作；並儲備及申購制服及布巾等事宜。

二、旅館房務部的主要功能

(一)客房是旅館重要的收入來源，房務部應善盡服務職責

旅館主要的收入是靠客房、餐廳及會議業務，還有其他衍生性的服務收入。其中客房的收入是其基本的收入，甚至有許多旅館並沒有附設餐廳或會議場所，因之，客房租金的收入就可算為其主要收入。旅館投資金額雖然龐大，建築、設備費用及土地資本支出，也占了很高的比率。但土地的投資若景氣較佳時，會有增值的利益；建築、設備費用雖所費不貲，投資興建、設備及裝潢均為耐用材，亦非短期間之消耗或報廢，折舊分攤期間長。是以，客房的投資固定，每日僅需提供部分備品和借用品，以及水電、人工之開銷，可說成本支出占房租比率較低。換言之，客房收入的純利較高。總之，旅館客房的住用率，能維持在一定的穩定水準，再加上餐廳部門及其他設施的帶動營業，相信旅館的經營必定是欣欣向榮，青雲直上。由此觀之，客房的使用情形，客房的住用率可以說是旅館經營的重要指標。房務人員工作的態度和服務的品質正扮演著關鍵的角色。

(二)客房是旅館商品的標誌，房務部應善盡清理之職責

　　旅客投宿旅館，能提供一處清潔、乾淨、舒適、實用之「家外之家」的客房，對旅行者而言，即是在享受旅程的樂趣與愉快。因此，旅館客房的設計、裝潢、設施，所造成客房的高級、典雅、溫馨的氣氛，確實會帶給旅客流連忘返、意猶未盡、回味無窮的假期之旅。是以，房務部對客房的整理對於旅館形象好壞之影響，可謂事關重大，投資旅館業者實在是不能輕忽。

(三)客房是旅館訂價的標竿，房務部應善盡保養、維修之職責

　　客房設備的規劃，客房的基本機能、空間和樓層（ceiling）高低，以及室內臥室、床鋪、客廳、化妝室、衛浴間等等硬體的設施和材質都代表旅館的層級（class），也是旅館房價訂定的標竿尺度。旅館之被評鑑為五星級、四星級應該和客房的規劃，設施內容是為其重要的評價之依據。旅館客房設施使用的壽命、年限，都關乎平日之保養與維護，因此房務部工作人員工作成效是維持旅館客房之水準及定價的重要因素。

(四)旅館大廳等公共區域之清潔與保養

　　旅館除了客房、餐廳、會議場所之外，還有辦公室、電梯、樓梯、大廳、公共走道等之公共區域，其清潔及保養工作，亦足以影響旅館之觀瞻，房務部應嚴格督促所屬同仁澈底清潔、整理，以及做好簡易的保養工作，務必做到讓旅客與公司同事都能有乾淨、清爽的環境。

(五)旅館員工制服與布巾之洗滌、收發和儲備

　　員工的服裝儀容正代表旅館的精神與朝氣，制服（uniform）的樣

式、顏色之選擇，平時的收發、洗滌、儲備，都關乎員工的工作態度與形象，房務部應肩負起員工制服的管理工作。旅館客房的床單、浴室的大小毛巾、浴袍，以及餐廳的各式桌巾與餐布，都是最直接提供給旅客及消費者所使用，房務部也應善盡其管理的工作。此外，這些物品概屬消耗性的費用支出，房務部亦應配合總務部門對成本做估算控制之責。

最重要者，住宿旅客的衣物洗滌、燙平等收發，應確實做好服務工作，否則引起無謂的麻煩，實在是得不償失，尤以對VIP旅客之送洗衣物，更要小心處理。這些也都是房務部之主要職責。

三、旅館房務部作業的程序

旅館房務部與客務部均隸屬於客房部之下，有些是由經理直接管轄督導，有些則是由協理管轄督導，端視旅館的規模與組織體系而定。房務部的業務，主要負責旅館內部、客房及各公共區域，於營運時間內之整齊清潔、清潔工具、用品之請領與保管，並對各項公共區域定期實施清潔保養與維護，以提供旅客一個乾淨清爽之活動空間，並確保所提供之客房設施與清潔為旅館所設定之標準。以下為各項之作業重點：

1. 二十四小時輪班制。
2. 務必確實掌握客房的狀況，如空房、續住房、長期住房、報修房（out of order）等之管控及呈報。
3. 確實掌握旅客遷出時客房各項物品之檢查。
4. 隨時與前檯保持聯繫，掌控每日遷入及遷出之客房數量。
5. 確實地記錄住宿旅客的各項特殊習性，並依照旅客不同的個性給予最溫馨舒適的服務。
6. 做好客房內各項設備的維護、保養作業。
7. 有效的管控冰箱內飲料及入帳作業，以減少耗損，降低成本，

Chapter 6

增加營收，不可私自販賣飲料。

8.培養員工的損益觀念，無謂的耗損，就是公司的虧損。

9.除了控制成本，更要要求高級的品質，來服務旅客與消費大眾。當用則用，當省則省，才是經營管理之最佳理念。

10.確實做好旅館全館公共區域暨公共財產之維護、保養及數量控制，冀望能將最好的一面呈現在旅客及消費大眾面前。

11.控管贈送住宿客房水果及鮮花之鮮度與品質。

12.客房為旅客所準備使用之浴袍，應經常保持清潔、乾淨，每隔一、兩天就應該換洗更新。枕套、床單、毛巾、浴巾等應每日更換。

13.客房內不分散客或團體旅客，均提供牙膏、牙刷。

14.客房內旅客凡住滿三日後，天天贈送水果；套房之貴賓則天天贈送水果，鮮花則每三天更換一次。

15.客房內天天供應飲用水一瓶。

16.客房洗衣服務，每天中午十二點收取，且當天送回。十二點以後收取者，次日中午送回。快燙服務以兩小時計。

17.客房內供應熱水，全天候不可間斷。

18.客房免費提供的物品用具，如鮮花、水果、茶包、變壓器、文具、燙斗、燙板、擦鞋、電暖器、增加桌椅、垃圾桶、轉換插頭、冰枕、體溫計、剪刀、棉花球、棉花棒、釘書機、釘書針、針線包、橡皮擦、小刀片、電熱水瓶等等。

19.保險箱密碼可由旅客自行設定，若遺忘密碼時，樓層領班可請值班經理代為開啓。

20.若旅館客房屬於落地窗式之陽台設計，旅客可隨時開啓，若無法開啓，應代為服務。

21.客房內電視頻道分付費與免費兩種方式，應以說明書詳加說明。

22.一般客房依旅客國籍不同，提供中、英文報紙。

23.客房樓層若無冰塊供應，旅客索取時，服務人員應隨時供應。

24.貴賓客房應隨時維持整齊、清潔之狀況，視情況應隨時清理。

第二節　旅館房務部物管中心作業的要項

　　旅館客房提供旅客使用之備品，可分為消耗品與非消耗品兩大類。消耗品係指提供旅客免費使用，並每日於整理房間時定時定量補充之，旅客如有需要時，則隨時免費供應。另外，可使用較久之消耗品，係指可重複使用，只需加以洗滌、殺菌消毒之後，再提供使用者，如床單、床罩、浴袍、浴巾、毛巾、枕套、腳布等，這些使用的期間和產品壽命較長。至於非消耗品則如客房設備、器具等。此外，客房內每天必須供應的貴賓客房之水果、鮮花，也是每日或隔日必須更換、補充者。以上消耗品和部分的非消耗品之申購、儲備、供應等管理工作，皆屬於旅館房務部物管中心之職責。

　　茲將旅館房務部之物管中心作業要項簡述如下：

一、物管中心例行工作分配

(一)上午時段工作分配

1.早班（08：00～16：00）：負責贈送至旅客客房，名單、份數、分送樓層，製作水果種類名稱。

2.午班（09：00～17：00）：負責新採購水果之點收、幫忙製作水果分發名單。

3.晚班（10：00～18：00）：負責於每週固定時間至倉庫領貨、各樓層水果之分送。

(二)午間時段工作分配（12：00～18：00）

1. A班：負責全旅館水果和飲料當日用量之準備及分送、飲料單核對、旅客遺留物處理、接聽電話。
2. B班：負責旅館部分樓層水果和飲料當日用量之準備及分送、飲料單入帳、接聽電話、旅客遺留物處理、與樓層確認未整理之客房。
3. C班：負責準備樓層備品及領物單並加以分送、飲料盤點、接聽電話、分送旅客名單、當日英文報紙處理。

(三)冰箱飲料更換原則

以十點班安排更換為主，九點班若無點交水果則需加入更換行列。

二、物管中心工作要項分配及人員配置

1. 水果、鮮花、巧克力、旅客遺留物、客房鑰匙：工作人員一人。
2. 冰箱飲料之分配：工作人員一人。
3. 客房備品之分配：工作人員一人。
4. 被巾類之分配：工作人員一人。

以上工作要項分配及人員配置每半年輪換一次。

三、物管中心工作守則

1. 禁止在工作場所食用早點。
2. 隨時保持工作環境整潔，私人物品須擺放於私人櫥櫃，地板需保持淨空。

3.清點新購進水果時間為一至一小時三十分。

4.午間時段分發水果、飲料、物品等至樓層，以三十至四十分鐘為準。

5.接聽電話後，接聽者要立即處理，若有要事也應即時完成，不可拖延。無法解決者，馬上向上級反應。

6.與樓層間、同事之間，首重和睦相處，不可將自己的情緒帶入工作場所，以免影響工作及服務旅客之態度。

7.工作要積極、勤快、認真、負責，上級交辦的事情務必儘速辦好，並回報結果。

8.不可在工作場所爭吵，影響工作。交接班要確實做好，以免工作中斷，造成旅客或同仁之間的不便。

 第三節　旅館房務部樓層作業的要項

　　當每一位旅客都期待著從遷入旅館到遷出離開旅館，均能夠受到重視與歡迎，有回到家的感覺，這種氣氛的營造，當然是旅館全體員工的職責。由於旅客住宿的關係，在客房消耗的時間比較長，因此與房務部門——尤其是房務員（house keeper）——的接觸最為頻繁。所以他們不僅要注意服裝儀容、禮節儀態，在整理客房的動作務必要培訓到熟練、輕巧的操作手法，和養成澈底詳盡的工作心態，才能完成旅館房務的要求標準，否則，一有瑕疵，遭受旅客的批評與唾棄，對旅館形象所造成的損害將是無法估計。由此可見房務部樓層的工作極為重要。不過要做好樓層房務的工作，務必要有嚴謹的作業流程，來作為房務員操作標準和作為房務部門要求及檢查的標準。

　　茲將有關房務部樓層之作業要項分述如下：

一、樓層值勤前的準備工作

(一)樓層領班

1. 換好制服，檢查自身儀容。之後，巡視各公共區域和各樓層客房區域。
2. 必須掌握每日旅客狀態，並與前檯、餐飲、後勤等部門保持良好而密切的聯繫作業。
3. 全盤掌握當日同仁作業的情形，查閱交待簿登記事項並處理特殊事件，並安排當日值班人員工作分配。
4. 協調安排隔日當班同仁的上班狀況，處理突發事件及未完成事項。
5. 記錄特殊交待事項於客房每日檢查表（如**表6-1**）：
   (1)要求先整理的房號。
   (2)要求借用物品的房號。
   (3)其他交辦事項。
   (4)將各清潔員姓名填寫於檢查表上。
6. 開始客房及公共區域的巡查及房間檢查工作。
7. 排定旅館內公共區域及客房之定期清潔保養計畫。依排定之清潔保養計畫，派員執行並督導成效。
8. 標明當日要C／O房號於房間分配表上，以便客房房務員加以注意。

(二)客房房務員

1. 更換制服後至打卡室打卡，並檢查本身儀容，到服務檯報到。查閱服務檯「交待簿」及瞭解住房狀況。
2. 接受領班排房順序及特殊注意事項。
3. 領取客房鑰匙、旅客名單。準備清潔工作車上之物品、清潔器

表6-1　旅館客房每日檢查表

領班：_____

服務員：_____　　　　　　　日期：_____

房號	客房加強	浴室加強	請修事項	修復	簽名	備註
						保養項目：
						擦鞋服務：
						洗衣服務：
						夜床服務：
						續住房檢查：
						特殊記事：

資料來源：圓山大飯店提供。

　　具，推到定點放置。

4.依照旅客名單先從已C／O客房及已掛清潔整理客房牌，安排優
　先整房順序，並查看空房。

5.記錄旅客洗衣的要求，並取齊送到樓層服務檯。

6.收取旅客置放於走道上之餐車、餐盤於規定之地方，以便讓客
　房餐飲服務員收取。

7.開始整理客房。

8.配合領班及辦公室的特殊要求事項，如毛毯、床罩等收取工
　作；並將布品用品歸類，以便清點送洗。

9.客房整理後，清理工作區域及收拾清潔車上之物品。

10.下班前把整理客房記錄表交回領班，並交待清楚客房整理情況
　　及未做完之工作。

二、樓層查空房標準作業的程序

1.資深服務員根據旅客名單資料，依查房順序詳細查視空房。

2.檢查冰箱飲料、浴袍、菸灰缸及房內物品是否齊全，若遺失立
　即報告領班查明原因。

3.檢查浴室用品是否齊全，鮮花是否已枯萎，如已枯萎則連瓶子
　收回。

4.如發現空房有人用過或住過，須立即反應、回報。

5.客房內如有VIP的設置，而是no show，立即報告辦公室處理。

6.空房查看無誤後，在客房每日檢查表上註明「OK」。

7.每週兩次須將空房內浴室、浴缸、洗臉盆等清洗乾淨，並將工
　作記錄於客房每日檢查表以示負責。

8.晚班值班人員須於下班之前再巡視空房一遍。

三、樓層對客房服務區域的清理及維護作業的程序

(一)客房服務區域的清理及維護

1. 每天須排輪值，由當值的客房清潔員做公共區域的清理工作。
2. 清理公共區域時，須注意燈具及照明設備是否失靈、故障，如有則負責請修及追蹤修理的結果，並將資料記錄在客房每日檢查表上。
3. 公共區域的清理範圍：
   (1) 樓層所屬的太平門、太平梯以及扶手的灰塵擦拭。
   (2) 太平門梯、走道垃圾及菸蒂撿拾。
   (3) 走道區域沙發、椅、櫃的擦拭。
   (4) 玻璃鏡、畫框、燈具灰塵擦拭。
   (5) 菸灰缸的垃圾及菸蒂撿拾、擦拭除塵。
   (6) 走道窗台、畫框灰塵的擦拭。
   (7) 注意盆樹的新鮮、美觀，樹葉要時常修剪及按時澆水。
   (8) 每天下午或整理客房時，對走道地毯做吸塵工作。
   (9) 每週對庫房做一次澈底的清潔打掃。

(二)地毯及玻璃的維護

1. 公共區域地毯油污由清潔班負責清洗，清洗分平時的特殊處理及固定的每季保養。
2. 客房內地毯油污特殊處理由房務員負責，每季的定期保養由清潔班負責。
3. 如有特殊情形，可依當時狀況由房務部主管判斷，立即處理。

(三)其他搬運工作

房務部同仁負責客房部的搬運工作，得隨時受房務部主管的指派

而完成任務。

四、樓層對客房標準的清理作業程序

清理客房前應依領班所列的順序，千萬不可重複打擾住客。房門掛有「請勿打擾」（do not disturb）顯示時，就萬萬不可打擾。門縫下報紙未收時，絕不可打擾旅客，尤其是在早上。如發現旅客在客房內，應表明來意，迄旅客允許後才進房整理。但若遇災害時，則應立即叫醒旅客，並疏散之。熟記VIP貴賓的名字，並隨時加以稱呼。這些都是清理客房前應注意的原則。

茲將清理客房的工作要項分述如下：

(一)清理客房

◆清理客房垃圾

1.清理客房內所有垃圾、菸蒂、空罐。但續住客房內之旅客所留便條紙不可清理；未熄菸蒂要特別留意。

2.傾倒垃圾時要注意刀、叉、水杯千萬不可倒掉。使用過的垃圾桶、菸灰缸應加以清洗。

3.大型垃圾袋不可棄置於樓層走道上，有礙觀瞻。破碎物品應另行分類包裝，並加記號，提醒注意。

◆做床

1.攜入所需更換的床單及枕頭套。

2.做床前若發現床上有衣物，先將它掛於衣櫥內。如有睡衣則應整齊疊好，置於床頭櫃，待做好床之後，再放回床上。

3.將床拉出二至五公分，以便手可伸入塞進床單。

4.在換掉床單及毛毯時，須先注意床上旅客的物品，不可捲包於床單內。

5.檢查毛毯及床墊布是否污損，有則更換，並送洗。

6.檢視床墊及枕頭是否有特殊污染，加以記錄，並請領班以上主管處理。

7.使用過之床單、枕頭套及毛巾等放置於備品車內。

◆鋪床

1.先將床墊布平坦地鋪在床上。

2.鋪第一條床單：

(1)站於床頭的兩側，把床單平均攤開，將床單分別拉往床頭及床尾處，並把床單的四面角塞入上床墊，四個對角摺成45度塞入。

(2)注意床單兩側垂下的部分平均，以床單的摺痕為基準點。

3.鋪第二條床單：要領與第一條相同，床頭處床單則下垂約至下床墊的一半位置，大約為三十公分。

4.鋪毛毯：

(1)毛毯一邊與床頭對齊，而垂下的兩側平均其長度。毛毯距離床頭約半個枕頭寬度，外側的床單及毛毯，平坦地塞入兩床墊之間。

(2)床尾處作業，房務員站在床的兩側，將床面拍平，將床尾的第一、二條床單包住毛毯，外側之床單拍順後塞入兩床墊之間。

(3)包裝枕頭套，注意枕頭包好要平整、美觀。

(4)鋪上床罩，注意其平整舒適。

5.應嚴加注意的是，凡床所有布巾等不可有破損、污點及毛髮等。

◆清洗浴室

1.攜入清洗用之工具，如水桶、馬桶刷、清潔劑、乾溼抹布、穩潔、海棉塊及手套。

2.進入浴室先檢查所有布品是否短缺，如浴袍、毛巾、棉花、玻璃瓶等物，若短缺須記錄於報表上。

◆清理垃圾

1.收集使用過的消耗品空盒及毛髮、面紙等，放入垃圾袋內，不可放入馬桶，以免堵塞。

2.收取用過的毛巾、浴袍等備品，丟置於靠浴室門處。

◆噴清潔劑

將適量清潔劑噴於設備上，如洗臉盆、馬桶、浴缸、浴室玻璃。

◆刷洗

1.依順序由洗臉台、浴缸、浴室牆、門、馬桶等處開始刷洗，特殊油污處需用力刷；馬桶內部利用馬桶刷刷洗。

2.旅客遷出後之客房，須特別留意洗臉台、蓮蓬頭、馬桶沖水器、地面四個角落，以及肥皂缸、肥皂盒等處，萬萬不可遺漏沖洗。

3.沖洗浴缸及淋浴室時，順便檢查水龍頭是否鬆動。

4.浴缸及浴牆必須光亮，不可留有油污痕跡；加強牆角縫隙的清理。

5.沖水時勿沖到電器插頭部分，以免漏電。

6.沖洗馬桶時注意馬桶排水及馬桶沖水是否順暢，若有漏水情況立即請修。

7.鏡子、面紙盒、圓筒衛生紙蓋、浴室電話、放大鏡、棉花罐、所有不鏽鋼部分都必須擦拭光亮。

8.測試吹風機是否可正常使用。

◆補充浴室備品及用品

1.補充大、中、小毛巾和腳布等，確定沒有破損或鬚邊。

2.毛巾數量依房型而異，如twin和king bed room放二條大、中、小

毛巾；但suite放四條大毛巾、三條中毛巾、三條小毛巾。

3.要確定沐浴精、洗髮精、棉花棒、棉花罐、肥皂盒、棉花、肥皂等用品已補充齊全，logo務必朝上擺放。

4.續住客房內須以中或小毛巾平鋪於檯面上，並將旅客用物品整齊排列於上，以免酸性化妝品損壞大理石檯面。

5.登記換洗之布巾數量於報表上，以利午間補充。

6.續住客房浴袍應放於住客常放之位置，長期客房每三天須更換一次。應注意有無破損。

7.更換只剩下三分之一的面紙及衛生紙。

◆擦拭家具（臥室及客廳）

1.濕擦範圍：

(1)擦拭家具的順序依順時鐘方向從右邊開始，順著客房周圍擦拭；若發現家具木質油漆脫落時，須記錄並告知領班。

(2)濕抹布要經常清洗以免愈擦愈髒，並防臭味。

2.擦拭衣櫥：

(1)擦拭衣櫥內放物架、掛衣架及衣櫥內抽屜、保險箱、鞋籃、鞋拔、衣刷、擦鞋卡及領帶架上之灰塵。

(2)檢查衣櫥內燈、衣櫥門上開關等是否正常；整理男女衣架依正確方式擺放，並將logo朝外；檢查購物袋、洗衣袋等是否齊全。

(3)備用枕頭要依規定擺放。

(4)旅客退房後查看保險箱內是否有遺留物品。

(5)任何故障須記錄下來、報修，並將不足的用品補齊。

3.擦拭寫字桌：

(1)擦拭寫字桌桌面。

(2)擦拭抽屜內部，順便檢查內部預備之用品是否補齊。如文具用品、針線包。

(3)擦拭書桌椅，注意椅腳及椅背木質凹入部分的灰塵。

(4)擦拭燈具。

4.擦拭冰箱及TV櫃：

(1)擦拭冰箱櫃、冰箱上方及旁邊縫隙灰塵、冰箱內部污漬。

(2)擦拭整個冰箱櫃內、外含TV本身上方及後方灰塵。

(3)擦拭TV櫃內抽屜，尤其是內邊四周角落。

5.擦拭邊桌、沙發及床頭櫃：擦拭其表面、縫隙之污漬及木質部分；並清理四周地毯的菸灰、頭皮屑、垃圾等；檢查床頭櫃夜燈是否正常，如燈炮故障須立即更換。

6.擦拭窗台、窗戶及門：

(1)擦拭窗台木質部分，玻璃窗部分每週做一次保養；平常保持玻璃光亮，無手印。

(2)擦拭紗窗簾及捲簾是否正常，故障應請修。擦拭門框上、下、四周及門把，必須擦亮金屬部分，每月亦應定期檢查一遍。

(3)擦拭調溫器、回風口、出風口之灰塵及霉斑，並檢查冷氣運轉是否正常。

(4)查看門鎖、門上房價表及防盜眼是否乾淨、完整，如有故障或異狀須反應。

7.乾擦範圍（玻璃及鏡子）：

(1)擦拭房內所有鏡面，含化妝鏡、電視螢幕。玻璃及鏡面擦拭後，側面對著光亮處檢視一遍。

(2)鏡面、玻璃上若沾有油漆或任何污點時，須做特殊保養處理。

(3)擦拭所有電燈、燈泡、燈罩上的灰塵。

(4)留意燈泡、燈罩或燈座是否故障，損壞時要更換或報請處理之。

8.擦拭大理石：大理石上沾有果汁、咖啡、茶等水漬，先用濕布擦過，再用濕布沾清潔劑擦拭。每週固定一次以上的保養。

9.地毯吸塵：

(1)從內往外吸塵，注意踢腳板邊、牆壁邊角落與家具底部的紙屑及灰塵。

(2)移開較輕便的座椅及垃圾桶，吸完地後再將家具歸位。發現地毯有線頭時，一定要剪斷。

(3)地毯上如有水漬、咖啡、茶漬等情形，須立即用抹布將水分吸乾，並做記錄，再做處理。如有燒焦的痕跡，亦應記錄並告知上級處理。

(二)客房狀況報表之填寫

客房清潔員依清理客房的狀況，應填寫於「客房狀況表」上（如表6-2）：

1.日期。

2.樓層。

3.填明客房狀況：空房(vacant)、延住客房(occup'd)、已遷出、貴賓或長期住客、反鎖(doorlock'd)、沒有回來過夜(not sleep in)，必須註明第幾天沒回來。

4.填寫整理房間時間。

5.布巾更換狀況，詳細清點數量。

6.其他說明事項須填寫於備註欄內，如備用物品、延遲遷出後需報修事項、物品遺失或需保養等資料。

(三)備品車、庫房、工作車的整理，以及備品、用品之補充標準作業程序

◆備品車

每日載運乾淨備品或運送換下的布品、檯布、垃圾袋等之工具，必須隨時保持此車的乾淨，帆布袋須做定期清洗。備品車內若有垃圾應由各使用單位清除，以免日後難以清洗。

表6-2　旅館客房狀況表

領班：_____

服務員：_____　　　　　　日期：_____

房號	房間反鎖	行李在房	昨夜未歸	預定退房	可賣空房	遷入時間	退房時間	保留房間	備註

資料來源：圓山大飯店提供。

◆庫房

　　每日於下班前須將庫房區域整理清潔乾淨。

　　1.隨時保持布巾摺疊排列的整齊。

　　2.每星期須澈底清洗庫房區域（含樓梯走道）。

　　3.每個月固定兩次補充庫房內一般客用消耗品及清潔用品（或視
　　　實際情況而定）。

　　4.每個月應盤點庫房內布巾用品，填表報予辦公室。

◆工作車

　　於工作前先將工作車準備妥當，補足適用之備品。

　　1.隨時注意工作車上物品排列的整齊。

　　2.每日下班前須將工作車清理乾淨。

　　3.每月固定做一次澈底的清理。

(四)夜床服務

　　1.由客房清潔員負責夜床的作業。包括開夜床、清理房內垃圾、
　　　更換客人用過之布巾、整理遷出房等工作。

　　2.開夜床（turndown service）之作業要項：

　　　(1)開門時依敲門禮節及觀察客房動靜作業。

　　　(2)關上窗簾，除了旅客有習性不關者外。

　　　(3)檢視客房內的空調、音響、電視燈光等是否正常。

　　　(4)檢查冰箱飲料，並入帳。

　　　(5)清理客房內及浴室內垃圾。

　　　(6)複檢客房內物品是否補齊，若無則需補足。

　　　(7)更換、清洗旅客用過之水杯、刀、叉、盤。

　　　(8)擦拭用髒了的桌面。

　　　(9)若地毯特別髒，則須吸塵，有垃圾則須撿拾。

(10)取出旅客用過之餐盤，除非旅客交待不用收。

(11)補足浴室旅客使用之毛巾、肥皂、衛生紙等用品。

2.完成所有任務，退出客房時再巡視一遍是否還有任何遺漏。

3.登記房間狀況報表：

(1)進出客房的時間，正確填寫於報表上，每完成一間就逐步填寫。

(2)將客房狀況分別填入報表上。

4.若遇上掛紅牌或反鎖無法做夜床時，需填寫一式二份未開夜床通知單（如**表6-3**），一聯塞入門縫，一聯訂在報表上。

5.處理擦鞋服務的工作。

6.完成客衣送回的作業（若有一直無法送入客房內之客衣，須將

表6-3　旅館客房未開夜床通知單

DEAR GUEST

☐ The "Do Not Disturb" Sign was Hung.
☐ Your Door Was Latched From Inside.

If you would like us to return, or if you need
any extra service, please dial 7. Thank You.

HOUSEKEEPING

ROOM NO. _____

ATTENDANT _____

TIME _____

DATE _____

資料來源：圓山大飯店提供。

資料填於報表上，並告知辦公室處理）。

7.於開完夜床後，清理工作車及庫房區域。

8.將未盡事宜或旅客習性，記錄於樓層交待簿上或「旅客習性表」上（如**表6-4**），若屬重大事故，必須告知值班主管或當班辦事員，切勿自行處理，造成旅客抱怨。

(五)遷出客房及貴賓客房之注意事項標準作業程序

◆遷出客房之注意事項

於接獲辦公室通知或由櫃檯員通知旅客已退房時：

1.立即檢查房內冰箱飲料，若旅客曾飲用則立即入帳。

表6-4　旅館旅客習性表

填表人：　　　　　　　　　　　　　　　　　　　年　　月　　日
客人姓名：_____
客人號碼：_____　會員編號：_____
發生地點：_____　住宿房號：_____
特殊習性：_____

資料來源：圓山大飯店提供。

2.仔細檢查客房內財產，如毛巾、浴袍、文具夾等物品，是否短少，若有短少，則立即告知櫃檯或辦公室處理。

3.檢查客房內是否有旅客遺留下的物品，若有則立即電話櫃檯出納，請旅客稍候，並立即將物品送還旅客；若旅客已離去則照失物招領作業處理。

4.清理已退房之客房必須仔細與清潔。

◆貴賓客房之注意事項

1.貴賓客房內一切設施必須於貴賓到達之一個小時前準備完成（如水果、花、酒等；而蛋糕或小點心須視食物狀況於半小時前完成）。

2.必須由櫃檯主任負責檢查客房之清潔狀況（檢查時須注意所有安排給貴賓之禮物，如花、水果、蛋糕、酒、文具夾等是否已經照規定擺放整齊）。

3.對VVVIP特別貴賓須視狀況列隊歡迎。

4.於VIP旅客遷入前將地毯各處再吸過一遍，並將燈、音響打開。

(六)客房冰箱飲料作業標準作業程序

有關客房冰箱飲料之作業如下：

1.仔細核對「飲料單」（如**表6-5**）與旅客飲用的數量，並將日期、時間、飲用數量和金額填寫於飲料帳單上，應特別注意核對房號，並簽名。

2.依照帳單上的統計金額，在客房以電話撥至前檯出納，告知之旅客使用數量與金額。

3.客房清潔人員依照每個客房之飲料帳單統計一份每日冰箱飲料（mini bar）報表，並依報表上資料，每日一次向管理人員領取所需之飲料，大夜班則由各樓層服務台之基本庫存領取。

4.依飲料報表的資料，分別連同新帳單補入各客房。

表6-5　旅館客房冰箱飲料單

編號：＿＿＿＿＿＿＿＿＿＿＿　　　　　　　　　　　日期：＿＿＿＿＿＿＿＿＿＿＿

總數	品名	單價	數量	小計	總數	品名	單價	數量	小計

房號：＿＿＿＿＿＿＿＿　顧客簽名：＿＿＿＿＿＿＿＿　服務員簽名：＿＿＿＿＿＿＿＿

資料來源：圓山大飯店提供。

5.注意飲料、乾糧等食物之有效日期及包裝是否完整。

6.假若旅客惡意跑帳，應向上級報告，做報銷或跑帳處理。

7.每日必須依實際存貨填寫盤存量。主管依日報表隨時抽查。

五、樓層對客房物品報銷認定標準及其作業的程序

(一)物品遺失或破損

1.凡客房內陳設物品遺失或破損者，須填寫一份物品報銷單（如
表6-6），並依物品報銷單上所列項目向值班人員領取補充之。

表6-6　旅館物品報銷單

部門別：＿＿＿＿＿＿＿＿	員工姓名：＿＿＿＿＿＿＿＿
日　期：＿＿＿＿＿＿＿＿	時　間：＿＿＿＿＿＿＿＿
項　目：＿＿＿＿＿＿＿＿	數　量：＿＿＿＿＿＿＿＿
單　價：＿＿＿＿＿＿＿＿	總　價：＿＿＿＿＿＿＿＿

事由及說明：＿＿＿＿＿＿＿＿＿＿＿＿＿＿＿＿＿＿

＿＿＿＿＿＿＿＿＿＿＿＿＿＿＿＿＿＿＿＿＿＿＿＿＿＿

＿＿＿＿＿＿＿＿＿＿＿＿＿＿＿＿＿＿＿＿＿＿＿＿＿＿

房（桌）號：＿＿＿＿＿＿＿　客人姓名：＿＿＿＿＿＿＿＿

值班主管簽名（時間）：＿＿＿＿＿＿＿＿＿＿＿

部門主管簽名（時間）：＿＿＿＿＿＿＿＿＿＿＿

資料來源：圓山大飯店提供。

2.每日依物品報銷單資料歸檔。每月由領班整理一份月報表送交
房務經理簽收，再轉交財務單位。

(二)布品類破損或嚴重染色

1.每日將嚴重染色的布品類蒐集在一起，並加以分類，特別交待
洗衣工廠處理。

2.每日將有破洞之毛巾與布巾用品蒐集在一起，由洗衣組主任檢
視，是否可修補或修改。若有破洞、損害者，亦一併提報檢
討。並將布巾類集中，做最後有效利用。

3.填具物品報銷單，並蓋上報廢章，物品報銷單須歸檔。

4.每月盤點時，物品報銷單數字應確實填寫檢討。

六、樓層對客房旅客借用物品及內部財產借用處理標準作業的程序

(一)客房旅客借用物品

1.旅客借用物品時，須將借用物品名稱、數量、借用時間、旅客
姓名、房號，登記下來。

2.若為旅客每次都有相同之要求，應詢問其是否經常要使用，若
是則列入旅客習性，於遷入之前，就應準備妥當。

3.在物品收回時須將所有紀錄銷案，以免造成誤會，避免再向旅
客索討。

4.於每日工作報表上備註欄內註記旅客借用品，於整理客房時，
順便檢查。

(二)內部財產借用

1.任何單位要借用部門財產時，須填具一式二聯財產借用單，並
詳填明細。

2.借用期限到達時，出借單位應進行追蹤索回。

3.每個月部門負責人須就借用物品的資料做一次審視及查核。

七、樓層對報修處理標準作業的程序

1.客房清潔員若發現工作場所（不論庫房、客房、公共區域）之設備故障或失靈時，都須主動報修。

2.如故障設備可為簡易之修理，可自行修復，以爭取時效。若無法自行修復者，則填列一式三聯之「請修單」（**表6-7**）。

3.須將請修項目列於「每日房間檢查表」上，每班值班人員下班之前須再看一遍。工程部門若尚未修復要繼續追蹤。

4.凡屬於油漆、木工、壁紙等方面之工程，填寫一份交予領班或主管，由工程部安排修護。

表6-7　旅館設備故障請修單

工時	
材料	

　年　　月　　日

地　　點	內　　容
請修者	部門	驗收者
承修者		時間

第一、二聯：工程部
第三聯：請修單位

資料來源：圓山大飯店提供。

5.空房內修復工作耗時須三十分鐘以上者，必須告知主管。當日無法修復之工程，應報告值班人員處理。客房內因整修而發生異味時（如油漆味），須儘速處理。

八、樓層對換房處理標準作業的程序

(一)空房（已預定C／I者）

1.客房清潔員獲知旅客欲換房時，速將房內所放置之水果、刀、叉、碗、盤等物品移往新的客房。
2.若為VIP換房，則文具夾、花、蛋糕、酒、贈品等都須換往新房。
3.有特殊習性旅客遺留物品作業，都須移往新房。

(二)續住房

1.當旅客行李搬移至新客房時，須檢查是否還有遺留物品，若有，須移往新客房。
2.旅客習慣性要求額外新客房，並由客房清潔員填寫於習性記錄簿上。
3.原客房所屬物品（如衣架、文具夾），若被移走時，清潔員應向新客房取回。

九、樓層替旅客代請保母工作標準作業的程序

1.查明旅客姓名、房號、所需照顧日期、時間。
2.告訴旅客收費標準。
3.徵求旅客同意後，將資料轉交清潔組長，請其代尋。
4.保母人選以休假日員工為主，並介紹給房客。

5.任務完成後，若旅客支付現金，則自行收下。若簽帳，則填具
「簽帳單」，請旅客簽名後，再向櫃檯支領現金。

十、樓層對旅客習性的作業標準及其作業的程序

1.如預知將遷入旅客之習性，應事先記錄於習性簿上，交接時要
交待清楚。
2.觀察旅客特殊習性及嗜好，記錄於習性簿上，並交辦公室建立
電腦檔案。
3.旅客習性改變時應再改變紀錄，以便更改電腦紀錄。

十一、樓層對客房的檢查標準作業的程序

1.檢查內容：
(1)設備、備品及用品是否依規定位置排放整齊且完整，有失靈
或故障者須追蹤請修。
(2)檢查每個抽屜及角落是否清潔，或仍有旅客留下之物品，有
則追蹤，並讓清潔員繼續整理。
(3)贈送VIP客房所有物品是否已全部擺設完整。
(4)檢查旅客習性或特殊要求是否已安排妥當。
(5)續住客房，檢查設備是否故障、失靈；鏡子、窗戶是否明
亮；備品是否補齊；水果、花、蛋糕是否新鮮。
(6)將所檢查的結果寫在房間檢查表上、複查房間檢查表。
(7)組長、班長以上主管須檢查每一個退房及將遷入的客房，並
將改進事項，填於「客房每日檢查表」，以便要求改進。
2.複查客房檢查：
(1)複查客房檢查所有請修事項是否完成之追蹤。
(2)所有缺失是否完成之追蹤。

(3)所有補充物品是否完成之追蹤。

(4)每週工作事項是否完成之追蹤。

(5)特殊交辦事項是否完成之追蹤。

十二、樓層對客房保養作業標準及其作業的程序

1.客房設備的保養分為定期保養及不定期保養。不定期保養，視季節及實際情況而定。

2.保養工作由房務部經理、副理按區域擬訂「客房保養計畫表」。表上須列有保養項目、日期、負責工作者、完成日期。

3.各樓層領班負責監督完成，並在表上簽名，再呈房務部經理、副理抽檢。

4.保養的項目：布品類、家具類、大理石類、玻璃類、窗簾、地毯、窗櫺板、踢腳板、不鏽鋼、鍍銅、純銅、浴室抽風蓋板。

5.各類用具之保養：吸塵器、工具箱、工作車、備品車、預備床、吹風機、盆樹框、電視機及櫃、衣櫃門等。

十三、樓層對旅客衣物洗燙服務標準及其作業的程序

1.客房清潔員如發現有旅客洗衣袋，或接到櫃檯通知、或旅客通知洗衣時，應立即取出處理。

2.收取客衣時，須查視洗衣袋內有否填好之「衣物送洗單」（**表 6-8**），若無則立即向辦公室通報，並補填。

3.確實核對「衣物送洗單」所填資料是否符合。

4.檢查客人衣服口袋是否有遺留物品，應立即送交旅客，或送回客房。若為貴重物品應交辦公室處理。

5.客衣若破損、嚴重污點等，應填具「客衣破損簽認單」與衣物一併送還旅客。

表6-8　旅館旅客衣物送洗單

LAUNDRY LIST

PLEASE ☑　　| LAUNDRY | DRY CLEANING | PRESSING |

Please use block letters 請用正楷	DATE日期			Special Instructions 特別指示	SURCHARGE
Name 姓名	Please 請 "✔"	收件 Accepted	交件 Delivery	☐ Starched ☐ Shirts Folded	☐ Children 30% Off Regular Charge
Room No. 房號	☐ 當天服務 Regular Service	中午12時以前 Before 12:00noon	中午8時以前 Before 8:00 P.M.	☐ Shirts on Hanger	☐ 4-Hour Service 50% (Laundry & Dry Cleaning)
Total Pieces 總件數	☐ 特快Express 4 Hours Service	下午三時以前 Before 3:00 P.M.	四小時以內 Within 4 Hours	☐	☐ 1-Hour Service 50% (Pressing)

* ITEMS PICKED UP BEFORE 3:00 P. M. WILL BE RETURNED ON THE NEXT DAY AT NOON.

項目 ITEMS			水洗 LAUNDRY NT$	乾洗 DRY CLEANING NT$	燙衣 PRESSING NT$	數量PIECES		金額 AMOUNT NT$
						GUEST COUNT	HOTEL COUNT	
西裝	SUIT-2 PCS	スーツ上下	-	445	370			
上衣/運動外套	JACKET/SPORT COAT	ヅヤケット/スポーツ コート	235	265	210			
西褲/裙	TROUSERS/SKIRT	ズボン/スカート	200	200	160			
全摺裙	SKIRT-FULL PLEATED	スカートフルプリーン	-	340	250			
青年裝	SAFARI-2 PCS	サフアリー上下	345	365	260			
襯衫	SHIRT/BLOUSE	シヤツ/ブラウス	110	160	85			
絲襯衫	SILK SHIRT	シルクシヤツ	-	200	160			
運動衫	SPORT SHIRT	スポーツシヤツ	130	165	-			
運動裝	TRACK SUIT-2 PCS	運動服上下	200	250	170			
牛仔褲	BLUE JEANS	ジンス	180	190	-			
工裝服	OVERALLS	作業服	200	315	210			
領帶/圍巾	NECKTIE/SCARVES	ネクタイ/スカーフ	-	105	65			
長大衣	OVER COAT	オーバーコート	-	465	315			
風衣	SPRING COAT	レインコート	-	410	275			
毛衣	SWEATER	セーター	-	165	125			
洋裝	DRESS	ドレス	350	350	220			
晚禮服	DRESS-FORMAL	ドレスフオーマル	-	460	315			
內衣	UNDER SHIRT	下着	50	-	-			
內褲	UNDER PANTS	パンツ	50	-	-			
襪/絲襪	SOCKS/STOCKINGS	靴下/ストツサング	50	-	-			
胸罩	BRASSIERE	ブラジヤー	55	-	-			
晨衣	MORNING GOWN	ガウン	195	395	160			
睡衣	PAJAMAS-2 PCS	パジヤマ上下	200	220	150			
手帕	HANDKERCHIEF	ハンカチーフ	30	-	-			
短褲	SHORT PANTS	ギズボン	155	-	110			
背心	VEST	ベスト	-	115	85			
絲絨	VELET	ビロード	-	450	400			

SUBTOTAL NT$ _____

10% SERVICE CHARGE NT$ _____

TOTAL NT$ _____

5% GOVERNMENT TAX INCLUDED

資料來源：圓山大飯店提供。

6.若客衣為快洗燙，或是否有特別交待，則應在衣物送洗單上註明，並另以口頭提示，另外在衣袋口綁上紅布條以茲識別。

7.洗衣中心人員將洗淨的衣服送回庫房時，房務員應核對是否與「洗衣寄存本」內之記載符合，特別交待事項是否完成。若不符合，或沒洗乾淨，須向洗衣中心查詢。

8.客衣送入客房時，應整齊地掛在衣櫃內。若數量很多時，應整齊地排列於床尾上。

9.若客房掛上「請勿打擾」或反鎖時，無法送入，則在樓層「交待簿」內記錄，次日再送。

十四、樓層對旅客衣物寄存處理標準及其作業的程序

1.在「洗衣寄存本」內填明日期、房號、姓名、包數、件數、已否入帳。

2.若洗衣未入帳時，將衣物送洗單一、三聯夾在「洗衣寄存本」內，待客人取衣時輸入電腦入帳。

3.旅客回來取衣時，將寄存客衣送交前檯，或直接放入客房。

4.若洗衣已入帳，將衣物送洗單第二聯連同寄存客衣放入寄存專用櫃內保存，待旅客取回。

第四節　旅館房務部洗衣中心作業的要項

旅館房務部洗衣中心的主要職責，大概包括：員工制服的洗滌、客房內布巾類之洗滌、餐廳宴會廳之各式桌巾布巾類之洗滌及維護、發放等工作，還有旅客衣物之洗滌服務。旅館各單位員工制服的款式，因各種工作性質之不同，但是美觀大方，整齊乾淨筆挺，則是唯一的要求，不僅表現出朝氣活力的神采，更展現出雍容端正的風貌。

這不僅是代表對旅客及消費大眾的尊重與敬意，更代表整個旅館的形象與風貌。此外，關於客房床上及浴室等備品的洗燙、漂白，也是顯示客房的高雅、清爽，讓旅客用得安心住得舒服。至於餐廳、宴會廳及會議廳之桌布、檯布、餐巾等的洗燙，更會讓旅客或消費大眾感到清新心怡。又旅客經過漫長的旅程，才投宿旅館，除了要享受美食和休息住宿之外，也許衣服已經弄髒了，需要經過洗滌或燙平。甚至有些旅客次日要出席慶典宴會，必須正式妝扮，說不定會要求替其禮服快洗或快燙，以上這些都是屬於旅館房務部洗衣中心的工作。

　　茲將旅館房務部洗衣中心作業的要項簡介如下：

一、旅館員工制服、布品、客衣之洗滌的收取、發放及更新

1.員工制服由員工自行送往洗衣中心洗滌，並自行向洗衣中心領取更換，並在「洗衣寄存本」上簽名（**表6-9**）。

2.員工制服破損或掉釦時，由洗衣中心代爲縫補、整理。如破舊程度已不堪使用時，由洗衣中心向採購部門協調購置新制服。

3.客房每日所更換之床單、枕頭套、浴巾、浴袍、毛巾、椅套等，由洗衣中心每日兩次向樓層服務檯收取。洗滌後亦由洗衣中心送回樓層服務檯，並依據「布品送洗單」格式簽名收取（**表6-10**）或發放。

4.餐廳、會議廳所用之布巾，於宴會或會議結束後，由使用單位用帆布車推往洗衣中心送洗。洗滌之後再由原使用單位自行向洗衣中心領取，當然也要在登記本上簽名。

5.客衣之送洗每日由洗衣中心向客房樓層收取，並送回樓層服務檯。旅客之衣服分快洗燙及普通洗燙兩種，快洗燙衣服洗好送往樓層服務檯之後，由客房服務員立即送往客房，普通洗燙衣服則送往庫房暫存，於下午再送進客房。

6.客衣洗壞情形，前檯主管應查明並追究責任，若確實係由洗衣

表6-9　旅館洗衣寄存本

日期：

房號	姓名	包數	掛數	已入帳	領取人員簽名／日期	新房號

資料來源：圓山大飯店提供。

表6-10　旅館布品送洗單

布品送洗單

FLOOR: _____　　　　　　　　日期：_____

名稱	送洗量	點收量	備註
Single Sheets 小床單			
Double Sheets 大床單			
K-Size Sheets 特大床單			
Pillow Cases 枕套			
Bath Mats 腳布			
Bath Towels 浴巾			
Face Towels 中毛巾			
Wash Cloth 小方巾			
Foot Mats 腳墊布			
Napkin 口布			
Bath Robe 浴袍			

第一聯（白色）：自存

第二聯（綠色）：洗衣房　　_____　　_____

　　　　　　　　　　送件者簽名　　　　　收件者簽名

資料來源：圓山大飯店提供。

房人員疏忽所致，則自行負責賠償。並將實情向旅客說明，徵
詢旅客之意見，予以合理賠償。若為客衣本身之問題，則應向
旅客解釋並取得諒解。

二、旅館報廢布巾處理標準作業的程序

1. 凡是客房清潔員、洗衣房工作員、布品間管理員，發現布品破
損時，應送至布品間，依報廢程序處理。並在布品上面蓋上
「固定資產報廢」字樣。

2. 分類檢查報廢布品，分類統計，並填列一式二聯「財物報廢

單」（**表6-11**），填明日期、部門單位、分類編號、布品名
稱、單位數量、報廢原因。

3.報廢之布品包裝好，並標明項目、數量，送交財務單位報銷。

4.報廢布品挑出集中，每星期處理一次。

三、旅館布品的控制及補充

1.每月底布品間領班會同有關單位主管，盤點布品存量。

2.盤點期間，暫停布品之送洗及分發。

3.盤點數量須仔細確實，並填寫「布品盤點表」（**表6-12**）。

4.布品間領班依據各單位之存貨報表，歸類統計每類布品現存
量，並填列「布品存量表」（**表6-13**）。

5.報廢率及遺失率之計算方式如下：

報廢率＝報廢數量÷安全使用量×100%

遺失率＝遺失數量÷安全使用量×100%

將報廢率及遺失率分別填入「布品盤存表」內之「遺失率」及
「報廢率」欄處。

6.房務部經理審閱後，如超過容許範圍，應召開部門會議，找出
原因，提出改進之方案，分發給有關單位遵守之。

7.補充新布品：

(1)當月盤存量若低於規定之安全使用時，需至倉庫領出，儘量
補足應有之標準存量。

(2)布品間領班應將布品庫存數量修正。

(3)布品庫存數量若少於安全庫存量時，則由布品間領班開列
「物品請購單」（**表6-14**）請購。

(4)採購新布品時要注意是否有任何新的改變，以及布品質料的
保證及各項注意事項。

表6-11　旅館固定資產報廢單

部門 _____　　　　　　　　　　　　日期 _____
　　　　　　　　　　　　　　　　　　　　　　　　編號 _____

財物		單位	數量	報廢原因	單價	總價	購置年月	耐用年限	殘值	備註
分類編號	名稱									

_____　　_____　　　_____　　　_____
　填表人　　　　部門主管　　　　　財務部主管　　　　　總經理

第一聯：財務部
第二聯：申請單位

資料來源：圓山大飯店提供。

表6-12　旅館房務部布品盤點表

QTY＼FLOOR	小床單	大床單	KS床單	枕大	套小	新大毛	新中毛	浴墊	大毛巾	中毛巾	小毛巾	浴袍	小地毯	床邊墊腳布	口布
洗衣房															
LINEN															
TOTAL															
上月盤存															
補															
差															
報廢量															

資料來源：圓山大飯店提供。

表6-13　旅館各部門布品存量表

日　期：
填寫人：

布品名稱	布品	單位	上月盤存	補充量	報廢量	存貨量	本月盤存	差數	累計存量	備註
		條								
		條								
		條								
		條								
		條								
		條								
		條								
		條								
		條								
		條								
		條								
		條								
		條								
		條								
		條								
		條								
		條								
		條								

資料來源：圓山大飯店提供。

表6-14　旅館物品請購單

申請單位：_____　　申請原因：_____　　日期：_____

項目	規格	需要		前次採購				詢價／比價			
		日期	數量	日期	數量	單價	存貨	廠商名稱	1.	2.	3.
								單價			
								總金額			
								交貨日期			
								付款方式			
								單價			
								總金額			
								交貨日期			
								付款方式			
								單價			
								總金額			
								交貨日期			
								付款方式			

備註：	使用單位建議：	
1. 請購單位須詳細填明請購項目、日期、前次採購日期及數量。 2. 採購單位填寫詢價／比價欄。 3. 不同類別之物品請勿使用同一張單據。 4. 其他。 _____ 　　　　倉管員／日期	 _____ 使用單位主管／日期	 採購部主任 _____ 　　採購員
採購單位推薦廠商之理由： ☐品質優良　☐價格合理 ☐固定廠商　☐長期供應廠商 ☐信譽良好 ☐能提供所需之樣品 ☐其他 _____　_____ 採購員／日期　採購部主任／日期	建議： _____ 財務部經理／日期	建議： _____ 總經理／日期

第一聯：採購部　　第二聯：財務部　　第三聯：使用單位　　第四聯：驗收單位

資料來源：圓山大飯店提供。

Chapter 7

旅館餐飲部的服務功能與作業

　　近年來台灣地區的企業家和經營者，熱衷於耗費鉅資在投資國際觀光旅館與餐飲業。一時間，業界激烈競爭的景象，猶如春秋戰國時代，百家爭鳴，各放異彩。盱衡實情，餐飲業所面臨的激烈競爭的場面，「時開時關」的景況，屢見不鮮。到底生存不易的局面，未來的遠景是否可以改善？業界要採取怎樣的因應措施，才能營業獲利，才能達到永續經營的目標，實在是業界最為關心、最應思考的課題。要言之，餐飲業的經營策略，必須朝向專業化、專門化與企業化的途徑，才是唯一的良策。

　　綜合前文所言，旅館的功能，旅館的使命，係向旅客或消費大眾提供住宿、餐飲、會議及其他衍生性的商務服務。而其中餐飲的業務，在規模較宏偉的旅館，確屬一項鉅額的收入，有時其營收往往超過客房的收入。甚且，其服務消費大眾的數目也是住宿旅客數倍之眾。另外，餐飲部門所聘用的員工人數之多，也是客房部門瞠乎其後者。再者，餐飲部門之管理工作繁雜，五花八門，除非有現代化、制度化與科學化的生產及管理方法，否則實難提供品質精良的服務。因此，旅館餐飲業務的經營與管理，的的確確是一項相當專業的技術與藝術。

第一節　餐飲業的源起與分類

一、歐美餐飲業的起源與演變

　　西方歐美餐飲業的起源，約肇始於紀元一七〇〇年，係提供旅行者餐食之簡易小客棧的原始飲食店。另追溯到古羅馬帝國時代，由於宗教朝聖與商旅經濟活動熱絡，導致外食的風尚與人口，頓時風起雲湧，蔚為風氣。一直到十六、十七世紀之後，有識者才逐漸地改良餐飲的設施和講究烹調的技術，才使得餐飲業略具系統化和規模化的經

營模式。

一六五〇年英國在牛津成立的咖啡屋，可謂為現代餐飲業的鼻祖。一七六五年在法國巴黎，布朗傑（MON Boulanger）氏，發明製作了一種湯類，名為「恢復之神」（Le Restaurant Divin），它的材料其實甚為簡單，僅利用羊腳作為材料熬成高湯，提供旅行者享用，在當時對餐食製造上的改革，確屬創新，一時造成轟動，於是「restaurant」被引用為餐廳的代名詞，而且一直延用至今。

在美國，餐飲業則起步得較慢，因其建國年代較晚所致。究其背景也是因緣於旅行者與開墾拓荒者之賜。在一六七〇年第一家咖啡屋也誕生了。接著第一家法式的美國餐廳（Delmonico）在一八二七年於紐約設店，歷經四代，經營年代幾達百年之久。綜觀近代美國餐飲業的經營方式，除了傳統的西餐廳之外，大都朝向跨國、連鎖的速食業（fast food）的模式發展。諸如麥當勞、溫蒂、漢堡王等漢堡店和肯德基炸雞、必勝客披薩等餐飲企業，其範圍之廣，幾乎遍布大半球，似有大張旗鼓，方興未艾之趨勢。

二、中國餐飲業的起源與演變

事實上，中國早期餐飲業的興起，與西方國家的方式頗為雷同，多半也是商旅及宗教信徒朝山、進香及廟會的需要而起，由當時的民家或廟宇，提供極為簡陋粗俗的餐點，僅能給予果腹溫飽而已。秦漢朝代，政治上有一段時期的太平盛世，加上朝廷天子為宣揚武功，南征北討，同時帶動了民間商賈的往來京城，首都長安繁華一時，茶樓之類的簡易食堂應運而生。接著唐、宋、元、明、清，亦由於朝野南北往來，促使了驛道、驛站、客棧的發展，中國餐飲業亦在沿途紛紛設立。復加上清末政治腐敗，列強割據強占，租借通商，促使中國各大城市均有各國洋行、政府機關等之設置，使得西風漸進，中西美食佳餚於是混雜在一起，無形中也改變了中國菜的傳統面貌。其中最具

典型者，應該是屬於上海的十里洋場和上海灘的風華景緻，除中國最
具特色之一的葷餚上海菜之外，另附以歌舞劇院的參差點綴，頓時，
舞榭歌臺，笙歌達旦，上海一時間就成為熙熙攘攘和春色滿園的不夜
城。

　　民初，局勢未定，內亂時起，軍閥雄據一方，各立山頭，保守派
和革命派的對立，時打時談時和，竟因此造就了各省各地各具特色的
名酒佳餚，在餐飲業的發展歷程中，步入了另外一大階段。於是，就
有所謂的上海菜、北平菜、江浙菜、四川菜、湖南菜、北方菜、廣東
菜、福建菜、港式飲茶等等的主要點心、名菜。這是由於政治問題的
演變，而導致了中國菜的變遷，譜出了一段菜餚發展史。

　　西元一九四九年政府播遷來台，隨之南遷的各省各地名廚美饌
亦混合雜燴於台灣，使得台灣地區的中國菜亦改變了其原有獨特的
風味，這也是中國菜在台灣地區去蕪存菁、融其精粹於一爐之最佳寫
照。

　　近年來台灣政治安定，經濟繁榮，國民所得大幅提高，人民教
育水準普及，無形中也改變了台灣地區飲食的文化，一方面是由於外
國速食產業的東進；另一方面是由於社會結構的改變，人民生活觀念
的修正，於是追求自然、健康與復古的時尚流行不已。復以，婦女工
作機會的增加、外食人口與產業的遽增，大大地改變了台灣地區飲食
的習性。也由於國民旅遊的風氣使然，各地風景名勝地區的餐飲業者
為招徠消費大眾，更是紛紛打著各地的名產、菜餚、土產、茗品復配
以泡湯（SPA）活動等來吸引遊客。隨即就有以復古的招牌為號召，
所謂「古早味」、「有媽媽的味道」、和「古傳秘方」及「有機食
品」、「健康菜餚」等等的餐飲噱頭，這大概可以算是台灣地區現時
餐飲文化的另一獨特風格。

　　至於，台灣地區國際觀光旅館其餐飲服務內容的演變，除了較
為原始的咖啡西餐廳之外，又因國際旅客的湧入，以及當地餐飲消
費市場擴大的誘因，於是紛紛擴充中式餐廳、西式餐廳、各國料理餐

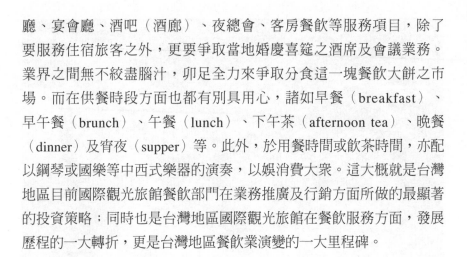

廳、宴會廳、酒吧（酒廊）、夜總會、客房餐飲等服務項目，除了
要服務住宿旅客之外，更要爭取當地婚慶喜筵之酒席及會議業務。
業界之間無不絞盡腦汁，卯足全力來爭取分食這一塊餐飲大餅之市
場。而在供餐時段方面也都有別具用心，諸如早餐（breakfast）、
早午餐（brunch）、午餐（lunch）、下午茶（afternoon tea）、晚餐
（dinner）及宵夜（supper）等。此外，於用餐時間或飲茶時間，亦配
以鋼琴或國樂等中西式樂器的演奏，以娛消費大眾。這大概就是台灣
地區目前國際觀光旅館餐飲部門在業務推廣及行銷方面所做的最顯著
的投資策略；同時也是台灣地區國際觀光旅館在餐飲服務方面，發展
歷程的一大轉折，更是台灣地區餐飲業演變的一大里程碑。

三、餐飲業的類型

餐飲業的分類，概可用餐廳的種類和餐食的種類來加以區別。

(一)餐廳的分類

◆以服務方式區分

按照不同的服務方式，餐廳可區分為：餐桌服務型餐廳、櫃檯服
務型餐廳、自助式餐廳、機關團體型服務餐廳。茲簡述如下：

◎餐桌服務型餐廳（table service restaurant）（圖7-1）

這類型的餐廳大致可說是在一般市區的中、西式餐廳，旅館內的
餐廳、咖啡廳，最為普遍。其特色係由服務員手持菜單（menu），走
向顧客請其點菜。然後，再按照所點的餐食和飲料逐項送往餐桌，並
代為分菜和斟倒飲料等手續。此類型的餐廳在店內之裝潢布置和店面
廣告上比較講究，室內則要求高雅清爽的氣氛，店面則要求顯明亮眼
的廣告招牌。在餐食品質方面的要求較為嚴格，著重新鮮、色、香、
味的搭配。在訂價方面則高級化和大眾化的價位兼而有之。在人員的
服務方面，則務必講求服裝儀容，和桌上分菜之服務技術。菜餚種

圖7-1　餐桌服務型餐廳

資料來源：圓山大飯店提供。

類繁多，任由顧客挑選搭配，或由資深服務員代為引介推薦，不過品質則必須要求口感和熱度，絲毫都馬虎不得。類似這樣的中式餐廳往往又是婚慶喜筵所選擇的場所，消費額較高，顧客群較穩定，時有所謂的「主顧客」光臨，因之菜色的推陳出新和主題菜餚則是經營的重點。

◎櫃檯服務型餐廳（counter service restaurant）（圖7-2）

此類型的餐廳大都是在操作檯或簡易廚房的前面，擺設有長方型或U字型的餐飲座檯，其座椅多數是高腳椅，顧客在享用餐食飲品時，一方面又可看到服務人員的烹調或操作手法。其服務方式係由櫃檯員直接遞送給顧客，簡單快速是其特性，但簡易操作廚房及工作場所必須經常保持清潔乾淨，器具必須時常擦拭光亮鮮明，否則開放式的工作場地，只有自暴其缺點。類此型態的餐廳最常見者則為冰淇淋店、酒吧（pub）、小型咖啡廳（coffee shop）、日式火鍋店（涮涮鍋火鍋店）、泡沫紅茶店等。其生產的過程，大都只是在現場經過簡單

圖7-2　櫃檯服務型餐廳

資料來源：圓山大飯店提供。

的處理，原材料或初步的加工程序，則是由上游廠商供應，或另設有廚房（或中央廚房）生產，在售價方面則偏向於大眾化的消費。

◎自助式餐廳（self-service restaurant）（**圖7-3**）

此類型的餐廳係在餐廳擺設長方型或ㄇ字型的餐食點心飲料容器，其多數為不鏽鋼製品、高級陶瓷器或木製容器。供應餐食的內容，豐富者則具有中、西、和式餐食，烹調的種類則有生鮮、燒烤、煎炒、蒸炊等料理，並兼有餐包、西點及冰淇淋、飲料等，內容極為豐沛考究，幾乎是應有盡有，老少咸宜，任君挑選，同時又是任食到飽為止。另外，近年來自助式的餐廳亦風行自助式的下午茶服務，其供應菜餚比較簡單，售價亦較便宜，服務時間則約在14：00～17：00（**圖7-4**）。

◎團體機關服務型餐廳（feeding）

一般規模較大的機關團體都附設有此類型的餐廳，來服務其單位

圖7-3　旅館自助式餐廳

資料來源：圓山大飯店提供。

圖7-4　旅館自助式下午茶餐廳

資料來源：圓山大飯店提供。

內的工作員工，或進出該機構的人員之餐食。其售價自然要比市區的餐廳便宜，餐食飲料種類較爲單純，甚至是供應餐盒和包裝飲料。不過在日本大型的會社裡所附設的餐廳，除供應餐食外，亦兼營宴會業務。又此類型的餐廳因設置的地點和服務的功能有別，約略可分爲下列數類：

1. 員工餐廳（industry feeding）：供應員工上班時間的用餐，多數是公司負擔費用。

2. 學校餐廳（school feeding）：在學校內（尤其是大學裡）提供學生、教職員工的用餐服務，其售價較低廉。不過有些大學的學生餐廳亦朝向現代化的經營方式，其裝潢及服務品質亦不遜於市區一般餐廳的設備裝潢（如早期台灣師範大學的文薈廳）。又現時在台灣則另有營養午餐服務方式。

3. 醫院餐廳（hospital feeding）：醫院內附設的餐飲中心，其除了服務住院病患之外，亦服務探病家屬親友，和醫院護士、醫師及工作同仁。就以林口長庚醫院爲例，其地下室附設餐飲中心規模極其廣大，而且餐食飲品的種類亦極爲繁多，同時麥當勞漢堡店，就在其醫院附設有據點數處。至於營業狀況，僅能以人來人往、川流不息來形容。

4. 工廠餐廳（feeding in plant）：以服務工廠的員工爲主，大都採自助餐式的供應，其費用亦多數爲工廠所負擔。

5. 空中廚房（fly-kitchen）：以提供航空公司的班機上餐食、飲品爲主，如中華航空公司及長榮航空公司附設空中廚房。還有機場內服務旅客的餐廳皆是。

6. 公路餐廳（high way restaurant）：在公路旁或休息站所設的餐飲服務業。如北美地區高速公路旁的速食店。台灣地區過去橫貫南北的省道旁的小吃店，還有國道中山高速公路及其支線休息站附設的餐飲服務區皆是。

◆以經營方式區分

餐廳經營的方式隨著時代和環境的變遷，亦隨之而有極大的變化，由原始家庭式的小吃、飲食店或冰果室，改變為規模宏偉、跨國加盟的連鎖餐廳企業。茲將其兩種基本類型分述如下：

◎獨立個體經營的餐廳（independent restaurant）

類此餐廳多數採取獨資、合夥或者組織公司來經營。因其為比較獨立自主的營業個體，因此在經營管理上較有彈性，隨時可依照市場的變化而調整其經營模式。至於其投資的金額多寡，則要視餐廳營業面積的大小、設備及裝潢格局的程度而定。其最主要的考慮因素，要有專屬特色的主菜，以及親切的服務態度之外，還得選擇適當的營業地點，尤其是停車場的設置，大概是在擁擠的市區街道上，就可決定其生意的盛衰於泰半。此外，類似這樣的餐廳還有一大通病，部分投資者往往皆非出身餐飲界，在經營管理上欠缺專業知識與經驗，往往開業不久就面臨歇業或轉讓脫手的局面。這是此類餐廳「時開時關」屢見不鮮、見怪不怪的景象。

◎連鎖經營的餐廳（restaurant chain）

類此型態的餐廳大致和旅館連鎖經營的性質大同小異，加盟者必須向母公司繳交一筆特定的權利金（royalty fee），然後在每月的營業收入方面再抽取固定比例的費用。其最大的優勢就是藉著母公司的知名度和經營的經驗，共同廣告，共同行銷，和統一規格的產品及裝潢。對於欲投資餐飲業而沒有經驗的企業主，可以減低其投資的風險。類此餐廳其連鎖規模之大，幾乎可跨大半球，如麥當勞、溫蒂、漢堡王、A&W等漢堡連鎖店，還有肯德基炸雞店等，都有長久的歷史背景，若要加盟於其行列，亦恐非易事。就以麥當勞為例，若要加盟，母公司除要做全盤性的市場調查之外，還得對其加盟主給予職前訓練，參加其所設立的「麥當勞大學」教育課程，迄其訓練課程結訓後，才允其加盟設店營業。

◆以提供餐食的種類區分

就目前台灣地區較爲盛行的餐食類型來區分，概可分爲綜合式的餐廳和專賣式的主題餐廳兩大類。

◎綜合式的餐廳

此類餐廳的特色，菜餚種類繁複，且菜單亦經常修改以迎合消費大眾的口味，並滿足其口腹。同時，其口味及菜餚的種類，均由於國籍、省籍而有所區別。因此，又可區分爲中餐廳、西餐廳和日本餐廳。

1.中餐廳：中餐廳所提供者，當然是以中國大陸地區各省的菜餚爲主。如上海菜、江浙菜、廣東菜、福建菜、湖南菜、四川菜、北平菜、港式飲茶等，中國菜的製作烹調過程，大約有十幾種方法。在選材用料方面極爲精挑細選，又因各地區而異，投其所好，烹調出各式各樣的口味，因此才創造出了多樣的烹調特色，也就有所謂各省名菜佳餚。復以中國出產米麵，也因之研發出不同風味的點心佐膳，再配以各地的名酒佳釀，才使得中國菜享譽全球，歷久不衰。

2.西餐廳：包含歐美各國的餐食，以西式服務之方式服務的餐廳。其主要餐飲菜餚種類，概可包含法式菜餚、義式菜餚、英式菜餚、美式菜餚、俄式菜餚等。不過其供應的順序有其固定流程，大致爲前菜、濃湯、主菜、甜點及飲料。當然，有所謂的餐前酒以促進食慾及提供顧客間溝通交談之用。

3.日本餐廳：日式料理及日式餐廳在台灣頗爲盛行。究其原因，日本人統治過台灣五十餘年，戰後，台、日之間交往頻繁，尤以經濟上的往來更是密切，導致了日本餐廳的經營源遠流長。日本料理的特色是新鮮、精緻、可口不油膩，而且似有小而美的製作烹調手法，極適合中年以上的人士食用，只是在售價方面略爲偏高。近年來在台灣地區興起了大眾化消費的壽司吧和涮涮鍋，也吸引了不少年輕的消費群。

◎專賣式的主題餐廳

類此專賣式的主題餐廳，大都是強調專售一種餐食或點心飲品為主。如鬥牛士牛排館，以專售牛排為號召；甜甜圈專賣店以製造各式甜甜圈為號召；三一冰淇淋則專以冰淇淋來當招牌營業；蒙古烤肉餐廳或韓國烤肉餐廳，也都以其獨特烤肉風味來打響知名度；還有市區的自助式火鍋專賣店都屬之；再說漢堡店、炸雞店都是以漢堡和炸雞為銷售產品主題；還有日式的壽司店當然也是專賣式的主題餐廳。

(二)餐食的分類

餐食的分類可按照供餐時間和菜餚配置的方式來區分：

◆依供餐時間區分

1.早餐：又可分為三個方式：

(1)美式早餐：土司麵包加蛋、火腿或鹹肉，以果汁、茶或咖啡為主要飲料。

(2)歐式早餐：牛角麵包、不加蛋，而以牛乳或咖啡為主要飲料。

(3)中式早餐：中國北方的燒餅油條或清粥小菜、鹹鴨蛋、肉鬆、醬菜、花生、皮蛋、豆腐等。

2.早午餐：顧名思義，係由早餐和午餐合而為一的餐食，提供比早餐略為豐富的菜色，比正式午餐略為簡易的菜色。是供應給較為晚起的顧客兩餐一起享用的服務方式。服務的時段當然是在早餐的後段，午餐的前段。不過一般來說旅館所提供早餐的時間直至早上10：00或10：30，菜色內容又極其豐富，若於9：30之後食用早餐者，大概就已類似是享用了早午餐，午餐大概也可省了。

3.午餐：為每天中午的固定餐點，一般服務的時間是11：30～14：00之間，提供的餐食內容則是相當正式。當然，也有午宴

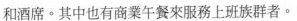

和酒席。其中也有商業午餐來服務上班族群者。

4. 下午茶：流行於歐美國家，原本是提供給在辦公期間，下午休息時並享用一些飲料點心者，或約會洽公所用者。現在在台灣似乎已成為一種流行的時尚，餐廳所提供的菜餚內容雖非正式自助餐的豐富，但亦具備了餐食、飲料、西點、水果等菜色。不僅提供給約會洽公的消費者使用，在假日，也經常看到全家人或親朋好友結伴前往享用。這類型的服務方式，在台灣地區的國際觀光旅館似乎已相當盛行，已取代了以前tea time的服務，僅供應飲料、蛋糕或三明治（sandwich）簡易的點心。甚且更為豪華之國際觀光旅館亦設有中、西音樂的演奏。不消說，此時段的餐飲服務無形中吸引了不少「英英美代族」。

5. 晚餐：此類型的是較正式的餐食，因為忙於一天的工作，到了晚上則較為輕鬆，也較有充裕的時間來享用晚餐，有些是全家人的聚餐，有些是公務上的交際應酬，因此，在使用晚餐時，附帶喝酒消遣，則是在所難免。此外，一些婚慶喜宴的酒席，也都擺設於晚餐的時間。因之，晚餐的收入應該是各餐廳的營業重點。

6. 宵夜：這類型的用餐習慣，大概在中國較多，在歐美地區則屬於一種高格調的享用。在華人社會好像已經養成了一種習慣，或許跟生活起居作息有關，不過在台灣宵夜的餐食內容無不以清粥小菜為主，例如，青葉餐廳和欣葉餐廳都打著這類的行銷策略。甚至數年前風行一時的土雞城和啤酒屋，以土雞和現炒蜆肉、海鮮等為菜餚，並配以生啤酒，在夏天時，實是消暑的一大享受。而在冬季時，則另以火鍋店，尤其是自助火鍋店更為風行，現行的日式火鍋店（涮涮鍋）確實新興起另一宵夜市場。香港人對於宵夜的習慣也是相當熱衷，他們行銷的廣告用語是「打冷宵夜」，見文生義，可見冬天的宵夜似乎另有其市場。時下，在宵夜的餐廳不是有歌手唱歌助興，就是提供電視

螢幕和點唱機給顧客唱歌自娛，這是台灣宵夜型態另一獨特風格。不過在國際觀光旅館則不太提供宵夜服務，有者，則僅以簡單的三明治來待客。

◆依菜餚配置方式區分

　　若以菜餚配置方式來區分，約略可分為點菜、和菜或套餐及自助餐三樣。

1.點菜（a la carte）：這種方式，餐廳是先印製好精美的菜單，或菜單牌懸掛於餐廳牆壁上，當顧客進門時由引檯員安排座位後，接著送上冰水或熱茶，再將菜單呈上給顧客點菜。菜單內的菜色種類相當繁多，任由顧客挑選，不過服務員必須要隨時加以解說。當然最重要者，菜色要精挑細選，時常推出新的菜餚，才能留住常客。

2.和菜或套餐（table d'hote）：此類係由餐廳設計好固定幾個款式的菜餚和樣式，並標明價格，任由顧客點用，通常西餐方面主菜不是海鮮類就是肉類，並附有湯、甜點、麵包（飯、麵）、飲料（咖啡、茶）及水果。這種方式，對餐廳比較容易準備與管理。在中餐方面的和菜則亦設計好分幾人份的菜色，標明價格，任由選擇。這兩項都是比較經濟實惠型的消費。不過，西餐方面的套餐有的要視主菜內容，訂價亦略有不同。另外，順便一提者，更為簡單經濟的套餐，則有如「商業午餐」或「經濟快餐」之類的套餐或和菜，是提供給辦公人員中午用餐之便。

3.自助餐（buffet; cafeteria）：此類餐食係由餐廳設計好菜單每天輪流製作烹調供應，在營業前先擺設於餐飲櫃前，包含魚、肉、蝦、牛、羊排；炒、蒸、燉等菜色，並附有炒飯、炒麵、麵包、甜點、水果、飲料。有些較高級的旅館歐式自助餐則包含有中、西、和式三種口味菜餚，幾乎是來自各國的旅客都適

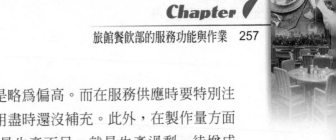

合享用，當然在價格上是略為偏高。而在服務供應時要特別注意「補菜」，不能等到用盡時還沒補充。此外，在製作量方面也要估計正確，否則不是生產不足，就是生產過剩，徒增成本。還有，在烹調前也要視察來客性質，因訂餐的顧客對象不同而有不同的供應，如有運動員或年輕學生時，其供應量則要考慮能讓其吃飽，菜色方面略作調整，以敷成本。以上係指傳統式的歐式自助餐。

事實上，台式自助餐，街上到處可見，尤其是辦公大樓、學校附近。雖美其名為自助餐，實際上係供應事先已烹調好的菜餚任由顧客點叫，只是在服務方面歐式自助餐是由顧客親自動手挑選取用。而台式自助餐則由服務員代為打菜，當然也有顧客自行挑選取用，最後再到收銀檯前結清者。另外，台式自助餐也有任由顧客挑選取菜，迄到收銀檯前，用秤計價，這也是台式自助餐另類的營業方式。總之，此係歐式自助餐與台式自助餐的經營格調大為不同之處。

第二節　旅館餐飲部的餐廳分類及組織系統

國際觀光旅館投資金額龐大，設備新穎而宏偉，組織編制系統複雜而企業化。尤以向顧客提供了最現代化的客房、餐飲及會議服務業務，是以其肩負了人類的日常生活及社交活動的艱任。尤以餐飲的提供更是最直接與更廣泛的服務社會大眾與國際旅客，對旅館的聲譽之良痞與形象之升降，最具有指標性的功能。

餐飲部門是旅館內部最大的生產單位與銷售單位。因其是兼具了生產與銷售之機制，同時又是即時性提供給顧客直接消費的部門，因之，其所聘用的員工是旅館內各部門之冠，是勞力密集參與生產和銷售的服務工作。為了達成其所承受的任務，必須與各部門間做最緊密的聯繫與配合。再則，餐飲部門既為勞力密集的單位，要如何能讓

經營者、管理者與員工之間，能有系統化的合作，且能有效率的逐級授權，分層負責，各司其職，實有賴於一個堅實、合理的組織系統結構，來管理與掌控其組織運作與效能。俾能在旅館既定目標之下發揮群體的力量，來因應瞬息萬變的觀光旅館市場競爭之所需。

　　一家具有規模的旅館，除客房部門之外，一定設置有餐飲部門，才足以滿足旅客及社會大眾的需求，也才能顯示旅館的規模與新潮。此外，旅館餐飲部門的服務性質為因應市場的需求，目前都絕非僅有單項的餐飲服務項目。

一、旅館餐飲部的餐廳分類

　　旅館餐飲部（catering department）的餐廳分類如下：

1.中式餐廳。
2.西式餐廳。
3.宴會廳。
4.各國料理餐廳。
5.咖啡廳。
6.客房餐廳。
7.酒吧（酒廊）。
8.夜總會。

二、旅館餐飲部的組織系統

　　餐飲部門除了因應顧客所需，設置各種不同類型的餐廳之外，更為了推動餐飲部之業務，期能順利圓滿達成其職務功能，通常在餐飲部之下又設有分支單位，來分工合作，各盡其責。尤其是國際觀光旅館大規模的餐飲部，因業務所需其所屬之單位則更為細緻。

　　茲將國際觀光旅館餐飲部之下所屬單位簡列（如**表7-1**）：

表7-1　旅館餐飲部組織系統表

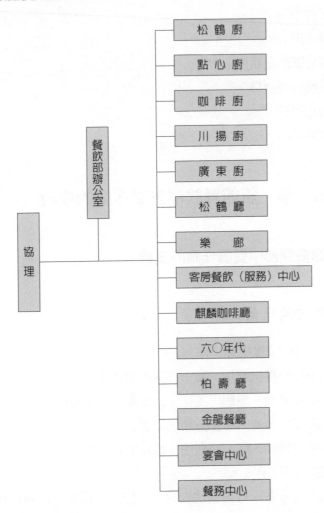

資料來源：圓山大飯店提供。

1.餐飲部（總部）。

2.宴會中心。

3.餐務中心。

4.客房餐飲服務中心。

5.各種料理廚房。

6.點心廚房。

7.咖啡廚房。

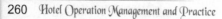 第三節　旅館餐飲部餐廳作業的要項

一、旅館餐飲部中餐廳作業的流程

(一)營業前的準備工作

1.服務檯的清潔準備工作：

(1)服務檯擦拭乾淨，換上乾淨的墊布桌巾。

(2)補足餐盤、湯匙、茶杯、牙籤筒、筷架及筷子。

(3)備妥抹布及口布、分菜匙及叉子。

(4)準備醬油、醋、辣椒油、番茄醬及小菜。

2.餐廳清潔工作：

(1)將髒檯布、口布送洗衣房；領回乾淨檯布，依照尺寸規格歸
位。

(2)清理餐廳內部、戶外休息區；撿拾地板上的牙籤及吸塵器易
吸進的其他雜物。吸地毯時由裡往外，並移開椅子。

3.餐桌、餐具的布置及擺設：

(1)桌、椅歸位對齊，椅子稍伸入桌內；桌子擦拭乾淨。

(2)口布置於座位正中央logo朝向顧客。

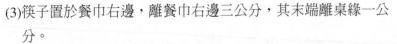

(3)筷子置於餐巾右邊，離餐巾右邊三公分，其末端離桌緣一公分。

(4)醬料碟置於口布正上方三公分，並將湯匙放入碟內，柄把朝右。瓷茶杯置於筷子右上角。

(5)醬料瓶罐放置於圓桌轉盤上邊緣處，把手面窗。

4.接待人員準備工作：

(1)查閱當日「訂席簿」，並以電話聯絡訂桌之顧客確定出席人數，及到達時間。

(2)將所有顧客資料，書於「訂席簿」上，並在桌位圖上劃位安排。檢查飲料單、菜單是否足夠。

(3)接聽電話時不宜超過三聲；左手執筒，右手握筆。

(4)若要訂席，記明客人姓名、人數、日期、時間、電話號碼，價格登錄後簽名。

(二)服務顧客流程

點菜流程為：

1.顧客進門時先親切問好打招呼，由接待員或主管領檯，協助顧客入座，若有小孩則代為拿高腳椅。

2.為顧客攤開口布、倒水，撤走多餘的餐具、拔筷套。

3.推薦顧客酒或飲料然後再送「點菜單」（guest check）並領酒，並為其服務倒酒和飲料。

4.為顧客遞送菜單並建議推薦菜餚，再將點菜單送進廚房，並作餐具的安排，依所點的菜餚依序服務。

5.用餐中要隨時添茶水、推銷飲料或酒。

6.服務餐後點心、水果。直至確定顧客不再點東西時再至出納處領取帳單。

7.會帳時要請教其是否滿意，並誠懇致謝，歡迎再度光臨。顧客

離去後開始收拾桌面。

(三)如何遞送菜單及如何使用點菜單

1. 拿菜單時要用右手肘拿貼身，不可夾在腋下。
2. 呈遞菜單時從顧客右側，輕輕的放在顧客桌位正中央。原則上每人一份，小孩可免。
3. 先遞給女士，如宴會時先遞給女主人或女顧客，再順時針方向遞送。
4. 菜單遞送後，先行離桌位，讓客人有時間思考，再由領班或資深服務員介紹，推薦菜餚。
5. 點菜單一式四聯，填明日期、桌號、人數、點菜員之代號，再依顧客所點填寫Code No.、品名、數量、金額。
6. 注意將廚房及酒水分開。若一份不敷使用時，可另外加開一份但需註明。
7. 有重開或開錯時由領班以上層級之主管證明後始可作廢。
8. 點菜單開列後，打上時間，第一聯附上菜夾交由廚房配菜，第二聯交由出納入帳，第三聯交給顧客，第四聯轉交會計室。

(四)如何取菜

1. 取菜前先將顧客所點的菜餚，事先將餐具排放好。
2. 必須瞭解每道菜的烹調時間，前去取菜，以保持菜之溫度、熱度、涼度。
3. 檢查佐料及餐具是否備齊。取菜時須依規定位置放置整齊。冷的食物先取，熱的食物後取，用餐中，主菜須蓋上蓋子，以保持其溫度。
4. 菜餚放在托盤時，較大較重者放中間，較輕較小者擺旁邊。托起托盤時，須保持平穩再進餐廳。

(五)如何服務菜餚

1.每服務一道菜時，並撤掉不必要的餐具，桌面保持乾淨。

2.服務菜餚時順序為女士或年長者優先。如有主人時，須從女主人或男主人右側之貴賓開始，由左手邊以右手執分茶匙。將菜餚依量分至顧客之盤內，依順時針方向服務。分菜時先知會顧客。如有分剩者，將其置於小盤內再放於桌上。

3.服務套餐時（中菜西吃），均須從顧客右側用右手上菜，再放置於顧客正中央處。

4.服務菜餚時要注意應附帶的底盤、餐具、佐料是否齊備。上佐料時先解釋名稱，徵詢顧客同意時，再給予適量。

5.酒水飲料剩下三分之一時應主動添加，酒杯已空再徵詢是否需要再來一杯，隨機推銷酒水飲料，並隨時觀察顧客動向，給予適當的服務。

(六)顧客結帳流程

1.先請教要開二聯或三聯式發票，並請問統編號碼。將帳單放於帳夾內，帳面朝上呈給顧客，再退至顧客右後方等待付帳。

2.男女夫婦或情侶，放在男士左方桌上。宴會團體應放在主人左方桌上，如不知主人為何人時，應放於桌子正中央。

3.如果為外國顧客，應徵詢是分帳或共帳。

4.付帳時應詢問是否有停車券，給予免費優待。付現金時應複誦一次收取的金額。

5.將發票、停車券、找零錢一起放在小費盤上交予顧客，並告之找回之零錢。

6.顧客欲簽帳時，在點菜單上寫明房號、姓名並簽名，或請顧客出示guest card，並核對房號。

7.顧客如係使用信用卡時，出納應查明是否為本旅館所接受之信

用卡，並查明使用期限再刷卡。

8.禁止向顧客索取小費，如顧客主動給予小費時，應誠懇的致謝。

(七)顧客離開餐廳前之服務及歡送

1.顧客不再加點其他食物時，應為其加水或茶。

2.顧客要求結帳時，徵詢是否有需要改善之處，並虛心接受，並報請上級處理。

3.顧客要離座時，幫其拉開椅子。

4.顧客如有寄放衣物，須立即取衣，並幫其穿上。

5.服務人員在服務區向顧客致謝，領班及接待員應在門口恭送。

二、旅館餐飲部西餐廳作業的流程

(一)營業前的準備工作

1.服務檯的清潔、準備及補充工作。

2.餐廳的清潔工作。

3.自助餐檯的清潔、準備及補充工作。

4.領檯員的準備工作。

5.營業前的檢查工作。

6.參加簡報。

(二)餐桌、餐具的布置及擺設

1.桌椅歸位、對齊，椅子稍伸入桌子。桌子鋪設乾淨的檯布。

2.依所需的數量折好口布備用。

3.餐叉置口布左邊，離口布三指處，其末端離桌緣約二指處，餐叉朝上。

4.餐刀置口布右邊約三指處，其末端離桌緣約二指處，刀口向左。

5.湯匙置放於口布正上方。

6.水杯置於餐刀右上角。

7.早餐使用的咖啡杯、碟（coffee set）置於餐刀右邊，離餐刀約二指處。

8.其他附屬品如花瓶、糖杯、鹽、胡椒罐之擺置：

(1)靠邊桌則置於靠邊處。

(2)非靠邊桌則置於中間。

(3)按物品高矮次序排列。

(4)依序為糖盅、鹽、胡椒罐、奶盅。

(三)自助餐服務

1.領班在餐廳門口迎賓，領檯員引領顧客進入餐廳。服務區服務員協助入座，將顧客衣物放妥。先協助年長者及女士入座，並為小孩子準備高腳椅。

2.為顧客倒水，注意長者是否需要溫水，並請教顧客是否需要飲料。再指示其自助餐檯的位置。如有長者、行動不便者或VIP是否需要代為取菜或隨行服務。

3.顧客取菜回來前，應將顧客口布往桌子右側挪，以利其放置菜盤，入座後再替其將口布攤開。

4.按顧客用餐人數，交給出納開主帳單，白單餐廳存留、藍單交出納，其他二聯夾好置於餐桌上，或將餐券置於餐桌中間。

5.顧客用餐時，隨時為其提供咖啡、茶水及其他服務，並隨時收取盤碗，此為基本的服務。

6.週末、假日時，顧客人多易漏單；迄顧客食用水果、點心、喝咖啡聊天時儘量婉轉告之提早結帳之益處並請其先結帳，待結帳後，並請其仍繼續慢用。

7.顧客離開時為其拉椅子，取衣物，並感謝光臨，領檯員及領班應在門口送客，迄顧客離開後始可收拾桌面。

(四)點菜服務

1.顧客進入餐廳時，應親切招呼，由接待員或主管帶引至所預訂或適當的餐桌，並協助其入座，代管衣物。

2.為顧客倒茶水、攤口布、撤走多餘的餐具、拔筷套。推薦餐前酒或飲料，然後送「點菜單」至酒吧並領取酒水。

3.呈遞菜單，建議推薦及點叫。並以電話通知廚師，再補送點菜單，後再取菜。

4.依顧客所點菜餚擺置餐具，並依序服務。

5.由領班適時推薦餐中酒。送酒單至酒吧領取酒水。

6.顧客用餐時，如為客人添茶水，再推銷第二杯飲料或酒，並撤走不必要之餐具。

7.餐後要完全清理桌面，撤走不必要的餐具及調味品，並送上牙籤、毛巾。

8.推薦餐後點心、水果、飲料、飯後酒，並服務之。迄顧客不再點叫任何東西時，至出納處準備帳單。

9.顧客離去時，為其拉椅子，代取衣物，並由經理或接待員在門口恭送，並請教其意見，列為改進事項。

10.顧客離去後，開始收拾桌面。

(五)宴會服務

1.服務程序與點菜程序同，只是餐前雞尾酒的服務略有不同。

2.餐前酒的服務程序：

(1)由調酒員負責調酒。

(2)服務員招呼顧客並詢問顧客所需點叫的酒水、飲料。

(3)服務員端托盤來回於顧客之間，以便收回顧客手中之空杯。

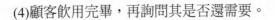

(4)顧客飲用完畢，再詢問其是否還需要。

(六)餐券的收取作業及相關作業

1. 同一團體之餐券貴賓，儘量安排在同一區，並以四人一桌，坐滿爲止。
2. 將餐券夾在檔案中，以利確認人數及表示此桌有貴賓訂位。如無餐券者，將口布移至餐刀右邊，表示此桌須開單及有貴賓占用。
3. 核對餐券日期、簽房號者，應協助書寫房號、姓名。
4. 有餐券而未帶者，開立帳單，請於10：00前補送，如未送來，則將入房帳，但口氣必須緩和。

(七)如何接受單點菜餚（中餐廳亦適用）

1. 宴會團體先從主人開始，然後依順時針方向逐次點菜。如夫婦或情侶，應以女士爲先點菜。如無法分辨主人時，則由先準備點菜者開始，再順時針方向點菜。若有長者，由長者優先點菜。
2. 點菜時恭敬挺直站在顧客左側，手持菜單，不可放在桌上，以15度至20度之側面稍彎腰傾聽點叫。
3. 爲顧客點菜時代爲推薦特別菜或精美菜餚。顧客不懂得點菜時，須耐心解釋內容，如有不清楚處再請示上司或主廚。如有特別菜餚，應詳問記載。
4. 按出菜順序詳細記錄於「點菜單」上，並複誦之，以確定無誤，如有特殊指示也應詳加記錄。
5. 若有較大宴會團體，可先記錄於「座次平面圖」上再予記錄於「點菜單上」。
6. 收回菜單，並與顧客道謝。
7. 點菜單第一聯交廚房（先以電話告知點菜內容），第二聯送至出

納，三、四聯放在顧客桌上，如有特別要求事項，應提醒廚房
注意。

(八)如何重新布置、擺設餐桌及餐具

1.撤走桌面所有刀、叉、碗盤或其他附屬物品，並送至洗碗區分
　類放置。
2.如有未使用的奶油、果醬則放回原處。
3.其他物品，如奶水盅、糖盅等依類歸位。
4.桌面換上乾淨的檯布。如花瓶有不潔處也順便擦拭。
5.清理桌面時，如有任何髒東西時，應用托盤接著。
6.檢查椅面是否乾淨，如有雜物應予清除，檢視桌位附近地面是
　否乾淨，如有明顯雜餘物，應撿拾乾淨，桌椅歸位排放整齊。
7.持一乾淨托盤，上置備齊的餐具、盤碟，並依規定的餐桌、餐
　具布置及擺設排放整齊。

三、旅館餐飲部咖啡廳的營業性質

　　不論國際觀光旅館、觀光旅館和一般的旅館，大多數都設有咖啡
廳，有些是在西餐廳內之附帶營業，有些則設置於旅館的大廳，本是
接待住宿旅館的旅客為主，作為他們休息、消遣或約會、商談、洽公
之用。但由於社會大眾對於喝咖啡的習慣已逐漸養成，所以使用旅館
咖啡廳的機率愈高。旅館咖啡廳營業項目之內容，除提供咖啡之外，
亦供應冰淇淋、水果盤、果汁或啤酒等，以及簡易的西點蛋糕、三明
治。此外甚至還有炒飯、燴飯等簡餐。如果是在西餐廳內部，其服務
種類則較為豐富，擺設也比較正式。現時旅館業為加強對旅客及消費
大眾的服務，在其大廳的咖啡廳亦兼營下午茶的業務，除了供應咖啡
飲料之外，附帶提供中西式的菜餚，並採自助式的性質，由顧客任食
到飽為止，只是其菜餚的種類沒有歐式自助餐豐盛，售價方面也較低

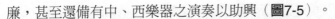

廉，甚至還備有中、西樂器之演奏以助興（**圖7-5**）。

　　再者，近年來市區亦流行著小型的咖啡廳，並且也是附帶點心和簡餐。同時一窩蜂似的採取連鎖性的經營型態。再加上，國外咖啡連鎖店的東進，如美國星巴克咖啡（Starbucks）的興起，刺激了國內原有的咖啡店業者，在經營與品質方面提升了不少。

　　至於旅館餐飲部咖啡廳之作業流程，則是同屬於西餐廳的作業流程，只是許多服務流程較為簡略。

四、旅館餐飲部酒吧的營業性質

　　旅館內吧檯（**圖7-6**）之設置本也是對住宿旅客的服務項目之一。因國際旅客遠道而來，夜間於旅館內無處消遣，旅館為吸引旅客，為增加營業收入，於是就設置了吧檯。吧檯的營業項目是以販售酒精飲料或調味酒為主，現也為適應不嗜酒精之消費者，也提供了果汁、茶水、咖啡等飲料。此外也附帶水果盤、三明治或花生、洋芋片等食品。有些酒吧也設有舞池、樂團演奏、歌手演唱等，以娛樂佳賓。酒吧之服務員必須具備有調酒技術，才能滿足顧客之需求。在旅館內附設夜總會（club）者過去亦為數不少，但後來因年費及抵不過地下舞廳的競爭，紛紛結束營業。中泰賓館Kiss Club之業務大概可算是旅館內附設夜總會之一枝獨秀者。另外市區所流行的pub也是酒吧的營業性質。在溫哥華還有旅館於每天下午16：00～18：00，提供住宿旅客款待親友所用之免費酒吧，設想極為周到，只是費用可能就包含在房價之內。

🛏 第四節　旅館餐飲部組織及作業要項

　　由於國際旅客不斷地湧進，也由於國人外食的習慣逐漸養成，已

圖7-5　旅館大廳咖啡廳

資料來源：圓山大飯店提供。

圖7-6　旅館附設酒吧

資料來源：圓山大飯店提供。

使得台灣地區餐飲業的發展日形蓬勃。旅館業為了服務旅客及社會大眾，無不極力地推展餐飲業務。為了經營此項事業，必須有專業的生產與服務人員才能組成堅強的團隊。為了運作管理此龐大的成員，也需要組織一個專業的部門來職司其責。

　　有關旅館餐飲部的組織架構由於旅館規模不一，旅館營業性質不同，致其餐飲部的組織亦不盡相同。若以規模略大的旅館而言，則除餐飲部總部之外，其底下另設有各種餐廳、宴會中心、餐務中心、客房餐飲服務中心、各種料理廚房、點心廚房、咖啡廚房。本節就以宴會中心、餐務中心、客房餐飲服務中心、中廚房、西廚房等標準作業程序重點及工作要項，簡介如下。

一、旅館餐飲部宴會中心作業的要項

(一)宴會舉行前的標準作業程序與各種宴會形式介紹

◆宴會舉行前的標準作業程序

　　1.依據「宴會訂席單」確認宴會時間、場地、桌型擺設、餐具擺設、服務動線、配餐、配酒、服務走位、音響設備、宴會管控、燈光、冷氣、海報及其他相關事宜。

　　2.宴會場地擺設完畢後，進行檢查工作。宴會負責人召集當班服務人員進行工作分配與簡報。

◆各種宴會形式介紹（附場地說明及區隔圖示）

　　1.一般會議：一般會議（meeting and convention）場地擺設形式，除場地外並提供收費及免費之各項電子器材，如幻燈機、投影機、白板、錄放影機、電視、音響、麥克風等，以作為會議、研討、講習、演說、上課、說明會、記者會、發表會等之使用場地。收費方式，以場地費另加餐費及器材費（**圖7-7**）。

圖7-7　旅館戲院形態會議場地（國際會議廳）

資料來源：圓山大飯店提供。

2.中式午餐／晚餐：中式擺設以十人圓桌提供客人用餐場地，場
　地以宴會大小配以適用場地。並提供收費或免費之各項設施，
　如紅地毯、喜燈、壽燈、桌花、冰雕、現場音樂表演、音響、
　舞台，以及其他喜慶布置等（圖7-8）。收費以餐點及布置費用
　計算之，並以粵式餐點作為宴會之用。

3.西式午餐／晚餐：西式午餐／晚餐（圖7-9）以十人圓桌或長
　方桌，視人數提供適當場所，會場並提供收費或免費之各項設
　施，如紅地毯、喜燈、壽燈、音響、舞台及各項喜慶布置。本
　方式收費以餐點及布置費用計算之，並以西式餐點作為宴會之
　用。

4.午／晚自助餐：中式擺設以十人圓桌或西式方桌，提供客人用
　餐場地，並視用餐人數而定場地及桌數，以中西式餐點作為顧
　客喜慶宴會之用餐場所。會場並提供各項免費或收費之各項設

圖7-8　旅館喜宴會場（大型宴會）

資料來源：圓山大飯店提供。

圖7-9　旅館西餐廳

資料來源：圓山大飯店提供。

施，如紅地毯、喜燈、壽燈、音響、舞台及各項喜慶布置等。

5.雞尾酒會：雞尾酒會（**圖7-10**）中式擺設以提供顧客作為開幕
宣傳、頒獎、發表說明等之場地，應視適當人數提供場地，而
以不設座位為原則。以中西式點心作為慶賀餐點。會場亦提供
免費或收費之各項設施。如紅地毯、音響、舞台、海報、看板
等各項布置等。

6.茶會：中式擺設以提供作為開幕、頒獎、發表說明會等之場
地。為與會人數安排場地，並以長形座位為原則。以中西式點
心作為茶會餐點，會場也提供免費或收費之各項設施，如紅地
毯、音響、舞台、海報、看板及各項設施。本方式收費以場地
費、餐點、飲料及布置費用計算之。

7.晚餐——舞會：中式擺設作為慶生、聖誕、訂婚等舞會之場
地，並以適當人數，提供適當場地。以中西式點心作為慶賀餐

圖7-10　旅館雞尾酒會場地

資料來源：圓山大飯店提供。

Chapter 7

旅館餐飲部的服務功能與作業　275

點。並提供免費或收費之各項設施，如燈光、音響、舞台、跳舞地板、海報、看板及各項布置。本方式收費以場地費、餐點、飲料及布置費用計算之。

8.特殊聚會：中式擺設以十人圓桌或西式方桌提供適當的場地（圖7-11），以中西式餐點作為宴會之用。並提供免費或收費之各項設施，如壽燈、喜燈、紅地毯、音響、舞台及各項喜慶布置。本方式收費以餐會、飲料及布置費用計算。

9.展覽會：僅提供場地（圖7-12），配合與會人數布置之。本方式收費以場地費及布置費、器材租用計算之。

10.不同形式之會議擺設程序：分為教室擺設法、戲院擺設法、中空四方形擺設法、V型擺設法、U型擺設法、魚骨擺設法（fish bone），全視各式會議擺設程序。

圖7-11　旅館特殊宴會廳（國宴廳）

資料來源：圓山大飯店提供。

圖7-12　旅館展覽會場地

資料來源：圓山大飯店提供。

(二)旅館宴會訂席單說明程序

宴會訂席單（**表7-2**）乃是顧客訂席之所有要求之依據。訂席員將有關事項全部登記於上，事前分發給各單位，依各所屬職責準備所需物品，並及時準備以滿足顧客之需求。

當餐廳領班接獲「宴會訂席單」，詳讀內容後張貼於規定之處所，並告之同事，依照訂席單所分配指示事宜進行準備工作。宴會訂席單所列事項為：

1.顧客公司行號、聯絡人、電話、宴會保證人數。
2.宴會形式：會議、喜宴、尾牙宴、酒會或展覽會。
3.日期、時間及用餐人數，並依此安排人力。
4.擺設形式：中式、西式、雞尾酒會或其他，並依此準備桌椅

表7-2　旅館宴會訂席單

EVENT ORDER	TILE NO. 07261
宴會通告	BOOK BY
宴會名稱	
聯絡人	電話：　　　　　　FAX：
地址：	
宴會日期：	宴會時間：
宴會形式：	宴會場地：
食物費用：	保證金：
預定人數：	場地費：
保證人數：	其他費用：
付款方式：	負責經理：
菜單：	其他注意事項：
	SET UP（場地要求） FO.（迎賓事宜） ART（海報、布置） HK（花） ENG（MIC，燈光，音響） SE（停車人員）
飲料	

總經理			餐廳			房務				
財務			廚房			工程				
成控			美工			安全				

＊經理簽核＊

資料來源：圓山大飯店提供。

（表7-3）、檯布及桌裙（表7-4）。

5.用餐型態、菜色內容、飲料數量，並依此準備餐具項目、數量。

6.會場之布置項目與內容。

7.所需提供之設備項目內容。

8.所有項目之收費內容：餐飲費用、場地費、設備租用費、布置費等。

二、旅館餐飲部餐務中心作業的要項

(一)餐具器皿採購程序、續購程序、緊急採購程序

◆餐具器皿採購程序

1.請購部門填寫一式四聯「請購單」，並註明：申請部門、申請目的、日期、品名名稱、尺寸規格、數量、需要日數，送往餐飲部批核，之後再轉送有關單位。

2.「採購單」批准後，送回「採購訂單」及「採購單」第一聯。

3.詳閱「採購訂單」之交貨日期及時間，並依時前往驗收。

4.「採購單」與「採購訂單」訂在一起，依所屬的餐廳歸檔。

◆餐具器皿續購程序

1.其存量低於安全存量時，填寫一式四聯之「續購採購單」交單位主管簽核。

2.「續購採購單」批核後，送回「採購訂單」及「續購採購單」第一聯，並依所訂期間驗貨。

表7-3　各種宴會桌說明及使用

每位服務員均需熟悉各種宴會桌之用途，桌子在每次使用後，均加以清理，並收於宴會廳貯藏室中指定之位置，所有服務員也要瞭解如何搬運及如何使用餐桌推車、小心搬運以免傷害牆壁或其他設備。

1.宴會桌使用之形式：

　(1)WITH PLYWOOD TOP

　　a. 弦月形

　　b. 長方形　　18"＊96"

　　c. 長方形　　18"＊72"

　　d. 圓形　　　30"Dia

　(2)WITH HOWFOAM TOP

　　a. 半圓形　　60"Dia

　　b. 半圓形　　30"Dia

　　c. 長方形　　30"＊72"

　　d. 圓形　　　72"Dia

　　e. 圓形　　　60"Dia

　　f. 圓形　　　84"Dia

　　g. 圓形　　　108"Dia

　　h. 圓形　　　166"Dia

HOWFOAM TOP的桌子，主要用於自助餐擺設，然而由於倉庫數量限制，領班需仔細評估其是否適用。

2.清潔與收藏：

　(1)所有宴會桌使用後需以濕布擦拭。

　(2)桌面上因食物油脂、咖啡、甜食、酒類或其他物品弄髒之處，應先以濕布及洗潔精清理，再以乾淨之濕布擦拭。

　(3)不可以桌巾或餐巾清理桌子。

資料來源：圓山大飯店提供。

表7-4　旅館宴會桌不同種類、大小之桌巾與圍裙

桌巾	白色	棕色	桃色
202" FOR　72" ROUND	—	X	X
144" FOR 108" ROUND	—	X	—
122" FOR　86" ROUND	—	—	—
110" FOR　72" ROUND	X	X	X
96" FOR　60" ROUND	X	X	X
66" FOR　30" ROUND	X	X	X
66＊108 FOR 30＊72	X	X	X
54＊132 FOR 18＊96	X	—	—
54＊108 FOR 18＊72	X	—	—
綠色毛氈	—		

圍裙	桃色	金色
17'6L＊30" FOR (30＊72)	X	X
12'L＊30" FOR (30＊72)	X	X
19'L＊30" (72)	X	X
8'L＊24H (STAGE)	X	—
8'L＊32H (STAGE)	X	—

註：「X」代表有。

資料來源：圓山大飯店提供。

◆餐具器皿緊急採購程序

1.當緊急需要採購物品時，由單位主管核准後直接購買所需物品。

2.將購買的物品連同發票至驗收單位驗收。

3.財務部憑據「驗收單」、「零用金支付憑證」及發票以零用金付款。

(二)外燴餐具器皿的安排及處理

1.接到「宴會通告」（event order），詳閱其宴會名稱、宴會類別（中式、西式、雞尾酒會、外燴等，以決定所需要之餐具、器皿）、宴會日期、宴會時間、預計人數、保證人數、宴會地點、負責經理。

2.外燴舉行之前的準備工作：

(1)聯絡負責經理，明瞭外場所需各類餐具、器皿和數量。

(2)聯絡酒吧，明瞭所需各類杯子。

(3)聯絡中、西廚房，瞭解所需保溫架和銀盤。

(4)聯絡點心房並瞭解所需器皿。

(5)開列「外燴餐具器皿放行單」。

(6)依實際安排所需人力。

(7)外燴結束後，送至洗滌區洗滌，依「放行單」點收。如有遺失、破損，應註明原因，並追蹤處理。

(三)餐具器皿存量盤存程序

1.會同餐飲部排列「餐具器皿季或年度盤點時間表」，盤點各餐廳廚房該月運轉之數量。

2.「盤點項目表」所列逐項盤點，並將盤點結果填於「餐具器皿盤存表」內（**表**7-5）。

表7-5　旅館餐具器皿盤存表

部門：　　　　　單位：　　　　　盤點日期：　　　年　　月　　日　　　頁次：

編號	品名	單價	上月庫存量	請領日期與數量	應有存量	實際盤點量	破損	遺失	總數	總金額	備註

資料來源：圓山大飯店提供。

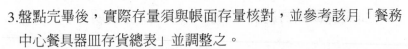

3.盤點完畢後，實際存量須與帳面存量核對，並參考該月「餐務
　中心餐具器皿存貨總表」並調整之。

4.核對後，依據各類所記錄的進出貨、破損、遺失及庫存量，分
　別填入「餐具器皿存貨總表」內，並由餐務中心主管簽名。

(四)廚房的清潔及維護

1.廚房的輕便清潔維護工作，白天由洗鍋員負責。

2.清潔維護的工作項目為廚房地面、作業檯及各架子、切肉機及
　其他機器。至少每日清理洗刷一次。

3.較粗重的廚房清潔維護工作，外包夜間清潔公司負責。餐務
　中心依「餐務中心廚房部分工作外包夜間清潔公司檢查驗收
　表」，予以詳細檢查。

(五)垃圾之蒐集與處理

1.垃圾桶分置於各廚房、各洗碗區與備餐室。

2.清潔員每日早晚定時前去各廚房、洗碗區及備餐室蒐集，並運
　往垃圾蒐集場。並應將紙張、瓶罐加以分類。

3.紙張蒐集出售後，其所得一半繳交福利委員會，一半由清潔班
　自理。而空瓶罐交由採購單位處理。

4.如發現垃圾桶內有任何餐具、器皿，應送往餐務中心，並每月
　呈報餐飲部辦公室。

5.垃圾經檢查後，應將袋口封緊，以免臭氣外溢。

6.垃圾蒐集後分別置於垃圾儲藏室或垃圾車上，並由市府清潔隊
　按日運走。

7.垃圾運走後，應將儲藏室或空的垃圾車洗滌清理再歸位。

三、旅館餐飲部客房餐飲服務中心作業的要項

　　旅館餐飲部的客房餐飲服務中心是一個對住宿旅客餐飲服務所設的單位，提供顧客方便、周到的服務。就旅館整體經營來說，在營收的部分沒有多大助益，甚且以單位經營而言，卻是一直處於虧損狀態。然而若以旅館整體的營運功能來探討，實是不可或缺的「虧本服務中心」。是以，依據旅館的經營政策與目標，來設定規劃標準作業方針，進而提升服務品質，加強落實各項作業就是此單位努力之方向。

(一)客房餐飲服務中心早餐的服務要項

1. 收回的訂餐卡（door knob menu）先按送餐時間順序排列。準備好銀的銀盤，上置墊布擺置次日早餐的餐具及附帶品。
2. 根據訂餐卡，登記在「訂餐記錄本」內，填明送餐時間、房號、訂餐飲名稱、數量、人數。
3. 開立一式四聯「點菜單」（guest check），第一聯送廚房準備（如需廚房準備），第二、三聯夾在訂餐卡置於銀盤上。
4. 銀盤按送餐時間先後排列，同時間、同層樓儘量放在一起，以方便送餐。依客人指定時間前十五分鐘備妥。
5. 若使用銀碗，則登記於「銀碗控制登記本」內，填明數量、房號。

(二)客房餐飲服務中心午餐或晚餐的服務要項

1. 接到「訂餐單」，立刻依所訂餐食排好餐具，同時通知廚房。
2. 一律以餐車（trolley）服務顧客，除非不需保溫食物或推車不夠使用時，可用托盤服務。並先在餐車上鋪上乾淨的布再擺餐具及附屬品，如花和收餐卡。餐具應填於「餐具每日清點表」。若用銀碗亦須登記「銀碗控制登記本」。

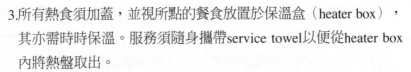

3.所有熱食須加蓋，並視所點的餐食放置於保溫盒（heater box），
其亦需時時保溫。服務須隨身攜帶service towel以便從heater box
內將熱盤取出。

4.若顧客非即時食用，熱食仍要放在保溫箱內保溫。

5.在擺設時一方面確認顧客所點的菜餚，並隨口推銷酒品。

(三)客房餐飲服務中心餐飲的服務要項

1.到達客房時先敲門或按鈴再進門，門須保持敞開。

2.請問顧客，使用托盤時應放於何處，若放於桌上，餐具必須向
著顧客，並將椅子安置妥當。

3.若使用餐車時，先將餐車推至光線較好、場地較寬闊處。為顧
客拉窗簾，開小燈。視人數擺好椅子，擺設餐具。

4.先服務湯、沙拉、冷盤等，徵求同意把主菜保溫於heater內，點
心可置於冰箱。

5.若有點叫飲料或酒品，為其開瓶並倒酒。

6.請教顧客是否需要一道一道的服務。

7.安排妥當後請顧客簽帳單，並遞上「餐具卡」，請其通知來收
取餐具。然後，請顧客慢慢享用，再告退。

(四)客房餐飲服務中心收拾客房餐具的服務要項

1.若客房事先指定時間，或以電話臨時傳喚時，應立即前往收拾
餐具。

2.各班次值班人員，每班次至少兩次前往各樓層檢視收拾。或於
較空閒時間送餐時，順便巡查收取。

3.收拾餐具時，應與「餐具回收表」核對種類、數量。若旅客尚
未送出房門時，應於表上註明，並詢問樓層人員。

4.將收回之餐具略為分類，連同餐車一併送至洗碗區洗滌。

5.檢查餐盤，若有未使用之奶油、果醬等可留存再使用，但必須確定未曾開封過。

6.凡送往客房之咖啡壺應登記於「咖啡壺記錄控制本」內，將規則、號碼、房客，詳實記載。交接班時應列為盤點事項，並提醒交班人員收回。

(五)客房餐飲服務中心補充客房冰箱存貨作業的要項

1.每日清點客房之冰箱內飲料，如白酒、香檳等數量之安全存量。如低於規定標準時，應開列一式三聯之「領料單」補充之。

2.將領取之貨品依規定位置排放整齊。

3.每月定時清查飲料存貨之日期是否超過可用期限或已接近限期，並將其存放於倉儲空間之外圍，以優先使用。

四、旅館餐飲部中廚房作業的要項

旅館餐飲部中廚房之主要功能，係為顧客烹調精美之菜餚，即具有色、香、味的菜餚，為住宿的旅客及消費大眾提供安全、衛生、可口的美饌。

(一)旅館中廚房之採購作業

1.採購單位填寫「新購品請購單」（**表7-6**），經部門主管及副總核准，若已有目錄及報價資料，一併轉往財務部審核預算，預算內之請購才送交採購單位。

2.預算外之請購須寫簽呈，列明購買目的、效益分析及未列報資本支出預算之理由，呈總經理核定，可否請購。

3.承辦之代表於接獲請購單後，依規定至少找三家廠商，進行詢價、比價、議價。

表7-6　旅館請購單——新購品

品名 Items	規格 Description/Specification	單位 Unit	數量 Qty Wanted	交貨日期 Date Wanted	價格分析（Purchase Analysis）				決定廠商 Final Supplier
					報價 Quotation	A	B	C	
					單價Unit Price				
					總價Total Price				
					單價Unit Price				
					總價Total Price				
					單價Unit Price				
					總價Total Price				
					單價Unit Price				
					總價Total Price				
				送貨日期Del. Date					
				稅5%V.A.T					
				總價Total Price					

意見：　預算內 Within Budget
(Comments)　預算外 Without Budget
　　　　　其他 Others

申請人／日期　　　請購部門主管／日期　　　後勤或業務副總／日期
Request By/Date　　Dept. Head/Date　　　　AGM/Date

財務部主管／日期　採購代表／日期　　採購主管／日期　　　請購部門主管／日期　　後勤副總／日期　　總經理／日期
Comptroller/Date　Purchasing Agent/Date　Purchasing MGR/Date　Requesting Dept. Head/Date　AGM/Date　GM/Date

資料來源：圓山大飯店提供。

4.採購代表於詢價後推薦一家廠商，請採購主管初核。

5.訂購單傳回請購單位，確認規格及交貨時間。

6.採購代表對送核選樣未回之請購單有稽催之責任。

7.請購單經核准後，採購代表應即繕打訂購單，並由其主管代表旅館簽發，交採購代表通知廠商進貨。

8.發出之訂購單分類登記後，隨同有關之保證資料或說明書，歸入各廠商檔案夾；副本分發所列單位。

(二)旅館中廚房續購品之採購作業

1.各使用單位訂出倉庫及共同倉庫之物品安全存量，請填具請購單由部門主管簽名及倉庫主管簽名。

2.若使用單位認為該項物品不需再使用時，由倉庫人員列入「dead item」名單，再影印給財務部、副總及總經理。

3.請購單轉財務部審核預算後，再轉採購單位主管交由採購代表。採購代表選擇三家供應廠商，供主管核示。

4.採購單位經採購主管核准後，轉後勤副總及總經理核准。

5.採購代表開列訂購單，經其主管簽核後，直接向廠商進貨。

6.訂購單分類登記後，副本分發所列單位。

(三)旅館中廚房生鮮食品之採購作業

1.由廚房每日依個別業務需求填寫「生鮮請購單」（market list）。鮮貨每日叫貨，乾貨及酒、飲料類則依實際需求叫貨。

2.主廚及餐飲部經理核簽後，將餐飲訂單轉採購室詢價。生鮮蔬果類一星期至一個月詢價一次，並舉行公開比價。

3.採購代表選定廠商後，通知廠商送貨，一聯主廚自存，一聯交財務單位，一聯交採購室，一聯交驗收單位。廠商送貨時應填具送貨單及統一發票或收據，交驗收員。

4.倉庫驗收員會同相關部門人員共同驗收，依生鮮請購單及廠商

報價表共同驗收過磅，品質合格者於送貨單上共同會簽，第一
聯交財務部，第二聯交廚房，第三聯交廠商，第四聯交驗收人
員。

5.送貨單視同領料單，直接入廚房儲存。

6.驗收人員點收項目及數量不合格者，或品質不合格者，應依
「退貨作業」辦理。

7.會計室核對餐飲訂購單、發票、送貨單第一聯之項目數量無誤
後，據此辦理付款作業與入帳手續。

(四)旅館中廚房出菜口之作業程序說明

◆營業前

1.各類器皿準備：如餐盤、魚盤、湯底盤等，至洗滌區取洗淨之
器皿，分類放置於出菜口備用。

2.各類盤飾之準備：如番茄片、酸黃瓜切片、生菜絲、香菜、洋
香菜、生菜葉等，洗淨切好，分別裝於容器內備用。

3.食物保溫燈之開啟，並查驗是否正常。

4.清理菜口檯面，俾能順利出菜。

◆營業中

1.隨時檢視各類物品是否夠用，不足時隨時補充之。

2.檢視各類盤飾是否充足，不足時隨時補充之。

3.接受點菜並複誦菜單，告知廚師菜譜並控制出菜時機。

4.出菜時必須再迅速檢視一遍菜色是否正確。

◆營業後

1.關閉一切電源。

2.整理一些尚未用完之盤飾配料等，分類裝盒或以保鮮膜包妥，
分別放入冷藏或冷凍。

　　3.統計菜單,填寫營業報表。

(五)旅館中廚房各類蔬果保存作業說明

　　1.依據每日訂宴狀況,將所需之蔬菜水果整理、切割。

　　2.將所需使用之蔬果清洗乾淨,尤其對一些葉菜類之葉子及一些特殊水果,務必澈底清洗,有必要者務必浸泡,以達衛生標準。

　　3.依照蔬果種類區分,分別存放。盛裝時注意不擠壓,對葉菜類蔬菜尤其留意,水果如係味道濃烈者,應分開擺放。

　　4.冷藏時將原先調理好之水果往外放,注意生鮮食品及蔬果要分開存放,另外要留意保存之溫度。

　　5.放入冷藏前須於每一份包裝上貼標籤,註明進貨日期,以期符合先進先出之作業原則。

(六)旅館中廚房各類生鮮魚、肉保存作業說明

　　1.依照當日訂宴資料,切割所需材料備用。

　　2.清洗魚類時注意清潔魚鰓及魚鱗,肉類浸泡時不可用熱水,以免鮮味流失。

　　3.分開存放所有已清洗好之生鮮食品。

　　4.於送入冷藏前須於每一份包裝上貼上標籤,註明進貨日期,以期符合先進先出之作業原則,並依照不同食物之使用時期及所需溫度保存。

(七)旅館中廚房成本控制、分析作業流程說明

　　1.每日進貨送貨單統計留存。

　　2.將所有進貨成本記錄於控制表格上(**表7-7**)。

　　3.每日整理資料後,送交財務部成控單位。

　　4.每月召開一次會議檢討,有必要時必須做市場評估調查。

表7-7　旅館菜單成本分析表

餐廳名稱：_____　代號：_____　節慶名稱：_____

菜名	材料及單位	成本

售價：	總成本：	成本比率：
服務說明：	圖片：	

資料來源：圓山大飯店提供。

(八)旅館中廚房市場調查（試吃）作業流程說明

1. 每年訂定行程，依照季節安排。
2. 與相關之作業單位聯繫以配合時間。
3. 試吃後安排開會研討菜色及價位，並於餐廳自行試製、試吃，以為比較，作為改進方案。
4. 將試吃及開會結論作成建議案，作為下回修訂菜單時之參考。
5. 將外面試吃排好行程，於旅館內亦應有定期及非定期之試製試吃時程表，必要時應舉行新產品開發比賽。

(九)旅館中廚房內部轉帳作業說明

相關內容參考**表7-8**。

◆轉出

1. 核對轉帳單上各類明細以及主管簽核字樣。
2. 依照轉帳單上資料明細給予需求單位。
3. 轉帳作業完成後，所有轉帳單調理後交給財務部處理。

◆轉入

1. 填妥內部轉帳單，填明日期、物品名稱、廚房別，簽名後交主管簽核。
2. 依照轉帳單上之明細，向對方領取相等之材料。
3. 物品領妥之同時將轉帳單交予對方處理。

(十)旅館中廚房每日安全衛生檢查流程說明

1. 每日值勤前務必檢查自身衛生，頭髮不可留太長，指甲內不能藏污垢。手指不戴手飾，且務必戴上廚帽。
2. 手指若受傷必須以塑膠指套包紮妥善，以免感染細菌。
3. 制服務必定期換洗，若太髒則必須立即更換。上班時務必穿著

表7-8　旅館廚房間物品轉帳單

轉出處 ＿＿＿＿＿＿＿＿＿＿＿＿＿＿＿＿＿＿＿＿＿＿＿＿＿＿＿＿
轉入處 ＿＿＿＿＿＿＿＿＿＿＿＿＿＿＿＿＿＿＿＿＿＿＿＿＿＿＿＿
用　途 ＿＿＿＿＿＿＿＿＿＿＿＿＿＿＿＿＿＿＿＿＿＿＿＿＿＿＿＿

數量	名稱／內容	重量	單價	總價	

申請部門主管

資料來源：圓山大飯店提供。

安全皮鞋，以免滑跤造成危險事故。

4.每週填寫「安全衛生檢查表」（**表7-9**），並於月底製表送交安全衛生室彙整備查。

五、旅館餐飲部西廚房作業的要項

旅館西廚房的作業要項，大致上與中廚房之作業要項約略大同小異。諸如：旅館西廚房之採購作業、旅館西廚房續購品之採購作業、旅館西廚房生鮮食品之採購作業、旅館西廚房出菜口之作業程序說明、旅館西廚房各類蔬果保存作業說明、旅館西廚房各類生鮮魚／肉保存作業說明、旅館西廚房成本控制、分析作業流程說明、旅館西廚房市場調查（試吃）作業流程說明、旅館西廚房每日安全衛生檢查流程說明。

是以，以上所列之作業要項均可參考中廚房之作業要項，在此不予重複贅言。惟有關旅館西廚房沙拉檯之作業、三明治區之作業、切肉品之作業，略述如下：

(一)沙拉檯之作業

1.檢查各類沙拉醬，如有必要時須做更新或補充，諸如，千島汁、法國汁、義大利汁、美乃滋、藍乳酪、芥茉醬、番茄醬等。

2.各類生菜之更新，諸如生菜類、生菜葉、萵苣、番茄、小黃瓜、胡蘿蔔、紅生菜、紅椒、青椒等，洗淨後切好備用。

3.肉類之準備，如雞肉、牛肉（冷的燒烤牛肉）及海鮮。

4.準備數顆水煮雞蛋。

5.準備各類盛裝沙拉之器皿，如沙拉醬、沙拉碗、盅等，置於冰箱備用。

6.砧板、刀具於使用前務必清洗乾淨，並以餐巾紙擦乾。

表7-9　旅館廚房每月安全衛生檢查表

項目		檢查內容	檢查日期（每週擇一日）			
			日	日	日	日
一、個人衛生	1	從業人員儀容整潔，並穿戴整潔工作服				
	2	從業人員手部保持清潔，無創傷膿腫				
	3	廚房無閒雜人進入				
	4	未蓄留指甲、塗指甲油、配帶飾物				
	5	工作中不得任意取食				
	6	洗手設備清潔，並有清潔液擦手紙				
二、調理場所衛生	1	牆壁、天花板、門窗清潔				
	2	排油煙罩、爐灶清潔				
	3	排水系統良好、清潔、無積水				
	4	地面清潔、無積水				
	5	冷藏（凍）庫內清潔				
	6	工作檯清潔				
	7	調理器械清潔				
	8	食品原料新鮮				
	9	食品儲放溫度適當（冷藏7℃，冷凍-18℃）				
	10	切割生、熟食品之刀、砧板應分開使用				
	11	生食、熟食應分開存放				
	12	食品應用容器盛裝或包裝後冷藏（凍）				
	13	食品、器皿不可直接置於地面				
	14	餐具及器皿洗滌方法、儲存場所適當				
	15	抹布清潔消毒				
	16	廚餘妥善處理				
三、庫房	1	庫房通風且溫度、濕度、照度良好				
	2	置品架物料排列整齊				
	3	不得存放非原（物）料				
	4	物料實施先進先出				
四、其他	1	有防止病媒（昆蟲、鼠類等）侵入之設施				
	2	緊急照明、避難方向指示燈正常				
	3	消防器具、設備良好				
	4	下班前瓦斯、電源、水確定關閉				

【說明】1.合格打v，不合格打X。　　2.每週自行檢查一次，並請於月底送交安衛室。

經理：　　　　　　單位主管：　　　　　　　　檢查人員：

資料來源：圓山大飯店提供。

7.每日依所訂菜單之分量而準備，而假日、節慶則必須多備一
些，以充足供應突如其來的顧客。

(二)三明治區之作業

1.砧板及麵包刀具清洗並擦乾備用。

2.各類麵包之準備：如法國捲、可頌麵包、全麥麵包、吐司等。

3.調味醬之準備：如美乃滋、芥茉醬、奶油乳酪、酸奶油等。

4.盤飾之準備：如生菜葉、番茄片、酸黃瓜、洋芋片、洋芋條
等。

5.肉類之準備：如牛肉，包括冷的燒烤牛肉、鹹牛肉、薄片牛
排，還有熱雞胸肉、培根、火腿及海鮮等。

6.煎蛋備用。

7.器皿補充並準備適量供應。

(三)切肉品之作業

1.砧板、刀具使用前務必清洗擦乾。

2.牛肉等去肥油、去筋，視不同菜色之需要切割成片、條狀或塊
狀，置於冰箱內備用。

3.羊肉等去肥油、去筋，處理後分別切割成片、絲、塊後，分別
分類置於冷藏或冷凍庫中備用。

　　總之，旅館餐飲部所屬各單位，如能按照其所分類及分配的職能
分工合作，做好事前的準備工作，則旅館餐飲部的管理一定能井然有
序，同仁之間定能彼此融洽與共。再說，各廚房生產單位若能依一定
的作業程序，予以適當的處理、加工、烹調，相信亦能調製成既新鮮
美味又可口的菜餚。常言道，旅館、餐飲部是最難管理的部門，經營
者無不想盡辦法，力求一個較為完善的管理辦法，以杜絕弊端步上軌
道。而採購程序與操守之控管，更繫乎餐飲成本及損益之鑰。

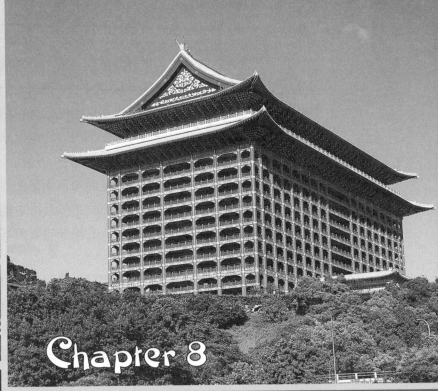

Chapter 8

旅館業務的行銷及公關

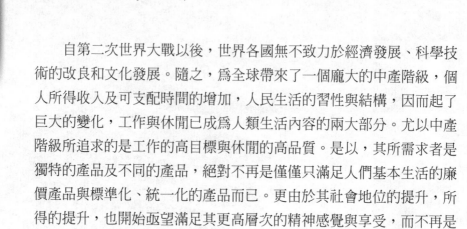

　　自第二次世界大戰以後，世界各國無不致力於經濟發展、科學技術的改良和文化發展。隨之，爲全球帶來了一個龐大的中產階級，個人所得收入及可支配時間的增加，人民生活的習性與結構，因而起了巨大的變化，工作與休閒已成爲人類生活內容的兩大部分。尤以中產階級所追求的是工作的高目標與休閒的高品質。是以，其所需求者是獨特的產品及不同的產品，絕對不再是僅僅只滿足人們基本生活的廉價產品與標準化、統一化的產品而已。更由於其社會地位的提升，所得的提升，也開始亟望滿足其更高層次的精神感覺與享受，而不再是囿限於物質條件的欲望與消費。

　　再者，就以觀光旅遊活動而言，也是一種特殊的消費行爲，於是在觀光市場所販售的產品，也是一種經過包裝的旅遊產品（package tour），舉凡航空、海運、陸上鐵路及公路交通、旅館、遊覽景點與娛樂場所及設施等，均爲綜合性的旅遊服務產品。若以其中任何一項的服務來說，係爲單項的旅遊產品。因此，各單項旅遊服務產品，要如何提高其服務的品質，要如何將其獨特的品質介紹給觀光旅客，要如何吸引觀光旅客的青睞與使用，才能達到各單項旅遊服務產品的經營目標，都有賴各行業業者的推廣、行銷與公關策略。當然，旅館業也是其中之一的旅遊單項服務產品。因此，旅館業要如何做好其業務推廣、行銷與公關策略，在在都是迫在眉梢的主要業務。

　　再說，旅館所銷售的產品，係客房的出租、餐飲的服務（包括大宴、小酌），還有會議場地的提供使用。不管旅館規模的大小，不分都市商務旅館或山區海濱的休閒渡假旅館，其所提供的服務範圍皆爲上述的項目之一，其營業的目標亦皆奉此爲圭臬。至於旅館的客源，姑且不論是自行訂定或由機關團體安排者，或由親友代訂者，總是要有足以提供選擇參考的資訊（information），和接洽商討的路徑（place）。更遑論旅館產品本身多數是具有地域性、異質性、不可試用性和零庫存等特性，尤以客房之屬性更爲明顯。特別是在今日市場競爭激烈，功力悉敵之狀況下，要如何突破重圍，立於不敗之地，就

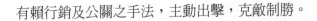

有賴行銷及公關之手法，主動出擊，克敵制勝。

第一節　行銷的定義及行銷組合

一、行銷的定義

　　行銷（marketing）一詞係時代的產物，也是人類企業活動重要的領域之一，自人類有交易、買賣之商業行為活動以來，其中進化、演繹與改變的歷程，可謂百般曲折，革故鼎新。迄至於近代乃發展成為行銷導向時代。究其源頭，乃啟自於「生產導向」→「生產銷售並重導向」→「行銷導向」，甚至於現代的「行銷導向社會涵義」等等的導向時代，而且在其每一階段的企業活動中，都代表著不同的企業策略。要言之，「生產導向」時代，表示生產者或廠商，只要比別人稍微具有頭腦與理念，能生產產品，就不用費太多的力氣，自然就可把產品售出；而到了「生產銷售並重導向」時代，已有相同性質的廠商介入市場，消費者已有選擇的機會，廠商之間就必須改善生產設備、改良產品，甚至採取廣告、宣傳等手腕來做促銷活動，無非是想把產品銷售一空。但是，到了現代已進入了「行銷導向」（marketing orientation）時代，生產者或企業家在提供產品或勞務時，就不能不完全考慮到消費者的欲望（wants）與需求（needs）。最後到了此階段又進入了「行銷導向社會涵義」的時代，生產者或廠商在生產產品或提供服務時，除了要考慮到消費者的福祉之外，更須再考慮政府的總體經濟發展和自然生態保護措施，諸如環境污染、水污染、空氣污染、土壤污染等環保意識思維與防範措施，不要只為了生意，只為了追求利潤，將自然資源全部破壞，不但造成了公害，同時還把子子孫孫的「財富」提前挖空，甚至損傷了地球村的資源生命。切莫，為了一時的經濟發展和生活享受，而成為歷史的罪人。以上係為行銷導向

發展中的歷程，也是時代的潮流與重任。

至於何謂「行銷」，其定義爲何？美國管理大師彼得‧杜拉克（Peter Drucker）說：「行銷的目的在於促使銷售活動變成多餘，亦即行銷係在於眞正瞭解消費者，且所提供的產品或服務能完全符合其需要，產品本身就可達成銷售的功能。」簡言之，其係強調行銷的客體就是消費者。企業所生產的產品、提供的服務就必須以消費者的需要與福利而考量，就算不必經過強烈的廣告及促銷活動，產品本身就是廠商的代言人，產品本身就是企業的銷售活動。這就是產品能夠滿足消費者的需要，滿足他們的使用欲，無形中自然就造成好的口碑，「以大家告訴大家」和「趕快來買」的免費宣傳。因爲行銷是一個比較新穎的名詞，往往對其涵義混淆不清，無法做明確的界定，有時還會與市場調查、銷售及廣告（advertising）等概念混爲一談。尤其是與銷售（sales）活動的意義糾結不清，經年累月被曲解。銷售概念乃是認爲一個公司積極的銷售與促銷該公司的產品，顧客也只有感覺購買該公司一點點的產品，或者認爲這只是購物（shopping）的活動之一。

事實上，行銷導向係時代潮流所趨，是產業經營至高無上的指導方向。若企業經營管理能以消費者爲核心，爲唯一考量的先決條件，整個企業要立足於市場，長久生存，深根固柢，永續經營，就非難事。再說，若企業在經營管理上，能運用行銷功能的要素，產業不但能升級，而且也會帶動產業的活力與氣象。這些都是企業行銷在現代企業經營所扮演最重要的導向觀念。

另外，亦有專家學者對於行銷所做的定義：「是藉創造與交換產品和價值，而讓個人與群體，滿足其需要和欲望的社會和管理程序。」要言之，係企業根據市場調查，以瞭解社會上的個體消費者和消費大眾所需要和欲望；並運用企業組織的各部門功能，整合組織的全體力量，以消費者的需要爲重心，以消費者的欲望爲指標，共同協力創造企業所生產和提供的產品與價值，以滿足消費者最終的

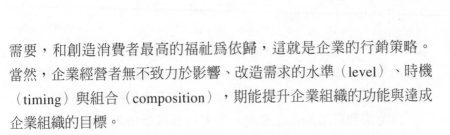

需要，和創造消費者最高的福祉爲依歸，這就是企業的行銷策略。當然，企業經營者無不致力於影響、改造需求的水準（level）、時機（timing）與組合（composition），期能提升企業組織的功能與達成企業組織的目標。

二、行銷組合

綜合上述，行銷組合（marketing mix），係行銷觀念與思維所發展衍生的重要理念。其係與市場區隔（market segmentation）和目標市場（target market）互動交互產生之企業概念。促使企業在擇定目標市場時，除了根據市場調查（market research），以瞭解市場之需求趨向，再加上內外環境的變化，包括國內外之政治、經濟、社會、文化及法律等環境條件及變化，做成環境分析（environmental analysis），而採取何種類型的行銷策略，並結成各種組合，成爲企業體的總體策略。並運用組織的力量，分層負責，各司其職，戮力合作，以完成企業的營運目標，並創造消費者的最高需求與滿足。

至於，行銷組合到底有多少組合的分類法，眾說紛云，有四個組合者，有五個組合者，更有其他多個的組合者；不過都各有其學理之理論根據。惟較爲適合一般適用性之行銷組合理論，則可引用麥卡錫（E. Jerome McCarthy）之4P觀念架構。其係爲產品（product）、定價（price）、通路（place）、推廣（promotion），因其英文開頭皆爲P，所以稱爲4P之行銷組合。

茲將產品、定價、通路、推廣意義，簡述如下：

(一)產品

企業所推出的產品，主要可分爲有形的產品，和無形的勞務提供，也就是所謂的生產事業和服務業兩大類，而有些產業亦兼備兩大項目，以旅館業而言，其營業項目就是綜合性的生產事業及服務業，

其既提供客房住宿的硬體設備及餐廳的設備，還有餐飲的製作烹調。為完成對住宿旅客及消費大眾的服務，就必須要有「人」的軟性服務，人的服務就是勞務的提供，因此，旅館業也被稱為服務業。

　　以企業體有形的產品來說，其又可分為單項產品和多項產品。而現代的企業多數會考慮到產品的生命週期（product life cycle, PLC），即上市導入階段（introduction）、成長階段（growth）、成熟（maturity）及衰退（decline），猶如人類的生、老、病、死的階段一樣，皆為有機體的變化現象。旅館業也是一樣，客房與餐飲之產品品質，亦有生、老、病、死之循環現象，除了平常的保養維護工作之外，就要加上不斷地推陳出新，讓其產品的壽命延長，或以其他的產品取代，以延續旅館的經營期限。有些企業為了維護永續經營的目標，以逐漸朝向產品的多樣化，和產業的多角化經營方向，這都是考慮到企業生命週期的危機意識。

　　再則，現代企業的經營強調經濟與環保並重，不能因為一時的發展經濟而忽略了環保的重要性。是以，在旅館經營方面，亦要兼顧環保意識，諸如廢氣處理、污水處理、垃圾處理等工程和設施，最重要的還是培養員工的生態和環保意識。除此之外，並要配合政府的觀光發展政策和整體經濟發展政策。這就是「行銷導向社會涵義」之真諦。

(二)定價

　　企業在提供產品和服務之際，為了獲取利潤，為了獲取消費者的認同，為了市場的占有率，為了維持企業的經營策略，其訂價就必須審慎而合理。尤以消費者保護運動的抬頭，政府公平交易法的頒布，更促使廠商在訂價時務必格外的小心，係公平、正義與誠信之原則。

　　產品因本身具有有機性之生、老、病、死的階段性發展週期，當產品在進入成熟期或稱飽和期，尤以在其他廠商的介入，逐漸產生了「標準化的產品」時，因此產業之間的競爭是不可避免的。又一般的

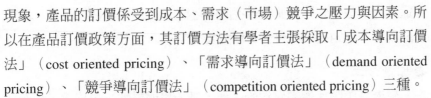

現象，產品的訂價係受到成本、需求（市場）競爭之壓力與因素。所以在產品訂價政策方面，其訂價方法有學者主張採取「成本導向訂價法」（cost oriented pricing）、「需求導向訂價法」（demand oriented pricing）、「競爭導向訂價法」（competition oriented pricing）三種。

　　至於旅館業在房價和餐飲方面的訂價政策而言，除了旅館本身的條件之外，也必須考慮到市場的競爭、經營的成本和消費客層的區隔與價位。當然，旅館又受到季節性的影響，在其淡季、旺季、大日子、小日子之間也會採取不同的訂價政策，即不二價政策（one-price policy）和彈性訂價政策（flexible policy），對於不同的顧客層面給予不同的價位，或折讓或回扣，或佣金或付款條件等促銷活動（SP）之彈性價格。但是，旅館業者在促銷活動時，絕對不能讓消費者感覺到有降低品質，而影響到旅館的形象，那實在是「偷雞不成蝕把米」，大大的划不來。一旦失去顧客，如想再找回顧客恐怕就回天乏術了。

　　旅館在訂價政策，思考的方向除了觀察市場的供需變化之外，對於旅館經營的損益平衡上的考量也是訂價的技術層面，最理想的訂價政策是能顧慮到價格與品質及成本與利潤之組合，如能訂立獨特產品之價格，該是業者高瞻遠矚之特異經營眼光與謀略。

(三)通路

　　所謂通路有些亦稱為配銷通路（channel of distribution）或配銷徑路。其意義係如同一管道或路徑，透過它使得製造商的產品、所有權、付款、風險等功能與消費者互動流通。也可以說，生產者將產品銷售給最終使用者的傳送管道，其配銷的管道，可能透過直接銷售，但是大多數的通路結構，係複雜的、多頭的。至於配銷策略，主要是提供顧客時間、地點之便利。不論其係採用何種管道，諸如批發商、零售商或製造商，到最後，總是把產品送達到終端的使用者，也就是最後的消費者。當然，配銷通路策略的重點，係思考這些問題，考量各項因素，而概括了實體配銷、運輸倉儲、中間商的招募，再加上配

銷通路的管理；此外，並針對不同的目標採取不同的配銷通路決策。

再者，配銷通路亦有其三種重要的需求：

◆專業分工

生產者應將比較複雜性的工作，細分為簡易性、規格化，甚至統一化，並責成專人處理，再賦予責任，藉以提高效能及降低成本。於是，生產者亦應透過生產機具及單一性產品的大量生產，以達到規模經濟之生產，並降低成本及售價，並促使產品品質規模化、穩定化，最終送達到消費者使用，並滿足其消費欲望與需求。

◆縮小差異

藉由配銷通路之需求，也能達到生產「規模經濟」而造成的數量、組合、時間差異，再藉由儲存及配銷適當數量，以符合消費者需求。甚而能收貨暢其流、互通有無之效。

◆提供與消費者之接觸率

藉由簡化配銷過程，降低交易的頻率與次數，並在同一購物場所有數樣產品組合，提供消費者選擇機會。諸如超級市場、購物中心、百貨公司，儲存陳列了數樣產品的組合，甚至不同品牌（brand）產品組合之系列，以提高消費者一次購進的意願。這也是時下所流行的「物流」概念，也是所謂流通產業者。

旅館業因其商品是立於固定的地點，因此在選擇興建旅館時，不論是都市型的商務旅館，或風景區的渡假休閒式旅館，對於立地條件的評估，應該詳細審慎。包括其周圍的環境、交通的狀況、自然及人文的資源、商圈的調查，都必須逐項列入考評之要因，否則一旦興建將無法再移動遷徙，更何況，旅館業的投資是龐大的數字。

旅館為了吸引旅客，為了使其行銷的通路能夠順暢無阻，為了業務的興隆，在配銷策略方面，就應該考慮到整體設施與服務配套。除了提高住宿的客房設備，還要有提供餐飲的餐廳設備，甚至提供宴會及會議之場所，有些還設有健身休閒的設施、洽公接待商務的商務中

心等服務品項，才能讓旅客住得安心，住得方便，以滿足其出外旅遊期間的需求與欲望。

(四)推廣

　　如文所言，行銷乃是企業活動重要的領域，扮演著引導公司從消費者的立場來考量，以便將企業有限的資源，有效地分配至各項行銷活動上，使得企業所提供的產品與服務品質能滿足消費者的欲望與需求。而在行銷活動中，促銷乃銷售管理者利用有效的誘因，以建立企業與顧客之間長期的夥伴關係的「關係行銷」，企圖藉著提供價值與顧客滿意以建立密切的生產與消費之關係。因為顧客的價值，是付出代價與利益取得之間感覺上的比率，是由顧客來決定其間相互效應的取捨。創造顧客價值、開發新客戶、留住老客戶係當今企業經營策略的核心。

　　至於旅館促銷的策略，係包括人員銷售、廣告、銷售推廣及公共關係（public relation）和大眾銷售（mass selling），以及公關報導（Publicity）促銷（含展示、試用、宣傳、海報、傳單、樣本、型錄、贈品、抽獎）。因為，好的促銷可提供顧客某一種產品或組織之利益，以提供雙方滿意之交換過程，大可提升銷售成績。另外，依據統計，消費者每花一單位的金錢，一半是在用在行銷相關費用當中，諸如產品研究與開發（R&D）、運輸、倉庫儲存及廣告等，因之，購買者或消費者愈瞭解企業之行銷過程，資訊愈充足，就更能與賣方有效議價，也能夠有充分的立場向生產者要求提供他們所承諾的水準產品與勞務。

　　尤以現時網際網路的興起和普遍化，以所謂「電子商務」的發展與前景而言，已成為網路世界中的行銷，將代表最具顛覆性的一種力量。根據統計，五年後電子商務的總產值將達三至五兆美元。另外，再依據《財星雜誌》所做評論：「Internet將改變生產者與消費者之間的關係，它不是另一個行銷通路，也不僅是另一種廣告媒體；它

不只是一種能加快速度的交易方式，而是代表一種新的產業秩序的基礎。」整體而言，由於網際網路的普遍化，使人類得以在實體世界之外構建一個虛擬世界，如虛擬社會、虛擬企業、虛擬百貨公司、虛擬辦公室等等，在這虛擬世界中，透過數位化的資訊，幾乎都可以以光速進行。行銷活動中即有極大部分屬於這種性質的活動，自然產生了與過去迥然不同的改變（許士軍，2001）。當然旅館也是被虛擬的對象之一。

由是觀之，旅館業的行銷活動、行銷策略，已不僅僅囿限於昔日所用的人員銷售、媒體廣告、文宣品寄發（DM）、產品展示發表會或公共關係的建立等促銷活動；也由平面的、立體的宣傳廣告，大大的邁向了國際網路網站的行銷活動。特別是旅館客房的訂房，也是隨著知識經濟時代的來臨而有著革命性嶄新的變化。旅館業為提高住房率，為接待更多的國際觀光旅客業務，在行銷推廣方面，勢必也要在運用「電子商務」行銷的通路上加把勁，否則落人之後，勢所難免。

🛏 第二節　旅館行銷與公關的活動

一、旅館行銷的活動

旅館的營業內容與往昔傳統式的經營已大為不同，不僅是營業項目包括了客房、餐廳、宴會及會議業務，而在產品項目更是經常推陳出新。甚且在軟／硬體設備、服務品質方面，要不斷地力求新穎出眾。除此之外，在業務推廣方面，行銷策略的規劃、行銷活動的推行，尤其日新月異，各展身手。業者應該主動出擊。

旅館的客源，客房住宿的旅客、餐廳餐飲的消費者，宴會的主家、會議場所的租用者均為旅館的「消費族群」。而接洽這些業務的單位，視旅館之組織而異，一般而言，訂房組係設於客房部之訂房組

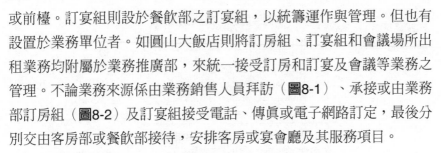

或前檯。訂宴組則設於餐飲部之訂宴組，以統籌運作與管理。但也有設置於業務單位者。如圓山大飯店則將訂房組、訂宴組和會議場所出租業務均附屬於業務推廣部，來統一接受訂房和訂宴及會議等業務之管理。不論業務來源係由業務銷售人員拜訪（**圖8-1**）、承接或由業務部訂房組（**圖8-2**）及訂宴組接受電話、傳真或電子網路訂定，最後分別交由客房部或餐飲部接待，安排客房或宴會廳及其服務項目。

　　茲將旅館行銷活動之要項簡介如下：

(一)旅館業務代表之標準作業程序

1. 業務代表每月事先擬定當月份的「業務洽訪計畫表」。
2. 洽訪前應事先做妥善安排，擬定談話內容，儘量出去一次能拜訪三位以上之客戶。
3. 拜訪時除了問候、致謝外，並告知旅館之新服務、設施、價格或新的營業動向，且聽取客戶批評指導之意見。
4. 每一客戶洽訪完畢，應提出洽訪工作情形報告，並填寫「業務報告表」（**表8-1**），其內容含：
   (1)日期。
   (2)公司名稱。
   (3)洽訪人姓名。
   (4)地點及內容。
   (5)其他重要事項。
   (6)業務代表簽名。
5. 業務代表洽訪時所花用之交通費或其他費用，可填具「零用金支付憑證」（petty cash voucher）（**表8-2**），申請報帳。
6. 將「業務報告表」填寫後，附上「零用金支付憑證」一併送交主管參閱簽核，若有意見應在「業務報告表」上註明。
7. 若「業務報告表」內容涉及其他相關單位，則轉至該單位參閱，該單位主管在報告上簽名或註明原因、意見，簽署後再退

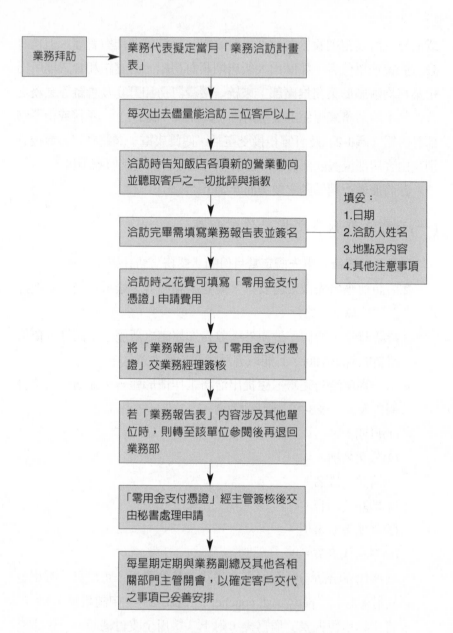

圖8-1 旅館業務的拜訪標準作業流程圖

資料來源：圓山大飯店提供。

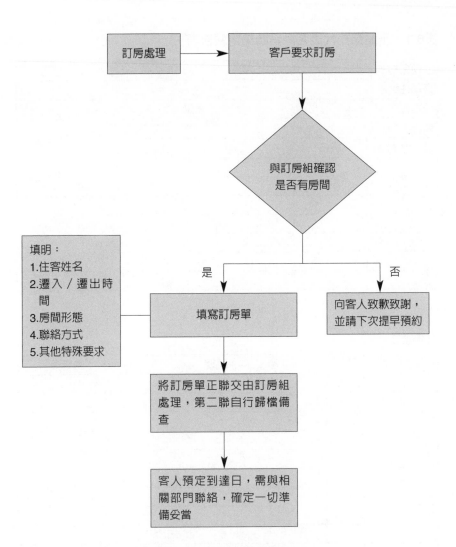

圖8-2　旅館訂房處理流程圖

資料來源：圓山大飯店提供。

表8-1 旅館業務代表客戶拜訪業務報告表

公司名稱：		
公司住址：		
公司性質：	電話：	
傳真：		
接洽人姓名	職務	備註

（背面）

年	月	日	說明	主管簽名

資料來源：圓山大飯店提供。

表8-2　旅館零用金支付憑證

部門：_____		日期：_____	
受款人	金額（大寫）		
用途	帳號	金額	
_____ 駐店經理		_____ 領款人	

資料來源：圓山大飯店提供。

回業務單位。

8.「業務報告表」及所附之「零用金支付憑證」，經由主管簽核後，交由秘書整理申請。

9.每星期定期與主管開會，以確定客戶交待事項均已妥善安排與處理。

　　旅館的行銷活動安排業務代表促銷，可說具有比較多的優點。因與客戶面對面時極易建立「客情」，即所謂的「見面三分情」，彼此有何條件或要求，可以當面提出，成交的機率極高。但促銷費用可能略為偏高，除固定薪津之外，附加上交通費用等，尤以人員的素質，教育訓練的實施，是絕對必要的。況且，市場區域散布遼闊，欲要求銷售績效，恐短期內也無法立竿見影，當然重點性的推廣銷售亦無不可。假如採取區域別或對象別之銷售管理方式，亦不失為可行之策略。

(二)旅館內部促銷

　　如旅館產品的事先展示，客房設施的導覽，餐飲菜餚的展示，譬如自助餐或下午茶等菜餚、食品、飲料皆可事先陳列，消費者不但可以先為導覽，甚至也會引起好的觀感而促進消費。另外，員工的培訓推銷術之養成教育，都是促進消費者易於接受的不二法門。內部促銷（internal sales），在某些角度上而言是關心員工福利、提升工作士氣、培養團隊精神之方式，共同為旅館目標、策略一致努力。

　　旅館在餐飲方面，平時亦應採取定期或不定期的試製和試吃活動，或者舉辦開發新產品的比賽，無形中，就能激勵員工求新、求變的觀念。之後，再將新開發的產品展示在員工面前，由員工共同來試吃、品嘗、評鑑，全力配合旅館政策，將新產品或新促銷方案，推薦給顧客以完成銷售任務。還有，派遣員工出國觀摩、學習考察，將別人的產品之花樣與品質帶回來，以改進自己的缺點或更新自己的菜色，這都是內部促銷極為有效的做法，例如，圓山大飯店曾於二〇〇一年七月派員組團前往東北瀋陽做「東北麵點及地方菜餚交流之旅」（**圖8-3**），這雖是培訓員工的教育考察團，然而對於提升旅館麵食餐飲，實是助益匪淺，同時，也是旅館內部促銷的典範之一。

(三)外部促銷

　　企業外部促銷（external sales）就是指企業之行銷活動，係經由行銷研究及市場區隔，開拓客層之需求，設立市場目標，決定各項決策，並整合企業之組織，來執行企業的行銷策略，以達成企業的經營目標。

　　企業外部促銷除了上述人員促銷之外，尚有利用媒體的廣告、散發或郵寄宣傳單，以及參加展覽會等宣傳廣告活動，並配合公關的建立等機制來達成。

圖8-3　圓山大飯店瀋陽「東北麵點及地方菜餚」交流之旅

資料來源：圓山大飯店提供。

◆媒體廣告

媒體廣告的方式包括出版品和電子媒體兩種。

◎出版品

媒體廣告的方式可以說是一般企業最常使用的廣告方式。諸如報紙、雜誌、刊物等。報紙的刊登，廣告範圍較廣，效果也較好，只是刊登的訊息及版面大都以一天為計費標準，費用不貲，且現在常被瓜分為區域版，廣告效果似乎銳減不少，這是其缺點。雜誌及其他刊物，這也是旅館常用的廣告媒體。暢銷的雜誌或刊物，刊登費用亦不低廉，同時其廣告效果則完全要看他們的發行數量而定，刊登期間較報紙為長，這是其優點。另外，還有一種公關性的報導，就是報刊雜誌在正式廣告篇幅之外，特別為企業體的產品或活動所做的特別報導，或花絮新聞，版面雖不大，卻往往可達到「非廣告」之效果，不過這也要視平常所提供廣告費用之多寡，或平日之公共關係而定。旅

館在接待貴賓政要住宿、宴會、會議時，媒體亦會到現場採訪報導，旅館的畫面亦隨之被刊登於報章雜誌上，對於旅館的曝光率和提升旅館的知名度，裨益甚大，同時又是一種免費的廣告。

◎電子媒體

電子媒體廣告，包括電視、廣播、電影、戶外電子看板。電視廣告是藉著聲光色彩和特殊設計的版面來吸引觀眾的注意力，效果雖然不錯，但是，費用卻是最昂貴者，廣播電台的廣告範圍甚廣，而且收費較低，也是一種被認為最經濟實惠的大眾傳播工具。電影廣告也是藉由聲色、畫面的廣告，亦可吸引觀眾之注意，惟其僅限於一地一區之效果。戶外電子看板廣告，係在十字路口或交通頻繁的街口設立閃動式之電子看板畫面，路過者多少都會被吸引而注意，效果亦相當不錯，現常被候選人所喜愛使用者。

◆直接郵件（DM）、傳單、紀念品的贈送

直接郵寄宣傳品、樣品，還有紀念品及折價券、免費試飲、試用券等行銷方式，其被使用的時日已有相當長的一段時間，而且幾乎海內外的企業都普遍採用。甚至有些企業還儲存客戶的生日資料，按期郵寄賀卡。此外，尚有些廠商把新的產品，以小包裝的方式，夾著宣傳單挨家挨戶的遞送。至於，利用派報的方式，將廣告紙張附夾於報紙內派發，也是極為盛行的行銷廣告方式。這些派送宣傳品及樣品的方式，雖在直接成本方面，可能不是很高，然而區域遼闊，恐要採取區段性地毯式的送達方有績效。惟應考慮到宣傳品的氾濫，常有被丟棄之下場。

◆戶外廣告看板

此種方式是於都市房屋、大樓牆壁上，彩畫企業廣告圖片文字，而且高速公路沿途兩旁亦極為盛行，只是應顧慮到，看板立於屋外，經日飽受日曬和風吹雨打，在維護工作方面，恐要多加注意，否則脫色掉漆的現象，有時非但不能達到廣告的效果，甚而會造成「反廣

告」之不良反應，影響企業之形象。戶外看板的廣告方式，以旅館業的行銷活動而言，被普遍使用，而且被當作必須採用者，係爲風景區的渡假休閒旅館及汽車旅館，因其係位處荒郊野外，而且競爭業者鱗次櫛比，並排橫列，非得有特異顯眼的廣告看板，否則無法吸引遊客的青睞。戶外看板除了要維護美觀之外，還要特別注意防範其架設的材料與安全性，尤以颱風季節爲甚。還有高速公路兩旁的戶外看板，常有影響行車視線及安全之虞，這是時常被提出來討論者，最具爭議性之話題。

◆電話訪問及海報張貼

　　電話訪問的廣告方式，時常被使用於問卷調查及地產買賣（在北美地區尤甚），其打電話訪問的時間，通常挑選在夜間18：30～19：30，因此時段一般人大都下班返家，準備享用晚餐，才有人接聽電話，但必須注意的是，其係擾人居家生活之安寧，接聽電話者極其不耐煩，打電話者在語氣上、在技巧上均要有一番練習，否則吃閉門羹者比比皆是。

　　至於海報（POP）張貼方式，常見於公共電話亭、汽車站牌或其他公共場所、布告欄等等，雖然廣告成本低廉，但其係製造髒亂，違反公共清潔與環保規則，在政府「反行銷」的措施下被取締處分者，則是司空見慣。

　　再說海報張貼，尤以旅館業的方式，通常是在大廳、走廊、電梯間張貼，皆係旅館的促銷方案。特別是電梯內的海報廣告效果頗佳，因旅客於搭乘電梯時，時間雖僅短短數秒，但其無所事事，僅能被迫觀賞廣告海報，所以電梯內的海報，必須著重於圖文並茂，簡短有力的訴求重點，這就是所謂POP店頭廣告的行銷活動之一。

◆展覽會及公益活動

　　此類方式的廣告行銷範圍較爲廣泛，有的是在旅館內自行舉辦，如藉著新產品發表會、週年慶、紀念日等名堂，來加以宣傳，藉勢

造勢以吸引人潮。有的是參加地方性的展覽會或公益性社團活動，藉以回饋社區，敦親睦鄰，並提升旅館形象；有些是參加地區性的展覽會，如台灣中華美食展、情人套餐展、台灣地區旅遊展。甚至更為廣泛者參加全球性或洲際性的旅展，諸如太平洋地區旅遊展覽會（PATA）或東京旅展（JATA）（圖8-4），這些都是打開旅館知名度、展現旅館實力最佳的時機。

另外，參加當地民間社團組織，如台灣觀光協會、中華民國旅館同業公會、台北市旅館同業公會，還有餐飲同業公會等同質的社團組織，藉以達到聯絡情誼、互通聲氣、互砌互磋，甚至研討策略聯盟等功效，並藉由同質的公會、協會組織之機制，來採取聯合促銷之活動。

二、旅館公共關係的定義與活動

(一)旅館公共關係的定義

公共關係這一名詞是時代的產物，是個人、公共團體、企業組織以及政府機構等所不可或缺之活動，它是在建立及維持人與人之間、組織與組織之間、組織與個人之間的瞭解與和諧之關係，並將彼此經設計過之訊息與資料，傳達給對方，以獲得對方的瞭解與支持，並促進彼此良性的互動關係。因此，其係一種雙向之溝通（two way communication），不但是一種技術，也是一種藝術。

一般而言，公共關係之分類方法甚多，有所謂個人公關與組織公關，對內公關及對外公關，甚至是營利事業公關及非營利事業公關。但通常被分為兩大類，即企業公關和政府公關兩個類別。

(二)旅館公共關係的活動

多數係採用對內公關及對外公關兩大模式，來加以擬定公關策

圖8-4　圓山大飯店參加2001年東京國際旅展「台灣館」一角

資料來源：圓山大飯店提供。

略。對內公關的目的，爲的是加強企業內部組織人員的和諧與同心，藉以提升企業之生產力，以完成企業之經營目標。對外公關的目的係要強化與新聞媒體間之互動與配合，建立與顧客和消費大眾之間的良好「客情」關係，藉以不斷地招徠生意。至於與里鄰社區的公關，則在於建立彼此共生的整體觀念，進而能秉持著「取之於社會，用之於社會」的理念。至於與政府機構之公共關係，則要求能配合政府政令之推動，與配合政府整體經建計畫之發展。

　　再說旅館要推動公共關係之活動，一定要有組織部門之設立與運作，以及公關人才之培育。再則，必須要懂得公關之知識與技巧，換言之，一定要熟稔公關之方法與工具，當然是要能與媒體建立良好之溝通管道，進而能善用媒體之功能與運作。不過一般的觀念也很容易將公關與行銷之概念與功能混而爲一，實際上公關與行銷是很密切的活動機能組織，彼此之活動往往是一體兩面，甚至是一起戰鬥之共

同體。嚴格來說，行銷與公關卻是各有獨立的活動與機能。公關的活動及成效有時是不能以彰顯的績效來衡量，甚至是無形中的操作與醞釀，良好的公關可以加速行銷活動的成果，這是無可諱言的。再者，行銷活動是由其行銷組合來配合推動，它還包括了4P之行銷組合（即產品、訂價、通路及推廣等），其活動之目標是具有比較明顯的規劃標的，而公關的活動是比較隱形、持久的長期戰。總之，兩者之關係是密不可分、相輔相成的。

　　此外，公共關係對於營利事業機構或非營利事業機構還具有另一獨特之機能，即危機事件之處理，尤其對企業體而言，在於緊急事件或危機事件發生時，若沒有即時加以澄清、闢謠，或者談判、協議，而將事件由大化小，由小變無，使其順利解決，否則一旦事件擴大，一發不可收拾時，非旦對於企業的形象有莫大的損傷，甚至還會面臨關門大吉之後果。是以，企業體或旅館業在緊急事件或危機事件發生時，公關部門應迅速地扮演滅火兼救護員之工作，替企業化解危機，順利度過難關。這也是公關與行銷在功能上較大之差別。

 第三節　旅館行銷活動的實務

　　任何有規模有制度的企業，每年度都必定有經營企劃案，而在企劃案內再分門別類的由各事業部門來執行。而財務及稽核單位則負責控制、監督。在過去所謂的「行政三聯制」——設計、執行、考核之機制，也是大同小異，只是一個是非營利事業機構，而另一個則為營利事業機構之區別而已。至於行銷單位在企業機構內，是直屬總經理室的單位，在輔助各事業單位推動行銷策略及活動。

　　旅館業在每年九月也是一樣要提出新年度的經營企劃案，作為下年度經營之目標，以及執行之細則，當然，其最主要的重點是在於預算的執行與控制。至於，旅館的行銷單位亦在每年年底提出新年度的

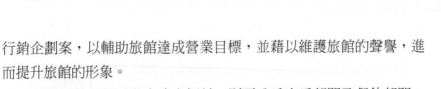

行銷企劃案，以輔助旅館達成營業目標，並藉以維護旅館的聲譽，進
而提升旅館的形象。

　　有關旅館行銷活動實務之探討，則區分為客房部門及餐飲部門，
至於會議業務，因其住宿是屬客房部門管轄，餐飲宴會則屬餐飲部門
管轄，而業務的接洽訂定則又歸屬業務部門管轄。是以，本節對於旅
館的行銷活動將以客房暨餐飲兩部門來探討。有關會議業務則分別於
客房及餐飲內加以敘述。

一、旅館客房行銷活動的實務

　　旅館經營其客房的銷售問題，除了旅館地點、知名度、設備之
外，主要是受限於季節性的變化。旺季和淡季的住用率之懸殊，幾乎
是天壤之別，所以旅館業每逢淡季時就極力的推出促銷方案，以提升
其住用率。

　　茲列舉圓山大飯店客房促銷活動實例，簡介如下：

(一)春夏陽光之旅，台北、澄清湖圓山同步推出促銷案

　　圓山大飯店貼心為您設計多項春夏國人旅遊專案，不論是二天一
夜或三天行程，無論住宿、餐飲、活動安排等，圓山大飯店都幫您規
劃妥當。

　　台北圓山大飯店自四月一日起至九月三十日，推出「黃金海岸假
期國人住房優惠專案」，不僅可在飯店住宿一夜，享受三溫暖、健身
房、游泳池等休閒設備，隔日並可前往東北角、九份休閒半日遊。龍
洞公園的海天一色、陰陽海的奇麗景觀、南雅奇石的鬼斧神工、九份
與金瓜石的歷史雅趣，優惠價只要4,800元（含住宿、車資、中英語導
遊、保險等），每日均可出發。

*　　　　　*　　　　　*

　　離開喧囂的台北，南台灣的豔陽讓您享受優質的假期生活。澄清

湖圓山大飯店分別推出三天二夜的「南台灣暖陽假期」與二天一夜的「澄清湖高爾夫系列之旅」。「南台灣暖陽假期」每人5,500元，第一天可享澄清湖圓山大飯店之住宿、機場接送服務、歐式晚餐、聯誼會之各項設施等。第二天一早享用歐式自助餐後，前往客家小鎮美濃，讓您在鄉野中接受大地的洗禮，下午前往東南亞最大的國立海洋生物博物館，傍晚時分在墾丁關山蓮莊品嚐香濃咖啡，欣賞關山夕照，詩情畫意讓您流連忘返。晚間則在小墾丁綠野渡假村享用晚餐及住宿。第三天則可享用歐式早餐，讓您在快樂歡笑中度過一個愉快假期。「南台灣暖陽假期」自三月一日起至九月三十日。

二天一夜「澄清湖高爾夫系列之旅」則是高雄圓山大飯店特別為民眾精心規劃的健康休閒研習活動，共分研習與進階之旅。兩人同行，每位只要2,500元。可享高雄圓山大飯店住宿一晚、早晚餐各二餐、高爾夫免費教學、免費使用圓山聯誼會休閒設施、高爾夫紀念手套、機場接送服務等，費用平日每人4,200元，假日每人5,200元。除可享受研習之旅各項優惠，並可至澄清湖高爾夫球場享受揮桿樂趣，由飯店支付果嶺費及桿弟費。請踴躍報名。

(二)考生放輕鬆客房促銷案

熱浪37℃，教人汗水直流，「烤」季中的莘莘學子，考前考後讓自己輕鬆一下吧！圓山大飯店「考生放輕鬆」住房優惠，自六月十九日起至八月三十一日止，考生憑准考證可享受下列優惠：

每位住宿第一晚4,800元，含二客早餐。第二晚2,400元不含早餐。第三晚3,600元，不含早餐。士林、大直考區，備有專車接送來回考場。

(三)快樂遠航家北高大優惠客房促銷案

每日不限班次由台北松山機場或高雄小港機場出發。含遠東航空經濟艙來回機票、小港機場來回接送、每日早餐、住宿、保險、報

紙、游泳池及健身房（**表8-3**）。

表8-3　快樂遠航家北高住房大優惠

優惠期間：即日起至XX日止

每日不限班次由台北松山機場或高雄小港機場出發

台北不夜城

房　型	兩天一夜	三天兩夜
成人價	售價／每人	售價／每人
雙人房	NT$4,600	NT$6,680
單人房	NT$6,350	NT$10,200
加　床	NT$3,650	NT$4,700
孩童價	兩天一夜	三天兩夜
雙人房	NT$4,200	NT$6,200
加　床	NT$3,250	NT$4,300

※含遠東航空經濟艙來回機票、每日早餐、住宿、保險、報紙、免費三溫暖、游泳池及健身房。

港都夜語

房　型	兩天一夜	三天兩夜
成人價	售價／每人	售價／每人
雙人房	NT$3,700	NT$5,000
單人房	NT$4,550	NT$6,700
加　床	NT$3,350	NT$4,200
孩童價	兩天一夜	三天兩夜
雙人房	NT$3,400	NT$4,550
加　床	NT$3,000	NT$3,750

※含遠東航空經濟艙來回機票、小港機場來回接送、每日早餐、住宿、保險、報紙、游泳池及健身房。

快樂遠航家訂位專線：（02）25782001　http://www.ezfly.com

資料來源：圓山大飯店提供。

(四)圓山花園廣場，七夕星橋浪漫行銷案

喜上鵲橋情，情侶默契大考驗同心大獎帶回家。

星空下的花園裡，夜色燦爛如水，濃濃的咖啡香隨風四溢，悠揚的樂聲飄落在空氣中，這樣的浪漫場景彷彿電影情景，但今年情人節就在圓山大飯店，這樣的場景不再是夢幻。

圓山大飯店七夕活動首次開放戶外正樓花園廣場舉行，現場不但有露天音樂會、咖啡雅座，凡消費情人節專案的來賓，皆可參加「喜上鵲橋情，牽手過一生」活動，參加者有機會抽中免費CD等，情侶除了考驗默契之外，在經濟不景氣當中，還可以試試手氣抽中現成的情人節禮物（**表8-4**）。

(五)貴賓的接待（V-VIP）

圓山大飯店的建築，集西方建築的雄偉與東方建築的古雅於一體，兼具力與美的表現，無論新建的大廈，或者是原有的金龍、麒麟各廳，都依傳統的宮殿型式，是其最主要的特徵（**表8-5**）。而內部的裝潢陳設，以及家具擺飾，無不皆具中國傳統的藝術彩色，匠心獨運。

以往，各國貴賓前來台灣訪問，都選定圓山大飯店爲行宮，如美國前總統艾森豪、雷根、柯林頓、新加坡前總理李光耀、約旦國王胡笙、泰國國王蒲美蓬、韓國前總統朴正熙、越南前總統阮文紹、沙烏地阿拉伯國王費瑟、菲律賓前總統艾奎諾夫人、東加王國國王，均曾駐足圓山，就以我國的總統如前故總統蔣中正、嚴家淦、蔣經國，及前總統李登輝、陳水扁都以之爲接待外賓或舉行國宴之賓館。以二〇〇一年爲例，駐足於圓山之國外總統就有十六人次，副總統有二十人次，其中賴比瑞亞總統、聖文森總理、塞內加爾總統、韓國前大統領、聖多美普林西比總統等，都曾親訪圓山大飯店。至於其他海內外名流政要蒞臨者更是多不可數。類此，國內外總統及政要蒞臨圓山或

表8-4　星橋浪漫情人節專案內容

甜蜜情人餐

活動時間：8月25日
活動地點：各餐廳

樂廊	NT$3,000元／每對
麒麟咖啡廳	NT$3,000元／每對
松鶴廳	NT$1,500元／每位
六○年代酒吧	NT$1,000元／每位最低消費

※七夕情人套餐每對皆贈送紅酒2杯、情人巧克力1盒、六○年代酒吧提供每位香檳或無酒精雞尾酒1杯。

※以上所有價格均需另收10%服務，本店備有代客送花及情人花束之預訂。

今宵花月夜

專案時間：8月24～26日

景觀套房	NT$9,999	含樂廊情人餐2客、隔日早餐2客
景觀客房	NT$5,999	含麒麟咖啡廳情人餐2客

※以上每對皆贈送紅酒2杯及情人巧克力1盒，含免費三溫暖、健身房、游泳池及商店街折價券。

喜上鵲橋情

活動時間：8月25日 19：30～21：30
活動地點：正樓花園廣場

花園廣場將舉辦露天音樂會，備有咖啡雅座，供應點心，並歡迎情侶參與「喜上鵲橋情‧牽手過一生」活動，參加者將有機會抽大獎。

※本項活動僅適用於消費情人節專案之來賓。雨天移至飯店大廳內舉行。

資料來源：圓山大飯店提供。

舉行國宴、或演說等場況，國內外之媒體記者無不爭先採訪報導，每天大眾傳播工具之報導畫面或刊載圖文新聞，圓山大飯店的曝光率或見報率都隨之被列為頭版或頭條新聞，甚至在電視上的畫面更是重複播放。這樣對於圓山大飯店知名度及企業形象的提升，可說是免費的

表8-5　圓山大飯店著名掌故介紹

> 1.台灣神社：日據時代台灣規模最大的神社，景色幽美。即是台北圓山大飯店的現址。
>
> 2.飛檐與斗拱：外檐斗拱的錯綜複雜，像彼此倚靠的交響樂，依功能和位置的不同，分為四斗拱與五斗拱。
>
> 3.百年金龍：原是銅龍，七十六年金龍廳改建時，鍍為24K（金）身，栩栩如生的三爪金龍，是國寶級的古董，展現「長天飛金龍，高樓玉笛邊」的魅力。
>
> 4.南方型石獅：石材均是台灣的觀音石，形態是中國南方型，日本人稱為「唐獅子」，已有百年的歷史。
>
> 5.九龍壁：位於地下樓牆壁的「九龍壁」，類似大陸的「九龍牆」裝飾用。台北圓山大飯店的牆壁或天花板上約有二十萬條的畫龍。
>
> 6.避難地道：是世界級飯店中，唯一有地下通道的。在飯店地上樓左右兩側，各築有一條長達180公尺的地道，西側通劍潭公園，東側通圓山聯誼會，通道具有防爆、隔音的效果，並有滑梯道及排水道，通風良好。
>
> 7.名人圖畫：(1)唐人雪山圖；(2)洞天山堂圖。

資料來源：圓山大飯店提供。

廣告。當然，也是圓山大飯店至高無上之行銷業務推廣活動與榮譽。國內其他旅館恐怕也只能瞠乎其後。

(六)旅館設施導覽行銷活動

　　圓山大飯店係國內少數旅館被列為參觀的對象之一，因其自一九五二年曾由台灣旅行社轉手之後，迄今已有五十年歷史，其前身台灣飯店之舊址就是台灣神社，是日本明治天皇弟弟北白川供奉靈位之處。館內又有三爪金龍，其典故又尚無人知曉，更是令人好奇。而且後建之本館大樓都別具有各朝代的文化特色（**表8-6**），更是引人思古遐想。尤以圓山大飯店有兩條逃生地道（**圖8-5**），其傳說眾說紛

表8-6　圓山大飯店樓層文化精神介紹

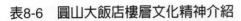

樓層／朝代	設計概念	長廊名畫介紹
一樓／元朝		
四樓／商周	設計師大膽地簡化商周玉器及青銅上的素材，表現在廊壁及床頭板及床罩的設計上。	
五樓／漢朝	設計師以太極流動的精神為主軸，並運用易經及「氣」的內涵化為抽象龍、鳳形態的圖案表徵。	
六樓／明朝	鄭和下西洋後，東西方貿易大開，文化交流鼎盛。本樓層設計採回教及中國文化交流的柔和色彩，表現在布料的交錯編織上。	唐寅《溪山漁隱》 仿趙伯驌《後赤壁圖》 明人《出警圖》、《八驛圖》
七樓／清朝	設計師以象徵吉兆的龍袍為素材，不以龍為表徵，而以代表長壽的仙鶴為圖象表現。	王翬《臨王維山陰齊雪圖》 清院本《清明上河圖》 郎世寧《百駿圖》 惲敬《扇面》
八樓／唐朝	國際人文薈萃的長安城，融合了中亞地區的異國風情。本樓層的設計也以此為素材，並用中亞的砂色喚起對唐代兼容並蓄的文化懷想。	五代南唐《江行初雪圖》
九樓／宋朝	設計師以南宋的文化特色為主軸，在花紋圖案上表現出精緻的、柔性的、緬懷故土的江南風情。	

資料來源：圓山大飯店提供。

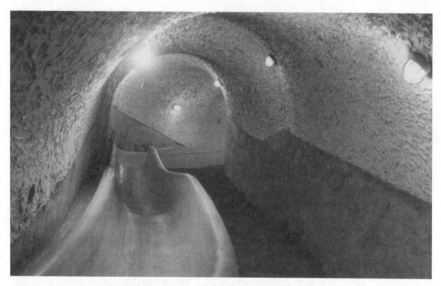

圖8-5　圓山大飯店逃生地道之一

資料來源：圓山大飯店提供。

云，更足以吸引絡繹不絕之人潮，這是圓山大飯店行銷推廣訴求重點
之一，也是賣點之一。每於假日更是人潮洶湧。

二、旅館餐飲行銷活動的實務

　　旅館內附設餐廳原本主要是提供住宿旅客之方便，後因設備的
擴充，甚至是新蓋旅館事先的規劃設計，使得旅館餐飲的服務，不但
具有中國傳統式的口味佳餚，還具備有西餐、日本和式料理等等，而
且供應餐食、咖啡服務的時段，分為早餐、午餐、下午茶、晚餐、宵
夜、酒吧、夜總會等等。還有服務消費大眾的項目，除正餐、宵夜之
外，更擴展為婚慶喜筵，有些排場往往都超過百桌以上，每一場之消
費額要超過一百萬元以上者，也是常有的事。除此之外，旅館除了客
房及餐廳業務之外，還發展會議服務項目，提供會場出租。會議業務
的消費性質，通常都包含餐食及點心、飲料，並常有大型宴會之舉

辦。尤其是國際型的各式會議，與會者來自世界各地，一定要提供客房住宿，因此，旅館的收入就頗為可觀。是以，旅館業者對於餐飲、會議之業務，無不卯足全力，爭相分食這塊市場大餅。復加上市區一般餐飲業激烈的競爭，旅館對於餐飲業的行銷活動就得絞盡腦汁，計出萬全，以決勝負。

旅館餐飲業的行銷活動，大約是依據節慶，擬妥全年度的民俗節日推出應節促銷活動。此外，還依據季節變換搭配時令蔬果、海鮮等為號召以促銷活動。

茲列舉圓山大飯店餐飲行銷活動的實務，簡介如下：

(一)新春團圓闔家歡促銷案

新年到、新年到，穿新衣、戴新帽，花開富貴端上桌，祥獅獻瑞討吉兆，團圓美滿過新年。除夕至初三期間，我們家不打烊，祝來賓新春愉快、歲歲平安（**表8-7**）。推出新春套餐、團圓桌菜、西式自助餐特價活動。

(二)浪漫情人禮，見證跨世紀戀情促銷案

一束鮮花，一盒巧克力，將心中的思念與愛慕，傳達給對方。圓山大飯店二月十四日推出「世紀初浪漫情人之禮」活動，各餐廳推出情人餐每對3,000元，隨餐附贈葡萄酒或浪漫香檳，還有象徵甜甜蜜蜜的巧克力；住宿優惠9,999元景觀套房與5,999元景觀客房，兩項專案皆含情人餐與隔日早餐（**表8-8**）。

(三)六種類型媽咪套餐促銷案

圓山大飯店在母親節別出心裁，特別為六種類型的媽咪：氣質媽咪、麻辣媽咪、典雅媽咪、魅力媽咪、高貴媽咪、古典媽咪設計餐點，優格由880至1,500元不等（**表8-9**）。

表8-7 新春團圓闔家歡

梅花爆竹慶新年，御盤珍饈圓緣宴新春團圓闔家歡

除夕至初三期間供應

新年到、新年到，穿新衣、戴新帽，花開富貴端上桌，祥獅獻瑞討吉兆，團圓美滿過
～新～年～。除夕至初三期間，我們家不打烊，祝來賓新春愉快、歲歲平安！

柏壽廳

餐點	菜色	價格
新春套餐	生菜鮑魚、雪花魚翅、無錫排骨、蔥油石斑、元盅燉雞……等	1,500元／人
團圓桌菜	花開富貴、蠔皇鮑脯、家鄉童雞、七海遊鱗、枸杞燉鱔……等	16,800元／桌
團圓桌菜	祥龍獻瑞、一元復始、竹報平安、年年有餘、團圓美滿……等	20,000元／桌

桌菜每桌附贈Suntory Whisky一瓶或高級進口紅酒二瓶。

金龍廳

餐點	菜色	價格
新春套餐	錦繡燒味拼盤、排翅佛跳牆、鮮澄芝麻雞、XO爆蝦球……等	1,500元／人
團圓桌菜A	乳豬燒味拼盤、發財瑤柱脯、榆耳鮮蝦球、蟹肉燴魚翅……等	16,800元／桌
團圓桌菜B	鴛鴦明蝦球、夏果玉帶子、珍品佛跳牆、翠綠滑雞柳……等	20,000元／桌

桌菜可憑個人喜好單點，任佳賓自由選擇。桌菜A每桌附贈Suntory Whisky一瓶或高級
進口紅酒二瓶；桌菜B每桌附贈紀念紅酒二瓶。

樂廊（除夕暫停營業）

餐點	菜色	價格
新春套餐	南洋風情蝦沙拉、鮮奶油扇貝湯、檸檬雪碧、碳烤鮭魚佐洋蔥龍	1,000元／人
	蝦沙司或香烤菲力牛排佐松露沙司、藍莓威芬派……等	

每人附贈紅酒一杯。

松鶴廳

餐點	菜色	價格
西式 自助餐	除夕自助午餐	690元／人
	除夕自助晚餐	1,200元／人
	新春自助午餐（初一至初三）	900元／人
	新春自助晚餐（初一至初三）	900元／人

除夕當天每人附贈紅酒一杯。

※以上所有餐飲價格均需加10%服務費

資料來源：圓山大飯店提供。

表8-8　世紀初浪漫情人禮

浪漫情人禮，見證跨世紀戀情

七月七日金龍殿，圓山的七夕傳說，

走在愛情銀河間，神社金龍將為戀人們看守他們的願望……

圓山大飯店 **七夕情人節記者會**

時　　間

七月二十六日（三）上午十時三十分

地　　點

圓山大飯店金龍廳

主 持 人

鈕總經理

精采內容

七夕情人節活動說明

金童玉女穿著古典婚紗演出，金龍祈福願天下有情人終成眷屬
圓山禮坊情人節最新商品秀

【鵲橋情人餐】

【古典婚紗定情照】

【七月七日金龍殿】

【銀河宵月夜】

【牛郎織女心】

爸爸的情人～今年最ㄅㄧㄤˋ的父親節禮物

【幸福之禮】

【甜蜜之禮】

紳士淑女養成營

歡迎氣質美少女、翩翩酷少男報名參加

國、高中課程新增國際標準舞、化妝及穿衣禮節、神秘舞會等

資料來源：圓山大飯店提供。

表8-9　六種類型媽咪套餐促銷案

給媽咪的SPECIAL
六種類型媽咪套餐

　　ＸＸ大飯店今年母親節別出心裁，特別為六種類型的媽咪——氣質媽咪、麻辣媽咪、典雅媽咪、魅力媽咪、高貴媽咪、古典媽咪——設計餐點，從餐套、單點到桌菜應有盡有，價格由880～1,500元不等。ＸＸ大飯店表示，這六種餐點分屬ＸＸ六大主題餐廳，主廚以各廳的特色做各式各樣的母親節套餐設計，其實不管是哪一種類型的母親，都是天下最好的媽媽！民眾除可依個性來選擇之外，個人對餐飲的偏好也是一種選擇方式。

- 氣質媽咪
  樂廊　1,200元／位
  ～歐式海陸套餐，位於飯店大廳左側，伴有悠揚樂聲……

- 麻辣媽咪
  松鶴廳　800元／位（午／晚）
  ～西式自助餐，任酷媽自由選擇……

- 典雅媽咪
  麒麟咖啡廳　1,200元／位
  ～西方餐點，特別供應整隻活龍蝦，適合偏愛幽靜閒適的媽咪……

- 魅力媽咪
  柏壽廳　新菜單供應單點　精美桌菜 14,000元起／桌（10位）
  ～川揚料理，國宴大廚親自烹調……

- 高貴媽咪
  金龍餐廳 套餐 1,000元／位（午） 1,500元／位（晚） 桌菜 14,000元起／桌
  （10位）
  ～粵式海鮮，金龍餐廳氣派優雅，適合喜歡多人慶祝的媽咪……

- 古典媽咪
  圓苑　單點
  ～古典中國客棧，茶飲、小菜、糕點隨意挑選

- 住宿六折
  5/11～5/13

- 母親節蛋糕
  芒果覆盆子蛋糕650元／6吋、800元／8吋、紅豆鬆糕800元／個

資料來源：圓山大飯店提供。

(四)玫瑰粽新口味花瓣成內餡，端午節肉粽促銷案

　　玫瑰花除了情人間用來表達愛意之外，花瓣還可以泡茶、洗澡、敷臉……，可說非常受到女性消費者的歡迎。不過拿來包粽子卻還是新鮮的嘗試。端午節就要來臨，圓山大飯店端午節特別推出以玫瑰花瓣為內餡的玫瑰豆沙甜粽。與新鮮Q嫩的糯米一塊嚼入，品嘗起來有一股清淡的花香在口中（**表8-10**）。

(五)歡樂酒吧占領專案——酒吧促銷案

　　您也可以擁有大型的派對場合，圓山大飯店歡樂酒吧占領專案，提供您一個氣氛絕佳、不受干擾的PUB場所，經濟價格，五星享受（**表8-11**）。並推出圓山與您共度平安夜之特別節目（**圖8-6**）。

(六)新好爸爸之禮——父親節促銷專案

　　今年父親節，圓山大飯店提供您三種不同的組合禮物，讓孝順的您在不景氣下，視預算做選擇，我要為爸爸準備一分祝福（**表8-12**）。

圖8-6　旅館平安夜促銷專案

資料來源：圓山大飯店提供。

表8-10　玫瑰粽新口味花瓣成內餡，端午節肉粽促銷案

玫瑰粽新口味　花瓣成內餡

　　玫瑰花除了情人間用來表達愛意之外，花瓣還可以泡茶、洗澡、敷臉……，可說非常受到女性消費者的歡迎，不過拿來包粽子卻還是新鮮的嘗試。端午佳節就要來臨，圓山大飯店金龍餐廳今年推出以玫瑰花瓣為內餡的玫瑰豆沙甜粽，將淡雅清香的玫瑰花瓣融入細緻綿密的紅豆沙裡，再隨著新鮮Q嫩的糯米一塊嚼入，嘗起來有一股清淡的花香在口中。

　　圓山大飯店金龍餐廳主廚表示，玫瑰與紅豆都是天然的食材，而且營養價值高，二者結合的味道相當融洽，會是令人想不到的美妙滋味，這種淡雅正好符合現代人健康美食的概念，對喜歡吃粽子又怕油膩的女性消費者而言，今年又多了個選擇。

　　此外，圓山大飯店金龍餐廳依慣例還推出體積較大的廣式裹蒸粽，圓苑則仍推出紅豆鹼水粽，柏壽廳去年因阿扁總統就職推出的台南肉粽今年則改為台式香菇肉粽。

　　圓山大飯店向來所推的粽子種類雖然不多，但是每種粽子不是主廚的創新研發就是老主顧的最愛，今年的端午佳節，民眾又要食指大動了！

【粽情外賣】6/15～6/25

餐廳	種類	材料	售價
金龍餐廳	玫瑰豆沙甜粽	糯米、玫瑰花瓣、紅豆沙	100元／粒
	廣式裹蒸粽	糯米、燒鴨、蛋黃、蓮子、干貝、冬菇、綠豆仁、滷肉	360元／粒
柏　壽　廳	台式香菇肉粽	糯米、蛋黃、冬菇、滷肉	100元／粒
圓　　　苑	紅豆鹼水粽	糯米、紅豆沙	60元／粒

※單一產品訂購10粒以上九折優惠；滿1,000元附贈小竹籃乙只，滿1,500元附贈大竹籃乙只。

資料來源：圓山大飯店提供。

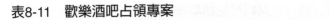

表8-11　歡樂酒吧占領專案

歡樂酒吧占領專案

您也可以擁有大型的派對場合

無論是謝師宴、迎新舞會、生日PARTY或是公司聚餐、親友齊聚，

您曾有找不到狂歡場地的煩惱嗎？

還是場地費外又要付餐費、飲料費、卡拉OK……數不完的加值費，

圓山大飯店歡樂酒吧占領專案，

提供您一個氣氛絕佳、不受干擾的PUB場所，

經濟價格，五星享受

讓您與親友用歡樂占領酒吧！

專案內容

1. 每人600元（限50人以上）
2. 使用時間：中午12：00～15：00
3. 提供服務：西式自助餐＋隨心所欲的場地，
   還有免費卡拉OK歡唱三小時。
4. 需另加一成服務費
5. 可代為安排樂團演奏

資料來源：圓山大飯店提供。

表8-12　新好爸爸之禮──父親節促銷專案

新好爸爸之禮

小時學騎單車，總有父親的雙手一旁扶持；

有時走路累了，最喜歡坐在父親的肩膀上；

每年生日那天，還會收到父親送的新玩具；

今年的父親節，我要為爸爸準備一分祝福～

爸爸節，圓山大飯店提供您三種不同的組合禮物，

讓孝順的您在不景氣下，視預算做選擇！

感恩之禮　NT$9,999

含晚餐二客（松鶴廳）、紅酒一瓶、景觀套房一夜、歐式自助早餐二客、三溫暖券、圓山禮坊折價券一張、商店街折價券一張、六○年代酒吧折價券一張。

溫馨之禮　NT$5,299

含晚餐二客（麒麟咖啡廳）、紅酒一瓶、高級客房一夜、三溫暖券、圓山禮坊折價券一張、商店街折價券一張、六○年代酒吧折價券一張。

問候之禮　NT$880

父親節當日，松鶴廳午、晚餐均880元＋10％，另贈六○年代酒吧折價券。

※六○年代酒吧折價券有效期間為三個月。

※詳情請洽：（02）28868888轉訂房中心或松鶴廳

資料來源：圓山大飯店提供。

(七)唐宋宮廷珍饈「鹿鳴宴」促銷案

圓山大飯店「鹿鳴宴考察觀摩團」七月間前往中國大陸東北瀋陽展開兩岸的廚藝交流活動，參與者為圓苑主廚等一行十餘人，在返台後立即緊鑼密鼓的試菜、調料，研發出適合台灣口味的「鹿鳴宴」，全席共有八道壓桌碟、八道開胃涼菜及十道主菜搭配五道精緻的東北點心。每桌為30,000元，推廣期間均以八折優惠（**表8-13**）。

(八)參加二○○一年台北中華美食展活動

圓山大飯店於二○○一年八月十八日特別邀請瀋陽烹飪大師劉敬賢暨麵食專家師傅二十餘位表演鹿鳴宴菜餚、東北風味小吃、東北麵點等手藝（**圖8-7**），並舉行特別展記者招待會。

另於八月二十三日至二十六日，假台北世貿中心展覽館二館參展二○○一年台北中華美食展，並偕東北烹調大師暨圓山大飯店師傅等表演中國麵食及「鹿鳴宴」菜餚，藉以交流推廣台灣與大陸美饌佳餚及麵點之心得及技藝。並藉由此次的美食展以發揚圓山大飯店菜餚及餐食之特色（**圖8-8**、**圖8-9**）。

(九)接待獅子會暨扶輪社定期集會之業務

圓山大飯店為推廣餐飲暨會場出租之業務，特於二○○○年起設立專人為扶輪社及獅子會之例會招攬行銷工作，目前於圓山大飯店舉行定期例會或不定期會議（**圖8-10**）之社團已不下三、四十社，對於圓山餐飲、客房及會場等收入助益不小，又由其社團成員所引薦而來的大宴小酌業務，更是源源不絕，對於飯店的營收及形象提升的績效可謂「名利雙收」，這是目前旅館業最成功的行銷活動之一。

(十)平民國宴套餐行銷案

總統就職大典已落幕，在圓山大飯店十二樓大會廳的國宴風潮，

表8-13　鹿鳴宴菜單

資料來源：圓山大飯店提供。

圖8-7 圓山大飯店「鹿鳴宴」及「東北麵點、菜餚」發表會

資料來源：圓山大飯店提供。

圖8-8 二○○一年台北中華美食展圓山大飯店展示館之一

資料來源：圓山大飯店提供。

圖8-9　二○○一年台北中華美食展「鹿鳴宴」展示一角

資料來源：圓山大飯店提供。

圖8-10　台北地區扶輪社假圓山大飯店舉行慶祝大會

資料來源：圓山大飯店提供。

為了讓民眾也能一嘗520國宴心願，圓山大飯店自即日起特別推出正統國宴套餐，邀請民眾上圓山做總統，3,000元就可享受到元首般的尊榮服務。圓山大飯店國宴套餐——四季宴包括春之孕、夏之育、秋之美、冬之養以及歲之時（**表8-14**）。

表8-14　平民國宴套餐行銷案

520國宴・歡騰在圓山

　　眾所矚目的520國宴今年在台北圓山大飯店舉行晚宴，預計將有多達三百多位的各國貴賓受邀蒞臨這場盛宴，歷來為舉辦國宴不二之選的圓山大飯店此次更是老手新作，開發了不少新的國宴菜色，為這次的520國宴賦予了新的精神與意義。

　　有鑑於此次520國宴主人　陳水扁總統想要在國宴菜色中強調的本土風味與民族融合之寓意，圓山大飯店特別設計出名為「四季宴」的菜單，整套共分為五部曲，依序是春之孕、夏之育、秋之美、冬之養與歲之時五部，在這一分四季菜單之中，「春之孕」是百香玫鮭白玉，材料是鮭魚、帶子、鮭魚卵，代表的是春天化育之始；「夏之育」有虱目魚丸湯、碗粿等，代表的是夏天養育的精神；「秋之美」是主菜上場，有薑蔥蒸龍蝦、煙燻龍鱈、碳烤小羊排等；「冬之養」是甜點，有三元甜粥與代表民族融合的芋薯甜糕；「歲之時」是道地台灣產的四季鮮果，這一分特殊設計的國宴新菜單也即將呈現給您，一享國賓級禮遇，在這新紀元的開啟之時，圓山大飯店邀您入主，獨享尊貴！

資料來源：圓山大飯店提供。

(十一)聖誕食品外賣——回饋顧客降價優惠促銷案

耶誕節的腳步就要來臨，圓山大飯店準備琳瑯滿目的精緻耶誕食品，自十一月十六日起至一月三十一日止，開始於大廳樂廊外專賣櫃爲顧客服務，同時也爲消費者的荷包打算，今年特別降低價格回饋顧客。

(十二)跨年晚會——重現上海風華新年狂歡派對促銷案

十二月三十一日上海之夜新年派對，六〇年代的復古情懷讓您重回到上海的歌舞及繁華。每人只要2,000元（含自助餐／舞券）（圖8-11）。

以上均屬於旅館客房與餐飲行銷活動部分之實例，簡列數項，以供參考。

第四節　旅館公共關係與廣告的實務

旅館企業形象之建立，絕非一蹴即成，實際上是經過漫長歲月，日積月累所努力的成果，而且牽涉層面之廣，亦非三言兩語所能道盡。其係旅館全員的責任，硬體的設備、軟體的服務、產品品質的良窳，都是代表旅館的精神與水準。它不僅是旅館表面口碑的毀譽，尤是旅館無形內涵的文化。無論如何，旅館的行銷活動、公共關係、廣告活動、社會公益活動的參與等等，皆爲培養與維護旅館企業卓越形象的策略。

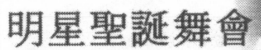

圖8-11　旅館二○○一年跨年晚會促銷專案

資料來源：圓山大飯店提供。

一、旅館公共關係的實務

(一)參與台北燈會及高雄燈會贊助活動

　　圓山大飯店自一九九七年起，每年均熱烈參與交通部觀光局所主辦之「元宵燈會」，一九九八年捐贈「虎年主燈」。二〇〇一年於高雄舉行之燈會，贊助新台幣一千萬元製作「龍、鳳、麒麟、鰲」（圖8-12）四大主題燈暨十二生肖燈經費。對於配合政府政策，促進社會公益事業及提升企業形象，建立企業與政府及民間的公共關係和廣告效益，實是一兼數得。

(二)參與九二一地震災後救援行動

　　九二一地震後，社會各界救援災害活動熱心踴躍不遺餘力，台灣地區的觀光產業界亦先後投入救災行列，圓山大飯店亦急公好義不落人後，慷慨捐輸，類此善舉除獲社會好評之外，亦有助於旅館企業與政府及民間公共關係之良性互助與建立。

(三)關懷民間貧苦病患之善舉活動

　　每於媒體報導有關民間貧苦及病患之慈善或義賣會贊助活動，圓山大飯店無不慷慨解囊，熱心參與。諸如關懷癌症慈善義賣會，配合「德桃癌症關懷文教基金會」，於台北圓山大飯店聯誼會游泳池畔舉辦義賣活動。「財團法人周大觀文教基金會」，舉辦推動「熱愛生命運動」活動，圓山大飯店亦予以協助。另外，「貝多芬音樂基金會」、「榮星兒童合唱團」之慈善晚會亦多予贊助。還有，每年寒冬歲末送愛到孤兒院、老人院等，圓山大飯店亦多次捐贈餐點、菜餚及禮品。除了回饋社會，對於旅館公共關係之互動，具有無限之效力與回應。

圖8-12　二○○一年高雄燈會圓山大飯店贊助主燈之一

資料來源：圓山大飯店提供。

(四)認養北安暨劍潭公園之社區公益活動

為配合政府美化都市及居家環境，圓山大飯店亦主動認養周邊北安及劍潭公園之社區公益活動。除派員定期除草、施肥、灌溉及種植花木。以維護台北市區之景觀與市容外，並給與市民有個美麗、清新的居家環境，除了有益於提升國家之形象外，圓山大飯店對於政府與社區敦親睦鄰之公共關係亦獲得實質效應。

(五)開放建築設備之導覽活動

旅館產品的特性之一，即是客房無法提供試用，除了閱覽簡介，就是到現場參觀。是以，旅館對於客戶、民間學校、機關團體均應予開放參觀，並予熱心接待與導覽（**圖8-13**），畢竟這些都是「潛在的客戶」，隨時要掌握市場狀況之變化，化「潛在客戶」為實際消費之「財神爺」，這既是公共關係建立之行銷通路，又是主動上門之商機，何不把握。

茲簡列客戶參觀之程序要項：

1. 接獲客戶參觀房間之通知並問明想要參觀之房間型態。
2. 與櫃檯聯絡並要求可使用之空間，儘量為同一樓面。
3. 先向客戶自我介紹，再告知客戶參觀之程序。
4. 引導客戶時，最好在客戶前方二點鐘方向，並依客戶速度調整之。在電梯內可介紹監控設備。
5. 由小客房開始介紹至大客房，到達預備介紹之樓層，按住電梯門讓客戶先出電梯並指示客戶左右轉方向。
6. 引導客戶至客房門口時，務必先敲門再進入。
7. 進入客房後先打開主電源，介紹客房特殊設計、風格及色調。在介紹客房時亦須耐心聽取客戶之問題並予以回答。
8. 結束參觀時，請客戶離開時，關上電源並帶上房門。
9. 交換名片並向客戶道謝，將名片歸檔。

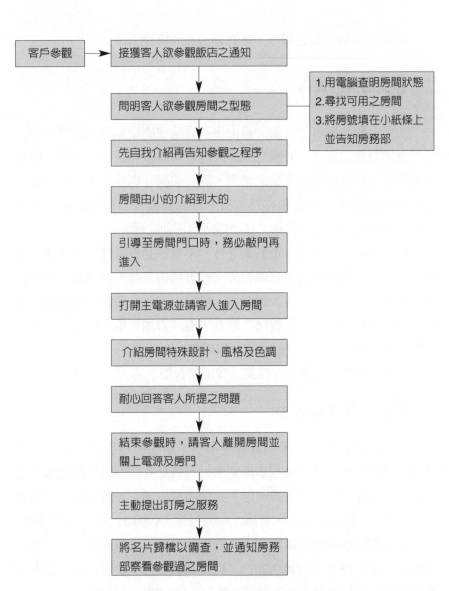

客戶參觀　→　接獲客人欲參觀飯店之通知

問明客人欲參觀房間之型態 ─── 1.用電腦查明房間狀態
2.尋找可用之房間
3.將房號填在小紙條上
　並告知房務部

先自我介紹再告知參觀之程序

房間由小的介紹到大的

引導至房間門口時，務必敲門再
進入

打開主電源並請客人進入房間

介紹房間特殊設計、風格及色調

耐心回答客人所提之問題

結束參觀時，請客人離開房間並
關上電源及房門

主動提出訂房之服務

將名片歸檔以備查，並通知房務
部察看參觀過之房間

圖8-13　旅館客戶參觀流程圖

資料來源：圓山大飯店提供。

10.將客房鑰匙歸還櫃檯，才算圓滿完成導覽工作。

二、旅館廣告的實務

　　企業常藉由廣告的活動，藉由報刊雜誌或廣播電視等媒體，將企業經營和服務的訊息，於瞬息間即時將它傳播散發給社會大眾，傳遞給消費者，直接地促進產品的銷售，間接的提升與維護企業的形象。旅館業之廣告功能與企劃亦然，應於年底前擬妥新年度的廣告企劃案，並編列預算，逐步實施，以發揮行銷活動之機能。

　　旅館除擬妥年度廣告企劃案之外，平常亦應與媒體建立良好的互助關係，除了有價的廣告宣傳報導，亦可藉由免費的宣傳報導來增強廣告效果。此外，旅館自大廳開始，電梯、客房、餐廳、各走道及迴廊，處處都是旅館本身免費廣告地點，應該善加利用。事實上，產品品質、服務態度本身就是最佳的廣告媒體。

　　茲將旅館廣告的實務、作業、費用簡介如下：

(一)刊登報章雜誌廣告

　　利用各種日報、晚報、雜誌及期刊，廣告新推出的活動、客房及菜餚等訊息。或登報慶祝結婚宴席，或刊登歡迎外國總統蒞臨，如「歡迎甘比亞共和國總統賈梅閣下訪問中華民國」（圖8-14）下榻曾名列世界十大飯店的圓山大飯店（中央日報，1998.11.19），和「歡迎巴拉圭共和國總統鞏薩雷斯閣下訪問中華民國」（圖8-15）下榻圓山大飯店（中央日報，1999.3.20）。此類報紙廣告，除向外國元首表示歡迎之外，對於圓山大飯店的行銷廣告，具有無比之效力。

(二)旅館大廳寶石古董展示活動

　　台北圓山大飯店大廳展示「昌化雞血石」（圖8-16），昌化石礦係屬朱砂（硫化汞），滲透於葉蠟石中，此類共生一體的天然寶石，

我們以最可信賴的新聞天天為讀者服務‧‧‧‧‧中央日報向您問好

歡迎甘比亞共和國總統
賈梅閣下
訪問中華民國

A hearty welcome to His Excellence
Yahya A. J. J. Jammeh
President of
The Republic of The Gambia
on his visit to the Republic of China

曾名列世界十大飯店的圓山大飯店
中西合壁設計的景觀客房，國宴級的珍饈佳餚，
在在皆讓您流連忘返並且不虛此行，
圓山大飯店給您傳統文化與中華美食的雙重饗宴！

THE GRAND HOTEL
圓山大飯店

台北市中山北路4段1號　電話：(02)25965565
1. Chung Shan North Road Section 4 Taipei. Taiwan. R. O. C.
TEL：(02)25965565　FAX：(02)25948243

歡迎巴拉圭共和國
總統鞏薩雷斯閣下
訪問中華民國

A hearty welcome to His Excellency
Luis Angel González Macchi
President of the Republic of Paraguay
on his visit to
the Republic of China

曾名列世界十大飯店的圓山大飯店
中西合壁設計的景觀客房，國宴級的珍饈佳餚，
在在皆讓您流連忘返並且不虛此行，
圓山大飯店給您傳統文化與中華美食的雙重饗宴！

THE GRAND HOTEL
圓山大飯店

台北市中山北路4段1號　電話：(02)25965565
1. Chung Shan North Road Section 4 Taipei. Taiwan. R. O. C.
TEL：(02)25965565　FAX：(02)25948243

圖8-14　1998.11.19刊登中央日報
　　　　歡迎廣告版面

資料來源：圓山大飯店提供。

圖8-15　1999.3.30刊登中央日報
　　　　歡迎廣告版面

資料來源：圓山大飯店提供。

圖8-16　圓山大飯店大廳展示「雞血石」

資料來源：圓山大飯店提供。

在國內外係屬罕見。

　　高雄圓山大飯店亦展示巨大石榴，價值連城，兩者皆吸引了無數的國際旅客，以及國民旅遊旅客之觀賞，對於人潮的造勢，實係功能無比，並具有十足的廣告效力。

(三)展示新菜餚記者會

　　二〇〇一年八月十八日假圓山大飯店舉行新菜餚之發表記者會，新開發之菜餚計有十二道，會後並宴請記者品嘗，且於次日見登於各大報，對於餐飲的促銷廣告，其效應無邊，且係免費之公關報導。

(四)聖誕節慶旅館大廳擺飾之活動

　　圓山大飯店於二〇〇一年聖誕節，擺設主題樹「祈福」（創作者係旅日藝術家余連春、日籍雕塑家上原一明），係以二十一根大

小不一的銀色圓筒組成，不斷向上延伸，高低層次交錯排列。尺寸高六公尺寬三公尺，質材：鉛片、鐵板、布、壓克力片、塑膠水管（**圖8-17**）。主題「祈福」係來自教堂的神聖樂聲，創造了眞善美的至高境界，擺飾於圓山大飯店大廳配以原有金黃及硃紅之帝王宮廷原色，確實相得益彰，實顯藝術之效果，確實讓住宿的旅客駐足觀賞，拍照留念。旅館的廣告無形中亦流出於海外。

還有，圓山大飯店每於聖誕前夕爲舉辦「環保創意耶誕樹」點燈活動，特邀各大學相關藝術、美術、設計等科系提供創作（**表8-15**），並參與點燈儀式。此次「環保創意耶誕樹」之質材係採用非木材之材料。是以，除了創意之外，更具有創新之環保意識，可謂國內之創舉。在點燈活動時亦邀請媒體記者參與，次日亦見登各報，廣告之效力，堪稱十足，甚且展示期限延至元旦過後，無獨有偶地亦吸引了市民之觀賞。可謂爲台北市民休閒活動另添一點色彩。

圖8-17　圓山大飯店二○○一年聖誕節擺飾主題樹「祈福」

資料來源：圓山大飯店提供。

表8-15　圓山大飯店獲最佳企業形象獎

圓山大飯店獲最佳企業形象獎
2000年傑出公關獎揭曉　圓山環保創意耶誕節再傳佳績

　　圓山大飯店去年舉辦的「環保創意耶誕節」再傳佳績！由公關基金會主辦的「2000年傑出公關獎」已於22日晚間揭曉，圓山大飯店以去年一場熱鬧並具有教育意義的「環保創意耶誕節」榮獲企業形象優異獎，這是繼亞太旅遊協會（PATA）「2000年金獎」（Gold Awards）之後再度獲得的獎項。

　　公關基金會二年一度的「傑出公關獎」邁入第五屆，由於今年適逢公元2000年，本次頒獎典禮更是受人矚目，全部獎項計有最佳企業形象獎、最佳發言人獎、最佳公關經理人獎、最佳危機處理獎、最佳社區關係獎、最佳內部刊物獎等。圓山大飯店以去年度熱鬧演出的「環保創意耶誕節」參賽角逐最佳企業形象獎，並於眾多知名競爭者中脫穎而出，同時獲得此項殊榮的尚有美國安泰人壽台灣分公司與香港萬寶龍太平洋有限公司台灣分公司。

　　擔任本次最佳企業形象獎的評審委員有銘傳大學傳播研究所所長楊志弘、公共電視總經理李永得、勁報社長周天瑞、時報週刊董事長簡志信等。圓山大飯店這次再傳佳績，可說是社會大眾所給予的高度肯定。值得一提的是，這次得獎名單中只有圓山大飯店是唯一獲獎的旅館業者，這與圓山大飯店總經理鈕先鉞上任後，致力於「公益代言」、「親切有禮」、「活力創新」等經營理念的實踐，為圓山大飯店成功轉型的絕佳證言。

資料來源：圓山大飯店提供。

(五)著書立説、演講授課以提升旅館形象

　　旅館之工作同仁上自總經理起，如果平常能投稿於報章雜誌或者受邀於各大學講學授課，或受邀於各社團之講習會、訓練班傳授經驗，對於旅館水準暨知名度之提升，實是助益匪淺。

　　尤以經營者或高階幹部能著書立説，傳道、授業、解惑兼充夫子之道，則對於旅館聲望名譽之提升及行銷廣告之效果可説是無以復加。尤以將其著作拓展至海外市場，更有無比的效益。

(六)廣告作業要項

1.每月底擬定次月「廣告計畫表」（應參酌年度廣告計畫書）
　　(1)參考年度預算表。
　　(2)參考當月份本旅館活動內容。
　　(3)依據上級指示或有關部門建議。
　　(4)計畫表必須詳列：媒體名稱、刊登日期、期間、金額。
2.每月定期召集有關單位主管，以商討當月份「廣告計畫表」。
3.「廣告計畫表」討論定案後，影印一分交由美工單位參考，以安排時間製作美工稿件。
4.依「計畫表」上所列時間，事先與廣告媒體公司或廣告代理高聯絡，預定廣告版面、刊登日期及確定取稿日期。
5.於取稿日前一週製作廣告文字稿。
6.廣告文字稿草擬完成呈上級主管簽核。
7.開列「美工申請單」，附有關資料送美工部製稿、完稿。
8.完稿作品再呈總經理簽核。
9.發稿前將影本送上級及餐飲部或客房部有關單位參考。
10.若廣告媒體為DMS／Flyers／Brochures：
　　(1)完稿開列「請購單」交採購單位訂購印製。
　　(2)物品送達後寄發。

11.若廣告草稿爲廣播方式：

(1)廣告草稿送廣告代理商製作廣播帶，並告之「廣告日期」、「時段」及「預算費用」。

(2)製作完畢，送回本部門試聽。

(3)試聽滿意後，送總經理核准。

(4)送回原廣告代理商處理，須再確認「廣告日期」、「時段」。

(5)廣告播出後，本部門人員應監聽，確定廣告日期、時間、內容無誤。

(七)廣告費用處理方式

1.接獲媒體公司寄達的發票及所附的廣告稿，核對發票金額是否正確。

2.核對無誤，開具「支票申請單」（request for check），並附上發票及廣告稿交公關經理簽核。

3.登記於「廣告費用登記本」內，填明：

(1)廣告媒體名稱。

(2)刊登日期。

(3)次數。

(4)刊登內容。

(5)金額。

4.「支票申請單」附上發票及廣告，交財務部請款。

5.每月編製「廣告費用明細表」：

(1)參考「廣告費用明細表」所記載內容編製。

(2)計算該月廣告費用表。

6.「廣告費用明細表」交公關經理參閱，並與「廣告費用預算表」比較，然後歸檔。

Chapter 9

旅館總務部的功能與作業

第一節　旅館總務部的功能及基本作業程序
第二節　旅館總務部作業的要項

第一節 旅館總務部的功能及基本作業程序

一、旅館總務部的功能

旅館的組織型態,依其經營的性質、規模的大小各有不同的類型。其內部的組織結構約略可分為三個類型,即直線型(line control)、功能型(或稱幕僚型,functional)及混合型(line & staff)。而以混合型最為普遍。但亦有些旅館的組織依其性質不同而區分為功能型、市場型及矩陣型三個類型,但以矩陣型最被採用。

不過,不論旅館的組織各有不同,其多數被分類為兩大部門,即前場部門(外務部門,front of the house)及後勤單位(內務部門,back of the house)。而前場部門就是包括客房部(客務部、房務部)、餐飲部、業務部。後勤單位則包括總務部、財務部、人力資源部、工程部、安全室、安衛室、行銷公關部等單位。總務部既屬於內務部門或後勤單位,其就是管理部門,係輔助旅館順利營業之單位。類似公家機構之總務單位,其功能亦在協助各單位之業務推行。

旅館總務部依其職務功能,又包括總務組、資材組、採購組。茲將其作業程序分別列述於下。

二、旅館總務部的基本作業程序

(一)總務組的作業

總務組係綜管旅館一切後勤雜項事務,如園藝作業、鮮花作業、旅館外圍清潔、停車收費、宿舍、員工伙食、員工更衣。總務組係隸屬於總務部直屬並直接接受總務經理管轄。由於作業單位含營收(停車收費、花藝收入)、支出。故在作業上更須注意以下重點:

1.確實維護員工使用區域之清潔及各項設備之完善。

2.管理員工餐廳之清潔衛生及菜餚之營養，期使員工都能吃到美味營養之食物。

3.經常更換旅館內各區域之鮮花、盆樹。

4.定期修剪花草樹木，使其均能保持鮮綠。

5.實施花草、樹木施肥除蟲作業。

6.確實做好郵務作業（包含內部及顧客服務）。

(二)資材組的作業

資材組綜管各項財產及倉儲、廢棄物之管理作業，隸屬總務部門，其中作業尚須注意以下之細節：

1.完整記錄所有固定資產（可移動之資產，如家具、壁畫、地毯、古董等）。

2.將固定資產做好編號、目錄，並標記於各財產上面。

3.建立各部門使用單位之財產保管登記卡。

4.建立完善之盤點制度。

5.將倉庫存貨列出清單，並依其使用數量及進貨週期等細節，訂定物品安全存量。

6.確實盤點庫存物品，並做好汰舊換新作業，以期減少倉儲空間進而降低進貨成本。

7.有效的做好各項物品進貨之驗收作業，確實保持所購物品之質與量。

8.依照正確規定之發貨程序，確定各項領貨單據都有主管或負責人之簽章始可發放。

9.實際參與督導車輛停車作業，做好收費稽核工作。

10.負責廢品處理，確使各項報廢物品處理都能符合環保作業，並達到有效之回收利用。

(三)採購組的作業

1. 旅館對外詢價、採購，均由採購單位負全部責任。使用單位僅負有領用及申請之責。及提出有關品質、規格相關之要求。

2. 任何物品採購必須經由使用單位或倉庫，填寫請購單。列明品名、規格、品質、數量以及希望交貨數量，並經主管簽核後交採購單位辦理。

3. 申購之權責劃分：新購物品由使用單位提出，續購品由倉庫提出。然而雖曾使用過，但無大量儲存者如飲料、食品時，仍由使用單位申購。

4. 採購範圍包括：生鮮食品、南北雜貨、酒及飲料、營業用物品、事務性物品、工程用品、工程修繕、鮮花、盆景、樹木。

5. 比價、議價、詢價，以公開方式為之，並以書面比價為原則。新採購時應以三家同水準之廠商為主。惟詢價原則，生鮮蔬果二週至一個月一次，乾貨半年一次。其他餐飲類，每三個月一次。

6. 採購單位選擇供應商之原則：
   (1) 品質符合旅館要求。
   (2) 交貨日期準確。
   (3) 價格公道。
   (4) 付款方式及條件符合旅館要求。
   (5) 售後服務佳。
   (6) 能開立發票之廠商為佳。

7. 採購案件處理程序：
   (1) 送交採購單位之請購單，先由採購單位主任參閱簽核後，交採購員註明收件時間，編號登記。
   (2) 採購員於接獲請購單後，如為新購物品，必須按上述第6項之規定進行詢價，若無需取樣者，可直接將詢得之價格、規

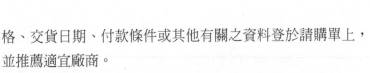

格、交貨日期、付款條件或其他有關之資料登於請購單上，並推薦適宜廠商。

(3)品牌多而用途相同者，應取得實物或樣品隨同價格等資料，聯繫申購單位試驗，並將試用結果一併送呈。

(4)市面無現品者，可先請准製作樣品報價，若我方設計的樣品規格於新製樣品交貨後，有變更者，我方仍應以樣品實價付款。若無變者即不另附樣品。

(5)請購單必須先會簽財務單位審核預算，預算內之請購單才轉採購單位詢價、議價。如為新購物品，請購單位於詢價、議價後須再回申購單位確認規格及交貨時間後，再呈總經理核定，在會簽過程中，各單位意見不一致時，則呈請總經理裁決。

(6)若核定採購訂單之數量、交貨時間、付款條件等與請購單上詢價時所擬議不同時，於原請購單上加註說明即可。

(7)採購代表對送核選樣未回之請購單有稽催之責任。

(8)請購單經核准後，採購代表應即繕打訂購單，該採購訂單由採購主管代表旅館簽發。發出之訂單登記後，隨同有關之保證資料或說明書，歸入各廠商檔案夾，副本分發訂購單所列之單位。

(9)訂購單上可採分批交貨，叫貨人員應善盡管理之責，儘量採「少量購買，多次叫貨」。期使倉存量降到最低。若分批交貨時訂購單上必須註明請購單之號碼及當次交貨之時間與數量。

(10)交貨稽催由各採購代表負責，在廠商製造過程中，除應瞭解進度外，如有需要應親赴現場瞭解實況之責任，有關詳情應立即報告總經理。若未能準時交貨，採購員應詳述原因及其正當理由會知申購單位。

(11)採購員不負驗貨之責，但必須瞭解實際交貨品質是否與原訂

單上相符，若有變異應於驗收單上註明，並向使用單位說明原因、理由或拒收。

(12)合約之簽訂概由採購單位主管負責，並經由上級核准始生效。合約一式四份分由採購單位、財務單位、使用單位、售賣廠商收存。

8.付款方式：

(1)由申購單位之零用金支付者，其規定如下：

- 廠商要求付現，而財務單位無法開具即期支票者。
- 每項金額未超過新台幣二千元者。
- 緊急採購。
- 上列均須按核准之請購單由主任簽定支付。並應檢具列表向財務單位報銷及登記簿記帳存查。

(2)由會計單位付款者：按會計單位所訂之辦法施行，但採購單位須負協調與解釋之責任。

(3)須付大額現金者：由採購代表填具交出申請單，總經理核准後墊支。檢查單據發票銷帳之程序，則按會計單位規定辦理。

9.工程、清潔、消毒等外包工作：

(1)以旅館有關單位無法自行施工者為限。

(2)原則按本辦法中一般性新購品採購程序處理。

(3)施工者發生損害旅館財物者，由採購單位會同有關單位填具報告。依據發包時之約定要求賠償。

(4)施工前（中）負聯繫、協調、督導之責任。

10.設備機械保護修理：

(1)以有關單位無法施行者為限。

(2)使用單位應填具請購單，按本辦法中規定辦理。

(3)使用單位應指明標的物位置，由採購單位通知核定之廠商施工。若須外送，負責開具收條由採購單位存查。外送物品應

於發包時議定由何方負責搬運。

(4)修妥之物品或處所，由採購單位通知工程部或使用單位會同查驗，並簽署工作驗收單。

(5)長期保養須訂合約者，應於合約終止一個月前，由採購單位擬具意見呈核。

11.聯繫協調：

(1)採購案件遭遇任何困難，採購代表均應報告上級主管，並將原因或理由知會有關單位，必要時須簽報總經理備查。

(2)採購單位應隨時向有關部門反應市場價格、貨源供應情況，並蒐集新產品資料供其參考。

(3)有權要求申購物品之部門，應隨時將所用物品之效益性、適用性、耐用性通知採購單位，並由採購單位每一至三個月主動詢問使用單位意見，以作為下次是否再採購之參考。

(4)任何停用之物品，由使用單位通知倉庫及相關單位。

(5)採購人員應主動瞭解進貨情況，貨品經由驗收程序進入倉庫後，由倉庫通知任何進貨單位領用。

12.其他特別規定：

(1)禁止接受任何供應商之餽贈、宴請等有關遊說暨請託之情事發生，若有違反行為立即開除，嚴重者並移送法辦。

(2)採購人員應本誠、信、廉、潔之自愛信條執行任務，態度要秉持合作、謙虛、熱忱、負責之服務精神。

(3)採購人員應該做到「買得好」、「買得快」、「買得對」、「買得廉」之要領。

(4)採購單位未按正當程序之購買不得受理。並應出示本辦法婉言說明後請其重新辦理。

(5)有關部門有任何意見，可向採購部門或部門主管反應或建議，但仍必須遵守本辦法作業程序。

(6)如有某部門因臨時為服務顧客而需緊急採購物品，該部門

主管應先獲得上級單位之允諾，再由上級單位告之採購單位辦理，但事後仍應補填請購單以憑存查。

(7)採購單位每年一次就所有經常使用之物品作市場詢價，製成「訪價紀錄」，經總經理核簽後，正本自存，另將影印本提供給各使用單位。

(8)本辦法於總經理核訂後公布施行，發現有不妥之處，隨時修正及公布，並抄送有關單位。

　　有關旅館總務部之總務組、資材組及採購組之基本功能及作業程序，已簡明的標示出其意。惟不論是旅館外圍環境的維護，花草樹木之培植修剪，對於旅館形象之提升事關緊要。員工住宿、伙食起居作息之照顧與安排、制服之設計與製作，均關職工之福利，不但能穩定員工之流動率，更能提升員工之工作情緒與士氣，攸關旅館之服務品質與形象之維護。再說，總務部資材組之作業對於旅館財產之管理，不論進貨之驗收、倉儲等工作均有關公司之營運與制度。要知，旅館的投資除土地及建築物之大筆資金外，其餘就是各項設備與設施之巨額投入，若平常不予適當管理則易造成毀損、遺失或被竊，對於旅館將造成無底洞之耗損，再好的營收都難以彌補。廢棄物的處理，事關整個旅館之環境衛生及倉儲成本，這也是資材組的職責所在。至於旅館各項設施、事務用品、生財器具之採購，均須經過一番嚴謹的規劃，和事先的詢價、比價再採購。尤以餐飲部門所使用之生鮮食品、南北雜貨、飲料及酒類，係攸關營業所需，不啻不能斷貨，而在品質、規格方面都須嚴格管制，否則採購單位所採購的物品，非但不適餐飲部門之使用品質及規則，對於所提供旅客的服務品質，就會大為降低。再者，餐飲部門係旅館最主要營業收入之一，其進貨成本的控制，事關餐飲部門之盈虧，更是旅館盈虧之鑰。是以，旅館總務部門採購組之功能與作業係關旅館之經營成敗。總之，旅館總務部之員工在操守上應本著「誠、信、廉、潔」之自愛原則來服務。

第二節　旅館總務部作業的要項

一、旅館總務部總務組作業的要項

(一)員工更衣室、休閒中心與宿舍管理作業

◆更衣室、休閒中心清潔

1.每日必須定時刷洗沐浴間、廁所及拖乾地板。

2.更衣櫃區域每日至少拖乾一次。

3.每日排班兩次,清倒所有垃圾及菸灰。

4.隨時保持廁所之清潔,並補充衛生紙、擦手紙、洗手乳等衛生用品。

5.隨時注意更衣室安全、燈光及設備的完善,若有故障,應立即請修。

6.每月定期保養更衣室內之設備。

◆更衣櫃管理

1.員工報到時,由總務分配一衣櫃供同仁使用。

2.每一衣櫃附有號碼鎖頭一只或鎖匙一把,若有損壞,需將鎖頭保留再向人事部門交換新鎖頭。若未繳還者,依遺失論,照規定扣薪。

3.員工使用之號碼鎖應熟記號碼,不得告訴別人,亦不得轉交或對換。

4.員工使用衣櫃應共同保持衛生清潔,私人物品一律收藏在衣櫃內。

5.個人貴重物品請隨身攜帶,勿擺放於衣櫃內,若有遺失概不負責。

6.旅館之客用、公共或其他物品,一律不得將其放於衣櫃內,一
經查獲即以侵占公物處理。

7.嚴禁攜帶危險或管制物品進入旅館。

8.人事及總務部門將會不定期抽查,若違規使用,以規定懲處。

◆員工宿舍管理作業

1.宿舍申請條件:(以圓山大飯店為例)

(1)戶籍須在桃園縣市以南之在職員工。

(2)因工作時間特殊需要之員工。

(3)限單身居住。

2.費用:一般宿舍,每月收管理費若干元。

3.申請手續:同仁需申請宿舍時,向人事部門申請(**表9-1**)。

4.宿舍設施:

(1)洗衣機。

(2)烘乾機。

(3)冰箱。

(4)電視。

(5)中央空調冷氣。

(6)電話。

(7)每間房共有兩張上下鋪鐵床,共計四個床位。

(8)衣櫃兩個,每兩人合用一個。

(9)書桌一張公用。

(二)員工伙食與餐券管理作業

1.旅館提供員工伙食,若工作橫跨三餐時,則提供三餐。餐食由
員工餐廳供應。

2.餐券管理與點收:每月二十五日,發給各單位每月餐券控制
表,按所需人力狀況領取(或採用刷卡)。

表9-1　旅館員工宿舍申請單

員工宿舍申請單

致：總務部

由：人事單位　　　　　　　　　　　日期：＿＿＿＿＿＿＿＿＿＿

請發給下列員工（男、女）宿舍床位為荷

姓　　名：＿＿＿＿＿＿＿＿＿＿＿　部門：＿＿＿＿＿＿＿＿

床位編號：＿＿＿＿＿＿＿＿＿＿＿　到職日期：＿＿＿＿＿＿＿＿

鑰匙領放：1.大門　2.寢室房門

員工簽收：＿＿＿＿＿＿＿＿＿

備註：＿＿＿＿＿＿＿＿＿＿＿＿＿＿＿＿＿＿＿＿＿＿＿＿＿＿＿

住宿條件說明：1.戶籍地桃園以南，限單身者。

　　　　　　　2.住宿公約如附件，請遵照。

資料來源：圓山大飯店提供。

　3.餐點費用申請：

　　(1)員工餐廳，依每餐券五十元之費用向總務部請款（可調整）。

　　(2)每月十日，由員工餐廳填具每日用餐費用，並附上餐券，由總務部核算無誤後，呈報總務主管簽核後，再呈總經理簽核後，轉交財務部。（**表9-2**）

(三)鮮花採購要項流程

　1.每日下午由花藝班領班，依據隔日訂宴狀況及住房率，蒐集各單位所開之鮮花訂購單（**表9-3**），整理後安排花材之採買。

　2.領班填寫鮮花材料訂購單：填明日期、時間、花材品名、聯絡

表9-2　旅館每月餐券管控表

部門：

月份：　　　　　　　　　　　　　　　　　　　查核人：

姓名	餐券				
	領用數	退還數	公休天數	實際用數	備註

部門主管簽名：＿＿＿＿＿＿＿＿＿＿＿

資料來源：圓山大飯店提供。

　　電話、交貨地點。

3.訂購單經總務經理簽核，並傳送給供應商。

4.每月月底並計算當月份鮮花花材及各單位使用狀況，填寫一份鮮花使用情形報表，送財務部會計組入帳。

表9-3　旅館鮮花訂購單

單位：＿＿＿＿＿＿＿＿　申請日期：＿＿＿＿＿年＿＿＿＿＿月＿＿＿＿＿日　　分機：＿＿＿

需用日期：＿＿＿＿年＿＿＿＿月＿＿＿＿日＿＿＿＿時前送達。

□送交指定地點：＿＿＿＿＿＿＿＿＿＿＿＿＿＿＿＿＿　　　□自取

項次	品名	單位	數量	單價	總價	備註

總務部：　　　　　　　　部門主管：　　　　　　　　　申請單人：

資料來源：圓山大飯店提供。

(四)鮮花更換作業

1.每週固定更換鮮花日期，按時更換公共區域鮮花。

2.鮮花更換日期，應考慮休市日期，應事先妥爲安排。

3.鮮花購進後，須按鮮花種類分類儲存，不可擠壓。

4.更換後之鮮花，儘量挑可再使用之花材，再安插於次要場所，如公用廁所等地方。

5.更換花木盆景後應立即恢復周遭環境，以保持清潔。

(五)園藝維護作業要項

1.訂定室內每月、季固定更換盆景之行程表。

2.確實依照計畫進行巡視及澆水維護等作業。

3.各使用單位如客房、餐廳，平日應協助盆景之維護澆水工作，以免乾死而徒增成本。

4.公共區域開放空間之盆樹由總務組負責澆水，定時維護。

5.室外盆樹之除蟲及花草修剪，應於每季固定實施。

6.盆栽花卉若須更新，則須專案報准。

(六)美化環境作業

1.每日由清潔作業人員負責清掃旅館外圍環境。

2.不定期為花卉樹木修剪枯枝。

3.協助巡視公園及旅館外圍設施及電燈，若有損壞則報請修護。

4.每日填寫園藝班工作紀錄。

(七)郵務、快遞送件作業要項

1.各單位將欲寄送之郵件送往總務組，並填妥寄發公務函件通知單。

2.總務計算重量及應收費用後，貼上郵票，若為私人信件並同時向員工收取郵資。

3.每日下午五點左右整理所有郵件，並將郵件放入布包，分掛號、限時掛號、航空信件等分開包裝，總務須填寫清單及路單（郵局提供之單據）。

4.將郵包準備妥當等候郵差收取。

5.各單位若需要快遞運送物品時，填寫一份寄發公務函件通知單後送交總務組處理。

6.總務收到快遞之要求時即電告配合廠商，請其於限定之時間內前來領取。

7.快遞公司收取時會給一聯運送貨物對帳單，交總務存留。

8.總務組將快遞公司收執聯及公務函件通知單訂在一起後，轉財務部門作帳。

(八)免費停車券管理作業要項

1. 使用單位填寫申請單，分A券（客用）及B券（公務）兩種（**表 9-4**）。
2. 由領用單位之主管簽名。
3. 送總務單位之主管簽名。
4. 送副總或總經理核可。
5. 清點停車券數量並與領用者核對無誤後，將資料整理存檔。
6. 每日由車輛收費班填寫免費停車券回收統計表。

(九)停車收費管理作業要項

員工暨來賓停車收費管理作業要項如下：

1. 員工停車每月按規定收費，若為臨時停車則另有規定。
2. 員工若須長期停車應先向管理單位提出申請。

表9-4　免費臨時停車券申請單

申請單位					
數量（本）					
停車券序號					
總經理	副總經理	財務部門	部門主管	填表人

申請方式：1.由領用單位向財務部門申請編號之免費停車券。
　　　　　2.呈總經理核准，並加蓋總經理室戳章。
　　　　　3.發還原單位，使用時需加蓋日期及使用單位主管印章。
備　　註：1.免費臨時停車券每本50張。
　　　　　2.停車券序號由總務室填寫。

資料來源：圓山大飯店提供。

3.員工停車時須將停車證貼於擋風玻璃左中間處，以利識別。

4.每日統計公務免費停車券，交主管查核。

5.來賓停車計次每小時為五十元。

6.停車收費管理人員應依來賓確實停放之時間收費。若以圓山大飯店為例，來賓開車進入旅館時由停車管制站發給「停車計時券」，來餐廳消費者視實際消費金額給與一至三小時免費停車券（表9-5）。但在大型會議或喜宴時，則在各服務檯加蓋免費停車章，甚至就全部開放全館暫時免收停車費。

7.收費時應詢問是否需打統一編號。

8.停車收費班每班清點核對各班之單據、現金及發票。

9.若單據與現金不符時，應查明原因。

10.每日填寫收入日報表、停車收費班日程表。

11.月底整理所有單據、發票送後檯處理。

二、旅館總務部資材組作業的要項

(一)固定資產控制管理流程說明

1.固定資產驗收完畢，資材部門負責人員依財物性質及使用單位為基礎（參考會計科目分類手冊），予以分類編號，並加上財產編號。

2.登錄於「財產登記簿」（表9-6）內，填明：傳票號碼、供應廠商、設備或財物名稱、放置位置、數量、單位、取得時間、取得原價。

3.使用人充任保管人為原則，保管人必須填寫「財產登記卡」（表9-7）以示負責，填明：單位、規格、數量、存放處、保管人簽名。「財產登記卡」填寫完畢正本交給部門主管留存，並複印一份交至資材單位存查。

表9-5　旅館停車場停車計時券、免費停車券

停車場免費停車券

憑券免費停車：　　**1**　小時
發券單位：
使用期限：
　　　　　　　　　　當日有效

停車計時券

入場時間：

出場時間：
歡迎光臨惠顧，期待再次見面，謝謝！
停車收費每小時50元（半小時內免付費）

注意事項
一、出場時，請將此券繳回收費站。
二、本飯店停車場不負車輛及財物保管責任。
三、來店消費，請向值勤人員索取計時免費停車券。
四、本券請妥爲保管，遺失以全日收費900元計算。

停車場免費停車券

憑券免費停車：　　**2**　小時
發券單位：
使用期限：
　　　　　　　　　　當日有效

停車場免費停車券

憑券免費停車：　　**3**　小時
發券單位：
使用期限：
　　　　　　　　　　當日有效

資料來源：圓山大飯店提供。

表9-6　旅館年度財產登記簿

| 登記 | | | 傳票編號 | 類別 | 財產名稱 | 廠牌與規格 | 單位 | 數量 | 金　額 | | 使用單位 | 明細帳頁次 |
年	月	日							單價	合計		

資料來源：圓山大飯店提供。

表9-7　旅館財產登記卡

明細科目

財產編號							

中文名稱		取得日期		每月折舊額			
外文名稱		使用單位		部門代號			
規 格 型		製造廠商					
行次	取得日期	憑單號碼	摘要	單位	數量	單價	總價	耐用年限
1								
2								
3								
4								
5								
6								
說明	第一聯：會計室存查。 第二聯：使用單位列管。 第三聯：總務室歸檔列管。		使用單位主管	財產管理人	製卡人		

資料來源：圓山大飯店提供。

4.財產短少或報廢時：

(1)由使用單位填寫「財產減損單」（**表9-8**），其餘三份交資材組。若未達使用年限時，需拍照存證，並呈報稅捐單位存查。

(2)資材組依「財產減損單」填寫「財產移動單」，呈總經理批示。若未盡保管責任時，應予追究責任。

(3)將資料登錄輸入電腦「財產明細表」（**表9-9**）。

5.財產變賣時：

(1)因使用年限或其他因素須變賣時，由「廢品處理小組」負責

表9-8 旅館財產減損單

製單日期： 年 月 日
製單編號： 字第 號

財產使用單位：

財產類別	財產編號	財產名稱	取得日期 年 月 日	已用 年月數	減損日期 年 月 日	減損原因	單位	數量	價值（由總務室填寫） 單價	價值（由總務室填寫） 總價	最低耐用年限

說明：

1. 財產出售及損失減少或損壞報廢時，由使用單位填列本單四份，以三份送總務室，其餘一份存查。
2. 總務室收到本單，即查明價值並在本單「價值」欄填列及在「擬辦」欄簽擬意見呈報總經理後，以一份據以辦理登記各簿卡，一份通知會計室辦理減帳手續，其餘一份退還使用單位辦理登記使用卡。
3. 第一聯：財產使用單位存查。
   第二聯：總務室辦理登記各簿卡後存查。
   第三聯：送會計室辦理減帳手續。
   第四聯：退還財產使用單位辦理登記財產使用卡。

擬辦

批示

總務室主任（蓋章）　　　組長（蓋章）　　　財產使用單位主管（蓋章）　　　製單人（蓋章）

資料來源：圓山大飯店提供。

表9-9　旅館財產明細表

（電腦報表）

財產明細表

財產編號：　　　　　　製表日期：　　　　　　　頁數：

財產編號	財產名稱	傳票字碼	取得日期	數量	單價	總價	耐用年限	淨值
	品質規格			單位				使用部門

資料來源：圓山大飯店提供。

　　　變賣，並開具「內部收受款項備查單」，再由財務部門開立
　　收據及統一發票。物品放行則應開立「物品攜出證明單」。
　(2)資材組依收據及「財產減損單」，每月列印「財產減損月報
　　表」，一併送財務部。
　(3)將變更資料輸入電腦「財產明細表」中。
6.財產移動時：移出單位須填寫「財產移動單」、更改「財產登
　記卡」、更改「財產明細表」。
7.固定財產的盤點：
　(1)根據「財產明細表」做不定期的盤點。
　(2)每年至少定期盤點一次。
　(3)盤點有出入時，應查明原由，並更改「財產明細表」。
8.財物的折舊及增資（財務部作業）：
　(1)依據財產之耐用年限，每月提列折舊費用。
　(2)根據商業會計法第五十一條及所得稅法第六十一條規定，營
　　利事業遇有物價指數上漲達25％以上時，可向稅務機關申請
　　辦理資產重估。

(3)財產的折舊及增資登錄於「財產明細表」內。

(4)每月月底製作財產報表。

(二)一般備品控制程序要項

1.每日接到驗收後送來的「驗收報告單」一式三聯，資材組根據採購編號先將其物品代號填好。

2.資材組依下列程序處理：

(1)將驗收之資料登錄於「存貨登記卡」內，並分別建卡。

(2)不常用之物品無須建卡，僅須登記於「不常用物品控制登記本」。

3.餐具盤點：

(1)每月月初會同餐飲部盤點餐具，並填具「杯具器皿盤點表」，參考上月「盤點表」存量及當月「驗收單」及「報廢單」，分別填入「本月進量」及「本月消耗」處。

(2)上月結存加本月進量減本月消耗或退貨，應於本月結存，數量應正確相符，否則應查明原因。

(三)一般消耗品控制程序要項

1.一般辦公物品持「領物單」至倉庫核領，倉庫發貨後將第二聯保存，第一聯月底統計後，並將當月報表，送財務部。

2.會計室接到「領物單」及報表後，複核單價及金額是否正確。核算無誤後再登錄所屬之「存貨登記卡」內。

3.每月底倉庫管理員整理「領物單」，分別計算各部門每日文具、清潔用品領物金額，並分別統計之。將上月存貨加上本月進貨減去領取金額，所得額與存貨登記卡內存貨總額核對金額是否一致。

(四)驗收作業流程要項

廠商送貨驗收流程：

1. 廠商送貨至旅館驗貨區，並填好制式送貨單。列妥品項及價格、數量，實際重量則由驗收員填寫。
2. 驗收員通知使用單位會驗。生鮮蔬果則由廠商直接送入廚房，由廚房主管簽收，再由廠商將送貨單繳回驗收人員作業。
3. 驗收員將驗收後之單據，和送貨單、收據、發票等送交財務部作帳。
4. 物品若不符所議定標準者，不予簽收，並請廠商再補送。
5. 驗收員填寫驗收報告單，由使用單位會驗一同簽名。驗收報告單依作業流程處理。

(五)倉庫管理作業流程要項

1. 倉庫管理員對每一項物品之存放空間做好規劃，並建立各項物品安全存量。
2. 庫管員將物品分類排放整齊並編號，以利輸入電腦管控。並於儲藏位置貼上標籤識別，以便進、出取貨及盤點作業。
3. 若發現物品低於安全存量時，知會使用單位，並確定是否需再續購，如是，則填具「續購物品請購單」（**表9-10**）。
4. 採購單作業流程：採購單位主管簽核後，再交由副總及總經理簽核。
5. 物品擺放位置及進出貨原則，應採「先進先出」之原則。
6. 大型物品或專用物品，直接送往使用單位，無須入庫。
7. 酒席用之酒類及飲料直接送進宴會場所，無須入庫。
8. 庫管員將物品資料填入「存貨登記卡」，進貨、發貨及報廢都須更改存貨卡之資料。
9. 請購單可採分批交貨，以「少量進貨，多次叫貨」為原則，免

表9-10　旅館請購單——倉儲續購品

申請部門：　　　　成本歸屬部門：　　　　採購編號：　　　　日期：
Request Dept.　　Cost Charge to　　　　No.　　　　　　　Date：

品名 Items	規格 Description/ Specification	單位 Unit	數量 Qty Wanted	交貨日期 Date Wanted	價格分析（Purchase Analysis）				決定廠商 Final Supplier
					報價 Quotation	A.	B.	C.	
					單價 Unit Price				
					總價 Total Price				
					單價 Unit Price				
					總價 Total Price				
					單價 Unit Price				
					總價 Total Price				
					單價 Unit Price				
					總價 Total Price				
					送貨日期 Del. Date				
					稅 5 % V.A.T				
					總價 Total Price				

申請人／日期　　　　請購部門主管／日期　　　　後勤或業務副總／日期
Request By/Date　　Dept. Head/Date　　　　　AGM/Date

意見：　預算內　Within Budget
(Comments)　預算外　Without Budget
　　　　其他　Others

財務部主管／日期　　採購代表／日期　　　　採購主管／日期　　　　請購部門主管／日期　　後勤副總／日期　　總經理／日期
Comptroller/Date　　Purchasing Agent/Date　Purchasing MGR/Date　Requesting Dept. Head/Date　AGM/Date　　GM/Date

資料來源：圓山大飯店提供。

得積壓資金。

(六)廢料處理作業流程要項

1. 任何設備、器材若因使用年限或作業緣故，而須淘汰時，由使用單位填妥「物品報廢單」，再送往廢品處理小組。其成員包括：總務、資材、財務、工程等單位，再由最高價者收購，若無殘值，則以垃圾處理之。
2. 總務須填具「物品攜出證明單」及「內部收受款項備查單」（**表9-11**），及收入現金交財務部作帳，並開立公司發票。
3. 將財務部開出之發票底聯及「內部收受款項備查單」整理歸檔備查。

總之，總務部資材組之功能及作業要項，係以控制旅館之固定資產為主，如果控制得宜，不但沒有閒置財產之現象，甚至在變賣財產、已逾使用年限或淘汰之設備殘值時，除了能騰出旅館倉儲使用

表9-11　內部收受款項備查單

編號：＿＿＿＿＿＿＿＿＿＿＿＿＿＿＿＿　　　日期：

內部單位名稱		經辦人	
經管事項或出售物品數量單價等摘要			
金額	NT$	大寫金額	新台幣

茲將經營上列事項所代收之款項如數繳交請惠予查收為荷

　　此致

出納室

經手人：＿＿＿＿＿＿＿＿＿＿

資料來源：圓山大飯店提供。

空間之外，還可以增加些許收入，或許金額不大，但也不無小補。再者，由於餐飲部及客房部所使用之魚肉、生鮮蔬果、飲料及南北乾貨等能有效管理倉儲，則會降低旅館營運成本，甚至，還能提升旅館員工之工作效率及樹立廉潔之優良管理制度。

三、旅館總務部採購組作業的要項

(一)標準作業程序說明

一般性新購品之採購流程（適用於酒、飲料、一般物品之請購作業，可參考餐飲部採購之部分作業要項）：

1. 請購單位填寫新購品請購單。經部門主管及直屬副總核准後，若已有目錄及報價資料（**表9-12**），連同請購單轉至財務部審核預算，在預算內之請購，才送交採購單位。

2. 預算外之請購須寫簽呈，列明購買目的、效率分析及未列報資本支出預算之理由，呈總經理核定是否可請購。

3. 承辦之代表於接獲請購單後，依規定至少須詢問三家以上之廠商，以進行詢價、比價、議價（**表9-13**）。

4. 採購代表於詢價後，推薦一家廠商，請採購主管初核。

5. 採購單傳回採購單位後，確認規格及交貨時間。

6. 採購代表對送核選樣未傳回之請購單，有稽催之責任。

7. 請購單位經核准後，採購代表應即繕打訂購單，該訂購單由採購主管代表旅館簽發，交採購代表通知廠商送貨。

8. 若核定訂購單之數量、交貨時間、付款條件等與請購單上詢價時所擬議不同時，於原請購單上加註說明即可。

9. 發出之訂購單分類登記後，隨同有關之保證資料或說明書，歸入各廠商檔案夾，副本分發所列單位。

表9-12　旅館採購報價單

注意事項

1.按業主要求事項填入，並附相關證明文件及貴公司之報價單並加蓋印章。

2.應附必要之目錄以說明規格。

3.報價項目不得為仿製或有違反智慧財產權情事。

廠商：＿＿＿＿＿＿

日期：＿＿＿年＿＿＿月＿＿＿日　共＿＿＿頁　簽　章

項次	業主詢價事項				廠商報價內容						
	項目(品名)	規格(尺寸、材質、功能、重量等)	數量	規格若有不同應在此欄註明	報價(含稅)	廠牌產地	付款條件	售後服務及保養年限	過去銷售紀錄若為飯店請說明使用單位及地點	替代品規格及價錢

資料來源：圓山大飯店提供。

表9-13　旅館採購廠商比價／議價會議紀錄

案　　由：＿＿＿＿＿＿＿＿＿＿＿＿＿＿＿＿＿＿＿＿＿＿＿＿

開標日期：＿＿＿＿＿＿＿＿＿＿＿＿＿＿＿＿＿＿＿＿＿＿＿＿

地　　點：＿＿＿＿＿＿＿＿＿＿＿＿＿＿＿＿＿＿＿＿＿＿＿＿

申請單位：＿＿＿＿＿＿＿＿＿＿＿＿＿＿＿＿＿＿＿＿＿＿＿＿

主 持 人：＿＿＿＿＿＿＿＿＿＿＿＿＿＿＿＿＿＿＿＿＿＿＿＿

參加人員：＿＿＿＿＿＿＿＿＿＿＿＿＿＿＿＿＿＿＿＿＿＿＿＿

廠商代表：＿＿＿＿＿＿＿＿＿＿＿＿＿＿　＿＿＿＿＿＿＿＿＿

　　　　　＿＿＿＿＿＿＿＿＿＿＿＿＿＿　＿＿＿＿＿＿＿＿＿

交貨日期：＿＿＿＿＿＿＿＿＿＿＿＿＿＿＿＿＿＿＿＿＿＿＿＿

交貨地點（完工日期）：＿＿＿＿＿＿＿＿＿＿＿＿＿＿＿＿＿＿

付款方式（電匯匯款）：＿＿＿＿＿＿＿＿＿＿＿＿＿＿＿＿＿＿

保固期限：＿＿＿＿＿＿＿＿＿＿＿＿＿＿＿＿＿＿＿＿＿＿＿＿

罰　　款：＿＿＿＿＿＿＿＿＿＿＿＿＿＿＿＿＿＿＿＿＿＿＿＿

附記：

1.感謝各位代表貴公司參與本店之比／議價，由於尚需辦理雙方用印之手續，在未完成簽約前，均不具有任何約束力，為了避免爭議特此說明。

2.本次工程比／議價，如有設計或規劃費，得標商需提撥5%之設計費，於工程尾款時支付原設計廠商。

3.雙方完成用印，合約始正式生效。

資料來源：圓山大飯店提供。

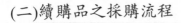

(二)續購品之採購流程

1. 各使用單位之倉庫及共同倉庫定出各項物品之安全存量，當物品低於安全存量時，使用單位填具請購單，將前次採購之日期、數量、單價及存量填寫清楚，請部門主管簽名，共同倉庫管理員則會同使用單位，決定確實需再續購時，由倉管人員填續購品請購單，請倉庫主管及使用單位部門主管簽名。

2. 當使用單位告之倉庫不再使用該項物品時，則不必再續購，由倉管人員列入（dead item）名單，將此名單分別影印傳送財務部、副總經理及總經理。

3. 請購單轉財務部審核預算後，再轉採購單位主管，交由負責採購之代表。

4. 採購單位主管核准簽名後，轉後勤副總經理及總經理核准。

5. 採購代表開訂購單經採購主管簽核後，直接向廠商叫貨。訂購單分類登記後副本分發所列單位。

(三)生鮮食品之採購

1. 由廚房單位依每日所需用量，填寫餐飲訂購單（market list），此訂購單視同採購訂單。
   (1)鮮貨每日叫貨。
   (2)乾貨及酒、飲料類則依實際需求叫貨。

2. 主廚及餐飲部經理簽核後，將餐飲訂購單轉採購組詢價，並須將規格列明。生鮮蔬果一週至一個月訪價乙次（**表9-14**），並舉行公開比價。

3. 採購代表選定廠商後，通知廠商填具送貨單（**表9-15**），一聯主廚自存，一聯送財務單位，一聯送採購組，一聯送驗收單位。

4. 廠商送貨時應填製統一發票（或收據），送貨單交驗收員。

表9-14　旅館採購訪價記錄表

日期	品名	單價	單位	付款方式	進貨量	資料來源	供應商	電話	備註

審核：＿＿＿＿＿＿＿＿＿＿＿　　　　　　　製作：＿＿＿＿＿＿＿＿＿＿＿

資料來源：圓山大飯店提供。

表9-15　旅館採購送貨單

日期：＿＿＿＿＿＿＿＿＿

編號	品名	數量	單價	金額						供應商號簽章
				十	萬	千	百	十	元	
										收貨單位
										收貨人簽章
				加值稅5%						
				小計						

資料來源：圓山大飯店提供。

5.倉庫驗收員同餐飲、房務部人員驗收，依market list及廠商
　報價表共同驗收過磅，品質合格者，則於送貨單上簽字（**表
　9-16**）。

6.送貨單視同領料單，直接入廚房儲存。

7.驗收人員點收項目及數量不合格者，或經會驗品質不合格者，
　應依「退貨作業」辦理（**表9-17**）。

表9-16　旅館物品驗收報告單

採購編號：＿＿＿＿＿＿＿＿＿

交貨日期：＿＿＿年＿＿＿月＿＿＿日

物品代號	品名	廠牌及規格	單位	數量	單價	金額	驗收結果

請購單位：　　　　　　　　　　　　供應廠商：

中管：　　　　　　　　　　　　　　承辦人：

資料來源：圓山大飯店提供。

表9-17　旅館退貨單

廠商名稱：＿＿＿＿＿＿＿＿＿

日　　　期：＿＿＿＿＿＿＿＿＿　　　　　　　　編號：＿＿＿＿＿＿＿＿

物品名稱	數量	單位	退貨原因

申請部門：　　　　總務室：　　　　　　採購室：　　　　　廠商：

第一聯總務室確認交會計室　　　第二聯採購室存查　　　第三聯廠商存查

資料來源：圓山大飯店提供。

8.會計室核對餐飲訂購單、發票、送貨單第一聯之項目數量無誤後，據此辦理付款作業與入帳手續。

(四)長期訂貨（一次採購、分批交貨）之採購流程

1.適用項目：一般消耗性物品。

2.共同倉庫或使用單位保管之倉庫，將常用之消耗性物品訂出三個月使用量及最低安全存量。

3.當庫存品降至安全存量時，由倉庫管理員填寫續購品之請購單，詳填前次採購之日期、數量、單價及目前之存貨量後，請部門主管簽核；若為特製品或須經設計之印刷品，於長期訂貨作業前，須先呈總經理核示確認仍將繼續使用該設計品時，始填請購單。

4.轉財務部審核預算後，將請購單轉交採購單位向廠商詢價或議價。

5.採購人員將詢訪之結果填入長期訂貨比價單，選出三家適宜之廠商填入請購單內，交採購主管簽核。

6.請購單呈後勤副總及總經理簽名核准。

7.採購人員與廠商訂定合約，分批送貨。總稽核則職司查核。合約一式四份分送採購組、財務部、倉庫及廠商。

8.倉庫於三個月內依使用需求量直接向廠商叫貨。

9.當實際使用量超出合約訂定之數量時，則可依續購品流程重新請購，採購單位應重新詢價，同時倉庫亦應重新調整使用需求量。

(五)工程修繕作業

1.工程部或申請單位，依年度預算或實際需求，專案簽呈工程養護修繕作業，並填寫請購單，呈單位主管及直屬副總經理核准。將此請購單轉財務部審核預算。

2.預算內之採購單轉採購組，採購組再洽請養護組評估是否可自行規劃設計之可行性。

(1)工程部可自行規劃設計者，則制定簡易之施工規範及項目。再洽總經理核示後，採購單位即進行訪價工作。

(2)工程部無法自行規劃者，則委由顧問公司規劃設計之，其內容則包括：施工說明書、合約草案、施工藍圖、工程預算、投標須知、承包商資格要求、標單、工程規範等資料。經總經理核准後，經由採購單位洽詢廠商進行訪價工作。

3.採購人員會同工程師及施工廠商至現場勘查並報價，應挑選三家廠商以上報價，但以有飯店經驗者為優先考量。採購人員依據廠商報價資料訂出一底價，並呈後勤副總經理及總經理簽核。

4.將比價或議價通知單，通知各相關部門，舉辦公開比價，並選定一家廠商承包。

5.將承包廠商之標單、比價／議價紀錄及簽呈一併呈總經理核准。

6.採購單位於總經理核准後，研擬合約草案，會同法律專家及財務部審核。並於確認承包商施工計畫後，始可與承包商正式簽約。

7.合約正本一份交承包商以遵行施工，另一份由採購組連同標單、比價／議價會議紀錄及簽呈存查。另製作合約副本分送財務部、工程部及請購單位。

8.若為預算外之修繕工程，則另案簽請總經理核定，是否於今年度施行或列入明年度之預算，完全視實際需要之情況決定。

(六)緊急採購的要項

1.營業或非營業時段發生緊急狀況時，如設備修繕、餐飲缺貨等問題。

2.立即報告值班之最高主管，於請示核准後，洽請採購單位處理。若採購單位不即時處理時，由使用單位立即通知合約廠商或相關廠商修理或送貨。

3.事後再補填請購單，依請購程序補辦手續。

(七)酒類之採購

1.倉庫人員於庫存酒類低於安全存量時，先知會使用單位，確定需再續購時，即填寫續購品之請購單，將前次採購數量、日期、單價及存量填明。

2.請購單位轉財務部審核預算後，再轉交採購組於該單位主管簽名後，呈總經理核准。

3.採購單轉會計單位申請開支票，並電匯入公賣局或酒商。

4.採購人員攜帶菸酒專用章至公賣局辦理申購酒類，同時領回菸酒類配銷通知單副本交予驗收人員。

5.驗收人員驗收時，並清點空瓶及酒框，交由公賣局送貨員收回，並取回收據，迄下次續購時，作為貨款支付扣抵之憑證。

(八)退貨作業流程

1.範圍：本作業程序適用於驗收時，或收貨後發現物品瑕疵之退貨處理程序。

2.作業程序：

(1)驗收單位依「餐飲訂購單」、廠商「送貨單」（生鮮類）及訂購單（一般物品），辦理驗收。驗收單位為總務點收項目、餐飲部門初步驗收監督作業。

(2)生鮮食品或物品

- 驗收人員在驗收時發現種類、數量、品質、新鮮度若有不符合規定時，立即辦理退回手續，並在「送貨單」（生鮮食品）或「物品驗收報告」（酒、飲料、一般物品）上填

寫正確之驗收項目、數量。

- 送至廚房後才發現品質不符時，由廚師在餐飲訂購單註明
  退貨，並將退貨品送至驗收處。
- 事後須向採購單位告知退貨情形。

3.冷凍食品：於送進廚房後，解凍時才發現與訂購單不符時，由
廚師填具並詳列原送貨單一式三聯，第一聯經總務部確認無誤
後，送往會計單位存查，第二聯由採購組存查，第三聯由廠商
取回。

在此須將旅館採購時，有關餐飲部門之物品簡列如下：水果類、
海鮮類、蔬菜類、美國牛羊肉類、紐西蘭牛羊肉類、中藥材及香料
類、乳製品類、調味品及油類、硬果類、高級乾貨、南北乾貨類、糖
及鹽類、蔬菜罐頭類、水果罐頭類、魚罐頭類、果醬類、果汁罐頭類
等等食品飲料，供讀者們之參考。

綜合上列所述，皆為旅館總務部採購組之作業流程及其要領。不
外乎是旅館所有採購之訪價、比價、議價，以及工程貨品之驗收等等
事項，事關整個旅館營業之資金及成本，如果管制控制得宜，則為旅
館之幸，否則再如何行銷、企劃皆為枉然，僅僅是紙上作業，聊備一
格。採購業務之主事者，其人品、操守何其重要。

Chapter 10

旅館工程部的功能與作業

第一節　旅館工程部的功能與基本作業程序

一、旅館工程部的功能與職掌

　　旅館工程部的組織係屬於旅館內部部門，也是後檯的部門。其組織的功能猶如人體的心臟、血液循環系統和神經系統，如果運作良好，身體狀況就會顯得靈活、健康。如果運作不良，就會顯得遲鈍、衰退，甚至導致死亡。旅館工程部門之重要性，可見一斑。但因其係為內部及後檯的作業，平常甚少為人所注視，縱然如此，其係保持及管理旅館內設施與設備的重要部門，舉凡旅館內之電機、電氣、電訊、鍋爐、水管、空調、消防、污水、給水、播音、裝潢、土木、營繕等工程，都必須要編制有專門技術人員，依據其職掌與作業規範，來進行操作、檢查與保養，而且必須逐日逐項填報保養紀錄，以確保各項設備與設施之正常運作，而能提供及協助旅館之正常營運，並徹澈底底的保障住宿旅客與員工之安全。

　　旅館工程部的組織，因各旅館的規模與營業性質之不同而有所區分，以台北圓山大飯店為例，其工程部人員編制（**表10-1**）為：總工程師一名、副總工程師一名、機電工程師一名、給水組組長一名、電氣組組長一名、弱電組組長一名、冷機土木組組長一名、空調鍋爐組長一名、消防污水組長一名、行政秘書二名、技術員三十二名、練習生若干名。至於工程部所屬各單位之職掌：總工程師綜理工程部門之所有工作；副總工程師則襄助總工程師統籌全局並向總工程師報告，當總工程師不在時，亦代理其行使職權。茲將工程部各單位主管之職掌分述如下：

(一)機電工程師

　　1.負責工程規劃、設計、製作圖說、標單底價及參與。

表10-1　旅館工程部作業系統職掌表

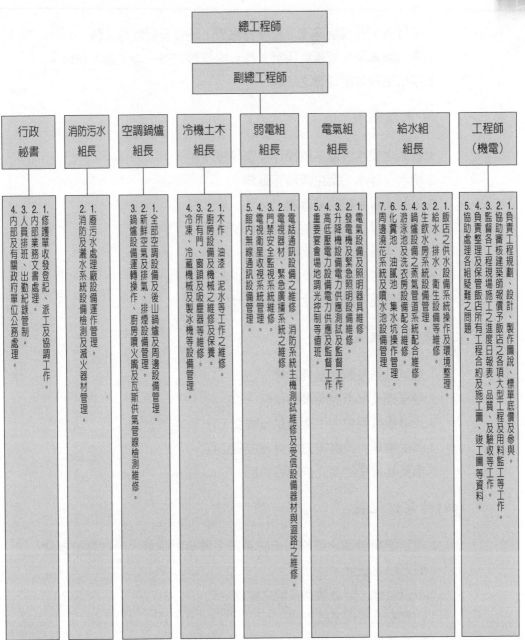

```
                    總工程師
                       │
                   副總工程師
```

行政祕書	消防污水組長	空調鍋爐組長	冷機土木組長	弱電組組長	電氣組組長	給水組組長	工程師（機電）

行政祕書
1. 內部及有關政府單位公務處理。
2. 修護單收發登記、派工及協調工作。
3. 人員排班、出勤紀錄管制。
4. 內部業務文書處理。

消防污水組長
1. 廢污水處理廠設備運作管理。
2. 消防及灑水系統設備檢測及滅火器材管理。

空調鍋爐組長
1. 全部空調設備及後山鍋爐及周邊設備管理。
2. 新鮮空氣及排氣、排煙設備管理。
3. 鍋爐設備運轉操作、廚房噴火嘴及瓦斯供氣管線檢測維修。

冷機土木組長
1. 木作、油漆、泥水等工作之維修。
2. 廚房設備及機械之維修及保養。
3. 所有門、窗鎖及吸塵器等維修。
4. 冷凍、冷藏機械及製冰機等設備管理。

弱電組組長
1. 電話通訊設備之維修、消防系統主機測試維修及受信設備器材與迴路之維修。
2. 電視器材、緊急廣播系統之維修。
3. 門禁安全監視系統維修。
4. 電視衛星收視系統管理。
5. 館內無線通訊設備管理。

電氣組組長
1. 電氣設備及照明器具維修。
2. 發電機及緊急照明設備維修。
3. 高低壓電力設備電力供應測試及監督工作。
4. 升降機設備電力供應及監督工作。
5. 重要宴會場地調光控制等值班。

給水組組長
1. 飯店之供水設備操作及環境整理。
2. 給水、排水、衛生設備等維修。
3. 生飲水水房系統設備管理。
4. 鍋爐設備之蒸氣管道系統管理。
5. 游泳池及洗衣房設備配合維修。
6. 化糞池、油膩池、集水坑操作管理。
7. 周邊澆花系統及噴水池設備管理。

工程師（機電）
1. 負責工程規劃、設計、製作圖說、標單底價及參與。
2. 協助審核建築師報價予飯店之各項大型工程及用料監工等工作。
3. 監督各工程現場施工之進度日報表、品質、及驗收等工作。
4. 負責整理及保管飯店所有工程合約及施工圖、竣工圖等資料。
5. 協助處理各組疑難之問題。

資料來源：圓山大飯店提供。

2.協助審核建築師報價予飯店之各項大型工程及用料監工等工作。

3.監督各工程現場施工之進度日報表、品質及驗收等工作。

4.負責整理及保管飯店所有工程合約及施工圖、竣工圖等資料。

5.協助處理各組疑難之問題。

(二)給水組組長

1.飯店之供水設備系統操作及環境整理。

2.給水、排水、衛生設備等維修。

3.生飲水房系統設備管理。

4.鍋爐設備之蒸氣管道系統配合維修。

5.游泳池及洗衣房設備配合維修。

6.化糞池、油膩池、集水坑操作管理。

7.周邊澆花系統及噴水池設備管理。

(三)電氣組組長

1.電氣設備及照明器具維修。

2.發電機及緊急照明設備維修。

3.升降機設備電力供應測試及監督工作。

4.高低壓電力設備電力供應及監督工作。

5.重要宴會場地調光控制等值班。

(四)弱電組組長

1.電話通訊設備之維修、消防系統主機測試維修、受信設備器材與迴路之維修。

2.電視器材、緊急廣播系統之維修。

3.門禁安全監視系統維修。

4.電視衛星收視系統管理。

5.館內無線通訊設備管理。

(五)冷機土木組長

1.木作、油漆、泥水等工作之維修。

2.廚房設備及機械之維修及保養。

3.所有門、窗鎖及吸塵器等維修。

4.冷凍、冷藏機械及製冰機等設備管理。

(六)空調鍋爐組長

1.全部空調設備及後山鍋爐及周邊設備管理。

2.新鮮空氣及排氣、排煙設備管理。

3.鍋爐設備運轉操作、廚房噴火嘴及瓦斯供氣管線檢測維修。

(七)消防污水組長

1.廢污水處理廠設備運作管理。

2.消防及灑水系統設備檢測及滅火器材管理。

(八)行政秘書

1.修護單位收發登記、派工及協調工作。

2.內部業務文書處理。

3.人員排班、出勤紀錄管制。

4.內部及有關政府單位公務處理。

二、旅館工程部作業的程序

　　旅館工程部的最主要目的，係為維護旅館本身及所屬俱樂部、健身中心（如有附設備）之各項水電及機器設備，其主要作業程序為：

1. 負責旅館及聯誼會（俱樂部）區域維護保養、整修，保持常新美觀程度。

2. 負責旅館及聯誼會（俱樂部）內各項電氣設備、機械設備，各處管理、線路、馬達、幫浦、抽排風機之定期檢查、保養及修護。

3. 負責旅館及健身中心內冷氣機、鍋爐、電梯、發電機、變壓器、木作、油漆等重要設備之定期檢查保養，務必保持正常運作。

4. 負責旅館及聯誼會（俱樂部）內之消防器材、防颱設備器材、總機電話器材、音響設備等之定期檢查保養及修護，務必保持正常運作。

5. 配合安全警衛定期實施消防訓練及演習，及支援人力編入實施熟練操作。

6. 負責旅館及聯誼會（俱樂部）之水、電、油、瓦斯等能源使用情形之檢查及詳予記錄，並研究改進節約使用方法。

7. 負責受理各部使用固定及非固定設備損壞故障之請修單、電話請修、緊急請修或移動物之送修。訂定修理程序及日期，派員或外送，負責儘速修復堪用。

8. 客房門、更衣櫃鑰匙之遺失或換鎖頭，依據櫃檯單位所填「鑰匙遺失申請單」，交工程部負責補充更換。

9. 負責計畫預算按期實施汰舊更新工程，增置或改變設備器材，派員施工或監督驗收，確實竣工完成。

10. 負責專案修護，如變更用途、擴建、增建、修建等之特別工程之計畫擬訂外包、招標、監標、比價設計之參考。派員參與施工、監工、驗收，確定竣工完成。

11. 負責機械室、發電室之清潔整齊維護，派員定期清掃洗刷油漆，並訂定檢查表按期實施。

12. 人員之補充訓練、管理、工具之管理補充，本單位設廢物之處

理。

13.工程部係支援單位，因此對客務、會務、廚房、總機房、採購、餐飲等均有密切之聯繫，凡事須求協調、合作、支持。

14.依據消防編組任務，派員負責火災、風災、水災等災害之救助工作及災後處理工作。

15.當班時，應將工作情形發現事項，詳記於工程部之日誌簿內，並填寫「工作記錄單」。

第二節　旅館工程部作業的要項

一、請修處理作業

(一)各單位請修

1.各部門對正在使用保管之設備、物品或場所發生故障或損壞情形時，須開具一式三聯的請修單（**表10-2**）。

2.如因下列緊急情況請修時，可先以電話通知值班室人員而後補「請修單」，並特別註明「緊急請修」。

(1)漏水、斷電、馬桶穢物溢出、空調、排氣等。

(2)客房內有某項故障需緊急請修者。

(3)重大事故，如火災、水災、颱風、地震等特別急迫事項。

(二)工程單位請修登記

1.凡合乎請修規定者，在「請修單」上打印時間及編號。

2.凡登記於「工程單位請修登記表」（**表10-3**），填明：編號、收件時間、請修單位、請修內容。

表10-2　旅館物品損壞請修單

已登記收件	月日	時分	班別	編號
申請單位	申請單位	養護室修護人員		
損壞地點修護之項目及數量	損壞地點修護之項目及數量	修護人員處理記錄（說明修護情形）		
要求修妥時限	要求修妥時限			

右送　申請單位　覆查修護情形（說明是否修妥並簽章）認可於　　月　　日　　時至　　時

養護組

申請單位主管　　　　經辦人

存根聯

損壞修護之項目及數量	修護地點	請修日期時間
		年　月　日　時

修妥　　年　　月　　日　　時　　　　　　（簽章）

資料來源：圓山大飯店提供。

表10-3　旅館工程單位請修單登記表

　　　年　　月　　日　　　　　　　　　　　　　　　星期

編號	請修部門	收件時間	請修內容	承修人	工時	材料費	完工日期
合計							

資料來源：圓山大飯店提供。

(三)修理

1.技術員應分輕、重、緩、急順序至現場修理。

2.若修理進行中須暫停設備或影響營業時，須事先報備現場負責主管及工程師、領班。

3.修理完畢，將修理情形向現場負責人說明。承修者，將實際耗用時數、實用材料、完工日期及姓名，填於「請修單」上，請技術員歸檔存查。

4.凡不可立即修理者，承修人應在「請修單」上寫明「不可修

理」原因，並呈上級處理。

5.房客要求請修時，由前檯填妥「請修單」再由客房服務員陪同前往修理。

(四)外包或外送修理

1.物品故障或損壞，因時間急迫或工程人力不夠或技術不足時，由主管決定外包或送外修理。

2.如為緊急修護，可先聯絡廠商前來修理，再補「採購單」，但仍須向上級報告。

3.可移動物輕便者，開具「放行條」交廠商攜出修理。

4.外商前來修理前，應通知請修單位，請做事先準備，修理人員到達時並應派員監工，驗收簽字。

二、各類設備的檢查、保養及維護

(一)檢查

1.每一檢查項目均排定檢查時間，由不同人員負責檢查。

(1)每日檢查，由技術員實施。

(2)每週檢查，由領班實施。

(3)每月、季檢查及年度大檢查，由主任率領各有關人員檢查。

2.每一檢查事項均有「檢查記錄表」，如：

(1)使用氣體集合設備每日檢點表（**表10-4**）。

(2)電梯每月定期維護保養記錄表（**表10-5**）。

(3)高壓（低壓）受電盤及分電盤之動作試驗（**表10-6**）。

(4)高壓（低壓）用電設備試驗記錄表（**表10-7**）。

(5)接地電阻測試記錄表（**表10-8**）。

(6)鍋爐運轉記錄表（**表10-9**）。

表10-4　旅館使用氣體集合設備每日檢點表

檢查日期：　　　年　　　月份

項目　　　日期	1	2	3	4	5	6	7	8	9	10	11	12	13	14	15	16	17	18	19	20	21	22	23	24	25	26	27	28	29	30
1.軟管有無損傷																														
2.軟管套																														
3.吹管																														
4.壓力錶																														
5.安全器																														
6.容器口與配管有無漏氣																														
7.其他																														
檢查人員																														

資料來源：圓山大飯店提供。

表10-5　旅館電梯維護保養記錄表

大樓名稱：＿＿＿＿＿＿＿＿＿＿＿＿　　　年　　月　　日

機器編號：＿＿＿＿＿＿＿＿＿＿＿＿

例行維護保養項目		週期性檢查項目		
1.馬達運轉是否正常		機械室	1.發電機、馬達炭刷檢查	
2.車廂內照明、風扇檢查			2.馬達、齒輪箱、副導輪給油是否正常	
3.對講機、警鈴、緊急照明檢查			3.控制盤各機件是否正常，保持清潔	
4.車廂位置指示器檢查			4.調速機是否正常	
5.各樓層水平檢查			5.選擇器各機件是否正常	
6.按鈕及按鈕燈檢查		車廂	1.水平開關檢查	
7.內外門啓閉狀況檢查			2.導滑器、油壺檢查	
8.安全門履檢查(SAFETY SHOE)			3.GS、SOS、TES、EEC各安全開關檢查	
9.內外門檻檢查(STILL)		乘場周圍	1.外門間隙是否正常	
10.門機扣、鍊條鬆緊度檢查			2.外門鋼索檢查	
11.活動電纜檢查			3.外門導軌、門腳檢查	
12.車廂頂清潔			4.外門接點彈力檢查	
13.機房機器清潔		升降道	1.主鋼索磨損狀況及鬆緊度檢查	
14.坑底是否乾燥沒有積水			2.平衡錘重是否正常，油壺油量檢查	
保養特記事項			3.車廂及配重導輪檢查	
			4.1LS、2LS、3LS、4LS、5LS、6LS各開關檢查	
		坑底	1.緩衝器檢查	
			2.補償鍊條檢查	
			3.調速機鋼索及張力輪檢查	
客戶意見		維護人員： 證照號碼：		
		客戶簽認：		

備註：本記錄表一式三份，白色由維護廠商存檔，黃色由大樓管理人員收執，藍色由維護廠商向業主請款之用。

資料來源：圓山大飯店提供。

表10-6　旅館高壓（低壓）受電盤及分電盤之動作試驗

A. 受電盤保護裝置：

(a)過電壓電譯

附件三線圖上回線號碼	連接負載	電譯型式	電壓插頭	時間標示	試驗成績		變壓比	備註
					始動電流	跳脫時間		

(b) 電流壓電譯　型式：　　　　　　　動作：　　良　　不良

(c) 電壓計及其切換開關：　　　　　　　　　　良　　不良

(d) 電流計及其切換開關：　　　　　　　　　　良　　不良

B. 分電盤過電流電譯：

附件三線圖上回線號碼	連接負載	電譯型式	電流插頭	時間標示	試驗成績		電壓比	備註
					始動電流	跳脫時間		

資料來源：圓山大飯店提供。

表10-7　旅館高壓（低壓）用電設備試驗記錄表

附件單線圖 上回線號碼	檢驗項目		配線及設備連接時絕緣電阻		接地電阻		保安設備狀況（分路開關等）	備註
	設備	測試部分	規定(MΩ)	實測(MΩ)	規定(MΩ)	實測(MΩ)		

附註：1.每年1.4.7.10各月利用本表測量受電室內各項高壓設備、避雷器及高壓馬達等之絕緣。
　　　2.每年1.7兩月應利用本表檢驗各項低壓設備之絕緣及其保安設備是否完整。

資料來源：圓山大飯店提供。

表10-8　旅館接地電阻測試記錄表

No._____

公司：			日期：	／	／
地址：			天候	氣溫	℃

編號	接地場所	接地種類	台電公司標準	實測結果	備註

接地場所略圖

審核_____　　試驗_____　　頁數_____

資料來源：圓山大飯店提供。

表10-9　旅館鍋爐運轉記錄表

　　　　號鍋爐　　　　　年　月　日星期

時間	蒸氣壓力 PSIG	壓縮空氣壓力 RSIG	燃油		給水爐後		鍋鑪 水位刻度		第一段 蒸氣總管壓力 kg/cm²	第二段 蒸氣總管壓力 kg/cm²	熱水槽溫度			排煙溫度	油表讀數	耗油量	軟水讀數	軟水耗量	空壓機油位%
			油頭壓力 DSIG	油頭溫度 °F	水位刻度	溫度 °C	左	右			1號°C	2號°C	3號°C						
標準值	7-8	14-16	0.4-1.0	140-180	5-8	75-110	左	右	7-7.5	2.0-3.0	55-60	55-60	55-60	150-300					20-80
8																			
9																			
10																			
11																			
12																			
13																			
14																			
15																			
16																			
17																			
18																			
19																			
20																			
21																			
22																			
1																			
2																			
3																			
4																			
5																			
6																			
5																			
6																			
7																			
平均值																			
備註																			
閱示													早班 中班 晚班						

工程部主管：　　　　　工程部組長

資料來源：圓山大飯店提供。

(7)冷氣機運轉記錄表（**表10-10**）。

(8)空調主機運轉記錄表（**表10-11**）。

(9)發電機檢查記錄表（**表10-12**）。

(10)每日冷藏、冷凍設備檢查記錄表（**表10-13**）。

(11)水質及處理化驗記錄表（**表10-14**）。

(12)每月份工程保養記錄卡（**表10-15**）。

3.檢查時，如發現有不正常情形或故障，檢查人員除初級故障排除工作可予施行外，超過能力以上之故障，應即向主管報告，如無法自行修護，應申請特約廠商處理。

(二)保養及維護

1.每年年底主管編列次年度的「年度保養、維護工程計畫項目」，填明：編號、工程名稱。每一工程班由領班填列「工程單位月保養記錄卡」。詳列：設備名稱、編號、項目名稱（細目）、達成目標、保養維護預定時間及所需天數。

2.「每月份維修工程計畫實施月報表」（**表10-16**）填明：設施名稱、上次報養日期、達成目標、預定施工目標、每月二十五日交領班檢查簽核後，再送交主任及總經理簽核後於每月三十日公布實行。

3.保養維護時，可參考所屬的機器保養手冊及操作說明者，由技術員依排定之保養日期負責實施，十二個月以上之保養，主任須親臨瞭解與督導。

4.凡外包特約商之保養，皆應訂定保養日期，由技術員當場監督實施，由主管和技術員於完工單上簽字驗收。

5.其他臨時特約維護保養事項，則另排定時間表，並分派技術員處理。

表10-10　旅館冷氣機運轉記錄表

年　月　日星期

記錄時間			每小時	標準值	8	9	10	11	12	13	14	15	16	17	18	19	20	21	22	23	24	1	2	3	4	5	6	7
壓縮機	容量控制器		%																									
	電壓	A－B	V	440																								
		B－C	V	440																								
		C－A	V	440																								
	負載電流	L1	Amp	最大＝																								
		L2	Amp	最大＝																								
		L3	Amp	最大＝																								
潤滑系統	油面			○	○	○	○	○	○	○	○	○	○	○	○	○	○	○	○	○	○	○	○	○	○	○	○	○
	油槽溫度		°F	130																								
	冷卻後油溫		°F	110																								
	油壓		PSIG	7																								
	冷媒液面			○	○	○	○	○	○	○	○	○	○	○	○	○	○	○	○	○	○	○	○	○	○	○	○	○
	冷媒溫度		°F	42																								
蒸發器	蒸發壓力		°F	12-18																								
	冷凍水溫	進水	°F	41以上																								
		出水	PSIG	4.4																								
	水溫	進水	PSIG	3.6																								
		出水																										
凝縮器	冷媒溫度		°F	88-98																								
	凝縮壓力		PSIG	2-12																								
	冷卻水溫	進水	°F																									
		出水	°F																									
	水壓	進水	PSIG																									
		出水	PSIG																									
	抽氣壓力		PSIC	4.8																								
外界氣候乾/濕溫度			°F																									

值班時間	值班者簽名		記事欄
早班			
中班			
晚班			

閱示

工程部主管：　　　　　　　　　工程部組長：

資料來源：圓山大飯店提供。

表10-11　旅館空調主機運轉記錄表

維護單位：＿＿＿　養護室＿＿＿　機房位置＿＿＿　氣候＿＿＿　第＿＿＿號機　頓數＿＿＿R/T　＿＿＿年＿＿＿月＿＿＿日星期＿＿＿

冷媒狀況
1.冷媒量：＿＿＿　冷媒F-＿＿＿
2.清潔度：○　每週三檢查＿＿＿

序號 運轉時間	時間	室外氣溫	馬達電壓	電流	冷媒吸入溫度	冷媒吐出溫度	油溫	潤滑油油壓	潤滑油油面	油污器出水溫	節房瓣開度	冷凝水進水溫度	冷凝水出水溫度	冷凝器進水壓力	冷凝器出水壓力	冷媒凝縮溫度	冷媒凝縮壓力高壓	冷媒冷媒溫度	冰水回水溫度	冰水出水溫度	蒸發器回水壓力	蒸發器出水壓力	冷媒蒸發溫度	冷媒蒸發壓力低壓	運轉時間	累計運轉時間	油量
單位	時間	°F / °C	V / V	A / A	°F / °C	°F / °C	°F / °C	PSIG / kg/cm²	○ / ○	°F / °C	% / %	°F / °C	°F / °C	PSIG / kg/cm²	PSIG / kg/cm²	°F / °C	PSIG / kg/cm²	°F / °C	°F / °C	°F / °C	PSIG / kg/cm²	PSIG / kg/cm²	°F / °C	VAC HC IN / m/m	Min	Hr	○
1									○																		
2									○																		
3									○																		
4									○																		
5									○																		
6									○																		
7									○																		
8									○																		
9									○																		
10									○																		
11									○																		
12									○																		
13									○																		
14									○																		
15									○																		
16									○																		
17									○																		
18									○																		
19									○																		
20									○																		
21									○																		
22									○																		
23									○																		
24									○																		

記錄人員簽名
＿＿＿時至＿＿＿：
＿＿＿時至＿＿＿：
＿＿＿時至＿＿＿：

附　註
1.本表每一小時記錄一次。
2.每日將此表呈主管作考核事用。
3.維護人員於當班時間內不准離離崗位。

交辦事項

主管：＿＿＿　　　　　　　組長簽核：＿＿＿

資料來源：圓山大飯店提供。

表10-12 旅館發電機檢查記錄表

按裝地點： 　　容量： 　KW. 　　檢查日期： 年 月 日

維護檢查項目	檢查結果	情況處理及說明
1 水箱水量是否充足，水質是否良好		
2 引擎機油油質是否良好，是否按油尺刻度添足，是否有耗油現象		
3 電瓶水容量是否充足，電樁頭是否良好（電瓶使用年限是否已到）		
4 燃料油箱之油量是否充足，油質是否良好，是否含水分		
5 引擎皮帶是否鬆緊適度，是否該更換		
6 小型備用充電器是否保持充電狀態，充電表是否良好		
7 引擎是否有漏油現象		
8 發電機輸送電源之開關是否正常		
9 發電機各部線路是否鬆脫或斷裂現象		
開車檢查		
1 轉速是否穩定，是否有超速現象		
2 啟動時轉速是否適宜，周率指示是否達到額定位置，周率表是否正常		
3 引擎運轉時排煙情況是否正常，引擎是否有漏油現象		
4 引擎充電機是否充電		
5 電線接頭有無火花發生，是否有焦味		
6 自動電壓調節器是否良好，電壓是否穩定		
7 電壓表指示是否達到額定容量，電壓表是否良好		
8 供電時電流表指示是否良好，電表是否良好		
9 引擎是否過熱現象，風扇是否轉動正常，引擎是否有漏水現象		
10 機油壓力是否正常，油壓表是否良好		
11 冷卻溫度是否正常，水溫表是否良好		
12 手動啟動時是否良好，自動啟動時是否良好		

填表說明：
1. 檢查符號："✔"表示正常、"▲"表示當場修護、"✗"表示故障、損壞或不正常。
　　　　　"＊"表示待料，每10天檢查一次。
2. 因故障損壞而換件，應載於情況處理及說明格內。

資料來源：圓山大飯店提供。

表10-13　旅館每日冷藏、冷凍設備檢查記錄表

使用單位：_____
使用地點：_____　機號：_____　日期：____年____月份　維護單位：工程部

月／日	機器型別	馬力	電壓	電流	潤滑情況	運轉情況	檢查及故障修理事項
1							
2							
3							
4							
5							
6							
7							
8							
9							
10							
11							
12							
13							
14							
15							
16							
主管		審核		組長		檢查人員	

資料來源：圓山大飯店提供。

表10-14　旅館水質及處理化驗記錄表

_____年_____月_____日　　　　　　　　　　　化驗員：_____

分析項目　　内容　樣水	導電度	標準值	PH值	標準值	硬度
軟化水		100以下		7	
回收水		100以下		6-7	
鍋爐給水		100以下		7	
__號鍋爐		400以下		10.5-11.5	
__號冷卻水塔		500以下		6.5-8.5	
__號冷卻水塔		500以下		6.5-8.5	
__號冷卻水塔		500以下		6.5-8.5	
__號冷卻水塔		500以下		6.5-8.5	

化驗方法：

25℃時 PH=7為中性，PH=1為酸性，PH=14為強鹼，樣水如低於標準值用蘇打粉調高PH值。導電度的單位為0.000001歐姆／公分，樣水如超過標準值則排放。EBT試液呈藍色為硬度5PPM以下，軟化呈紅色則軟化桶需清洗。

處理情形：

組長：_____　　工程主管：_____

資料來源：圓山大飯店提供。

表10-15　旅館每月份工程保養記錄卡

設備名稱		1月	2月	3月	4月	5月	6月	7月	8月	9月	10月	11月	12月
項目	標準	日	日	日	日	日	日	日	日	日	日	日	日
簽名													
注意事項：	更換零件名稱及改善意見：												

資料來源：圓山大飯店提供。

表10-16 旅館每月份維修工程計畫實施月報表

V預定進度　○實際進度

年　月　日

設施名稱（位置）	上次保養日期	達成目標	進度	1	2	3	4	5	6	7	8	9	10	11	12	13	14	15	16	17	18	19	20	21	22	23	24	25	26	27	28	29	30	31	施工者	執行檢討
打掃機房沖洗地板	每週一	配合週一檢查	預定																																
			實際																																
集煙機傾倒殘灰	每週一	重量記錄Log Book	預定																																
			實際																																
鍋爐日用油槽排水	每週一	使用塑膠袋	預定																																
			實際																																
水質化驗導電度排放	每週二	記錄表格	預定																																
			實際																																
水質複驗（測導電表）	每週三	停止排放	預定																																
			實際																																
鍋爐加藥桶補充	每週三	10公斤藥加一桶水	預定																																
			實際																																
空壓機排放污水	每天	含乾燥機排水	預定	V	V	V	V	V	V	V	V	V	V	V	V	V	V	V	V	V	V	V	V	V	V	V	V	V	V	V	V	V	V	V	
			實際																																
宴會用音響、麥克風	每天	視要會通告	預定	V	V	V	V	V	V	V	V	V	V	V	V	V	V	V	V	V	V	V	V	V	V	V	V	V	V	V	V	V	V	V	
			實際																																
掃垃圾、倒垃圾	每天	值班室經理	預定	V	V	V	V	V	V	V	V	V	V	V	V	V	V	V	V	V	V	V	V	V	V	V	V	V	V	V	V	V	V	V	
			實際																																
清點工具、辦理交接	每天	點交中班	預定	V	V	V	V	V	V	V	V	V	V	V	V	V	V	V	V	V	V	V	V	V	V	V	V	V	V	V	V	V	V	V	
			實際																																
清點麥克風	每天	記錄Log Book	預定	V	V	V	V	V	V	V	V	V	V	V	V	V	V	V	V	V	V	V	V	V	V	V	V	V	V	V	V	V	V	V	
			實際																																
			預定																																
			實際																																
			預定																																
			實際																																

派工者　　　　　　工程部　　　　　　總經理

注意事項：

1.每月28日領班提出預計進度及休假。

2.每月25日領班檢查後交辦公室。

3.每月30日公布實行。

資料來源：圓山大飯店提供。

三、支援其他單位服務工作

(一)支援餐飲部宴會服務工作

1.餐飲部接受顧客之訂席或租用會議場地，應顧客之需要，需要裝麥克風、音響、錄音帶、額外照明，或是放映幻燈片之延長線等設備，以「宴會通知單」告之工程部派人裝設，或是否需派專人負責控制，一併通知。

2.工程部接獲通知後，依據「餐飲宴會／會議訂單」（**表10-17**）指示派員於宴會前一小時完成指示事項，並於宴會前十分鐘，工程部再派員測試一次。

3.如需專人現場控制電源、音量、光度等事宜，技術員應於宴會前十分鐘，至現場準備。

4.如臨時需要延長線、投射燈等設備，應至工程部辦公室借用。

(二)支援客務部前檯工作

1.前檯旅客保險箱因旅客遺失鑰匙或故障而無法開啓時，由前檯填寫「請修單」，經客務經理簽署後交工程部派員處理。

2.客房門鑰匙遺失之補充及換鎖頭時，由客務部主管填「鑰匙遺失申請單」，送總經理批准後交技術員施工，並會同前檯人員至客房內換鎖。

四、專案工程處理

專案工程以維護保養工程以外之工作為原則，如汰舊更新工程、專案修護工程、變更用途工程、擴建、增建、修建工程及增製或改製設備器材。

1.每年年底編列次年度的「專案工程計畫表」，技術能力所及

表10-17 旅館餐飲宴會／會議訂單

檔案編號：

接 受 者：

再確認者：　　　　　　　　　　　　訂宴負責代表：

活動名稱		
聯 絡 人：	電　話：　　　傳　真：	
地　　址：	統一編號：	
活動日期：	活動時間：	
活動形式：	活動場地：	
預定人數：	保證人數：	
飲料費用：	訂　金：	
場地費用：	付款方式：	
其他費用：		
會議器材： □海報夾　　□講桌 □白板　　　□主席台 □紙／筆　　□冰水　　□礦泉水 □桌卡　　　□接待台 備註：	美工單位 海報：大 _____ 張　小 _____ 張 內容： 擺設地點：	
飲料	場地擺設	
器材組／工程部 □座麥克風　　支　□立麥克風□支 □燈光音響　　　□電視＋放影機□組 □投影機　　　　□幻燈機		
餐飲部經理簽核：	器材／工程 財務 警衛	會務 美工人員 清潔服務

資料來源：圓山大飯店提供。

者，自行處理，否則即外包招工實施。

2.依採購程序，填寫「採購單」，送總務部採購組辦理詢價、估價手續，送總經理核定後實施。

3.凡外包施工，工程部門必須派員參與協調、設計、負責監工、驗收等完結工作。

4.每一工程完畢，必須派員清理場地，如為自己能力或人力無法做到時，可請清潔外包商派員或清潔員支援處理。

五、特殊工程處理

凡是工程費用超過NT$5,000以上者（各旅館標準並不一定相同）之固定資產均列為特殊工程項目處理。

1.特殊工程所支付的費用應分類登帳於「特殊工程登記本」內，填明：編號、明細、完工日期、金額。

2.每月依「特殊工程登記本」之統計資料，登錄於「工程部特殊工程登記表」內。一份交財務部，正聯留存，每月續填。

3.每年年底統計該年特殊工程所支付費用，並填於「工程部特殊工程登記表」內，一份交財務部，正聯依年份歸檔存查。

六、機械室的整潔維護

1.工程機房由技術員負責清掃，必要時洽請清潔人員會同清掃。

2.機械室及冷氣主機、鍋爐等主要機器，預定每年油漆一次。

七、報廢物品處理

1.凡經董事會、總經理及工程部人員會同鑑定，確實不堪修護之物品，視為報廢品。

2.依報廢品填寫一式二聯「固定資產報廢單」（**表10-18**），送總經理核定後依報廢處理。一聯交財務部作帳，一聯由工程部留存。

3.報廢物品的處理方式：

(1)略具價值者填置交辦事員待賣，現金入公司帳（董事會處理、拍賣或標售）。

(2)零星物交由福利委員標售，現金入福利金。

(3)經會同鑑定確無任何價值者，以垃圾處理。

八、工具的管理

工程單位應備有小套工具箱（個人使用）及大型工具櫃一套。

(一)小套工具箱的管理

1.每一小套工具箱均予以編號，每位技術員配有一套，登記簽收後，隨手保管使用，離職時負責繳還登記。

2.每月檢查小套工具箱一次，注意其工具之清潔保養，箱內是否按規定排列，工具有損壞者予以補充或修護，如有遺失，保管人負責賠償責任。

(二)大型工具櫃的管理

1.大型工具櫃內備有常用的工具（係小型工具箱內所沒有的），集中於工程室保管，並依規定位置放置整齊。

2.技術員如需外借使用，須登記於「物品借出登記本」，填明：借用日期、時間、工具名稱、借用人姓名。

3.工具歸還時，在登記本內填上「歸還日期」。

4.每班交接時，清點工具櫃，是否有「借出未還」或「遺失」情形發生，如有該類情形應查明原因，予以追回，確定無法追回時，則記錄於「工程日誌簿」內。

表10-18　旅館固定資產報廢單

FROM　　　　　　　　　DEPT.　　　　　　　　　　　DATE 日期 ＿＿＿＿＿＿＿
由 ＿＿＿＿＿＿＿　　　部門　　　　　　　　　　　　No. 編號 ＿＿＿＿＿＿＿

| PROPERTY | | UNIT 單位 | QTY 數量 | REASON OF DAMAGE 報廢原因 | UNIT PRICE 單價 | AMOUNT 總價 | DATE OF PURCHASING 購置年月 | ESTIMATED LIFE 耐用年月 | ACCUMULATED DEPRECIATION 累計折舊 | SCRAP VALUE 損值 | REMARK 備註 |
NO. 分類編號	DESCRIPTION 名稱										

＿＿＿＿＿＿＿　　　　　＿＿＿＿＿＿＿　　　　　＿＿＿＿＿＿＿　　　　　＿＿＿＿＿＿＿
部門主管　　　　　　　　財務長　　　　　　　　　總經理　　　　　　　　　董事會

資料來源：圓山大飯店提供。

5.工具耗損補充，依採購程序處理，如為保管人遺失則應依現有
　價值從其薪資中扣除。

九、作業申請書的填寫分發

1.凡是工程施工而會影響到其他單位作業時，應填寫一份四聯
　「工程開工申請書」（**表10-19**）。填明內容：施工單位資料、
　監工單位指示事項。
2.將作業申請書送各有關單位簽核後，分送下列各有關單位：
　(1)第一聯：安全警衛室。
　(2)第二聯：被施工單位。
　(3)第三聯：房務部清潔單位。
　(4)第四聯：發包單位。

十、能源統計分析及報表填寫

1.值班技術員每日依「能源使用記錄表」（**表10-20**）上所列各項
　能量項目檢查讀數及計算其耗用量（今日讀數、昨日讀數），
　並填入該表所屬欄內。
2.客務部辦事員每月彙集上月份的每日「工程部月份能源資料
　表」（**表10-21**）。
　(1)依每日「能源使用記錄表」逐日填寫。
　(2)填寫客房使用數／客房使用率（依據客務部送交的「觀光旅
　　館業統計月報表」）、耗水量、耗電量、鍋爐耗油量、每日
　　平均溫度。
　(3)計算上述各項平均值。
3.填寫「月份能源統計表」（**表10-22**）（包括電費、水費、鍋爐
　油、瓦斯費），填明各項能源：本月讀數（依據工程部該月份

表10-19　旅館工程開工申請書

日期：　／　／

星期：

<table>
<tr><td rowspan="8">施工單位</td><td>施工單位</td><td></td><td>電話</td><td></td></tr>
<tr><td>負責人</td><td></td><td>現場負責人</td><td></td></tr>
<tr><td>作業期間</td><td colspan="3"></td></tr>
<tr><td>作業內容</td><td colspan="3"></td></tr>
<tr><td colspan="4">材料或工具：</td></tr>
<tr><td colspan="4"></td></tr>
<tr><td colspan="4">施工單位負責人簽認</td></tr>
<tr><td colspan="4" style="text-align:right">_____</td></tr>
</table>

<table>
<tr><td rowspan="9">監工單位指示事項</td><td colspan="2">發包單位</td><td colspan="2">安全警衛室</td><td colspan="2">被施工單位</td></tr>
<tr><td>責任者</td><td>主管</td><td>責任者</td><td>主管</td><td>責任者</td><td>主管</td></tr>
<tr><td></td><td></td><td></td><td></td><td></td><td></td></tr>
<tr><td>施工說明</td><td>警示燈</td><td>燒焊</td><td colspan="3" rowspan="6"></td></tr>
<tr><td></td><td></td><td></td></tr>
<tr><td>油漆</td><td>噪音工程</td><td>施工鑰匙</td></tr>
<tr><td></td><td></td><td></td></tr>
<tr><td colspan="3"></td></tr>
</table>

<table>
<tr><td>備註</td><td></td></tr>
</table>

第一聯　安全警衛室　　　第三聯　房務部清潔單位

第二聯　被施工單位　　　第四聯　發包單位

資料來源：圓山大飯店提供。

表10-20　旅館能源使用記錄表

___ 年 ___ 月 ___ 日　星期 ___　　氣溫：最高 _____ °F 最低 _____ °F

電力

區域＼讀數	尖峰表	半尖峰表	離峰表	冷氣表	空調泵表	三溫暖
今日讀數						
昨日讀數						
差　　額						
倍　　數	∞1,000	∞1,000	∞1,000	∞100	∞100	∞20
耗電度數						

鍋爐主機運轉時數表

區域＼讀數	#1鍋爐	#2鍋爐	#1主機	#2主機	#3主機	B2冷凍機	冷藏庫
今日							
昨日							
時數							

鍋爐燃油

今日讀數	L	儲藏油量	XL
昨日讀數	L	日用油量	XL
耗油量	L	總油量	XL

柴油存量 _____ XL

冷氣泵省電器

區域＼讀數	運轉時數		耗電量	
今日		R		XW
昨日		H		XW
耗量		H		XW

水

區域＼讀數	軟水	自來水	水表
今日			
昨日			
耗量			

耗量異常時立即檢查存水量及供水情況

加藥機

區域＼讀數	鍋爐		回水		自來水	
今日		L		L		L
昨日		L		L		L
耗量		L		L		L

記　錄　員：_____　　　　主管簽名：_____

資料來源：圓山大飯店提供。

表10-21　旅館工程部月份能源資料表

日期：　　　／　　　／

日期	客房 使用數	%客房 使用率	M 耗水量	KWH 耗電量	ℓ鍋爐 油耗量	℉每日 平均溫度	備註
1							
2							
3							
4							
5							
6							
7							
8							
9							
10							
11							
12							
13							
14							
15							
16							
17							
18							
19							
20							
21							
22							
23							
24							
25							
26							
27							
28							
29							
30							
31							
平均							

資料來源：圓山大飯店提供。

表10-22　旅館月份能源統計表

明細 ＼ 類別	尖峰用電	離峰用電	冷氣用電	水用電
本月讀數				
上月讀數				
倍數	1,000	1,000	480	100
實用度數	KWH	KWH	KWH	KWH
			合計	KWH

水費公式：

	本月讀數	上月讀數	實用度數
大表			
小表			

鍋爐油公式：＿＿＿＿＿＿ 元／ℓ X ＿＿＿＿＿＿ = NT$ ＿＿＿＿＿

瓦斯費公式：＿＿＿＿＿＿ 元／M X ＿＿＿＿＿＿ M = NT$ ＿＿＿＿＿

度數 ＼ 區域	鍋爐	廚房	點心房
本月讀數			
上月讀數			
實用度數			
金額			

資料來源：圓山大飯店提供。

能源資料表）、上月讀數（依據上月份能源統計表）、實用度數（本月讀數減上月讀數）、費用（依表上所列計算公式）。

4.能源實際帳單與能源統計月報表的核對：

(1)每月水費、電費、瓦斯費帳單寄達後，與該月份能源資料表內各項費用比較是否相符合，如差異性大時應查明原因。

(2)帳單核對無誤後各影印一份，將影本附於「工程部月份能源資料表」，交工程部在帳單上簽核。

(3)工程部主任簽核後,將上述各表及帳單依類歸檔備查。

5.每年年底編製下列報表:

(1)該年度各月份各項能源耗用度數及費用明細表。

(2)該年度各項能源耗用度數及費用總表。

(3)各年度各項能源耗用度數及費用比較分析表。

上述三項報表編製完妥後交工程部主任簽核後,影印三份分送下列各主管參考:董事會、總經理、財務長。

各項報表正聯由工程部歸檔備查。各項能源使用量及費用係旅館龐大的支出,控制得宜攸關旅館之營運盈虧至鉅,有時是不當的使用浪費能源,有時是機件或設備老舊失修,亦徒增虛耗。是以,工程部平日的檢查、保養、維護之工作,其重要性不言而喻,旅館經營者無不求全責備,竭盡全力,嚴加管制。

第三節　旅館各單位消防及火災處置作業要項

現代旅館多為防火的建築,而且有鑑於國內外各大旅館火災所造成旅客及員工的傷亡,以及財物損失的創痛,於是各國政府對於建築物防火、消防的措施法規無不多加規範。我政府現行政策係對於舊式的旅館建物,均要求於每層樓,增設不鏽鋼防火牆,以及天花板亦要求保固和防火措施,以杜絕火災時的火種蔓延,對於新建旅館亦嚴加審核,迄其達到法定消防標準,才給予執照營業。此外,並實施定期與不定期的檢查。還有,消防局員警對於旅館亦採取消防教育講習,以及現場救災演習,俾能使火災事故減輕於最低可能性。雖然如此,水火無情,星星之火可以燎原,一旦發生火災,一發不可收拾,火災對於旅館潛在的危機性與威脅性依舊存在。旅館員工務必提高警覺,確實控制火災發生的原因與跡象,以防患於未然。

茲將旅館員工消防編組、任務內容及火災處置作業要項,分述如

下（以台北圓山大飯店爲例）：

一、員工消防的編組及任務內容

(一)編組

共編列爲五組，分別爲：(1)通訊組；(2)消防組；(3)拆卸組；(4)救護組；(5)警戒組。另編指揮官與副指揮官管轄：

1.指揮官：總經理。
2.副指揮官：工程部主管。

(二)任務內容

1.通訊組（櫃檯）：執行報警、廣播、通訊、聯絡、命令傳達等工作。
2.消防組（各部門組員）：執行消防滅火、施救等工作。
3.拆卸組（工程單位）：執行公共電源、瓦斯、空調、工程截斷、搶修及火場隔絕、拆卸搬運等工作。
4.救護組（財務部）：擔任傷患急救、避難疏散引導及重要財物搬離、保管等工作。
5.警戒組（警衛人員）：執行飯店財務警戒、人員進出監視與交通指揮管制等工作。

二、火災發生時處置作業要點

(一)員工

1.發現火災時應立即以滅火器滅火，並呼叫同事共同搶救。
2.通報單位主管及安全警衛人員暨飯店內其他單位。

(二)責任區單位主管

1. 接報後應立即帶領單位員工赴現場實施搶救工作並疏散客人。
2. 負責現場指揮，至火場消防救災，指揮官到場時，報告搶救情形並移轉指揮權。
3. 詳實記錄以備考查。

(三)安全警衛單位（警戒組）任務

1. 安全警衛人員應迅速赴現場，參與搶救及執行災區周邊警戒任務，防止宵小趁機行竊，趁火打劫。
2. 通知外圍安全警衛人員，加強警戒，防止不法分子趁機潛入偷竊或破壞行為。
3. 查明如係人為縱火應報警處理。

(四)工程單位任務

1. 應立即攜帶防救器材趕赴現場協助搶救工作。
2. 應立即切斷電源，瓦斯關閉，以利搶救工作。
3. 如火勢擴大無法自行消滅時，應即通報消防局請求支援搶救。

(五)客房部、餐飲部任務

1. 引導顧客迅速疏散至安全地帶。
2. 疏散命令應分層負責決定，以免混亂影響逃生。

(六)人資部任務

1. 員工撤離時機應適時掌握及通報。
2. 事後協調有關單位辦理慰問工作。

(七)財務部任務

1.負責行政支援任務。

2.支援人資部協助人員區隔疏散撤離工作。

3.財物應指派專人疏散並保管之。

(八)其他單位任務

1.負責臨時派遣與支援防救任務。

2.支援人資部疏散撤離員工任務。

(九)各單位之電腦資料、貴重物品、重要文件等

應由各單位主管指派人員攜帶至指定地點。

三、火災發生時引導人員疏散作業要點

1.負責各區人疏散，切忌慌亂，以鎮靜語調向顧客說明火災地
點，申明火災已在控制中，引導顧客向火災地區之反方向疏
散，維持鎮靜、避免跌撞，以免導致意外傷害。

2.各擔任疏散之責任單位，須備有手提擴音器（喊話筒）及手電
筒。

3.疏散引導人員位置之配置：

(1)引導人員配置地點以火災所在樓層為優先。

(2)通道走廊轉彎直角處、樓梯前。

(3)疏散中如遇有不同方向之兩個集體交接時，必須防止混亂和
分散，應以具有危險性較高之一處優先疏散。

(4)在小集團的前面及後面，均須配置疏散引導人員，以安定顧
客心理，避免因驚慌滋生意外，是最有效的疏散方法。

4.一般員工疏散原則：

(1)無疏散任務員工，迅速疏散至旅館外空地待命。

(2)員工撤退以女性優先。

(3)各單位主管於指揮疏散任務完成，以及將各單位人員疏散狀況報告指揮官後，在指揮中心待命，不得擅離現場。

(4)負責引導疏散人員於任務完成後，向各責管單位主管報告後，至指定集合地點待命。

(5)櫃檯及工程人員，須待指揮官命令後，始得離開工作崗位。

(6)警衛人員於完成警戒，協助疏散，未得指揮官之命令，不得擅離崗位。

　　總而言之，旅館工程部的主要職掌，係在於事故未發生前的預防與保養，目的在維持及提升旅館的生產能量。現代因為科技發展神速，機械設備日新月異，對於旅館的設施大都採取自動化和電腦操作化的作業程序，使得設施管理的制度愈顯得不同凡響。職是之故，旅館工程部專案技術人員的培養，實是不可怠忽或偏廢。

Chapter 11

旅館安全室與安全衛生室
的功能與作業

第一節　旅館安全室的功能及基本作業程序

一、旅館安全室的功能

旅館設置安全室的主要目的，係在保護旅客、消費大眾及維護工作人員和旅館財產之安全，以及對於影響安全之突發事件的防範與處理。

眾所周知，旅館安全工作維護的對象是「人」，則大致可區分為客房住宿旅客、餐廳消費大眾、服務於旅館的全體工作人員。至於旅館安全工作的目標則是為使人的生命免於受到危害、人的身體免於受到損傷、人的財物免於受到意外無謂的損失。

就住宿旅客及餐廳消費大眾而言，旅館對公共負有法律上的權利與義務。有如美國紐約州的判例：「對於行為正當，且對旅館的接待，具有支付能力而準備支付的人，只要旅館有充足的設備，任何人都可以享受其接待。至於，停留期間或報酬並無需成文的契約，只要支付合理的價格就可以享受其餐食、住宿，以及當作臨時之家使用時，所必然附帶的種種服務與照顧的地方。」（詹益政，2001）是以，旅館與旅客訂定契約租售客房暫時居住，維護其安全係契約行為，一定有絕對的義務，不啻要全力維護，甚至，還不能影響其安寧及隱私。若有不能周全的照顧，但亦應盡力做到善意告知之義務，同時亦要提供保險箱以備寄存其貴重財物，免遭盜竊。餐飲的消費大眾，除了訂宴合約之外，並無其他成文的消費契約，然而，旅館亦要提供其一個既舒適又安全的消費場所，確實做到免遭受外在因素的干擾，使其生命、身體受損，尤以大型宴會和會議的顧客，人數較多，對於身體、生命以及財務的安全更應加強安全措施。例如，結婚喜宴的賀禮，金額龐大，更要協力護衛。二〇〇〇年高雄縣警察局曾發布愛民辦法，凡有喜宴者只要提出要求，就派出武裝人員保護主家受

禮台，直至受禮結束，宴會開始前。類此，警民合作深受地方人士好評。

　　關於旅館的從業人員，因有「勞工安全衛生法」及「勞動檢查法」之保障及規範。諸如「勞工安全衛生法」第一條規定：「爲防止職業災害，保障勞工安全與健康，特制定本法……。」又，「勞動檢查法」第一條規定：「爲實施勞動檢查，貫徹勞動法令之執行、維護勞雇雙方權益、安定社會、發展經濟，特制定本法。」旅館與員工訂定勞資契約，其安全係受法律之保障。不論旅客或餐廳消費大眾，或從業員工其生命、身體的安危損傷，不論其係工作環境使然，或者係由於設施缺失，或由於使用時的疏忽，皆屬於旅館的責任，一切均應注意防患並改善，以杜絕損害之發生。

　　再者，由於大型旅館海內外政商名流，甚至是國家元首蒞臨的機會頻率較高，對於其生命財產安全之維護尤爲重要。總之，旅館的安全工作鉅細靡遺，繁雜瑣碎，非經年累月的培訓，實無法妥善處理，處理危機事故的知識、智慧、反應、表達能力，尤其是臨危不亂、處變不驚的冷靜態度，更是旅館所有從業人員所應具備最起碼的工作要件。以上僅僅簡述有關旅館安全室設立的主要目的與其主要的功能。

二、旅館安全室作業的程序

　　旅館安全室設立之目的，既然是爲保護旅客、維護從業人員及飯店財產之安全，及影響安全之突發事件的防範與處理。是故，其主要的作業程序爲：

1.查核新進員工及指紋檔案之處理。
2.平日協助各單位主管對附屬員工之管理。
3.緊急災害時，依飯店之安全政策、總經理或副總經理之指示，對員工作臨時必要之工作分配。
4.突發事件之臨時處理。

5.負責員工出入飯店時，檢查其服務證及攜帶物品。

6.維持所有公共區域及停車場等之安全與秩序。

7.蒐集並處理對旅客之安全報告。

8.可疑人物之報告與處理。

9.VIP之加強保護。

10.防火災（主要協助工程單位）；消防訓練演習及消防編組（另行辦理）。

11.防颱風（主要協助工程單位）；防颱演習急救災難編組（另行辦理）。

12.防竊盜。

13.防止色情媒介。

14.防酗酒滋事。

15.防不良少年。

16.管制緊急使用鑰匙。

17.協助財務部領發重要之財物。

18.酌情接受員工特殊疑難之申訴。

19.官方情治單位之聯繫與協調。

20.依總經理或副總經理指示，監察並協助各主管處理特殊事件。

21.其他有關安全事故之處理。

第二節　旅館安全室作業的要項

一、監視系統的運用

　　為防範可疑人、事、物等而裝設閉路電視於各公共區域，重要通道及樓層走廊等處，確保飯店人員、財務與設施之安全。

　　作業內容包括：負責該項任務，由左至右、由上至下的方式詳細

查看電視監視器上所出現之每一畫面。

若畫面呈現可疑時,先區分爲房客或員工,或其他閒雜人員,並判斷其動向。固定該樓層或該區域之閉路主機開關。通知值勤安全人員或向上級報告並前往處理。正確查證出可疑原委並記錄於「安全室值勤工作記錄簿」內(**表11-1**)。

錄影帶一律由監控員操作,不得外借,並不得以所見之私人行爲對外人討論。

二、火災受信總機的運用

火災受信總機,乃是整體建築物消防安全之樞紐,只要任何樓層發生火警,就會發揮警報的功能。

作業內容包括:警鈴聲響時,立即察看燈號所顯示的報警區域。按下警鈴復歸鍵,若燈號自動消失,則表示誤報。視情況必要時通知總機或做訊息傳達廣播。將詳情記錄於值勤工作記錄簿上,以備考查或討論。

三、消防系統操作的方法

(一)滅火器

可分二氧化碳滅火器及乾粉滅火器。

◆二氧化碳滅火器

1. 爲99%的二氧化碳經高壓成液態,經使用噴出後即成氣體,其比空氣重1.5倍,具阻氣性,故產生滅火作用。
2. 最適用於電氣火災,對油類、化學物品火災均適用。
3. 對遇水有爆炸危險的金屬火災不可用。
4. 使用方法:將保險閥確實拉起,以左手握高壓管喇叭柄。取噴

表11-1　旅館安全室值勤工作記錄簿

大飯店安全室　值勤工作記錄簿

值勤時間	月月　日日　時時　分起止	值勤人員	
時　間	狀　　況	處　理　情　形	

錄影帶更換時間：

交接時間	月　日　時　分	接班人	
批示		擬辦	

資料來源：圓山大飯店提供。

頭，必須確實握好木質部分。以右手握緊握把開關，準備隨時噴灑。左手握之噴頭必須對準火焰下方（底部）作搖擺噴灑，儘量作順風使用（室外使用時）。

◆乾粉滅火器

1.乾粉滅火器的藥劑為重碳酸鈉白色粉末，並附有二氧化碳之小鋼瓶作為驅壓瓦斯用。此藥劑為非導電性，故適合於各式之火災消防，除對普通可燃物料及油類火災適用外，尤其對電器火災最適用。此外，如對遇水有爆炸危險之金屬火災也適用之。

2.乾粉滅火器之使用方法：確實扳斷小鋼瓶之保險閥，以左手提握把，右手握噴嘴開關柄，以左手將小鋼瓶之開關板下壓，進入噴灑階段，右手握噴嘴向火焰下方搖擺噴灑，如遇有風，應站在上風使用。乾粉滅火器使用完後，應將滅火器倒置，以右手緊握開關，使剩餘的瓦斯噴出，以免堵塞噴嘴。

(二)消防栓的使用方法

水帶拉直 → 啟動馬達 → 打開控制梢 → 向火點灑水。

(三)煙面罩的使用方法

1.自蓋緣下方往上拉起盒蓋，迅速取下面罩。
2.將面罩張開後，鼻罩朝下，兩手四指伸直併攏，插入套口，以拇指藉以撐開面，並迅速戴入頭部。
3.使鼻部與特製之消毒藥包緊密接觸後，保持自然輕鬆之位置。
4.以雙手四指將套之鬆緊帶往前額方向套入頭部。
5.再調整至上述要點3.之正確位置。

四、預備鑰匙管理及使用規定

(一)預備鑰匙管理

1.除客房樓層之門鑰匙由房務部負責管理外，其餘各公共區域、職工用室或辦公室之門鑰匙，均由安全室建立預備鑰匙管理。

2.建立使用記錄簿，管制使用。

3.經檢查發現某部門未交預備鑰匙，或當校對試用遇有不符合情形時，該部門應於二十四小時內將預備鑰匙交安全室補行登記編號，逾時未交，安全室除協調催促外，並簽報總經理備核。

4.各廚房門鑰匙於夜間下班後，由各該餐廳主管負責送交後門打卡室登記保管。次晨廚房上班人員於後門打卡室簽名取用。

5.凡借出鑰匙，若在值勤交班時仍未繳回者，必須列入交接，並需查明原因。

(二)預備鑰匙使用規定

1.查明是否為緊急所需，且以公事為優先借用。

2.若欲至倉庫取物，則必有該單位副主管以上簽核之提貨單。

3.登記於「預備鑰匙使用記錄表」（**表11-2**），載明：日期、借出時間、借用人姓名、安全員姓名、鑰匙編號。

4.若至酒庫、倉庫提貨，安全員須陪同前往，且提貨時注意清點，核對「提貨單」，若核對無誤，在「提貨單」上簽名，並留置倉庫人員請帳。

5.使用完畢後將鑰匙立即歸位，且陪同之安全員須簽注「歸還時間」、「自己姓名」於「預備鑰匙使用記錄表」內。

五、員工安全的查核

1.新進員工必須至安全室報到，填寫「飯店員工安全查核資料

表11-2　旅館預備鑰匙使用記錄表

日期	時間	借用單位	簽名	鑰匙編號	繳回時間	簽收

資料來源：圓山大飯店提供。

卡」。

2.安全員據上表詳填「飯店員工安全指紋資料卡」,並捺上指紋。

3.確定所提報之從業人員無不良紀錄始可錄用。

4.員工安全考核無誤後,將「員工安全查核資料卡」、「員工安全指紋資料卡」與「員工安全考核表」,置入於個人資料袋歸檔備查。

5.當有員工離職後,其個人所有之安全資料仍須保留存檔一年以備考查。

六、巡邏工作

1.巡邏時間:

(1)早上七時至晚上八時,巡邏時間不定,視情況予以巡邏。

(2)晚上八時至隔日早晨七時,每二小時巡邏一次。

(3)其他不定時之巡邏。

2.巡邏地點為本飯店大廳、各餐廳、樓層、洗手間、更衣室、機器房及其他公共區域。

3.並於「工作記錄簿」上記錄「開始巡邏時間」。

4.夜間巡邏(晚上八時至次日早晨七時):

(1)每二小時巡邏一次。於巡邏時須帶卡鐘、手電筒、紙、筆及其他配備。

(2)當巡邏至客房樓層時,須用卡鐘專用鑰匙打卡一次。晚間檢查各樓層庫房是否均已上鎖。

(3)留意清潔公司之工作人員,作抽樣詢問及檢查。

(4)每次巡邏結束後,須於「工作記錄簿」上記錄巡邏結束時間、所見所聞,已處理之事項填寫「安全巡邏記錄表」。

七、公共安全的管理

1. 對酒醉、吸食迷幻藥、服裝不整等，應予婉拒進入旅館，但必須避免衝突。
2. 遇有大型宴會時應特別留意酒醉客人，並保護主家收禮之現款，以免被搶。
3. 凡上客房樓層之人物，除了加以過濾外，並予以跟蹤或請以電視監視，以防萬一。
4. 對上客房樓層之單身女郎，必須掌握其行蹤，夜間十一時以後欲上樓訪客者請以house phone聯絡客人，或請交予夜間經理處理，以防色情單幫。並注意各餐廳是否有多女一男，或不斷打公共電話聯絡，或以相片、言行直接暗示客人之嫌者，應嚴加防範，以杜絕「貓頭」媒介色情。
5. 若有客人在餐廳鬥毆、滋事、擾亂公共安寧，應立即前往協助處理。
6. 火災及其他災害時，協助大廳經理處理。
7. 在巡查各公共區域或樓層，除注意異味、異聲及可疑人物、物品，要多加提防、追蹤。

八、台北市觀光旅館安全聯防作業

台北市警察局為加強各觀光旅館安全業務，互通即時治安訊息，發揮統合力量及守望相助精神，採取安全聯防作業，將各觀光旅館劃分為七組，其注意事項如下：

1. 每日住房旅客住宿登記表（**表11-3**），次日整理後送往派出所。
2. 總統、副總統及行政院長蒞臨時，應事先將時間、地點、主辦單位、與會性質及人數等資料告知分局及派出所。

表11-3　旅館旅客住宿登記表

									日／月
									合約商號
									姓名
									事由
									號證時間進站
									登記人
									離站時間
									登記人
									留存證件
									備考

資料來源：圓山大飯店提供。

3.發生治安事故，應即填寫「台北市觀光旅館安全聯防通報（記錄）表」（**表11-4**），並通報警分局、派出所、各主聯飯店及本組分聯飯店。

4.接獲分局或其他旅館之通報時，應傳真本組各分聯旅館，及本旅館相關單位參考，以防止類似事情發生。

九、突發事件處理要領

(一)火警

1.立即全力搶救。

2.維護旅客安全、警戒火場、管制出入人物並預防宵小趁火打劫。

3.不可遲疑，儘速報告消防隊。

4.聯繫消防隊，聽從其指揮共同救火。

5.力求減少旅客傷亡，不惜自己損失。

(二)搶劫

1.機警保護旅客安全。

2.迅速報警，全力與警方密切合作並提供有關之資料。

3.管制現場（封鎖）。

4.控制出入口並查緝歹徒。

5.秘密徹查員工有無牽連。

6.適度保密並且對外不洩露。

7.若在電梯內，即以關掉電源使其無法逃脫。

(三)兇殺

1.迅速報警協助處理。

2.協助急救送醫。

表11-4　台北市觀光旅館安全聯防通報（記錄）表

說明			通（分發）報						案由	
說明： 一、本表得於接獲通報作成記錄及通報其他單位使用。 二、通報內容務求詳盡，並儘量以傳真方式辦理通報。	通報單位		飯店	飯店	飯店	飯店	飯店	單位	單位	發生地點時間
								人員		月日時分
	通報人		時分	時分	時分	時分	時分	時間	飯店	飯店
			派出所	分局	飯店	飯店	飯店	單位	地點	接獲地點時間
								人員		月日時分
	通報時間	月日時分	時分	時分	時分	時分	時分	時間	備考	月日時分

資料來源：圓山大飯店提供。

3.封鎖現場。

4.保密。

(四)突然死亡

1.迅速報警並會同客房部迅速送醫院。

2.協助急救送醫。

3.封鎖現場。

4.保密。

(五)酒醉鬧事

1.安撫脫離現場。

2.依需要請官方治安人員協助。

3.使隔離、安靜、入室、注意動態，並嚴防肇事（火警、撞擊、
　敲打等）。

(六)流氓鬥毆

1.迅速報警。

2.保護旅客。

3.勸阻隔離。

(七)蓄意破壞

1.迅速秘密移去危險物品，並安全處理保管。

2.保密。

3.酌情報警。

4.徹查來源。

(八)旅客非法活動

1.迅速報告官方情治單位。

2.適當錄影（音）。

3.配合官方協助處理。

(九)旅客意外危險

1.協助急救。

2.迅速報警。

3.封鎖現場。

4.保密。

(十)颱風及水災

1.參與防颱中心並協調有關部門執行工作。

2.協助工程部緊急處理防水工作。

3.警戒重要場所並防止宵小。

4.維護旅客安全。

5.聯繫治安單位並維護飯店財物。

6.注意氣象報告並配合巡邏作業。

十、工作記事簿的填寫

1.安全人員每日服勤時，應先閱讀記事簿（log book）內記載事情，以便瞭解處理。

2.服勤中遇任何事件，均應詳細記載以備考查。

3.寫明時間、地點、事實經過，詳細記載以備考查。

4.與其他部門有關者，記錄後應會同該部門經理，再呈總經理核裁及閱讀，原則每週呈閱一次，若有重大或特殊事件，儘速呈閱。

5.工作記事簿為考核每位員工工作成效及勤惰之主要依據。

第三節　旅館安全衛生室的功能及基本作業計畫

一、旅館安全衛生室的功能

我國憲法第一百五十三條規定：「國家為改良勞工及農民之生活，增進其生產技能，應制定保護勞工及農民之法律，實施保護勞工及農民之政策。」根據憲法的規定，政府乃於民國六十三年四月十六日公布「勞工安全衛生法」，復於民國八十年五月十七日修正公布，全文共四十條。此外，政府為保障勞工之福利，為防止職業災害，保障勞工安全與健康，除了公布「勞工安全衛生法」之外，又於民國六十三年六月二十八日發布「勞工安全衛生法施行細則」，並於民國九十一年四月十五日做第三次之修正，全文三十四條。這就是國內目前有關保障勞工安全暨衛生的相關法令。

根據「勞工安全衛生法」第四條之規定，本法適用於十五種行業，其中第七項就是「餐旅業」，由此可見旅館業及餐飲業就是被「勞工安全衛生法」所規範的行業之一。政府為貫徹維護員工的安全衛生政策，於同法第五條規定：「雇主對於勞工就業場所之通道、地板、階梯或通風、採光、照明、保溫、防濕、休息、避難、急救、醫療及其他為保護勞工健康及安全設備應妥為規劃，並採取必要之措施。」可見勞工所就業的工作場所，雇主必須要有良效之規劃與措施，而且必須合乎政府所規定之標準。否則若違反規定，而造成職業傷害時，將會視情節之輕重，而受到罰金、拘役、有期徒刑等種種處罰。

「勞工安全衛生法」第十四條規定：「雇主應依其事業之規模、性質、實施安全衛生管理；並應依中央主管機關之規定，設置勞工安全衛生組織、人員。」雇主對於防止機械、器具設備等引起之危害，應訂定自動檢查計畫實施自動檢查。第十五條又規定：「經中央主管

機關指定具有危險性機械或設備之操作人員，雇主應僱用經中央主
管機關認可之訓練或經技能檢定之合格人員充任之。」由此，亦可見
雇主設立勞工安全衛生之組織——勞工安全衛生室係依據法令所設置
者，而且從事相關有危險性機械或設備之操作人員，亦應具備經考試
測驗及格之專業人員擔任之。

　　總之，有關勞工安全衛生室之設立，勞工安全衛生之管理，係依
據政府相關法令的規定所成立的勞工安全衛生組織。而其與前文所述
安全室的功能是有所區別的，在勞工安全方面所談的有關旅館從業員
工的部分，僅僅是在專業的活動與職場中，員工所應認識的環境和遵
守的工作規章，而是偏重於企業的倫理與秩序，這與勞工安全衛生的
概念是大大的不同。尤以近代係朝向社會福利政策的國家制度，就企
業而言，對待員工的待遇，除了給予合理的薪津、合理的工時，更要
提供給員工一個舒適、安全、衛生的工作環境。企業的管理已非把員
工當成生財器具而已，必須重視人性管理，必須重視員工的自尊、人
格、榮譽等崇高的理念。員工的生命安全、員工的福利措施，絕對是
企業永續經營最佳的因素與法寶。

二、旅館安全衛生室作業的計畫

(一)依據法令

　　依據勞工安全衛生法令及本旅館實際需要訂定安全衛生工作計
畫，勞工安全衛生計畫即是職業災害防治計畫，為本旅館執行勞工安
全衛生工作之指導原則。

(二)計畫訂定程序

　　由安衛室於每年年底邀請有關部門代表，依據過去一年工作情況
及職業災害發生情形擬具計畫草案，提請勞工安全衛生委員會研議通

過後，呈請總經理核定實施。

(三)計畫內容

◆計畫項目

包括八大項：

1.安全衛生組織。

2.安全衛生管理。

3.安全衛生教育訓練。

4.安全衛生檢查。

5.標準作業程序及工作安全分析。

6.個人防護具。

7.醫療保健。

8.安全衛生活動。

◆計畫目標
每個計畫項目下應按實際需要分別訂定若干具體目標。

◆實施要點
完成該計畫目標的方法及實施週期。

◆實施單位及人員
事先規定專責單位及人員負責完成。

◆預定工作進度
每個計畫目標應規定完成日期，使負責實施單位及人員有所遵循而能如期完成。

◆需求經費
列出每個計畫目標實施之經費，確保有預算實施。

◆備註

　　凡有特別情況者，於備註欄內補充說明。

(四)計畫執行

　　勞工安全衛生計畫經總經理核定後，即由安衛室負責督導各有關單位確實執行。定期檢討每月工作是否照進度完成。如未能如期完成應立即通知迅速辦理，並予追蹤督導。

(五)計畫檢討、考核

　　每一年度結束後，應對上年度勞工安全衛生工作計畫詳加檢討其成敗得失，對各單位之安全衛生工作切實考核。建議總經理對優良者給予獎賞以茲激勵，低劣者予以懲罰以茲警惕，並將安全衛生工作考核成績納入年度總考核成績比例之一部分，以加強員工對安全衛生工作之重視。年度勞工安全衛生工作計畫，如**表11-5**所述。

第四節　旅館安全衛生室作業的要項

一、勞工安全衛生自動檢查程序

1. 依「勞工安全衛生法」、「勞工安全衛生組織管理及自動檢查辦法」及其他相關規定與實際需要而訂定，以落實自動檢查實效。

2. 由安衛室負責自動檢查計畫之規劃與監督，主管人員應確實監督所屬實施自動檢查之工作，現場安全衛生監督人員應負現場自動檢查之執行。

3. 勞工安全衛生自動檢查應符合實際需要與法令要求，設計適當的自動檢查表格，內容應包括：

表11-5　旅館年度勞工安全衛生自動檢查計畫

計畫項目	計畫目標	實施要領	實施單位	預定工作進度												需要經費（預估）	備註
				1	2	3	4	5	6	7	8	9	10	11	12		
一、安全衛生組織	1.重頒勞工安全管理單位	更改事業經營負責人名稱並向勞檢處報備	安衛室	■													
	2.補選勞工安全衛生委員會委員	遞補離職委員並造冊備查	安衛室									■					委員任期二年，本屆為85.08.24.改選
	1.修（增）訂勞工安全衛生工作守則	由各部門訂定守則送安衛室彙整備查	各部門 安衛室												■		原於80.11.09.訂定，應至少每三年修訂
	2.實施災害統計	按月統計並報勞檢處	安衛室	■	■	■	■	■	■	■	■	■	■	■	■		
	3.實施災害調查分析	發生災害時由各部門實施調查報告並送安衛室統計分析	各部門 安衛室												■		
二、安全衛生管理	4.召開勞工安全衛生委員會議	每三個月召開乙次，必要時得召開臨時會議	安衛室			■			■			■			■		
	5.下年度勞工安全衛生自動檢查計畫	每年十一月份完成下年度計畫	安衛室											■	■		
	6.年度勞工安全衛生自動檢查計畫檢討	年終執行成果檢討，未完成者，列入下年度優先辦理	安衛室												■		
	7.研討安全衛生自動檢查表	年終就現行表格予以檢討修正													■		
	8.實施承攬商安全事項管理	依合約規定履促承攬商執行安全衛生事項	安衛室	■	■	■	■	■	■	■	■	■	■	■	■		
三、安全衛生教育及訓練	1.實施新進人員及調換作業教育訓練	實施勞工之一般安全衛生教育訓練	訓練中心 安衛室												■		
	2.實施主管（含領班）安全衛生教育	洽請訓練機構協辦	訓練中心 安衛室							■						20,000	
	3.實施消防訓練及緊急應變演練	每年二次洽請消防隊協辦	訓練中心 安衛室						■						■	264,000	

資料來源：圓山大飯店提供。

(續) 表11-5　旅館年度勞工安全衛生自動檢查計畫

計畫項目	計畫目標	實施要領	實施單位	預定工作進度 1	2	3	4	5	6	7	8	9	10	11	12	需要經費(預估)	備註
四、安全衛生檢查	4. 實施餐飲從業人員餐飲衛生講習	洽請衛生單位協助	訓練中心 餐飯部						■						■		
	5. 急救人員複訓	每年一次	訓練中心 安衛室									■				10,000	
	1. 鍋爐檢查	每年申請檢查合格證	養護室			2									2	15,000	3座
		每日經常檢查	養護室	■	■	■	■	■	■	■	■	■	■	■	■		
	2. 第一種壓力刀容器檢查	每年申請檢查合格證	養護室			2									2	7,000	2座
		每日經常檢查	養護室	■	■	■	■	■	■	■	■	■	■	■	■		
	3. 升降機檢查	每年申請檢查合格證	養護室													152,000	11座
		每月定期檢查	養護室	■	■	■	■	■	■	■	■	■	■	■	■		
	4. 高壓電氣設備	每三個月檢查乙次	養護室			■			■			■			■	100,000	
	5. 低壓電氣設備	每六個月檢查乙次	養護室						■						■		
	6. 一般車輛檢查	每年申請檢查合格證	客務部門													20,000	9輛
		每日經常檢查	駕駛班	■	■	■	■	■	■	■	■	■	■	■	■		
	7. 作業環境測定	噪音,每六個月一次 高溫熱指數每三月一次 CO₂濃度,六個月一次 照度每年一次	安衛室	■					■						■	20,000	
	8. 蟲害防治作業	每月乙次	安衛室	■	■	■	■	■	■	■	■	■	■	■	■	720,000	
	9. 醫療廢棄物處理	委託合格廢棄物處理機構辦理	安衛室	■	■	■	■	■	■	■	■	■	■	■	■	24,000	
	10. 消防設備檢查	依消防法規辦理	各部門 安衛室												■	100,000	

資料來源:圓山大飯店提供。

（續）表11-5　旅館年度勞工安全衛生自動檢查計畫

計畫項目	計畫目標	實施要領	實施單位	1	2	3	4	5	6	7	8	9	10	11	12	需要經費（預估）	備註
	11.客房部安衛檢查	依北市衛生局規定檢查，每月一次	客房部	■	■	■	■	■	■	■	■	■	■	■	■		
	12.餐飲部安衛檢查	依北市衛生局規定檢查，每月一次	餐飲部	■	■	■	■	■	■	■	■	■	■	■	■		
	13.實施急救箱管理	依勞工健康保護規則辦理，每月一次	員工餐廳各部門	■											■	30,000	42個
	14.游泳池安衛檢查	依北市衛生局規定辦理，每月一次	安衛室											■	■	280,000	
	15.公共安衛檢查	由安衛委員會會委員檢查，每半年一次	聯誼會安衛室					■						■			
	16.水質化驗	含鍋爐水、一般飲用水、飲水機水	安衛室	■										■	■	250,000	
五、標準作業程序及工作安全分析	實施安全觀察	對工作場所內發生事故員工進行觀察	養護室	■	■	■	■	■	■	■	■	■	■	■	■		
六、個人防護具	個人防護具檢查及維護保養	含安全帽、安全鞋、安全索	各部門安衛室	■	■	■	■	■	■	■	■	■	■	■	■	140,000	
七、醫療保健	1.實施新進人員健康檢查	偏用前赴指定醫院檢查	養護室														
	2.實施特約人員健康檢查	洽合格醫院施行檢查每年乙次	人事室					■									
	3.康檢查與管理特殊作業人員健	供膳作業每年辦理 配合勞保局辦理	人事室安衛室												■	90,000	預估供膳員工180人
八、安全衛生活動	1.配合政府加強實施安全衛生活動	於勞工安全衛生布告欄報導相關資訊	安衛室	■										■	■		
	2.溝通安全衛生意見改善工作安全衛生	隨時接納有關安全衛生意見與建議並速速解決	安衛室	■										■	■		

資料來源：圓山大飯店提供。

(1)檢查項目、要點。

(2)檢查頻率。

(3)檢查日期。

(4)檢查結果。

(5)檢查者及主管簽名。

(6)依檢查結果採取之改善措施。

4.自動檢查表之檢查項目、檢查日期、檢查單位及保存期限（**表 11-6**）。

5.自動檢查表格由實施單位設計，安衛室提供相關資訊參考（**表 11-7至表11-15**），委託承攬檢查者由承攬單位負責提供檢查表格。

6.每日點檢表，由各單位自行設計，並執行保存，安衛室定期與不定期查核。每週檢查表，於每週一、二執行檢查，表格於月底送交安衛室。每月檢查表，於每月十至二十日執行檢查，表格於月底前送交安衛室。年度檢查表，於實施檢查後三十天內提出交安衛室。

7.為瞭解各自動檢查單位配合執行情形，記錄其檢查執行率（**表 11-16**）。

8.每月初彙總上月份自動檢查表並將查案結果呈報總經理核閱。

9.自動檢查表格應依法令或旅館規定修正，每年底由安衛室會簽有關單位依實際需要，決定是否沿用或增修。

10.自動檢查結果發現對勞工有危害之虞者，應立即檢修與採取必要措施，並記錄之。藉以確定其執行情況以便於追蹤，並呈報部門主管。

表11-6　旅館年度自動檢查一覽表

表號	實施項目	週期	實施單位	保存期	備註
1	客房部安全衛生檢查	每月	客房部	二年	含正樓、金龍廳、麒麟廳
2	餐飲部廚房安全衛生檢查	每月	餐廳部聯誼會	二年	6個廚房
3	餐飲部餐廳安全衛生檢查	每月	餐廳部聯誼會	二年	6餐廳、1酒吧、1宴會廳
4	員工廚房安全衛生檢查	每月	行政部	二年	
5	急救箱檢查	每月	各部門	二年	42個
6	車輛檢查	每月	駕駛班	三年	9輛
7	飲水機水質檢查與設備維護	每月	總務部	二年	委託精準檢驗
8	鍋爐（2座）及第一種壓力容器（2座）檢查				
	1.經常檢查	每日	工程部	三年	記錄由工程部自存
	2.定期檢查	每月	工程部	三年	
	3.年度檢查	每年	工程部	三年	由勞工局檢查所代檢
9	乙炔熔接裝置	每年	工程部	三年	
10	游泳池安全衛生檢查	每月	聯誼會	二年	開放時檢查
11	作業環境測定				
	1.高溫熱指數測定	每三月	安衛室	二年	委託工安協會檢測
	2.噪音作業測定	每六月	安衛室	二年	委託工安協會檢測
	3.二氧化碳濃度測定	每六月	安衛室	二年	委託工安協會檢測
12	蟲害防治作業	每月	安衛室	二年	委託中華除蟲施作
13	高壓電氣設備檢查	每六月	工程部	三年	委託震聯檢查
14	低壓電氣設備檢查	每六月	工程部	三年	委託震聯檢查
15	升降機檢查				
	1.升降機定期檢查（11座）	每月	工程部	三年	委託菱電維護
	2.升降機年度檢查	每年	工程部	三年	由升降設備安全協會代檢

資料來源：圓山大飯店提供。

表11-7 旅館客房部每月安全衛生檢查表

年　　月　　日

	檢查項目	檢查結果
1	工作場所、工作室、庫房、通道是否保持通暢、整潔	
2	各通道緊急照明燈、避難方向指示燈是否正常	
3	滅火器具是否正常並保持清潔	
4	消防栓配件是否依規定儲放	
5	太平門推桿功能是否正常？太平梯是否保持通暢、清潔	
6	垃圾是否依規定程序運往垃圾集中場	
7	各清潔工具是否保持清潔及定期保養	
8	外陽台、內走廊及客房、浴室等燈罩是否牢固、清潔	
9	各客房及走道之壁畫是否牢固、清潔	
10	各客房及工作室之電氣是否正常使用	
11	各客房及走道之插座是否鬆動影響用電安全	
12	各客房及走道冷氣機是否運作正常且無噪音產生	
13	各客房飲用水是否保持衛生	
14	飲料及食品是否超過有效期限	
15	各客房及工作室是否定期實施撲滅病媒及防止霉味措施	
16	客用棉、毛織品是否按規定送洗保持乾淨衛生	
17	各客房及工作室、浴缸、洗臉盆、馬桶、水槽是否保持乾淨	
18	排水設備是否良好	
19	工作制服是否整潔	

備註

【說明】1.合格打✔，不合格打✘。
　　　　2.每月檢查一次，並請於每月底送交安衛室備查。

單位主管：　　　　　　　　　　　　　檢查人員：

資料來源：圓山大飯店提供。

表11-8　旅館餐飲部廚房每月安全衛生檢查表

年　　　月份

項目		檢查內容	檢查日期（每週擇一日）			
			日	日	日	日
一、個人衛生	1	從業人員儀容整潔，並穿戴整潔工作服				
	2	從業人員手部保持清潔，無創傷膿腫				
	3	廚房無閒雜人進入				
	4	未蓄留指甲、塗指甲油、配帶飾物				
	5	工作中不得任意取食				
	6	洗手設備清潔，並有清潔液、擦手紙				
二、調理場所衛生	1	牆壁、天花板、門窗清潔				
	2	排油煙罩、爐灶清潔				
	3	排水系統良好、清潔、無積水				
	4	地面清潔、無積水				
	5	冷藏（凍）庫內清潔				
	6	工作台清潔				
	7	調理器械清潔				
	8	食品原料新鮮				
	9	食品儲放溫度適當（冷藏7℃，冷凍-18℃）				
	10	切割生、熟食品之刀、砧板應分開使用				
	11	生食、熟食應分開存放				
	12	食品應用容器盛裝或包裝後冷藏（凍）				
	13	食品、器皿不可直接置於地面				
	14	餐具、器皿洗滌方法、儲存場所適當				
	15	抹布清潔消毒				
	16	廚餘妥善處理				
三、庫房	1	庫房通風且溫度、濕度、照度良好				
	2	置品架物料排列整齊				
	3	不得存放非原（物）料				
	4	物料實施先進先出				
四、其他	1	有防止病媒（昆蟲、鼠類等）侵入之設施				
	2	緊急照明、避難方向指示燈正常				
	3	消防器具、設備良好				
	4	下班前瓦斯、電源、水確定關閉				

【說明】1.合格打✔，不合格打✘。

　　　　2.每月檢查一次，並請於每月底送交安衛室備查。

經理：　　　　　　　單位主管：　　　　　　　檢查人員：

資料來源：圓山大飯店提供。

表11-9　旅館餐飲部（餐廳）每月安全衛生檢查表

年　　月份

項目		檢查內容	檢查日期（每週擇一日）			
			日	日	日	日
一、個人衛生	1	從業人員儀容整潔，並穿戴整潔工作服				
	2	從業人員手部保持清潔，無創傷膿腫				
	3	未蓄留指甲、塗指甲油、配帶飾物				
	4	工作中不得任意取食				
二、庫房	1	庫房四周清潔				
	2	庫房通風且溫度、濕度、照度良好				
	3	置品架物料排列整齊				
	4	物料實施先進先出				
三、營業廳	1	環境、通風、採光良好				
	2	天花板、牆壁、地面、門窗整潔				
	3	盆栽清潔				
	4	各項設備、陳設清潔				
四、其他	1	有防止病媒（昆蟲鼠類等）侵入之設施				
	2	緊急照明、避難方向指示燈正常				
	3	消防器具、設備良好				

【說明】1.合格打✔，不合格打✘。
　　　　2.每週自行檢查一次，並請於月底送交安衛室。

經理：　　　　　　　單位主管：　　　　　　　檢查人員：

資料來源：圓山大飯店提供。

表11-10　旅館員工餐廳每月安全衛生檢查表

年　　　月份

項目		檢查內容	檢查日期（每週擇一次）			
			日	日	日	日
一、個人衛生	1	從業人員儀容整潔，並穿戴整潔工作服				
	2	從業人員手部保持清潔，無創傷膿腫				
	3	廚房無閒雜人進入				
	4	未蓄留指甲、塗指甲油、配帶飾物				
	5	工作中不得任意取食				
	6	洗手設備清潔，並有清潔液、擦手紙				
二、廚房衛生	1	牆壁、天花板、門窗清潔				
	2	排油煙罩、爐灶清潔				
	3	排水系統良好、清潔、無積水				
	4	地面清潔、無積水				
	5	冷藏（凍）庫內清潔				
	6	工作台清潔				
	7	調理器械清潔，安全防護良好				
	8	無病媒（蚊、蠅、蟑螂、老鼠）存在				
	9	食品原料新鮮				
	10	食品儲放溫度適當（冷藏7℃，冷凍-18℃）				
	11	切割生、熟食品之刀、砧板應分開使用				
	12	生食、熟食應分開存放				
	13	食品應用容器盛裝或包裝後冷藏（凍）				
	14	食品、器皿不可直接置於地面				
	15	餐具、器皿洗滌方法、儲存場所適當				
	16	抹布清潔消毒				
	17	廚餘妥善處理				
	18	其他廢棄物放置固定場所				
	19	庫房通風且溫度、濕度、照度良好				
	20	物料架整潔				
	21	不得存放非原（物）料				
	22	物料實施先進先出				
三、其他	1	餐廳環境、通風、採光良好				
	2	餐廳天花板、牆壁、地面、門窗、陳設整潔				
	3	電氣設備維護良好				
	4	緊急照明、避難方向指示燈正常				
	5	消防器具、設備良好				

【說明】1.合格打✔，不合格打✘。

　　　　2.每週自行檢查一次，並請於月底送交安衛室。

經理：　　　　　　　單位主管：　　　　　　　檢查人員：

資料來源：圓山大飯店提供。

表11-11　旅館急救箱檢查表

年度

檢查項目　　檢查日期	1 優碘藥膏一支	2 棉枝五包	3 二吋紗布三包	4 OK繃二十包	5 雙氧水一瓶	6 1/2吋紙膠布一捲	7 燙傷膏一支	8 急救箱放置固定場所	9 急救箱由專人保管	10 急救箱保持清潔	檢查人員簽名
一月　　日											
二月　　日											
三月　　日											
四月　　日											
五月　　日											
六月　　日											
七月　　日											
八月　　日											
九月　　日											
十月　　日											
十一月　　日											
十二月　　日											

【說明】1.合格打✔，不合格打✘。

　　　　2.請各急救箱保管人定期檢查及向醫務室補充藥材。

　　　　3.請每月底確實自動檢查，並於年底將本表交至安衛室。

部門主管簽名：　　　　　　　　　單位主管簽名：

資料來源：圓山大飯店提供。

表11-12　旅館車輛檢查表

年　月份

檢查部位	檢查內容	1	2	3	4	5	6	7	8	9	10	11	12	13	14	15	16	17	18	19	20	21	22	23	24	25	26	27	28	29	30	31
引擎	機油量																															
	引擎是否溢油																															
冰箱	水箱水量																															
	水箱水管																															
燃油箱	油量																															
	油箱																															
電瓶	電瓶水量																															
	捲頭與電源接頭																															
全車電系	各種燈具																															
	儀表																															
輪胎 與 鋼圈	胎壓																															
	胎面																															
	鋼圈固定螺絲																															
其他	安全帶																															
	後照鏡																															
	煞車油量																															
	車身骨架																															
	腳煞車性能																															
	手煞車性能																															
	車身漆面																															
異常事項紀錄																																
檢查人簽名																																

主管：　　　　　領班：

註：良打✓，不良打✗。

資料來源：圓山大飯店提供。

表11-13　旅館飲用水設備水質檢驗及設備維護記錄表

水源類別：自來水　　　　　　　　　位置：＿＿＿＿＿＿＿＿＿＿＿
設備管理單位：＿＿＿＿＿＿＿＿＿＿　設備維設單位：＿＿＿＿＿＿＿＿

一、設備維護記錄（每月一次）

維護日期	清洗四周（註1）	更換濾心或紫外線燈管（註2）	消毒管線（註2）	維護人員簽名（註3）	備註
1月　日					
2月　日					
3月　日					
4月　日					
5月　日					
6月　日					
7月　日					
8月　日					
9月　日					
10月　日					
11月　日					
12月　日					

註1：所屬單位每月至少清洗四周一次
註2：若有更換濾心、燈管或消毒管線時，則於該欄說明
註3：維護人員請所屬單位指派專人負責

二、水質檢驗記錄（每三個月一次）

項目標準　檢驗日期	總菌落數100個／100毫升	大腸桿菌群60MPN/100毫升	檢驗測定單位	是否符合標準	備註
2月　日					
5月　日					
8月　日					
11月　日					

*水質檢驗數據由委託之檢驗機構檢查後，安衛室將結果副本送設備管理單位填入本表。

資料來源：圓山大飯店提供。

表11-14　旅館鍋爐及第一種壓力容器每月檢查表

年　　月　　日

編號：鍋爐☐(1)07-1028(-3)北鍋重10162號　　第一種壓力容器：☐(1)07-2016(3)台容檢北 10530號
　　　　☐(2)07-1028(-4)北鍋重14131號　　　　　　　　　　　☐(2)07-2016(4)台容檢北 10531號

	檢查項目	異常		備註
		有	無	
鍋爐本體	1.閥體、端板、爐筒、各管之裝接部之損場			
	2.水管、煙管、牽條之損傷			
	3.外殼、保溫之損傷			
	4.基礎、安裝狀態之損傷			
燃燒裝置	1.燃料輸送裝置之運作情形及損傷			
	2.主燃燒器本體及霧化機構之損傷			
	3.火燃燒器本身之損傷			
	4.過濾器之堵塞及損傷			
	5.燃燒器瓷質部、爐壁之崩落、損傷			
	6.送風機、抽風機、阻風板之作動情形及損傷			
	7.煙道、煙囪之損傷及風壓之異常			
	8.爆發門之損傷			
	9.供油槽、油位調節器、油位計之損傷			
自動控制裝置	1.控制盤、操作盤之作動情形及損傷			
	2.自動起、停裝置之作動情形及損傷			
	3.火燄檢出裝置之機能及損傷			
	4.燃料切斷裝置之作動情形及損傷			
	5.燃料量、空氣量控制裝置之作動情形			
	6.低水位遮斷器之作動情形			
	7.水位調節器之作動情形			
	8.壓力錶之作動情形及損傷			
	9.溫度錶之作動情形及損傷			
	10.端子、電線、繼電器接點之污穢、鬆弛、損傷			
附屬裝置及附屬品	1.空氣預熱器之損傷			
	2.水處理裝置之機能及損傷			
	3.給水裝置之作動情形及損傷			
	4.給水槽之損傷			
其他	1.蒸汽管、停止閥之保溫及損傷			
	2.電動機本體之作動情形			

資料來源：圓山大飯店提供。

表11-15　旅館乙炔熔接裝置定期檢查表

年　　月　　日

項次	檢查項目	檢查結果	改善建議
1	壓力計指示正常		
2	調整器之性能正常		
3	氣槽、安全器、清淨器、導管等與乙炔相接處使用銅管		
4	作業勞工配戴適當防護具		
5	以肥皂水檢查是否漏氣		
6	作業場所附近之可燃物清除乾淨		
7	開關用之板手狀況良好		
8	開關、調整器、導管接合處無漏氣		
9	導氣管無裂痕、燒傷、磨損		
10	儲存及使用鋼瓶時保持穩妥、直立		
其他記事			

部門主管：　　　　　　　　單位主管：　　　　　　　　檢查人員：

資料來源：圓山大飯店提供。

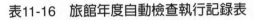

表11-16　旅館年度自動檢查執行記錄表

表號	實施項目	週期	執行情形（月份）											
			1	2	3	4	5	6	7	8	9	10	11	12
1	客房部安全衛生檢查	每月												
2	餐飲部廚房安全衛生檢查	每月												
3	餐飲部餐廳安全衛生檢查	每月												
4	員工廚房安全衛生檢查	每月												
5	急救箱檢查	每月												
6	車輛檢查	每月												
7	飲水機水質檢查與設備維護	每月												
8	鍋爐（2座）及第一種壓力容器（2座）檢查													
	1.經常檢查	每日												
	2.定期檢查	每月												
	3.年度檢查	每年												
9	乙炔熔接裝置	每年												
10	游泳池安全衛生檢查	每月												
11	作業環境測定													
	1.高溫熱指數測定	每三月												
	2.噪音作業測定	每六月												
	3.二氧化碳濃度測定	每六月												
12	蟲害防治作業	每月												
13	高壓電氣設備檢查	每六月												
14	低壓電氣設備檢查	每六月												
15	升降機檢查（11座）													
	1.升降機定期檢查	每月												
	2.升降機年度檢查	每年												

資料來源：圓山大飯店提供。

二、召開勞工安全衛生委員會作業程序

1.依法員工三百人以上之餐旅業應設置勞工安全衛生管理單位，
亦應同時設置勞工安全衛生委員會，委員會為本旅館內研議、
協調及建議勞工安全衛生有關事務之組織。

2.勞工安全衛生委員會的組織成員至少七人以上，由總經理視本

旅館之實際需要，指定下列人員組成之：

(1)事業經營負責人或其代理人（總經理）。

(2)勞工安全衛生人員（安衛室主任）。

(3)各部門之主管、監督、指揮人員（客房部、餐飲部）、總務
部經理。

(4)與勞工安全衛生有關之工程技術人員（工程部總工程師）。

(5)醫護人員（安全衛生管理人員）。

(6)工會代表，但工會代表應占委員人數三分之一以上。
委員任期為二年，以總經理為主任委員，綜理會務，並指定
安衛室主任為秘書，輔助其綜理會務。

3.委員會應每三個月開會一次，研議下列事項並置備記錄：

(1)研議安全、衛生有關規定。

(2)研議安全、衛生教育實施計畫。

(3)研議防止機械、設備或原料、材料之危害。

(4)研議作業環境測定結果應採取之對策。

(5)研議健康管理事項。

(6)總經理交付有關安全衛生管理事項。

4.委員會議由主任委員擔任主席，必要時得召開臨時會議。

(1)開會通知於開會前一週發出，並列出開會議題提供參考。通
知各委員及邀請相關單位列席。

(2)會議紀錄會簽各委員後呈總經理核示後公告之。

(3)顧客決議事項應由紀錄追蹤有關單位之執行情形，及完成時
間與完成項目。

三、公傷意外事故調查作業程序

1.工作場所發生意外事故，應立即填寫意外事故調查表（**表
11-17**）。由單位主管據實填寫事故經過及說明改善措施，儘速

表11-17　旅館意外事故調查表

件號：

事故者姓名：		性別：		年齡：		員工編號：	
出生日期：	年　月　日	到職日期：	年　月　日	服務年資：		年　　　月	
發生日期：	年　月　日　時　分		單位：			職稱：	
療養時間：	自　年　月　日　時　分		身分證字號：				
	至　年　月　日　時　分		發生地點：				

事故經過：（由單位主管據實填寫，包括：發生原因、人員受損、裝備受損和當時處理情形）

改進建議：

　　　　　　　部門主管：　　　　　　　　　　單位主管：

事故分析：（勞安室填寫）

1.直接原因：

2.間接原因：

3.基本原因：

註：1.工作場所意外事故經過，由單位主管填寫；上、下班途中交通事故經過，由當事者填寫。
　　2.發生事故單位應儘速通知勞安室，並填寫事故調查表。
　　3.事故調查表未完成核報者，不得提出公傷假申請。
　　4.請假超過一日者，應附公立醫院或醫學中心證明。
　　5.若為上、下班途中交通意外事故應檢附（1）上、下班路線圖，並註明事故地點（2）駕照、行照影本。
　　6.本表提供勞動檢查所檢查，並作為勞工安全衛生管理之參考，不得隱瞞或有虛偽之事。

總經理		副總經理			勞安室	

資料來源：圓山大飯店提供。

通知安衛室。

2.安衛室隨即調查分析發生原因，呈總經理批核後，據此申請公傷假。

3.員工於上下班途中發生事故而導致受傷時，必須採取下列措施：

(1)應親自或請他人向警方報案，取得責任鑑定證明，並儘速向單位主管或執勤人員報告。

(2)發生事故之當事人提出人證、物證或有關資料，以證明非本人之過失，並應取得附近警方制式之和解證明。

4.員工因下列情形發生事故者，不得以公傷假處理：

(1)違反交通規則者。

(2)在上下班必經途中因個人作為以致發生事故者。

5.意外事故調查表作為每日填報職災統計之依據。

6.於年終將意外事故製成分析總表與各種分析比較表，以作為各部門預防職災之參考（圖11-1）。

(1)各部門意外事故發生次數與損失日數比較圖表。

(2)災害類型與件數比較表。

(3)每月意外事故發生事故比較圖表。

(4)年資與年齡等相關事項比較圖表。

四、職業災害統計作業程序

(一)職業災害處理之義務

工作場所如發生職業災害，依法應立即採取必要之急救、搶救等措施，並實施調查、分析及作成紀錄。

(二)重大職業災害報告

應於二十四小時內報告勞動檢查處：

類型	客房	餐飲	行政	聯誼會	小計
交通事故					
跌倒					
割傷					
扭傷					
壓傷					
撞傷					
物體倒塌					
燙傷					
合計					

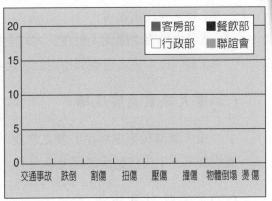

每月意外災害次數統計表

	1月	2月	3月	4月	5月	6月	7月	8月	9月	10月	11月	12月	小計
客房部													
餐飲部													
行政部													
聯誼會													
小計													

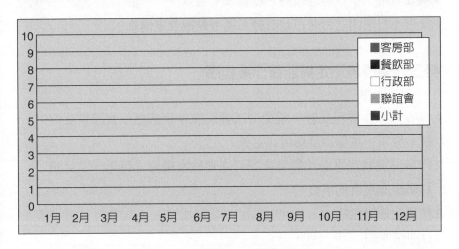

圖11-1　旅館各部門意外災害類型／次數比較圖表

資料來源：圓山大飯店提供。

1.發生死亡災害者。

2.發生災害之罹災人數在三人以上者。

3.其他經中央主管機關指定公告之災害。

(三)重大職業災害現場

重大職業災害現場除必要之急救、搶救外，非經司法機關或檢查機構許可，不得移動或破壞現場。

(四)災害統計表填報

1.每月初由人力資源部提供上月份僱用男女勞工人數，並計算出當月總工作日數與總經歷工時等相關資料，填報職業災害統計月報表甲表（**表11-18**）。

2.依據公傷意外事故調查表填報至個案登記表（**表11-19**），如無個案發生免填。

3.填妥表後，呈總經理核閱並於報表上蓋章。

4.每月十日前函送台北市政府勞工局勞動檢查處備查。

五、勞工作業環境測定與監督作業程序

1.為確保工作環境品質，避免勞工發生職業疾病應依實際需要與法令要求，實施作業環境測定。

2.作業環境測定應委託勞委會認可之實驗室檢測。每年十二月請採購組辦理合約事宜。

3.檢測紀錄應包括：

(1)測定時間（年、月、日）。

(2)測定方法。

(3)測定處所。

(4)測定條件。

表11-18 旅館職業災害統計月報表

(甲表)

事業單位分類號碼 1-10	3	1	0	4	0	3	8	4	4	行業標準分類號碼 11-14				6	4	2	0	日期 15-18		年 月	1日起 日止

勞工保險證字號 19-25	5	0	0	0	3	9	5	事業單位 名稱	財團法人台灣省敦睦聯誼會 所屬作業組織圓山大飯店	事業單位 地址(電話)	台北市中山北路四段一號 2596-5565轉1527

僱用 勞工人數	男工	女工	童工(未滿十六歲)	合計
	(1) 27-30　　　　人	(2) 31-35　　　　人	(3) 36-40　　　　人	(4) 41-45　　　　人

總計工作日期	(5) 46-52　　　　日	總經歷工時	(6) 53-60　　　　小時

本月未能結案 之失能傷害次數	(7) 61-63　　　　次	災害件數		

修正欄(本欄專供上月以前未能結案而於本月份結案之職業災害修正之用)

職業災害 發生月份 11-14	擬修正之 災害件數 15-20	失能傷害修正		結案 年 月 日	該月份 待清次數	失能傷害種類代號表	
		代號 21-22	種類	損失日數 23-26			代號	傷害種類
年　月份				日	年　月　日	次	10	死亡
年　月份				日	年　月　日	次	20	永久全失能
年　月份				日	年　月　日	次	30	永久部分失能
年　月份				日	年　月　日	次	40	暫時全失能
年　月份				日	年　月　日	次		
年　月份				日	年　月　日	次		
年　月份				日	年　月　日	次		
年　月份				日	年　月　日	次		
年　月份				日	年　月　日	次		
年　月份				日	年　月　日	次		

備註 (包括本月份勞工安全衛生 管理單位、人員如有異動將 異動情形填入)	

雇主　　簽章	勞工 安衛 業務 主管　　簽章	勞工 安全 管理 人員　　簽章	勞工 衛生 管理 人員　　簽章	填表人　　簽章

勞工檢查機構 簽　　　註	

資料來源:圓山大飯店提供。

表11-19　旅館職業災害個案登記表

(乙表共　頁之第　頁)

事業分類號碼 1-10	3 1 0 4 0 3 8 4 4 /			勞工保險證字號	5 0 0 0 3 9 5	日期	年　月　日起止
災害件號 11-16							
受傷部位 17-18 19-20 21-22							
災害類型 23-24							
媒介物 25-27							
失能傷害損種類 28-29							
失能傷害損失日數 30-33							
結案　年　月　日 34-35	年　月　日		年　月　日		年　月　日		年　月　日
罹災　年　月　日　時 36-41	年月日　午　時		年月日　午　時		年月日　午　時		年月日　午　時
罹災者　姓名							
身分證字號42-51							
出生年月日	年　月　日		年　月　日		年　月　日		年　月　日
職種							
作業經歷年月	年　　月		年　　月		年　　月		年　　月
罹災場所							
工作名稱							
災害發生經過							
災害發生原因	直接原因： 間接原因： 基本原因：						

資料來源：圓山大飯店提供。

(5)測定結果。

(6)測定人員姓名（含資格文號及簽名）。

(7)依測定結果採取之必要防範措施事項，紀錄應保存三年。

4.實施作業環境測定項目或檢查週期如下：

(1)噪音作業場所（機房、鍋爐房）實施噪音測定；每六個月一次。

(2)中央空調場所（辦公室、工作站、服務檯）實施二氧化碳濃度測定；每六個月一次。

(3)高溫作業場所（鍋爐房、廚房）實施綜合高溫熱指數測定；每三個月一次。

5.檢測週期前一週通知檢測機構安排檢測。

6.檢測時，由安衛室人員陪同檢測。

7.測定結果未符合標準時，須採取必要改善措施，並應有追蹤改善之紀錄。

8.作業環境危害之防範措施包括下列方式：

(1)工程控制：局部排氣、低危害製程代替等。

(2)管理控制：降低危害暴露時間等。

(3)工作實施：教育訓練、工作守則之遵循等。

(4)個人防護器具：最後使用之手段，教導如何選擇、使用、保管等。

9.檢測後，二週內取得結果呈報總經理。

10.費用報核：取得檢測報告與發票後，填寫支出申請單送財務部核銷。

11.噪音作業之管理：

(1)鍋爐旁與機房操作人員於現場工作應配戴耳塞。

(2)每年定期舉辦聽力特殊體檢，並作健康管理。

(3)作業場所應於顯著處張貼警告標示。

六、蟲害防治作業程序

1. 為維護旅館餐飲、客房及室內、室外環境衛生特實施蟲害防治作業。
2. 蟲害防治合約每年簽訂一次，每年十二月份與具有環保局核發執照之廠商訂定蟲害防治合約，由安衛室提供消毒作業規範（**表11-20**），採購組辦理合約事宜。
3. 蟲害防治施作前應通知各單位配合。
4. 蟲害實施單位與安衛室人員共同在現場督導。
5. 翌日應將作業場所清理妥當。

七、飲用水檢查作業程序

1. 為確保旅館飲用水合格，可安心飲用，依環保署所頒「飲用水設備維護管理辦法」及實際需要實施檢查。
2. 每月至少實施維護一次，並載明飲用水設備水質檢驗及設備維護紀錄，以備環保局查核。
3. 飲用水質每隔三個月應檢測大腸桿菌及總菌落數，執行抽驗台數之比例為八分之一。並委由政府機關認可之檢測機構辦理採樣、檢測。水質檢測紀錄應保存二年，以備環保局查核。
4. 水質細菌檢測合約每年訂定一次，每年十二月請採購組辦理合約事宜。
5. 採樣時由安衛室人員陪同，二週內將檢驗報告呈總經理核示。
6. 檢驗不符合飲用水水質標準者，應即採取下列措施：
   (1) 關閉進水水源，停止飲用。
   (2) 於飲用水設備明顯處懸掛告示警語。
   (3) 進行設備維修工作完成後，再進行水質複驗至符合飲用水質標準，始得再供飲用。

表11-20　旅館蟲害防治作業規範

防治項目	蟑螂、蚊蠅、老鼠、跳蚤、螞蟻、**蜘蛛**、蛀蟲、貓、蛇……等防治
施工方式	1.全面噴灑安全、低毒、有效之殺蟲劑，以防止害蟲孳生 2.餐廳、廚房和必要場所放置捕鼠板，每週檢查記錄 3.必要場所提供捕蟑屋、捕貓籠、驅貓劑、驅蛇劑 4.其他：家具防蛀措施
施工藥劑	1.藥劑需有環保署認可之使用許可證 2.藥劑每個月更換一次 3.藥劑絕不浸蝕任何物品或損害壁櫥家具
施工次數	1.室內：每月定期一次 2.室外：四月至九月每月一次，十月至三月每兩月一次 3.北安、劍潭公園每季一次 4.特殊狀況時，應配合增加作業(不另計價)
施工範圍	客房部：正樓和金龍廳和麒麟廳客房、洗衣房、走廊、管道間、廁所 餐飲部：廚房、餐廳、酒吧、1F和10F會議廳、12F大會廳 行政區：辦公室、倉庫、機房、員工餐廳、更衣室、福利社、木工房、 　　　　教室、翠鳳廳、男女宿舍、垃圾間、收費亭、花房、清潔班、 　　　　馬道和各公共區域 聯誼會：廚房、餐廳、辦公室、倉庫、保齡球館、游冰池更衣室 四周環境：排水溝、花園樹叢草坪、北安和劍潭公園
施工時間	客房部：每月下旬配合住房率作業 　　　　10：00至16：00間作業 餐飲部：每月最後一個星期二和星期三 　　　　營業場所打烊後（22：00和01：00）作業 行政區：每月最後一個星期五 　　　　辦公區下班後（17：30）作業，其他區16：00後作業 聯誼會：每月第二個星期二 　　　　營業場所打烊後（22：00）作業，辦公區下班後（17：30） 　　　　作業 四周環境：每月下旬擇晴天作業
其他	1.消毒日期如上述，原則上遇有特殊業務時順延之，每月定期消毒日期 　確定後，另行通知公布 2.為達到效果施工頻率與方式得調整 3.施工時應遵守本飯店各項規定作業

資料來源：圓山大飯店提供。

八、勞工安全衛生教育訓練計畫作業程序

相關內容可參考**表11-21**。

(一)依據法規

1.「勞工安全衛生法」第十五條及第二十三條規定。
2.勞工安全衛生教育訓練規則。
3.旅館本身實際狀況訂定之。

(二)目的

1.建立員工所需之知識、技能與態度。
2.增進員工對工作場所危害因素之鑑認、分析和控制能力。
3.預防災害事故發生，降低災害之後果。
4.提高生產率，改善品質，並增加利潤。
5.展現雇主對員工之關心，促進勞資和諧。
6.符合法規之要求。

(三)訓練對象

依實際需要指派人選。

(四)訓練課程內容

1.現場安全衛生監督人員訓練課程。
2.急救人員訓練課程。
3.一般人員安全衛生訓練課程。
4.各級業務主管人員訓練課程。
5.消防安全與緊急應變訓練課程。
6.勞工安全衛生管理人員訓練課程。
7.危機性機械、設備操作人員訓練課程。

表11-21　旅館勞工安全衛生教育訓練計畫

訓練課程類別	訓練對象	訓練時數	授課講師	預定實施日期	備註
1.現場安全衛生監督人員	各作業場所現場安全衛生監督人員	18小時每年一次	委託專業訓練機構協辦	六月份	
2.急救人員	一般作業員工「各班別依人數比例設置」（50：1）	18小時不定期	委託專業訓練機構協辦	不定期	現有合格證人數：20人
3.急救人員複訓	急救人員救護班人員	3小時每年一次	本店護理師或委訓	七月份	
4.一般人員安全衛生	一般作業員工含：新僱人員　　調換人員	3小時新僱或調換工作時	安全衛生管理人員	每月	
5.各級業務主管人員	新僱或調換工作之非屬現場安衛監督人員	9小時新僱或調換工作時	安全衛生管理人員或委訓	不定期	除一般安衛課程3小時外，增列6小時
6.消防安全與緊急應變	全體員工	4小時半年一次	委託消防局協辦	六月份十二月份	應事先通報當地消防機關
7.勞工安全衛生管理人員	相關人員	不定期	委託專業訓練機構協辦	不定期	應取得證照
8.危險性機械、設備操作人員	相關人員	不定期	委託專業訓練機構協辦	不定期	應取得證照始得作業
9.其他安全衛生教育訓練	相關人員	不定期	政府及專業機構辦理	不定期	

資料來源：圓山大飯店提供。

8.其他安全衛生教育訓練課程。

九、健康管理作業程序

(一)依據法令

1.「勞工安全衛生法」第五條及第十二條規定。

2.勞工健康保護規則。

3.旅館本身之實際需要。

(二)適用範圍

　　旅館員工人數介於三百人以上至一千人以下，應設置醫療衛生單位，委由合格醫療機構承攬，護士為專任，醫師為兼任。醫生駐診時數依人數比例安排。

(三)實施要點

1.醫療衛生單位及人員設置與變更時，應填具報備書向台北市勞工局勞動檢查處及衛生局報備。醫護人員報備時應具備有關職業醫學、職業衛生護理及勞工安全衛生訓練證明。

2.新進人員於僱用前至指定醫院辦理一般體格檢查，檢查結果發現不適合從事其工作者，不得僱用。

3.在職人員於每年七月份實施定期健康檢查，委由勞工局指定健康檢查合格醫院至旅館檢查。

4.噪音作業場所（即機房、鍋爐房）之作業員工每年配合健保局舉辦特殊聽力檢查。

5.供膳作業員工應於僱用時及每年定期實施肺結核、A型肝炎、傷寒帶菌者、性病、癲病、精神病、傳染性眼疾、傳染性皮膚病或其他傳染病之檢查。

6.急救人員管理

(1)依工作場所大小、分布、危險狀況及員工數目設置適量之合格急救人員，期能及時用於工作傷害之急救。

(2)訓練合格急救人員，每一班次應至少一人，員工超過五十人者，每增加五十人，再設置一人。

十、急救箱管理

1.旅館依各工作場所之需要備置急救箱單位，每月並實施急救箱自動檢查。

2.急救箱應置於適當且固定之場所，並予明顯標示。

3.急救箱內之物品不足時，應自動至醫務室申請補充，並隨時保持清潔。

4.急救箱內之物品係僅供工作現場傷害急救用，嚴禁任意攜取或移作他用。

十一、承攬商安全衛生管理程序

(一)依據法令

依據「勞工安全衛生法」第十六條至第十九條之規定辦理。

(二)目的

為加強本旅館承攬商之安全衛生管理，於旅館在發包工程期間，能預防災害及減少意外故事之發生；交付承攬時，預先告知有關旅館工作環境、危害因素及「勞工安全衛生法」有關規定應採取之措施，以維護人員及旅館設施之安全。

(三)適用範圍

1.承攬旅館工程之承攬商和其涉及再承攬行為時，其所有員工及臨時工均適用。
2.本管理要點視為承攬契約之一部分，承攬廠商簽約時詳加閱讀瞭解，並依實際情況，另列注意事項，要求承攬商遵行。

(四)實施要點

1.人員管理。
2.環境管理。
3.機具、物料管理。
4.危險作業與動作作業管理。

　　總而言之，不論旅館安全室或安全衛生室的設立目的及其功能，其消極性是在管理員工的工作秩序和安全與衛生，事實上，其積極性的目的是在確保員工的生命安全和增進員工之福利，並促進勞資彼此雙方的和諧、營造勞資雙方雙贏的局面。無可諱言者，勞工與雇主彼此的立場，並不是對立，而是合作，不是利益衝突，而是利益合理分配，不是鷸蚌相持，而是脣齒相依，即所謂「皮之不存，毛將焉附哉！」

Chapter 12

旅館財務部的功能與作業

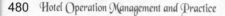 第一節　旅館財務部的功能及基本作業程序

一、旅館財務部的功能

　　財務管理可以說是整個企業體系的磐石與船舵，財務管理的良莠與否，實係關係著整個企業的興亡盛衰。財務管理的重要性可想而知，所以企業經營者，必須對財務管理要有廣泛與透徹的瞭解，方不致於迷失方向，掌控無據。

　　財務管理由於經常受到國內外經濟情況的變遷而變化，又由於其範圍相當的龐大與複雜，管理起來實非易事。現就以企業的經營目標而言，管理者的職責，究竟其目標何在？雖眾說紛云，但畢竟管理者終究係受託於人，其主要職責就是在創造投資者（股東）之財富極大。此一目標的具體要求就是要使普通股的價格極大化。縱然如此，企業的經營卻是還有其他多重與多元化的目標。因此，企業管理人除了為達成其承受託付的職責——創造股東的最大利益之外，也要關心全體員工的福利，當然，也要滿足管理者個人的創業欲望與領導欲望。

　　旅館的管理也是企業管理之一，因此，其經營目標也是企業經營目標之一；其財務管理範圍，當然也係企業財務管理範疇之一。換言之，旅館財務管理的功能也就是在創造旅館投資者最大的利潤，在創造員工的福利，和維護旅館的永續經營。

　　因每個企業個體均有其不同營業性質與營業目標，所以在其經營管理方面亦各有其特質，財務僅係其要項之一，自然亦有獨立的財務管理功能與作業。旅館在組織架構上本來就區分為前檯系統功能與後檯系統功能，因而在財務管理方面的功能，多半也就隨其組織體系而有所規劃。

二、旅館財務部作業的程序

現就以圓山大飯店為例，其財務部的組織系統概分為：會計單位、總出納、餐廳出納、成本控制、夜間稽核及資訊單位等。茲就其作業程序分述如下：

(一)會計單位作業程序

會計單位主要職責為製作旅館所有應收帳款、應付帳款相關傳票與報表，以及員工薪資表，並催收帳款以達成有效管理。

1. 確認所有應收帳款所附之單據是否正確。
2. 檢視正確之單據後，依規定製作相關傳票與報表。
3. 每日夜間十一點為信用卡關帳時間，信用卡公司自動結錄帳款，可自行與信用卡公司協調。
4. 帳單支付：每一位客人之帳單，可親自交予房客，或郵寄至旅客所指定之地址。
5. 每月不定期寄發旅客簽帳單。
6. 每月不定期請旅客或消費大眾將帳款寄回。
7. 欠款：未在指定日期按期付款者，旅館業務經理應於一個月前寄發催收通知予欠帳之公司。若催收逾期九十天者，呈報上級處理。
8. 檢視應付帳款單據，若不符原件者，即退回申請單位。
9. 應付款單據轉呈財務長→總稽核→副總→總經理簽准後，再交由總出納付款。
10. 每月十日前彙總所有上月份之應付款單據，再編列應付款傳票。
11. 差旅費用支付應符合公司規定範圍，並須檢附發票或單據。
12. 每月月底前整理個人薪資資料，並隨時依人事單位通知之資料更新之。

13.每月月底前一日將個人薪資單發放給員工。

14.整理扣繳所得稅稅務並報繳。

(二)總出納作業程序

總出納之最主要功能，在於能確實審核每一筆付款所檢具單據之正確性並做付款事宜；且控制所有進帳之現金或支票及其相關之處理。

1.每日早晨至櫃檯收取現金袋並點數現金與簽帳單，與每日營收報表核對。

2.每日應給予櫃檯一定金額周轉。

3.負責應收與應付帳款票據控制及處理事宜。

4.負責開列支票及廠商付款事宜。

5.每日負責將票據及現金存入銀行。

6.負責控制各單位零用金及周轉金之事宜。

7.每日早晨與銀行聯絡並查詢存款情形，並查看次日支票控制單應付帳款金額，以為資金調度資料。

8.會員支付會費或簽帳單時，以現金支票或電匯入聯誼會帳號。

(三)餐廳出納作業程序

其單位主要係將所有餐飲消費之帳目做好，與廚房及外場同仁溝通良好。

1.無論何時應以愉悅的心情對待顧客。

2.於顧客結帳時應親切招呼。

3.對每一筆帳務必做到準確無誤的原則。

(四)成本控制作業程序

成本控制是營運作業中最重要的一個環節；旅館營收不論多寡，

成本支出的控制若未做好，所有的利潤都會因成本之消耗而成負成長，故其係旅館中不可或缺的重要單位。

1. 每日各作業單位送來之資料，應一一核對，期使作業支出成本資料準確，以利製作分析報表。
2. 確實做好各項成本分析報表，使其統計數字精確無誤。
3. 協助市場調查，務使進貨之品質為「價廉物美」之原則。
4. 會同盤點存貨，務使食品、飲料保持新鮮可用，不致造成耗損，增加成本。
5. 建議各項倉儲之管控，並協助將進貨期及安全存量計算出合理數字。
6. 做出市場各項產品價位之分析與預測，提供主管參考。
7. 協助資本支出之管控，確實做好預估成本作業。

(五)夜間稽核作業程序

1. 處理並稽核有關房客帳務及付款等工作。
2. 處理並稽核有關記帳機之一切工作。
3. 處理有關外幣兌換及客用保險箱之工作。
4. 編製每日收入日報表，以便分送有關單位之主管。
5. 編製每日餐飲收入日報表，以便分送有關單位之主管。

(六)資訊單位作業程序

資訊單位成立的最主要目的，在負責旅館資訊電腦軟、硬體相關工程計畫。

1. 策劃旅館資訊電腦之作業目標及方針。
2. 協調與配合其他作業單位，推動執行各項資訊電腦業務。
3. 計畫並督導資訊電腦資料處理有關事宜。

4.擬訂新系統以改善現有資訊電腦作業。

5.提供資訊新技術及新方法，進而改進各項經營活動。

6.綜理各項資料處理相關資源，使各部門能有效運用並提升服務品質。

7.研究軟、硬體各項新科技，並依公司需求評估其適用性。

8.各項資訊作業程序與標準之頒布及督導施行。

9.審理各部門所提之資訊需求，並加以核列後分配執行。

10.管控監督電腦機房及電腦設備之正常運作。

11.執行各項資訊專案計畫或交辦事項。

12.負責電腦程式（軟體）之修改及修正。

13.負責電腦程式（軟體）之備份及規劃整理。

14.負責電腦程式（軟體）之撰寫及測試。

15.負責電腦硬體（周邊設備）之調配及一般維修。

16.協助使用者解決電腦操作所面臨之困難。

17.當班時，應將工作情形、發現事項詳細記載於資訊單位之日誌簿內，並追蹤未盡事宜。

第二節　旅館財務部作業的要項

一、會計單位作業的要項

(一)簽帳單處理作業

1.每日至櫃檯收齊顧客簽認單（IOU）（**表**12-1），及所有相關憑證。

2.將登記本所填寫的「簽帳總額」與電腦報表所列簽帳總額核對是否一致，如有不符時應查明原因。

表12-1　旅館顧客簽認單

編號：＿＿＿＿＿＿

公司行號名稱	
姓名（正楷） 顧客簽名	
地　　址	
電　　話	
統一編號	
應付款項	

發票取走簽字	
付款日期	

1.如付支票請寫明抬頭。

2.支票請畫線並加蓋禁止背書轉讓字樣。

3.郵寄支票請寄　地址：＿＿＿＿＿＿＿＿＿＿＿＿＿＿＿＿＿＿＿＿＿＿＿

4.帳款如蒙惠撥或有疑問請電話通知。

第一、二聯：收帳憑證

第三聯：會計組

年　　　月　　　日

資料來源：圓山大飯店提供。

3.將簽帳單一聯連同顧客發票及有關憑證收執聯訂在一起，以為收款憑證。

4.簽帳單第三聯連同所附發票副聯整理依編號順序按日歸檔備查。

5.每月月初依個人帳單，合計上月份簽帳總額。

6.將個人帳單併同「簽帳卡對帳單」書訂（**表12-2**）。

7.彙總簽帳卡對帳單總額是否與登記本記錄該月簽帳總額一致。

8.其餘聯不定期的寄發給客人。

9.顧客依規定應於每月二十五日前，將帳款以現金或即期支票寄回，或繳至櫃檯或總出納處。

10.櫃檯或總出納收到帳款後，填寫「應收帳款收回日報表」（一式三聯）（**表12-3**）。

11.將收到的帳款連同一式二聯「應收帳款收回日報表」送至經理簽核後，送總出納點收。

12.「應收帳款收回日報表」第一聯附於應收帳款留底沖帳，第二聯收款人（會計或櫃檯）留底備查。

(二)一般信用卡處理作業

1.與信用卡公司有電腦連線：依約定時間自動轉入旅館帳戶內。

2.與信用卡公司無電腦連線：

(1)每日總出納至櫃檯收回前日所有信用卡簽帳單及有關憑證。

(2)總出納核對帳袋金額無誤後，將兩聯交應收帳款會計員。

(3)會計員依卡別予以分類。

(4)檢視帳單是否有過期、超額、刷錯卡或無簽名等情形。

(5)計算當日各卡簽帳總額，且填入登記本上。核對當日總額與電腦報表之總額是否相符。

(6)信用卡公司規定：填寫請款單及請款彙總表（**表12-4**）一式二聯，並持單及表向當地信用卡公司之分支機構請款。

表12-2　旅館簽帳卡對帳單

CARD NUMBER 卡　　　號		BILLING DATE 發　單　日　期	PAGE 頁　數
REFERENCE NO. 編號	DATE OF CHARGE 消費日期	LISTING OF CHARGES & CREDITS 帳目	AMOUNT 金額

PREVIOUS BALANCE 前次未付餘款	NEW CHARGES 新簽帳金額	AMOUNT DUE 應付金額

資料來源：圓山大飯店提供。

表12-3　旅館應收帳款收回日報表

民國　年　月　日　　　　　第　　頁

帳單號碼	客戶名稱	銀行及帳號	收入票據 票據號碼	日期	金額	國庫直撥 彰銀#700	收入現金	佣金	票據編號
合計									

財務長　　　　　主管　　　　　製表

資料來源：圓山大飯店提供。

表12-4　旅館信用卡請款單

聯合信用卡簽帳單使用注意事項：

第一聯（紫紅色）：客戶簽字後，請交客戶存查。

第二聯（綠色）：特約商店自存。

第三聯（白色）：憑向聯合信用卡中心請款。

簽帳單只剩約10天用量時，請速向聯合信用卡

處理中心索取補充，並請節約使用。

財團
法人　聯合信用卡處理中心

電話：（0800）211925（02）2715-1754

地址：台北市105復興北路363號4樓

資料來源：圓山大飯店提供。

(7)信用卡公司匯入款後，會計接到通知應填寫「應收帳款收回日報表」，信用卡公司對帳單留底存查。

(三)簽帳催收處理作業

1.每月二十五日以後取出該月過期未收款之對帳單，填寫催收帳款信件催收帳款。

2.翌月二十五日之後如仍未收回，則再寄發第二次催收帳款信件。

3.超過九十天仍未付款或收款困難之客戶，一律發出存證信函催收帳款。並自電腦轉出列為壞帳及難收帳款處理，每月月底編製報表呈交上級參考。

(四)預收款（訂金）

1.收到總出納預收款收據及有關憑證後先予以歸檔。

2.收到已使用預收款的收據後登記於「一般簽帳登記本」內，並加註預收款及使用期限。

3.月底將已使用的預收款銷帳，並編製「預收款明細表」留底備查。

4.預收款銷帳，客人在預定消費當日結帳時，直接扣抵。

(五)月底結帳報表製作

1.列印「應收帳款明細表」：

(1)先打出公司代號、簽單編號、當月份應收帳款金額。

(2)依當月份「應收帳款收回報告表」打入已收帳款資料銷帳。

(3)編列當月份應收帳款額，已過期應收帳款（如三十天、六十天、六十天以上）及結餘額。

(4)「應收帳款明細表」之應收帳款總額，應與總額卡核對。核

對有出入時應找出原因並作調整。

2.編製調整明細表：依當月份所有調整憑單編製「調整明細表」。

3.編列難收帳款或壞帳明細表：記明公司名稱、顧客姓名、總額及原因。

4.編列收款明細表：取出當月所有款收款收據，並核對「一般簽帳登記本」，將已使用的預收款銷帳。

5.編列總表，填明各類簽帳應收帳款總額、壞帳總額及退回支票總額。

6.上述報表編列完畢交予上級參考。

(六)應付帳款程序說明

◆採購性付款

1.接到採購單位送交之採購申請單、採購訂單後，先依廠商類別存檔。

2.驗收員將「驗收單」送交財務部門會計員，將「驗收單」與原「採購訂單」訂在一起，再依廠商名稱依順序轉會計室作業。

3.核對廠商送交發票或收據及「驗收單」，並取出原「採購訂單」及「驗收單」核對無誤後，訂在一起，迄月底整理。

4.將上月採購物品，分別逐筆作「旅館支出傳票」（**表12-5**）。

5.將傳票轉至財務長→總稽核→總經理，核准後交由會計員開列支票付款，付款後傳票依序存檔。

◆一般非採購性付款

1.除已訂有合約之付款或對公營事業之例行性付款外，一律由申請單位擬寫簽呈，經由經理批核後始得開立請款單。

2.將請款單、發票或收據併同批核過之公文送至財務單位應付帳

表12-5　旅館支出傳票

中華民國　年　月　日　字第　號第　頁

會計科目	電腦代號	摘要	金額										
---	---	---	億	千	百	十	萬	千	百	十	元	角	分
合計													

資料來源:圓山大飯店提供。

請款。

3. 轉呈財務長→總稽核→總經理，簽核後送至總出納開立支票，並將傳票依序歸檔。

◆員工旅費支付處理程序

1. 員工奉派到國外各地參加業務推廣或受訓時，其所支付費用之申報，應詳填「旅費報告表」，並附上各項發票或收據及「出差申請單」，送交財務長簽核後，送至財務單位申請之。

2. 計算可申報費用，將「旅費報告表」附上收據、發票、「出差申請單」，送交財務長批閱後，開列傳票，再付款。

◆臨時工資及獎金支付處理程序

1. 接獲各單位送交之臨時工資或獎金資料時，填寫臨時工資表。彙總後再開列「請款單」，呈財務長、總經理簽核後開列傳票。

2. 依傳票登記於「臨時工資付款登記本」內，並應填明：個人或公司名稱、身分證字號或統一編號、住址、傳票號碼、月份、金額、代扣所得稅、餘額。

3. 將請款單、傳票交呈總經理批准後，再開列支票付款。

◆薪資的核發及報表的填寫

1. 每月二十二日整理個人薪資資料，以最新的資料為主（人事通知單為準），再據此填在「薪資明細表」一式二聯。

2. 依「薪資明細表」填寫「員工薪資存入明細表」一式二聯，第一張供銀行轉帳用。未辦妥手續之離職員工，並在表上註明原因，而以開列個人支票為付款方式。

3. 核對後開列「請款單」一併送交財務長批核後開列傳票，並於每月前一日發放。

4.將當月個人應稅所得及所得稅打入電腦個人「薪資所得明細表」內。

◆銀行支票往來帳單的核對

1.每月月初核對銀行支票往來對帳單。

2.核對提款部分：

(1)依據銀行對帳單上支票號碼，核對「應付票據明細表」，以確定當月旅館所開立到期之支票，且金額應相符合。

(2)核對無誤後，在對帳單上註明到期日及在「應付票據明細表」上註明支票兌現日期。

(3)如果在該月「應付票據明細表」查不到該筆支票，則查明上月「未兌領支票明細表」，查到後在銀行往來帳單及上月「未兌領支票明細表」上做記號。

(4)若發現已入帳的支票非為本旅館所開立者，應向上級報告，及向銀行查明。

(5)銀行支票往來對帳單核對完畢，再填寫該月份「未兌領支票明細表」。該表連同以前未兌領的支票一併填寫，故應參考上月份「未兌領支票明細表」及該月「應付票據明細表」，而未兌領部分應逐筆填寫。

◆核對存款部分

1.依據該月份每月的「總出納日報表」上所記錄銀行存款部分，與銀行對帳單核對金額是否相符。

2.核對無誤則在銀行對帳單上註明存入日期。

3.如發現有已入帳而銀行未存入者，應即向銀行查詢。又如有已存入而未入帳情形，則應查詢銀行找出原因，並且做紀錄，如查不出原因應向上級報告處理。

◆薪資稅款郥繳處理

　　1.月份報繳：

　　　(1)每月月初依該月薪資明細表編製「薪資所得扣繳稅款繳款書」。

　　　(2)每月十日以前填寫一式三聯「薪資所得扣繳稅款繳款書」。

　　　(3)每月十日前至所屬管區稅捐處繳納，蓋章後退回第一聯，並依月份歸檔備查。

　　2.年度報繳：

　　　(1)依據個人「薪資所得明細表」，計算個人年度應稅所得及已代繳所得稅額。

　　　(2)填寫「國稅局薪資所得稅扣繳稅款繳款書」一式四聯。

　　　(3)彙總本年度「薪資所得扣繳稅款繳款書」給付總額及應扣繳稅額，填寫國稅局「各類所得資料申報書」一式四聯，個人扣繳憑單送至管區稅捐處申報。

　　　(4)稅捐處查核蓋章後退回申報書第一聯。申報書第一聯同個人扣繳憑單第四聯歸檔備查。個人扣繳憑單第二、三聯發給員工本人，作為年度綜合所得稅報繳憑證。

二、總出納作業的要項

(一)每日現金袋蒐集及整理核對程序

　　1.每日早晨即至櫃檯收取昨日營收的現金清點紀錄（現金袋）（**表12-6**），或各種憑證單據，並由安全警衛人員陪同送回辦公室。

　　2.核對現金袋上所填之資料及現金是否符合。

　　3.將信用卡、簽帳單及發票交給各承辦人員。

　　4.若有超出部分作溢收，短少部分請櫃檯補回。

表12-6　旅館各營業單位送繳現金清點紀錄

年　月　日

區分	單位	班別	現金	兌換水單	代支單	支票	合計	備註
客房部	正樓	1						
		2						
		3						
		4						
		5						
	○○廳							
餐飲部	○○廳	1						
		2						
	○○廳	1						
		2						
	○○廳	1						
		2						
	○○苑	1						
		2						
	○○咖啡	1						
		2						
	○○咖啡	1						
		2						
	酒　吧	1						
	餐飲中心	1						
	宴會廳							
	總機室							
其他	停車費							
	合　計							

資料來源：圓山大飯店提供。

(二)收款處理程序

1.凡收到他人支付旅館之任何款項時，均應開列「內部收受款項備查單」（**表12-7**）。

2.收據填寫完畢第一聯開單人留存，第二聯交付款人，第三聯作為作帳憑證。

3.如為預付會議或宴會訂宴訂金收據，則將訂金單紅聯交給會計室。

(三)現金收入處理程序

1.點收當日所收之現金，並核對是否與營收日報表上之紀錄相符。

表12-7　旅館內部收受款項備查單

編號 _____　　　　　　　　　　　　　　　　日期_____

內部單位名稱		經辦人	
經管事項或出售物品數量單價等摘要			
金額	NT$	新台幣	大寫金額

茲將經管上列事項所代收之款項如數繳交請惠予查收為荷

此致

出納室

經手人 _____

資料來源：圓山大飯店提供。

2.填寫「票據、現金存入銀行日報表」,將現金部分存入銀行。

(四)支票收入處理程序

1.核對支票上抬頭、金額是否無誤,並編號、蓋章。

2.如為外縣市或未到期支票尚須蓋背書章,並將到期立即交換之票據分開。

3.合計當日應收帳款明細表上支票總額,與所開收據(屬支票部分)總額並打出紙條。

4.將送金簿及代收簿與支票訂在一起送至銀行存入。

5.支票存入後取回送款簿及代收簿,留存以為填寫「總出納日報表」依據。

(五)開立支票程序

1.向銀行領取空白支票本,蓋上禁止背書轉讓單,畫上雙斜線。

2.收到做好的傳票,依傳票上金額開列支票。填明:受款人抬頭、發票日、到期日、阿拉伯數字金額、大寫金額。

3.依當日所開列的支票逐筆填列於「開票紀錄明細表」。

4.將傳票、支票一併送財務長→總經理審核,並在傳票、支票上蓋上認可章,然後送回原單位,方可付款。

5.依支票實際兌現日填寫於該日「應付票據明細表」內。

(六)付款程序

1.依規定的付款日始可付款。

2.領款人未領款時,先問明領款公司行號名稱及金額。

3.取出受款公司的傳票、支票及「付款登記本」。

4.向領款人要公司章及本人印章。一般廠商材料款則以電匯為主。

5.在「付款登記本」及傳票上分別蓋受款公司章及領款人章。核
　對支票上的大寫金額與傳票上的金額若符合，在支票上蓋上本
　旅館支票章始可付款。

(七)總出納日報表填寫程序

填寫程序說明如**表12-8**所述。

(八)總出納零用金支付及周轉金控制程序

◆零用金支付程序

凡低於二千元以下之內部單位零用金，可由本單位支付。

接到各單位「零用金支付憑證」時，先查看各部門經理、領款人
是否簽章，收據是否有本旅館之抬頭，一般購進貨品是否有驗收單。

◆總出納周轉金控制程序

1.先將「零用金支付憑證」依科目分類，再將同科目依日期及單
　位順序排列。

2.填寫「零用金支付明細表」（**表12-9**）。

3.填寫「請款單」。

4.將「請款單」及「零用金支付憑證」，及所附單據一併交至單
　位主管簽核，開列傳票。

5.批核後始可依開列支票程序處理領款。

(九)銀行付款及應付票據控制程序

1.每月填寫「銀行存款及應付（收）票據收支日報表」一式複寫
　三張（**表12-10**）。

2.填寫方式如**表12-11**所述，填寫完畢後，填明日期與填表人簽名
　後，將第二聯連同應付票據明細表（開票及到期），一併轉交
　會計員，核對銀行收支是否平衡。

旅館營運管理與實務

500　Hotel Operation Management and Practice

表12-8　旅館總出納日報表填寫程序

日報表填寫說明如下：

欄別	項目	資料來源
A欄		根據現金袋之現金收入填
A-1	櫃檯	
B欄	存款摘要（帳面金額）	
B-1	到期應收票據	根據當日之「應收票據到期明細表」
B-2	現金	根據銀行存款單存根聯現金存入部分（欲存入之現金金額）
B-3	支票	根據支票存款送金簿存根聯（欲存入之支票金額）
B-4	託收票據	根據代收簿複印單
B-5	總計	B-1至B-4之合計總額
C欄	其他收入及存款明細	1.根據櫃檯出納之現金袋外，總出納所另外收到之現金部分 2.如表上無列科目則在科目下空白處填寫
C-1	其他收入合計	C項各科目金額總額
C-2	出納繳款合計	根據A-4或A-6金額
C-3	總出納溢（短）存款	為（C-1）＋（C-2）總額與（C-4）之差額
C-4	存款合計	根據B-5金額

資料來源：圓山大飯店提供。

表12-9　旅館零用金支付明細表　　　　年　　月　　日

項次	日期	請購物品名稱	請購單位	申請人	金額	稅額	總金額	憑證附件	總經理批示
									副總經理
									部門主管
									單位主管
									製表
總計新台幣：			萬		仟		佰	拾	元整

資料來源：圓山大飯店提供。

表12-10　旅館銀行存款及應付（收）票據收支日報表

年　　　月　　　日　　　星期

	銀行別及帳號	(A1)昨日餘額	(A2)本日收入	(A3)本日支出	(A4)本日餘額
A 銀行存款					
	甲存合計				
	乙存合計				
	定存合計				

B 應付票據	(B1)昨日餘額		(B2)本日發出		(B3)本日收回		(B4)本日餘額	
C 應收信用卡	A/E	MASTER	VISA	聯合	J.C.B			
D 近日到期 應付票據								
E 近日到期 應收票據								

部門主管 ＿＿＿＿＿＿＿＿＿＿＿＿＿＿　　　製表 ＿＿＿＿＿＿＿＿＿＿＿＿＿

資料來源：圓山大飯店提供。

表12-11　旅館銀行付款及應付（收）票據控制填寫方式

欄別	項目	資料來源
A	各銀行存款情形	
A-1	昨日餘額	參考昨日該表該欄之「本日餘額」（A-4）
A-2	本日收入	根據總出納所有的資料
A-3	本日支出	根據「應付票據明細表」內當日到期的支票總額
A-4	本日餘額	A-I)+(A-Z)-(A-3)所得額
B	應付票據	
B-1	昨日餘額（保證票、一般支票）	參考昨日該表該欄之「本日餘額」（B-4）
B-2	本日發出	參考今日「應付票據明細表」內本日發出的所有支票金額
B-3	本日收回	
B-4	本日餘額	
C	應收信用卡	從應收會計員處詢問得知
D	近日到期應付票據	參考「應付票據明細表」內近日到期支票總額紀錄
E	近日到期應收票據	根據銀行託收簿得之

資料來源：圓山大飯店提供。

3.另一聯交給單位主管參考，以瞭解目前財務狀況及調查資金資
料。

4.每日早晨詢問銀行存款情形，並查看明日到期應付票據明細
表、應付帳款金額，作爲資金調度資料。

5.若單位主管告知各銀行間須轉帳時，則依轉帳程序處理。

三、餐廳出納作業的要項

(一)值勤前的準備工作及交接工作

◆準備工作

各餐廳出納員依排班表（attendance form）（表12-12）上所排定

表12-12　旅館餐廳出納員排班表

11月	一 2	二 3	三 4	四 5	五 6	六 7	日 8	一 9	二 10	三 11	四 12	五 13	六 14	日 15	一 16	二 17	三 18	四 19	五 20	六 21	日 22	一 23	二 24	三 25	四 26	五 27	六 28	日 29	一 30	二 1	三 2	四 3	五 4	六 5	日 6
早																																			
晚																																			
休																																			
早																																			
晚																																			
休																																			
早																																			
晚																																			
休																																			
早																																			
晚																																			
休																																			
早																																			
晚																																			
休																																			
早																																			
晚																																			
休																																			
早																																			
晚																																			
休																																			
早																																			
晚																																			
休																																			
晚																																			
休																																			
備註																																			

資料來源：圓山大飯店提供。

之班別上班，先換妥制服及檢查儀容妥善後，於上班前五分鐘至櫃檯出納領取存放之零用金。並換妥足夠之零錢後，即至各餐廳出納櫃檯，以便辦理交接工作（早班）。

◆交接工作

與上班人員辦理交接工作（晚班）。

1. 清點零用金：各餐廳出納所保管零用金為一萬元整。
2. 更換電腦password及班別。
3. 檢查工作所需用品、文具、報表、單據、電腦發票等是否補足。
4. 檢查處理工作檯及周圍環境。
5. 處理交接本上交待事項並簽名。
6. 如發覺備品存量不敷使用時，應補足以備使用。

(二)買單入帳的程序

1. 餐廳服務人員將點菜單其中一聯交給出納。
2. 出納員將已開列之「點菜單」內容輸入電腦。
3. 顧客要買單時應確認桌號，將填好金額的點菜單交由顧客買單，叫出桌號，作電腦結帳處理。
4. 結帳：根據服務生送回之「點菜單」及其付款方式予以結帳。先將桌號叫出並核對金額無誤後再印出發票，作電腦結帳作業（若有小費等帳，應先予輸入）。
5. 結帳後將發票第一聯妥善彙集（應按發票號碼順序排列，不可遺失損毀），發票紅聯上附「點菜單」要提供會計室結帳用。
6. 發票之顧客收執聯交予其保管，若顧客不要時，應與第二聯訂在一起轉交後檯。

(三)各種付款方式處理

◆現金

1.收取顧客金額時，注意是否有假鈔。

2.注意當面點清，以免發生爭執。

3.如所付係為外幣時，請顧客先前往櫃檯兌換。

◆信用卡

1.以本旅館使用範圍及限額。

2.請顧客於信用卡簽帳單上簽字，並核對信用卡上之簽名。

3.核對無誤後，將信用卡連同信用卡簽帳單回聯，及發票之顧客收執聯交予顧客。

4.信用卡簽帳單其他二聯連同發票及點菜單一、二、三聯訂在一起，留存作為結帳依據。

◆房客簽帳

1.請房客於點菜單上填明房號及正楷姓名並簽字。

2.將房客的房號輸入電腦後，先核對其姓名是否正確。

3.核對無誤後，入顧客電腦房帳並將「點菜單」交予傳達生，送至櫃檯出納，於顧客結帳時核付。

◆外客簽帳

1.請顧客填寫「顧客帳款簽認單」（IOU）一式三聯。

2.出納員憑發票金額填寫應付款項及應付款日期。

3.除有「event order」上註明可簽帳之名單外，其餘IOU單一律應有外場主管的簽准及背書。

4.IOU單二聯連同發票及「點菜單」留存聯訂在一起留存，轉交後檯。

5.如顧客欲先領取發票收執聯時，請顧客在IOU單上的「發票取走簽字欄處」簽字，以茲證明。並將IOU單一、二聯連同發票一、二聯分開裝訂後轉交後檯處理。

◆餐券

1.收取顧客餐券時，先詳看使用日期及金額。

2.並請顧客填明房號及簽名。

3.若消費額未達限額時，按限額計算。超出限額時，另行開立帳單，並以收現或其他方式入顧客帳號。

4.餐券與「點菜單」一、二聯訂妥送至後檯處理。

◆員工簽帳

1.公務招待：

(1)公務招待（entertainment）係限制與公務有關者，並在某一級主管以上者。

(2)使用者應先將招待申請單填妥且由該部門最高級主管簽核（表12-13）「招待申請單」（ENT/house use voucher）交予餐廳出納員。

(3)服務員開列「點菜單」，並在單上註明ENT。

(4)買單時出納員依「點菜單」輸入電腦列印出發票，食物及飲料皆為50%之折扣，不另加10%服務費，並輸入旅館統一編號。

(5)將發票二、三、四聯、「點菜單」及「招待申請單」訂在一起，一併交後檯處理。

2.私人招待：

(1)僅限於「准予使用」ENT之人員使用。

(2)私人招待帳可分為兩種付款方式，一為付現，一為扣薪。若為扣薪則保留發票收執聯，於發薪日扣薪後再給，不得以信

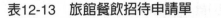

表12-13　旅館餐飲招待申請單

餐飲招待申請單（ENT／HU Voucher）						
日期（Date）：　　　年（Y）　　　　月（M）　　　　日（D）						
申請單位： Department		職稱 Title		申請人 Name		
事由： Business Purpose						
接待貴賓機關名稱 Company Institution						
接待貴賓人員名稱 Persons Entertained						
接待日期 Entertainment Date		年(y)　　月(m)　　日(d)		接待餐廳名稱 Restaurant/Bar		
餐別 Category	□正餐 Meal	（　　　　　）客（cover）共計（N.T.$）　　　　元				
	□咖啡 Coffee	（　　　　　）客（cover）共計（N.T.$）　　　　元				
招待費用合計 Estimated $	新台幣 N.T.$	萬　　　仟　　　百　　　拾　　　元整				
簽核 Approved By	副總經理／總稽核／總經理 Asst. G.M / Auditor / G.M			部門主管 Dept. Head		

資料來源：圓山大飯店提供。

　　用卡付款，並只能開立兩聯式發票。

(3)服務員點菜時，由使用人事先聲明，並註明「員工」。

(4)買單時，出納員依「點菜單」輸入電腦後列印發票，食物及飲料皆為20%（各旅館自行規定）的折扣，另加10%服務費。

3.house use用餐：

(1)僅限於規定「准予使用」H/U之人員使用，並限於值勤誤餐時使用，並限於本人使用。

(2)H/U共分為三大類：一為主管本人誤餐時使用，一為各餐廳的回饋或補償（用於顧客抱怨、結婚週年慶或生日時所送的

餐點使用），另外為各部門員工誤餐時使用。

(3)結帳時，出納員將「點菜單」輸入電腦後列印發票，食物及飲料均按原價入帳，但不另加10%服務費。

(四)其他帳務處理

◆雜項消費

1.凡不屬於餐飲項目之其他收入全部列為雜項收入，如宴會設備出租費、花、裝飾等。

2.開列「雜項消費傳票」一式三聯。

3.出納依「傳票」上所列金額與餐飲消費開列同一張發票，但不加10%服務費。

4.將「傳票」連同發票及「點菜單」存根聯訂在一起送後檯，以為出納收帳依據。

◆代支

1.代顧客支付旅館營業項目外之小額消費，或是支付小費等費用為原則。填寫「代支傳票」（paid out slip）一式兩聯。超額之代支（或為NT$3,000以上者），請餐廳經理簽核。

2.出納員給付現金時，應請顧客在「代支傳票」上簽字，如為司機餐費，應加填車號及司機姓名。

3.依「代支單」上之金額輸入電腦。

4.「代支傳票」第二聯、發票存根及「點菜單」第一聯裝訂好，送交後檯處理。

(五)出納員結帳

◆結帳程序

1.至F/B查看是否有尚未做payment之check，若有時應與接班出納

Chapter 12

旅館財務部的功能與作業　509

交接清楚。每班應將所放之現金及支票整理，放入現金袋並附
上「繳帳明細單」後送前檯保險箱。

2. 帳單與發票的整理：第一聯發票依序訂好並核對張數是否正
   確。若有跳號則立即通知後檯處理。第四聯發票依付款方式
   （現金、信用卡、房客帳、員工簽帳等）分類並計算各項總
   額。帳單應與電腦日報表核對。

3. 盤點現金：現金扣除代支和零用金即為需繳之營業收入金額，
   若現金不符時，應根據收現之單據及發票報表核對。

4. 現金盤點無誤，應填寫「餐廳出納繳帳明細單」。

5. 將該班的營業收入現金、各種單據（如代支單）一起置入現金
   袋中，並訂妥後送前檯保險櫃內。

6. 每日最後一班出納，應將所有物品予以收妥，抽屜及電腦予以
   上鎖，將零用金鎖入前檯個人保險箱內。

◆ 繳帳明細單的填寫與核對

1. 信封內的現金金額為該班所收入的現金金額扣除所支付代支款
   的總數。

2. 現金盤點無誤後，即開始整理現金及填寫繳帳明細單。

3. 如有代支單，則計算代支金額，並與「電腦日報表」上所列之
   代支金額，查核是否相符。

4. 各現金及代支加總所得之金額應等於該班帳上應有的現金總
   額。

5. 「繳帳明細單」應填明日期、出納員姓名、餐廳別、金額、班
   別及時間。

◆ 其他應注意事項

1. 私人支票一律不收。

2. 溢收或短收，應查明原因，並聯絡顧客處理完後，再做沖帳。

3.當日帳應當日結清，有疑問之帳，也應先予以入帳，再留言轉
由後檯處理。

◆發票作廢處理

1.發票應按每張之號碼順序，不可跳號或遺失、損毀，四聯齊全
始可作廢。

2.將作廢的一式四聯發票訂在一起，並於發票上畫線作廢。

3.作廢的發票於結帳後，仍須交回財務部出納室。

四、餐飲成本控制作業的要項

(一)每日餐飲銷售金額核對作業

1.夜間稽核應於每日下班前將前一日餐飲銷售日報表，印製一份
交由成本控制組核對，並與營收主任確認，做成紀錄。

2.成本控制組員應每日蒐集各廚房、酒吧與外場之點菜單，並進
行比對，找出是否有任何短缺漏列。

3.核對每日house use及entertainment帳目。

(二)每日餐飲成本記錄核對作業

1.驗收員應將每日食品、飲料驗收單及憑證，彙總送交成本控制
組核對，並與採購部所給之廠商報價單進行比對。

2.倉庫管理員應將每日新鮮食品及南北貨、飲料等倉庫所發放貨
品之請領單送交成本控制組，並由成本控制員逐日加總輸入電
腦成本記錄表中。

3.檢視各廚房、酒吧所列的轉帳單，並加以計算成本，逐日加總
輸入電腦成本記錄表中。

4.檢視各營業單位銷售分析統計表，並比較其潛在成本與成本記
錄表中反應出之成本差異。

(三)採購驗收、倉儲、發貨工作之監控和抽查作業

1. 抽查驗收廠商送交之貨品與採購單之數量、規格、品質是否有出入。
2. 抽查倉庫架上貨物與存貨記錄表上所記數量是否相符。
3. 檢查倉庫管理員之存貨卡是否依先進先出原則發放，貨品與領物單上所載之重量是否相符。
4. 抽查倉庫是否有囤積過久之物品，並做成slow moving item通告相關人員。如有過期毀壞之物品則做deletion report。
5. 至市場做實地價值調查，查詢各項物品之單價，並與廠商報價單核對，做成報告，轉知相關單位參考。

(四)餐飲準備製造生產與服務之監控、抽查作業

1. 標準食譜之建立，應由各廚房、酒吧做出每道菜之標準食譜。並由成本控制組依其材料之成本，計算求出每道菜之潛在成本並輸入電腦。
2. 切割實驗（butchering test）。各項牛排於決定進貨之前必須先進行切割實驗，並舉行一項blind test，每一廠商皆供貨一段時日之後，從每家廠商所提供牛排中抽選其一進行。依其切割後之可使用率高低、肉質好壞、價錢便宜與否等依據及使用者之評分，而選擇長期合作供應商及供應之肉品。
3. 分量控制，成本控制組應不定期至餐飲現場抽查各項食物、飲料在製作及服務過程中是否有未依標準食譜所列標準分量之事情發生，並做成通知。
4. 成本控制組應不定時抽查酒吧之庫存，並與其所提供紀錄加以核對。
5. 每月月底，應對各酒吧進行盤點，以備製作當月之飲料實際成本分析報告。

(五)餐飲成本報告

1.每週餐飲成本報告：每週一將上週各酒吧及廚房之實際成本，依其進貨、領貨數字做成成本報告。

2.每月餐飲成本報告：

(1)銷貨分析報告表，應包括各餐飲外場之：

- 餐飲營業額。
- 來客數。
- 平均消費。
- 預算。
- 實際營業及預算之差異。

(2)盤點報告，應包括倉庫、酒吧之：

- 盤點金額。
- 周轉率。
- 實際盤點與帳面金額差異分析。

(3)成本報告，應包括：

- 每月各項實際成本。
- 各類成本減項明細。
- 實際成本與潛在成本差異分析。

五、夜間稽核作業的要項

(一)交接班

1.清點現金總額及外幣兌換水單、代支傳票、借支單、核對總金額是否相符，共用計算機打出紙條以備用。

2.先處理交待簿上急於完成的事項，並在完成事項旁記錄處理經過，完成時間與簽名。

3.如未完成之事項，須記錄於工作簿或交待簿上，以提醒下班次

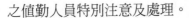

之值勤人員特別注意及處理。

4.查閱電腦是否已換爲正確之班別。

5.交接工作完畢後，即執行稽核之例行工作。

(二)稽核之作業程序

◆稽核前準備工作

1.列印當日之財務報表。

2.整理當日各分科帳目。

3.通知各相關單位（客房部）結帳。

◆核對客房分類帳

1.核對客房分類帳：依照各科帳目日報表與住客消費帳單之底聯逐筆核對。

　(1)guest use之傳眞帳：利用Fax control sheet之手寫帳目與電腦日報表之帳目核對有否出入。

　(2)house use之傳眞帳：利用Fax control sheet之手寫金額與電腦日報表之帳目核對外，並須將H/U之傳眞底稿經相關權限主管簽核後轉交財務部存查。

　(3)洗衣帳：利用laundry & valet control之手寫帳目與客人之消費帳單逐筆核對乾洗、燙衣及洗衣帳項有否出入。

　(4)車資：利用旅客消費帳單之訂單limousine coupon逐筆核對姓名、房號、金額是否與電腦日報表相符。

　(5)冰箱飲料帳：利用旅客住宿消費帳單之冰箱飲料單逐筆核對房號、消費種類、金額是否與電腦日報表相符。

　(6)影印——雜項消費：利用旅客消費帳單之雜項消費逐筆核對電腦日報表之姓名、金額等是否無誤。

2.帳務調整之核對：

(1)檢視帳務折讓調整單是否據有權限主管之簽核。

(2)調整帳務之原因是否說明清楚。

(3)是否與電腦上之簡要說明原因相符。

(4)是否有檢查是項帳單為憑。

3.當日結帳離店顧客之付款帳目之核對：

(1)列印出相關payment日報表。

(2)逐筆核對遷出之顧客所付款項與電腦報表是否相符。

4.核對餐飲分類帳：

(1)房客簽帳：房客在餐廳簽字掛帳，待其結帳離店時一併付清。

　　•餐廳出納將代發票交到前檯出納處。

　　•由前檯出納將其中兩聯放入該房客之帳務檔案內。

　　•在放入之前須核對其簽字是否與遷入時在登記卡上之簽字相符。

　　•若有不符則交由該餐廳經理負責處理。

　　•另外一聯由夜間稽核歸檔，彙整後交財務部存查。

(2)外客結帳：非房客凡在餐廳用餐使用信用卡或現金結帳者。

　　•將各餐廳出納送交前檯之payment & revenue報表、信用卡與IOU簽帳單，依其廳別、班別分門別類逐筆核對，以利稽核時作業。

　　•餐廳出納依其班別分別結帳：餐廳出納將該班所收之現金交前檯出納點收。前檯出納依照現金繳納登記表（**表12-14**）之金額，負責簽收後放入保險箱。現金帳單由夜間稽核彙整後交財務部。

　　•信用卡簽帳單：核對信用卡上之刷卡金額是否與電腦報表及發票上之金額相符。簽帳單須據以各餐廳副理以上主管簽字核可。檢查簽帳上應收帳款與發票金額是否相符。

(3)H/U帳與ENT帳：

表12-14　旅館現金繳納登記表

日期：　　年　　月　　日

出納姓名 NAME OF CASHIER	金額 AMOUNT		單位 OUTLET	保證人 WITNESS	備註 REMARKS

資料來源：圓山大飯店提供。

- 待各餐廳打烊後讀出H/U與ENT之總表（不分廳別、班別）。
- 將餐廳出納交給前檯出納之H/U與ENT帳單核對電腦報表是否相符。
- 逐筆核對總表與各廳、各班之報表，檢查是否有餐廳出納遺漏之帳單或電腦未入之帳單。

5.房租核對與報表列印：

(1)列印當日住客之房租報表，逐一核對其房租是否有誤。

(2)列印當日sales summary report。

(3)列印隔日departure list。

(4)列印隔日與後日之birthday list。

(5)列印長期住客over 7 days、10 days、30 days report。

(6)檢查arrival list，判斷當日訂房之旅客有無搭乘晚班機或通知postpone者。

(7)當日應到而未到之旅客作no show。

(8)當日有通知postpone者作電腦更改作業。

(9)列印movement report。

(10)列印forecast report。

(11)列印cxld report。

(12)列印in house guest report。

(13)列印reservation report。

(14)列印reservation amendment report。

(15)列印have check-in report。

(16)列印newspaper report。

6.稽核進行：

(1)核對房租與sales summary report相符後則開始進行auditing。

(2)通知各單位將電腦關機。

(3)auditing同時列印電腦報表。

(4)直到auditing各項報表皆印出後核對總金額。

- restaurant（revenue & payment）
- daily revenue
- F&B account receivable detail
- R.D. account receivable detail
- outstanding
- F&B outstanding
- financial
- message

(5)將整理好之信用卡或簽帳單分門別類歸檔。

(6)逐筆核對A/R detail之數據。

(7)確定guest outstanding之未付帳是否正確，有無跑帳或未付帳。

(8)再次核對financial report與各分類帳。

(9)整理電話帳單與報表是否與financial report相符。

(10)各類報表歸檔。

六、資訊單位作業的要項

(一)電腦硬體維修流程說明

1.使用單位遇到使用上之問題時，先以電話聯絡資訊單位。

2.資訊單位能直接於電話中解答者，直接處理。

3.若無法立刻處理，請使用單位填寫一份「電腦硬體維修申請單」（**表12-15**）。

4.資訊單位前往作業單位瞭解狀況後，依其作業之急迫性安排維修時間。

5.若問題屬於較困難需耗時較久者，安排另一部堪用之電腦使作業單位繼續運作。

表12-15　旅館電腦硬體維修申請單

申請單位：＿＿＿＿＿＿＿＿　日期：＿＿＿＿＿＿＿＿　時間：＿＿＿＿＿＿＿＿

機械狀況	
維修事項	
備註	

申請單位主管：＿＿＿＿＿＿＿＿　　申請者：＿＿＿＿＿＿＿＿

資訊室主管：＿＿＿＿＿＿＿＿　　承辦人：＿＿＿＿＿＿＿＿

一式三聯　　第一聯：資訊室　　第二聯：申請單位　　第三聯：財務部

資料來源：圓山大飯店提供。

6.聯絡簽約廠商前來維修。

7.若為不當使用導致故障，應加強教育訓練課程。

8.測試驗收完畢後，請作業單位簽名，並將申請單歸類存檔。

(二)電腦軟體新增或更正作業說明

1.使用單位因作業需求，提出申請，填寫一份「電腦軟體新增／更正申請單」（**表12-16**）。

2.資訊單位視實際狀況，將使用單位所請求之申請單送交主管（財務組或總經理）簽核。

3.主管核准後，資訊單位依作業單位所需，進行研發或決定採購新的軟體。

4.若無法立即改善者，須回覆申請單位。

5.若為可購買之案例，將購入之軟體灌入使用單位電腦中，協助

表12-16　旅館電腦軟體新增／更正申請單

申請單位：＿＿＿＿＿　日期：＿＿＿＿＿　時間：＿＿＿＿＿ 程式名稱： 報表名稱： 新增項目： 更改項目： 備註：   申請單位主管：＿＿＿＿＿＿＿　申請者：＿＿＿＿＿＿＿ 資 訊 室 主管：＿＿＿＿＿＿＿　承辦人：＿＿＿＿＿＿＿ 一式三聯　　第一聯：資訊室　　第二聯：申請單位　　第三聯：財務部

資料來源：圓山大飯店提供。

　　使用者入門。

6.軟體故障若爲可自行排除或外送排除者，將之排除後，會同使用單位驗收。

(三)各部門電腦密碼新增或取消作業說明

1.資訊單位統籌整理一份各部門之使用密碼資料庫。

2.各作業單位因人員異動、離職、職務調動或由作業單位特殊需求者，由作業單位通知人事組會同資訊單位開會研究更改密碼作業。

3.各項密碼更動作業都需填寫「電腦密碼新增暨取消申請單」（**表12-17**）交由資訊單位辦理。

4.若密碼層級屬公司高度機密作業，務必經過總經理批可後才能作業。

表12-17　旅館電腦密碼新增暨取消申請單

申請單位：　　　　　日期：　　　　　時間：		

申請單位：　　　　　　　日期：　　　　　　時間：

操作人員姓名：

密碼：□新增

　　　欲操作系統：

　　　OPERATOR ID.（　　　　　）PASSWORD：（　　　　）

　　　可操作系統：（　　　　　　　　　　　　　　）

　　□取消

　　　離職日期：　　　　　　　　刪除日期：

　　□其他

　　　說明：

申請單位主管：　　　　　　　　申請者：

資訊室主管：　　　　　　　　　承辦者：

※（　　　　　　　）內由資訊室填寫

資料來源：圓山大飯店提供。

(四)新購電腦外包作業流程說明

　　1.使用單位提出要求。

　　2.資訊單位按該單位實際作業狀況，給予分析建議。

3.若確為作業所需,則依採購程序辦理(參考採購作業流程)。

4.採購採買過程,應請資訊單位會同參與有關硬體及軟體各項建議。

5.電腦採購之原則,必須考量其適用性及容量,可擴充性、可融性為主,價位方面即以將來維修保養方便為原則。

6.各項程序完備,經由總經理批示核准,可採購之後,協助作業單位測試使用,必要時協助訓練操作。

　　總之,從前的生產社會,是以擴大「量」為目標的高度成長時代,現在則是追求質量、安全與服務的低成長時代。由於知識密集型的生產事業逐漸擴展,所以現在的工業化社會,便走向資訊化而繼續成長。

Chapter 13

旅館人力資源部的功能
與作業

第一節　旅館人力資源部的功能及基本作業程序

一、旅館人力資源部的功能

　　半世紀以來，企業管理的重心，被移至人事管理。如今，不重視人的管理，已難有成效了。甚至，以往企業的人事管理，也進而更改為人力資源管理。企業的運作與管理，諸如機器的運作、材料的使用、資金的運用，甚至將製品、便利或情報提供給社會大眾，正是人的日常生產活動。然則，人與作為生產活動的要素（機器、材料、工具、資金）有所不同；人有自主性、主體性以及創造性，人的工作可說是生產活動的原動力。

　　廣義的「人事管理」（industrial relation），包含著資方與勞工（labor relation）、勞工與勞工（human relation），以及勞工與工作（personal relations）之三項關係。促使每一企業的員工分擔及合作進行企業的營業活動，透過其工作及企業活動，使他們獲得各項快樂及滿足，而對上述三種關係，能夠適當且圓滑的加以維持與改善。換言之，能使每一員工，能站在各自的立場，發揮其自主性、主體性及創造性，創造出能夠發現喜悅及滿足的狀態、條件及環境，並且還予以維持、繼續。

　　於是，像從前人被視為組織或集團中的一個齒輪的「人才操縱型管理」，已不能適用於現代的「人性管理」。謀求企業與社會共同發展的新人事管理於焉出現，而新的人力資源管理，則自然落在單位主管——即管理者的身上了。管理者不可將部屬職員僅視作擔任工作的人，並且不應只重視上下間的指示、命令系統，必須更進一步加以安排，使部屬能夠獲得人生上的滿足、生活中的調劑幸福感及快樂。並且使他們感覺到作為一位工會會員所擁有的自傲與榮耀。這就是管理者宏大的職責所在，也就是企業人力資源管理單位的功能所在。

旅館業係企業之一環，其對社會所肩負的任務，也是極其艱鉅的，是以，旅館人力資源管理部門之功能可歸納為下列三項，促使旅館的員工能夠感受到：

1. 擔任旅館活動的一部分工作及職務的從業者。
2. 受到個人的自由、平等、獨立之保證的社會人，家庭生活和地區社會內，當生活主角的生活者。
3. 當工會成立時，則為工會會員，若沒有工會，則與資方（經營者）締結勞動契約，由「勞動基準法」或其他相關法律，而受到保護勞工。（土井正己，1980）

又我國於民國七十三年七月三十日制定公布「勞動基準法」，復於民國八十九年七月十九日四度修正公布。其第一條：「為規定勞動條件最低標準，保障勞工權益，加強勞雇關係，促使社會與經濟發展，特制定本法；本法未規定者，適用其他法律之規定。」由此觀之，人力資源部門之功能已不再僅是以往狹義的人事管理。其不僅是相關勞工法規的維護者，更是相關勞工法規的執行者。

二、旅館人力資源部作業的程序

茲以圓山大飯店為例，人力資源部分為人事與訓練兩單位。人事、訓練作業程序則是：

1. 依據政府法令規定，經營管理上之需要，擬訂旅館組織制度、員額編制、職責職掌、人力運用等人事政策。
2. 負責管理制度之執行及修正，並督導全體員工遵行之。
3. 負責員工晉用面談、甄選測驗、缺員補充及配合員工個人發展潛力，擬訂調訓、儲訓、輪調、升遷等人事計畫工作。
4. 負責同業之薪資調查，並依此調整員工薪資基準點，另擬訂員工之調薪、加薪辦法及加班費、各項獎金辦法等。

5.負責員工出勤、考勤、考績、獎懲、各種休假事宜。

6.負責員工更衣室、辦公室、更衣櫃、伙食之督導管理。

7.負責員工任職、到職、在職、去職應辦之手續程序及證明事項，及人事通報之發布，建立員工正確之人事資料檔案。

8.負責員工保險事宜及醫療衛生等有關工作。

9.負責輿情之瞭解、抱怨處理，及勞資雙方之諮詢。

10.負責依旅館之需求，安排固定及機動性訓練。

11.負責依所規劃之訓練辦法，並配合人事單位記錄員工訓練資料，以利為員工晉升、調職、生涯規劃等之依據。

12.負責依所規劃之訓練課程安排相關講師、地點、對象等事宜。

13.負責編定年度訓練預算，並依實際狀況實施。

14.負責報聘公司僱用之外籍人員及本國員工簽證等有關事宜。

15.負責承租本旅館因執行業務所需之房屋及其相關事宜。

16.負責本旅館外籍主管國際駕照的辦理及其相關事宜。

第二節　旅館人事組作業的要項

一、人員徵募與補充

1.依據組織編制核對缺額為需要徵募之人員。

2.由缺人之部門主管先填寫「人力補充申請表」（**表13-1**），經簽核後，開始徵募。

3.優先採用之徵人管道：為學校、青輔會或職訓部門，再者為刊登廣告。

4.通知面試。

5.面試後作業適合者經由人資部門填妥「工作申請表」（**表13-2**），迄總經理核可後再通知報到。

表13-1　旅館人力補充申請表

西元　　年　　月　　日

部門／單位	職　稱	編制員額	現有員額	申請員額
任用條件				
申請原因				
批示	人事室	部門主管		

資料來源：圓山大飯店提供。

二、新進人員的處理

　　1.向人資部門繳交報到所需之資料：

　　　(1)身分證影本。

　　　(2)保證書。

　　　(3)扶養親屬申請表。

　　　(4)健康檢查表。

　　　(5)彩色半身二吋相片兩張。

　　　(6)銀行帳簿影本

　　2.向人資部門領取相關物品，如制服申請單、更衣櫃鎖匙、員工識別證、員工手冊、宿舍申請表。

　　3.通知部門主管，派員協助領取制服、認識工作環境，並排定工作時間及訓練課程。

表13-2　旅館工作申請表

旅館工作申請表

_____

申請工作：1._____　2._____　3._____

1.中文姓名：_____　英文姓名：_____　血型：_____

2.出生日期：_____年_____月_____日　姓別：_____　籍貫：_____

3.婚姻狀況：□未婚　□已婚　□離婚　□鰥寡　　宗教信仰：_____

　兵役狀況：□待役　□即將役畢，尚有_____月　□役畢

4.身分證字號：□□□□□□□□□　身高：_____　體重：_____

5.戶籍地址：_____　電話：_____

6.通訊地址：_____　電話：_____

7.教育程度

等別	學校名稱	地址	自	至	科系	肄畢業
小學						
中學						
高中						
大專						
其他						

8.經歷

自	至	服務公司名稱	職稱	主管	電話	離職原因

資料來源：圓山大飯店提供。

4.依新進人員之上班時間、日期，辦理勞、健保。

5.將「人事通知單」，請人事主管簽核後轉財務部門，第一聯由人資部留存，第二聯由財務部留存，第三聯由部門主管留存，第四聯由員工自存。

三、發布人事通知

1.部門主管，由人資部擬妥書函（memo），呈總經理核准並簽署發布。

2.一般職工：升、調、到、離或獎懲，皆須由人資部門會同用人單位主管簽署送總經理核准後發布。

四、員工保險

(一)勞保、健保業務

加退保業務（以下適用之表格由勞、健保局提供）：

1.員工資料若有變更，或加保時填寫錯誤，則應填寫保險人變更資料申請書，並附上身分證影本，影印一份存檔，正本寄出。

2.員工本人生育，則須請員工填寫本人生育給付申請書、現金給付收據，另繳交出生證明及新生兒姓名之戶籍謄本，寄往勞保局生育給付科。

3.本人發生流產事（三個月以上），所需填寫之資料與生育者同，惟所附資料出生證明改為流、死產證明書。

4.員工本人死亡，則受益人可向人力資源部領取本人死亡給付申請書，現金給付收據填寫，另繳交死亡診斷書及全戶戶籍謄本，寄往勞保局死亡給付科。

5.若員工家屬死亡（父母、配偶、子女），則須填寫家屬死亡給

付申請書，現金給付收據填寫，另繳交死亡診斷書與戶籍謄本，寄往勞保局死亡給付科。

6.員工因傷病無法上班者，可向人資部領取傷病給付申請書、現金收據，傷病診斷書填寫後，寄往勞保局傷病給付科。

7.依殘廢給付標準表所定之殘害項目，若符合條件，則可請領殘廢給付申請書、現金給付收據，另由勞保特約醫院開具之殘廢診斷書，若需X光檢查者，須檢附X光照片，再寄往勞保局殘廢給付科。

8.員工已達退休年齡（男：60歲，女：55歲），可向人資部領取老年給付申請書，現金給付收據，連同保險人之戶籍謄本，一併寄往勞保局老年給付科。

9.員工之薪資有變更，則須填寫勞工保險投保薪資調整表，影印二份，一份自存，一份轉財務部，正本寄出。

(二)團體醫療保險

視公司政策而定，以下適用之表格由各保險公司提供。

1.新進員工試用期滿，考試通過，則發給「試用期滿通知書」（表13-3），並附團體保險加入卡，再填寫團體保險加保申請書，正本寄出。

2.員工及其眷屬若因病住院或動手術者，則可持診斷書及收據正本，經辦人請其填寫團體醫療給付申請書，正本寄出。

3.若理賠支票寄來，則通知其攜帶私章來領取。

4.員工若加保等級有變更，如結婚、生子，則需填寫調整通知書及變更卡，正本寄出。

5.員工離職時，若其有加入團體保險時，則應填寫團體保險退保者，正本寄出。

表13-3　旅館試用期滿通知書

旅館試用期滿通知書

日　　　　期：＿＿＿＿＿＿＿＿＿＿＿＿＿＿

部　　　　門：＿＿＿＿＿＿＿＿＿＿＿＿＿＿

員 工 姓 名：＿＿＿＿＿＿＿＿＿＿＿＿＿＿

職　　　　位：＿＿＿＿＿＿＿＿＿＿＿＿＿＿

試用期滿日期：＿＿＿＿＿＿＿＿＿＿＿＿＿＿

項　目	優	佳	滿　意	可	差	需加強	意　見
工作知識							
工作品質							
學習能力							
信　賴　度							
人際關係							
儀　　表							
出　　席							
紀　　律							

評語：＿＿＿＿＿＿＿＿＿＿＿＿＿＿＿＿＿＿＿＿＿

＿＿＿＿＿＿＿＿＿＿＿＿＿＿＿＿＿＿＿＿＿

＿＿＿＿＿＿＿＿＿＿＿　　　＿＿＿＿＿＿＿＿＿＿＿

　　　考 核 者　　　　　　　　　被考核者

□繼續僱用

□延長試用（期限＿＿＿＿日）

□停止僱用

　　　　　　　　　　　　　　＿＿＿＿＿＿＿＿＿＿＿

　　　　　　　　　　　　　　　　經　　理

資料來源：圓山大飯店提供。

五、試用期滿處理的作業

一般皆以三個月爲試用期，滿三個月後：

1. 人資部按時塡寫「新進人員試用期滿考試通知單」，安排員工至管理部考「試用期滿測試」，由部門考核其專業能力後，決定是否繼續留用，或延用試用期後退還人事單位。
2. 用人部門主管收到任用單位退還之意見後，由人資部門另以「試用期滿通知單」爲正式員工。

六、員工獎懲考核

1. 員工平時表現優良者，由該部門主管塡具「獎懲建議單」送人資部門彙辦。
2. 員工考核於每年一月辦理，部門主管塡寫後送人資部門彙整列入個人檔案。

七、一般業務的執行

1. 每月十日前完成核對各部門上月之「班表」，交財務部作爲核薪資料。
2. 將當月之勞保、健保、團保收據呈總經理簽核。
3. 每月月底至旅館工會繳交當月會費，領取收據轉總經理簽核。
4. 當月若有領班級以上人員職務異動，則塡寫「人事異動通知單」（**表13-4**）。另再報「觀光局人員名冊」更改異動職位。
5. 每年之第一、四、七、十月月初發出上一季「模範員工推薦表」，於下月擴大會報頒獎。
6. 每年年底將下一年度公休日印發各部門。
7. 每年六月及十一月將印出全旅館員工「人事主檔」，並附上考

表13-4　旅館人事異動通知單

姓名	職稱	原任單位	調任單位	生效日期	抵缺

部門主管簽章：＿＿＿＿＿＿＿＿＿＿＿＿　人事室：＿＿＿＿＿＿＿＿＿＿＿＿

資料來源：圓山大飯店提供。

核表含「年度工作員工考核表」、「督導人員考核表」及「調薪晉升調遷申請表」交予各部門主管考核，再呈總經理核示。

8. 將個人考核結果輸入電腦，然後視調薪結果調整投保薪資等級，填具勞、健保薪資變更表，再輸入建檔。

9. 每月將「請假單」輸入電腦，再按月裝訂成冊。

10. 婚喪喜慶或住院等情事發生，開立申請「職工福利委員會」申請補助。

11. 每年端午節、中秋節亦須發出受頒人名單。

12. 每年年終禮品之統計發放。

八、員工活動策劃與辦理

(一)一般性活動

含社團活動、郊遊活動、休閒課程安排（由福委會或總經理召集會議決定活動項目）。

(二)醫療衛生活動（協辦）

1. 急救箱藥品補充。

2. 員工健康檢查：依「勞工安全衛生法」規定，每年實施員工健康檢查。

3. 員工生日慶生會：每月二十日印出次月份「員工生日名單」，生日同仁可參加每月之慶生會，接受其他同仁之祝福。

九、服務證明申請程序

凡在職或離職均可申請服務證明書，送總經理核准辦理。

十、離職人員處理的程序

離職資料共分三類：「離職交待書」、「離職約談記錄表」、「人員請求書」。同仁領取離職資料後，必須通知部門主管及總經理。員工於最後工作日下班後，始辦理離職手續，於總經理簽核後，並開始找人遞補。離職手續未完成者，其當月份之薪水暫不發放，迄手續辦妥後再發。

第三節　旅館訓練組作業的要項

一、訓練計畫與實施作業

(一)灌輸員工訓練之重要性

訓練的目的在於提高服務品質，降低成本，故應隨時予以全體員工灌輸訓練之重要性。

成功的訓練可以產生下列的績效：

1.增加營業收入。

2.降低離職率。

3.提高盈餘利潤。

4.提升士氣，減少抱怨。

5.減少意外事故。

6.儲備晉升人員。

7.降低請假率。

8.減少耗損率及破壞率。

訓練組應配合上列各階段的績效，檢討訓練是否成功，而規劃長期或機動性的訓練計畫。儘管如此，亦有專家學者提出另外的看法，

其強調縱使員工的教育水準都普遍提高，但在各部門工作趨於標準化、規格化、單純化及簡單化的情況下，相對的縮短了各人取得工作熟練所需的時間，因而促使員工提早失去挑戰的意志。是以，在工作方面促成創造、創作的環境，對於管理者為達成企業人事資源管理之任務，成為必要的條件。

　　若管理者僅靠部屬的能力，而本身不抱持認真的態度，則無法解決這些問題。管理者為解決及防止這些問題，必須擬訂對策，處理方法和創造環境、條件，此即管理者應肩負的責任。（土井正己，1980）

(二)年度訓練計畫安排

　　針對公司之需要，安排固定與機動性的「年度訓練計畫」。

(三)計畫與實施

1. 受領某一訓練任務，依不同性質、需要及對象，擬訂訓練計畫。
2. 擬訂計畫之前，除了要明瞭當次舉辦訓練之任務目的外，必須要瞭解受訓人數及其教育或經歷之程度。
3. 與相關單位主管協調，擬訂課程內容、訓練時數，甚至洽定講課人員（講授人），並徵求各方意見。
4. 與講授人洽定課目內容、講授時數及時間、講授綱要、講義或參考資料如何供應，必要時由訓練單位代為準備。
5. 依據任務目的及蒐集之意見、資料、協調結果等擬訂訓練計畫。內容說明任務目的、時間、地點、課程、對象人數、成績及考核計算，根據成績如何任用，甚至包括如何報備主管機關，派員指導。
6. 依照決定之計畫，按時分發給有關講授人，按時照表實施授課。
7. 每一課程應請講課人提供測驗，評定分數，提供參考。

二、始業訓練作業

即新進人員訓練（orientation），也稱職前訓練。

(一)受訓對象

所有的新進人員均應接受此訓練。

(二)內容大綱

1.協助新進人員瞭解公司歷史、傳統精神、經營理念及未來展望。
2.協助新進人員瞭解旅館之組織、制度及規章。
3.協助新進人員瞭解旅館的安全、衛生及緊急事件的處理。
4.協助新進人員熟悉工作環境及各項設備。

(三)訓練課程安排

1.旅館組織介紹。
2.旅館傳統精神。
3.員工福利講解。
4.加入旅館業（公會所享有之權益）。
5.旅館消防與安全。
6.新工作的開始。
7.參觀本旅館各重要營業單位及辦公場所。

(四)始業訓練一般規定

1.未到者以書面通知主管及人力資源部補訓。
2.未到訓練又未上班者，通知部門主管、人事室以曠職論。

(五)試用期滿測試

新進人員試用三個月期滿後，人事組與訓練組核對期滿又上過始

業訓練的人員，由人資部開立通知新進人員至訓練組測試。

三、語文訓練作業

(一)日語班

以和外部日語補習班合作為主，辦理初級、中級和高級會話，共十級，每週上課兩個小時，每級以十九週為主。

(二)英語班

1. 基礎餐飲英文班、領班餐飲英文班、前檯英文班、前檯進階英文班、房務部英文班。
2. 一般性英語班：以和外部英語專業講師合作，辦理初級、中級與進階三種班級，共十三級，每週授課兩小時，每期每級以十週為主。

四、專業訓練作業

1. 目的：訓練在職人員熟悉工作之技術、專業知識，以維持一貫服務水準及品質，進而增進工作效率。
2. 訓練方式：每年年底前由部門主管與總經理核對訓練員的人數與資格。每個月召開一次訓練員會議，由訓練單位主持，總經理列席，檢討當月份的訓練。

五、儲備人員之訓練

(一)培養優秀人員

有計畫地培養具有潛力的優秀人員，使其兼具科學管理之正確觀

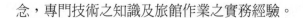

念，專門技術之知識及旅館作業之實務經驗。

1.充實人力資源，及時提供人力需求。
2.健全旅館管理體制，有計畫的網羅人才。

(二)招募方式及程序

以公司當年度之預算與政策決定招募之人數。

1.以對內或對外的方式招募。
2.其程序為：
　(1)成立儲備人員考選委員會，決議儲備人員之員額及條件。
　(2)由人力資源部初步審核所有候選人資料。
　(3)由內部考選委員會再次審核候選人資料。
　(4)寄發考試通知單及安排相關考試場地、時間、監考人員等事宜。
　(5)所有複試人員皆須經由總經理面談後決議。
　(6)儲訓人員訓練計畫執行及安排所有相關事宜。
　(7)儲訓人員訓練中之觀察及考核。
　(8)建議儲訓人員適合分發單位供總經理作決議。
　(9)安排人員分發事宜及發布新的人事通知。

六、進階訓練

(一)溝通會議

促進部門間意見交流，藉會議傳達正確的指令及消息。

(二)派外訓練

包括海外研習、海外觀摩考察、國內訓練機構，以激發工作的創

意，增進管理效率及功能。公司得視訓練性質、決定公假、半公半私
或完全屬於個人之假期，並由旅館決定公假或自費。公假或公費者，
於受訓結束後應提出受訓報告或心得，轉呈總經理核閱。

七、研習會

1. 目的：協助瞭解團體內組織的形成。以期實際與理論並行，協
   助建立團體內之規範，發展健全之團體功能。
2. 方式：以旅館政策為依據，訂定最合適之主題。每一季或每半
   年一次為主，以角色扮演法、研討法、專題演講等方法。若為
   一般員工研討會（summer workshop），為人力資源部年度最大
   的活動，以旅館每年度之政策為依據，訂定最合適之主題，並
   視當年度旅館營運狀況，在編制預算時即編入。

八、學生參觀訪問與實習訓練

(一)學生參觀訪問

1. 目的：協助政府、觀光局及有關的學校、機關團體，提供參觀
   機會，以更進一步瞭解旅館業經營及組織，並提升旅館之聲
   譽。
2. 參觀訪問辦法（**表13-5**）：接受團體之次數，以訓練組與各單
   位作業忙碌情況為參考，基本上以一個月一次為限；參觀流程
   說明如**表13-6**所示。

(二)學生實習訓練

1. 目的：可提升旅館聲譽，並開拓人力資源的市場。
2. 方法：
   (1)與各學校合作，利用寒暑假期間及學期提供觀光相關科系學

表13-5　旅館學生參觀訪問辦法

旅館學生參觀訪問辦法

壹、主旨

為配合本飯店之營業情形，維持高尚寧靜之雅緻氣氛，兼能提供一完善之參觀訪問活動。

貳、實施辦法

一、訪問對象：以各專校主修觀光旅遊科系之學生團體或各有關教育機關學術研究團體為主。

二、訪問人數：每次以二十至四十人為限。

三、訪問時間：須於預定訪問日期兩週前，以正式公函通知本飯店，以便安排確定日期。以下午三時至五時之空班時間為原則，任何個人之申請概不受理。

四、協調聯絡：由本飯店人力資源部負責安排簡報及協調參觀活動等聯絡事項。

參、一般要點

一、學生團體務請穿著學校制服，其他教育機關團體，請整潔服裝儀容。

二、學術團體請指定一人領隊，學生團體請老師領隊，負責維持秩序。

三、訪問參觀時，由本飯店派員引導進行，請保持肅靜，遵守本飯店有關規定。

四、訪問團體若為專題研究小組，請其於參觀訪問後，將研究心得交本飯店一份，作為本飯店檢討改進之參考。

資料來源：圓山大飯店提供。

表13-6　旅館學生參觀流程說明

收件者：　　　　　　　先生 ／小姐	寄件者：
名稱：	聯絡人：
機構名稱／部門：	電話：
☐　急件	傳真：
☐　請檢閱	郵件：
☐　請回覆	

致

　　活動內容：擬費時1～2.5時
　　　　　　　希望貴公司可以提供的介紹、資料、現場作業參觀有下列幾項：
　　　　　　　一、貴公司簡介及企業文化
　　　　　　　二、貴公司業務部分：
　　　　　　　　　　1.行銷策略
　　　　　　　　　　2.改革飯店內部經營管理過程
　　　　　　　　　　3.接待外賓經驗談
　　　　　　　　　　4.服務人員培訓過程
　　　　　　　三、貴公司參觀部分：
　　　　　　　　　　1.樓層整理分配
　　　　　　　　　　2.國宴廳
　　　　　　　　　　3.大廳
　　　　　　　　　　4.服務人員實地造訪

　　參觀流程：

```
        ┌─────────────────────┐
        │  公司簡介及企業文化  │
        └─────────────────────┘
                  │
                  ▼
        ┌─────────────────────┐
        │   資料發放及介紹     │
        └─────────────────────┘
                  │
                  ▼
        ┌─────────────────────┐
        │   提出問題及解答     │
        └─────────────────────┘
                  │
                  ▼
        ┌─────────────────────┐
        │    現場作業參觀      │
        └─────────────────────┘
                  │
                  ▼
        ┌─────────────────────┐
        │      活動結束        │
        └─────────────────────┘
```

資料來源：圓山大飯店提供。

生實習的機會，以配合學校之教育課程。

(2)旅館之實習分類共計有：

- 建教合作：與旅館簽有建教合作合約之學校。
- 寒暑假實習生：視當年度之預算來招收實習生，原則上以觀光、餐飲科爲主，各類之分配不可集中在同一學校，並以收到公函之先後次序爲分配之考慮。

第四節　旅館產業工會概述

一、旅館產業工會的功能

我國「工會法」於民國十八年十月二十一日制定公布，其間經過八次的修改，於民國八十九年七月十九日修正公布迄今。

「工會法」第一條規定：「工會以保障勞工權益，增進勞工知能，發展生產事業，改善勞工生活爲宗旨。」此條文開宗明義的將工會組成的功能，闡釋得淋漓盡致，係爲保障勞工權益，增進勞工的知識和能力，並協助政府及企業發展生產事業，促進國內經濟的發達，提升國民的生產毛額，以及提高國民所得的標準。此外，爲確保勞工的就業權和改善勞工的生活品質等皆爲「工會法」之宗旨。旅館產業工會的設立，係依據「工會法」之宗旨而組織之。

「工會法」第六條規定：「同一區域或同一廠場，年滿二十歲之同一產業工人，或同區域同一職業之工人，人數在三十人以上時，應依法組織產業工會或職業工會。同一產業內由各部分不同職業之工人所組織者爲產業工會。聯合同一職業工人所組織者爲職業工會。」

又「工會法」第五條規定：「工會之任務如左：

一、團體協約之締結、修改或廢止。

二、會員就業之輔導。

三、會員儲蓄之舉辦。

四、生產、消費、信用等合作社之組織。

五、會員醫藥衛生事業之舉辦。

六、勞工教育及托兒所之舉辦。

七、圖書館、書報社之設置及出版物之印行。

八、會員康樂事項之舉辦。

九、勞資間糾紛事件之調整。

十、工會或會員糾紛事件之調處。

十一、工人家庭生計之調查及勞工統計之編製。

十二、關於勞工法規制定與修改、廢止事項之建議。

十三、有關改善勞動條件及會員福利事項之促進。

十四、合於第一條宗旨及其他法律規定之事項。」

綜合以上的法令，大致可以瞭解，產業工會或職業工會所組織的法令依據，及其功能與任務。

二、圓山大飯店產業工會的概況

圓山大飯店含台北圓山大飯店及高雄澄清湖大飯店。

(一)台北圓山大飯店

台北圓山大飯店其員工於西元一九八七年，依據「工會法」暨「工會法施行細則」訂立章程，成立產業工會，並命名為「台北市財團法人台灣敦睦聯誼會所屬作業組織圓山大飯店產業工會」。其成立宗旨，依章程第三條規定如下：

1.澈底貫徹圓山大飯店創辦之宗旨。

2.維護圓山大飯店優良之傳統。

3.保障本飯店全體職員工之權益。

4.改善全體職員工之生活。

5.增進全體員工之知能。

6.促進圓山大飯店之組織功能。

7.維護圓山大飯店列名世界十大飯店之聲譽。

8.促進勞資和諧，加強互助合作，提高服務品質。

又其章程第六條規定：

「本會之任務如下：

1.促進工作環境安全衛生及促進人事升遷制度化薪資結構合理
　化。

2.團結會員互助合作，爭取合法權益。

3.舉辦勞工教育講習，增進會員勞工意識。

4.設置圖書館、閱覽室及出版刊物供會員進修提昇會員知識水
　準。

5.爭取會員合理待遇及升遷。

6.調解勞資或會員間之糾紛。

7.策劃與舉辦會員康樂事宜。

8.會員家庭生計之調查及勞工統計之編制。

9.團體協約之締結、修改或廢止。

10.有關保障會員權益與勞工法規之研究制訂、修改或廢止。

11.有關改善勞動條件及會員福利事項之促進。

12.有關勞資之聯繫合作事項。

13.合於本章程第三條之宗旨及其他法令規定之事項。」

另外，根據其章程第七條對會員資格之規定：

凡在財團法人台灣敦睦聯誼會所轄範圍內「包括台北圓山大飯店
及台北圓山聯誼會」服務，年滿十六歲之男女職員工，除總經理、副
總經理、人事主管、安全室主管及各部門最高主管人員外，均得依法
加入本會為會員。

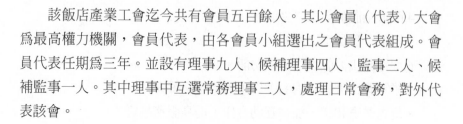

　　該飯店產業工會迄今共有會員五百餘人。其以會員（代表）大會爲最高權力機關，會員代表，由各會員小組選出之會員代表組成。會員代表任期爲三年。並設有理事九人、候補理事四人、監事三人、候補監事一人。其中理事中互選常務理事三人，處理日常會務，對外代表該會。

(二)高雄澄清湖圓山大飯店

　　高雄澄清湖圓山大飯店亦於西元一九九五年成立高雄圓山大飯店產業工會，目前會員人數共有二百餘人，其範圍包括高雄圓山大飯店暨高雄圓山聯誼會，其成立的宗旨與任務係根據「工會法」及「工會法施行細則」，與台北圓山大飯店產業工會並無隸屬關係，僅僅是同一企業之下的姐妹會而已，平日除了互相切磋會務，及聯誼之外，並無上下直屬之關係。

　　台北圓山大飯店產業工會與資方之間的互動，除平日之溝通之外，每個月亦舉行定期的勞資座談會，將飯店勞資相關事務於會中，開誠布公的研討，對於化解勞資雙方間之意見和糾紛於無形，對於營造勞資雙方的和諧與合作亦有裨益。

三、企業內員工申訴處理制度簡述

　　近年來由於工商業的發達，勞資雙方的爭端喋喋不休時有所聞。這或許是由於在效率、生產力和工作產出的改善上，顯然已經到達了技術性管理方法的極限，這些改變所引起的問題，又因工作人員對於工作所持態度的改變，而變得益加複雜。現在國內外已有越來越多的公司爲了能同時提高工作滿足感和提高生產力，而試行各種新穎的方法來改善工作生活的素質。目前已開始著重要如何達到組織績效的關鍵所在，是務必要使得員工的利害不但要與管理者的利害相調和，而且也要與組織整體的生存與發展相調和。

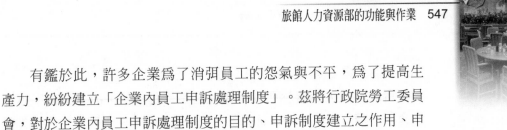

　　有鑑於此，許多企業爲了消弭員工的怨氣與不平，爲了提高生產力，紛紛建立「企業內員工申訴處理制度」。茲將行政院勞工委員會，對於企業內員工申訴處理制度的目的、申訴制度建立之作用、申訴處理制度應考慮之重點分述如下：

(一)企業內員工申訴處理制度的目的

　　員工有抱怨、不滿，不論是權益或非權益性均會導致心情的不安定、壓力增大，甚而恐慌，對事業的進行均有不利的影響。尤其已經發生的爭議或申訴案件，更不宜拖延而應予立即處理。即使是未來可能發生的事件亦應事先加以預防。其目的是要建立勞資關係應遵循的秩序，而申訴處理則爲維持此種秩序的功能所在。

(二)企業內員工申訴制度建立之作用

　　企業對勞工各種抱怨或不滿所衍生的種種困難的問題，若能建立申訴制度加以處理，可以產生下列作用：

1. 可消除員工心理之不平或不滿，安心工作，維持生產力。
2. 可安定勞資關係，避免怠工或罷工。
3. 可發揮人性管理，尊重人性尊嚴的正面效果，故企業內員工申訴之管理亦爲人力資源管理的一環。

(三)建立企業內員工申訴處理制度應考慮之重點

　　以人性關係、互信互賴爲基礎：申訴制度以尊重人性，減少隔閡，有效解決不滿與爭議。

　　應具體參與性，當事人可參與處理的機能：大凡申訴或爭議之處理是否圓滿，以當事人感受爲主，無當事人參與之處理制度，至少亦是當事人甘願指定之第三者不可。

　　雇主必能體認申訴制度的建立，可對企業營運產生正面效益，否

則，如僅為虛應故事，則大可不必有此花費。

台北圓山大飯店於西元一九九七年五月一日，成立員工申訴委員會，並擬訂「員工申訴處理辦法」（**表13-7**）。復因於飯店內設置有「總經理信箱」，凡有申訴之案件，均可自由以書面投置於信箱內，總經理亦隨之加以解釋或解決之。再則，管理階層平常亦採取走動式之管理，旅館的員工凡有疑問或不解之難處亦隨時當面溝通，化解員工不滿的情緒於無形中；也因之使得「員工申訴制度」自然落得「備而不用」之地步，這或許是台北圓山大飯店在管理上另一特色。昔日：「防民之口，甚於防川」，這豈不是管理階層至高無上的座右銘。

表13-7　旅館員工申訴處理辦法

第一條	本飯店為維護勞資和諧，協助員工解決因工作遭致之不滿、不平及權益受損情事，特制定本辦法。
第二條	本飯店員工於在職期間發生下列情事者，得向相關單位提出申訴： 1.飯店現行之制度、規章、辦法或行政措施有未盡事宜，而侵害其權益者。 2.管理行為或工作指揮顯有不當，致使遭受冤抑者。 3.人事規章及作業執行不當，有不公平情事遭致士氣打擊者。 4.因執行公務至權益受損者。 5.其他因違反法令規定或管理疏失造成權益受損者。
第三條	本飯店申訴處理制度適用飯店內「現職員工」為主，惟離退職員工因工作關係，與本飯店發生法定權益或其他重要情事者，可以將其列入。
第四條	申訴事由之提出可分為：口頭當面提出、電話聯絡告之、書面呈遞與書面投郵等四種方式。第二階段以後之提出，應以書面為之。
第五條	申訴案件經資格審核過後，依下列程序處理： 第一階段：員工有申訴事由者，得逐向工作單位之直屬主管（如組長、領班）提出申訴，其提出之方式以前述四種擇一為之；惟匿名之申訴書事由概不予受理。 第二階段：若前階段申訴之處理結果，申訴人不服者，得再向所屬部門之主管提出申訴，其提出之方式以書面為之方得受理。

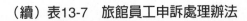

（續）表13-7　旅館員工申訴處理辦法

第五條	第三階段：若前階段申訴之處理結果，申訴人不服者，得檢具申訴答覆書再向申訴處理委員會提出申訴，其提出之方式以書面為之方得受理。申訴處理委員會以資方代表三人及勞方代表三人共同組成，並由總經理召集主持會議。 第四階段：若前階段申訴之處理結果，申訴人不服者，始得再向勞工行政單位或勞工服務團體提出申訴，其提出之方式以書面為之方得受理。
第六條	第一階段之申訴處理人，應於接到申訴情事起三日內處理完畢，回覆申訴人，並檢具處理記錄或申訴書第二聯（副本）送交人事單位存查。第二階段之申訴處理人，應於接到申訴情事起五日內處理完畢，回覆申訴人，並檢具處理記錄或申訴書第二聯（副本）送交人事單位存查。申訴人對處理結果不滿意時，應三日內依申訴制度所示循序再提申訴。第三階段之申訴應於三十日內將申訴結果答覆申訴人。
第七條	申訴人於申訴處理程序中，有接受查詢、提供相關之事實資料且忠實回覆處理者之義務；於申訴處理程序存續期間，申訴人不得對外公開。在申訴案件未解決前，申訴處理者不得將申訴事由公開；不得對申訴人有歧視、脅迫、調職或其他不利之處分。相關之員工，於申訴處理調查期間，若因事實之需，得出面作證或提供必要之資料，且不得將申訴事由公開，違者按規定議處。
第八條	申訴人得於申訴程序進行中撤回其申訴案。申訴人雖撤回其申訴案，但飯店仍得視實際情形繼續或終止處理。
第九條	申訴人及申訴處理者應保持就事論事的精神，凡申訴人有偽證、誣陷、欺瞞惡意攻訐或蓄意擾亂飯店秩序及員工向心者，應依相關規定懲處。
第十條	本辦法由總經理核定，公布後實施，修訂時亦同。

資料來源：圓山大飯店提供。

Chapter 14

俱樂部的經營管理

第一節　俱樂部的源起

溯自第二次世界大戰以來，由於工商業經濟發展的蓬勃，就業機會的普及、國民所得大幅的提升與穩定，再加上教育的提高，人民對於生活品質的要求已遽變甚鉅，已澈底的改變了過去「日出而作，日落而息」的觀念。於是除了工作之外就要安排修身養息之活動。復以，政府勞動法令的保障，使得每週的工時已朝向四十小時的局限，除了工作之餘，就有充裕的時間來從事旅遊與休閒活動。當然，觀光旅遊與休閒遊憩產業亦隨之風吹草動，爭競不已。

至於觀光旅遊活動與休閒遊憩活動，在本質上雖有其基本上相類似的功能，而實際上係有些不同的活動差別。就觀光旅遊而言，觀光旅遊活動似乎必須要有較長的假期，從事國內和國外的旅遊活動，而休閒遊憩活動雖也有數天的遊程設計，但多數趨向於地區性（local）的休閒活動。再者，在觀光旅遊產品方面的設計而言，多數的遊程大都又經過旅行業者的包裝設計，似乎也是傾向於「整體旅遊產品」，其間包括經由旅行業者所媒介的，將航空、鐵路、海陸交通運輸、旅館、旅遊景點和娛樂設施等各部門的產品編排組合而成，以滿足旅客觀光旅遊活動的綜合服務產品。至於短期的、地方性的休閒遊憩活動產品，有些雖也具有整體性旅遊產品的包裝旅遊，然多數而言，僅傾向於旅遊中的各單項旅遊產品之使用，如旅館服務、交通運輸服務、遊覽景點服務等單項旅遊產品。以上約略為觀光旅遊活動、產品和休閒遊憩活動、產品之間特性與功能不同之處，加以區別。

職是之故，地區性的休閒遊憩設施，因而乘機興起活絡不已。尤以自西元一九三八年起，先進國家訂定每週工時四十小時，促使人民有更多的餘暇時間，從事休閒遊憩活動。在休閒遊憩活動被重視之後，「俱樂部」（有的稱之為聯誼會）在海內外一時之間也如雨後春筍般到處林立。台灣地區「俱樂部」的發展同樣也成為一時之興。不

過早期均以附屬於飯店採會員制俱樂部的經營型態出現,當然會員成員多屬有身分地位之政商名流為主。自西元一九八一年左右,由「合家歡俱樂部」帶動掀起了一陣「俱樂部」設立之風潮,諸如中泰賓館皇家俱樂部、龍珠灣渡假俱樂部、凱撒渡假俱樂部、合家歡渡假俱樂部、亞歷山大渡假俱樂部、台北金融家聯誼會、興農山莊渡假俱樂部,還有較早期的太平洋俱樂部。至於圓山大飯店,於西元一九五二年五月創立,由於彼時中央政府所在首善之區,尚缺合於國際水準之敦睦聯誼活動場所,於是將原由台灣旅行社所經營之台灣大飯店予以改組,創立以促進國民外交敦睦聯誼及中外社會之公益為宗旨之聯誼,組織圓山大飯店,並成立「圓山聯誼部」。復於,西元一九五三年籌建游泳池與網球場,再興建會員廳,以擴充圓山俱樂部之康樂活動場所及設施,俾有助於聯誼業務之開展,此係為台灣地區俱樂部之肇始。自此而外,西元一九六八年完成高雄圓山大飯店之遷建計畫,西元一九七一年完成五層宮殿式大廈,正式開幕,復於西元一九八九年二月二十一日成立「高雄圓山聯誼會」,以加強服務南部地區的人士。

第二節　俱樂部的種類與特性

一、俱樂部的種類

俱樂部是一種多采多姿的行業,處在今日工商業活動熱絡、人際關係錯綜複雜的環境下,俱樂部雖應時興起,然而其亦面臨著極大的挑戰與考驗。又,由於俱樂部係針對特定消費族群而設,提供比較隱密性的服務為宗旨之事業。並由於其立地條件之不同,有些是屬於都會型的,也有的屬於山莊、海濱型等不同的特殊機能型態的俱樂部。往往又因其附屬於都會型或休閒型的旅館內,所以,俱樂部除了具有

近似於旅館業的有型的商品和無形的商品特質以外，概略而言，除了旅館能舉辦大型宴會和提供中型的會議場所，或其他特定服務機制及設施者，幾乎旅館業的特性與功能也多所被概括。例如，台北近郊美麗華俱樂部除設有高爾夫球場之外，還附設有近三百個客房之旅館。近年來，最為風行一時的渡假旅館或溫泉泡湯浴池業者，部分也採取了會員制的俱樂部經營型態。

茲將俱樂部的種類，概略分類如下：

(一)旅遊型

除了具有旅館住宿設施之外，卻擁有周邊的公、私有遊樂景點或園區，足以提供會員的住宿、休閒遊憩之旅遊休閒活動。

(二)休閒型

如渡假旅館，像以前石門水庫的芝麻渡假旅館，其係採取賣斷，再以統一管理的渡假型旅館經營方式。

(三)商業型

諸如太平洋俱樂部、台北金融家俱樂部、台北圓山聯誼會、高雄圓山聯誼會等都是提供會員、商務交誼、餐飲聊天聚會、運動的商務型俱樂部。

(四)社區型

這種類型在北美地區較為普遍，就以加拿大溫哥華都會地區為例，每個都市都設置有社區服務中心（community center）。其建築物及各式文化、運動設施皆由政府提供，再以分時使用制來出售年票、季票、月票或每次購票方式的半營業半公益半會員制的俱樂部。

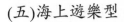

(五)海上遊樂型

這在北美各大都會周邊的海濱港口，常設有公、私營的海水浴場、海濱烤肉區、露營區、汽艇俱樂部，採取長期性的會員制或短期會員制或分時使用制等營業型態。

(六)運動健康型

這類的經營型態最常見的大概是高爾夫球場，以數年前加入高爾夫球俱樂部會員的會費，曾一時水漲船高，一夜數漲。還有其他如滑雪、騎馬、射箭、靶場、自行車、旅行車等俱樂部，甚至時下台灣地區甚為流行的健身房、韻律操、舞蹈社、水療沖擊浴場（SPA）、游泳池、網球場等，都普遍組織有營業性或非營業性的運動健康等休閒俱樂部。

(七)其他

以台北圓山大飯店及高雄圓山大飯店為例，凡住宿的旅客可以免費享有聯誼會運動設施，如健身房器材、游泳池和三溫暖等健身活動設備。這是屬於附帶消費免費或折扣型的俱樂部。

二、俱樂部的特性

俱樂部的種類，既然有這麼多的經營型態，當然就有其共同的特性，和各自獨立的特性。藉以瞭解其經營型態的屬性，來探索其經營管理的要訣，來擬訂其行銷的計畫與策略。

茲將俱樂部的特性簡介如下：

(一)會員制

由於俱樂部投資的資本比較密集，因此在營收方面就估算好投

資回收報酬率和年限，何況其又多採會員制，在會員招募的名額，就應考慮到行銷的通路及宣傳廣告等方面的策略與技巧，否則人數不能達到一定標準，就無法維持經常開銷，更不用提要有盈餘。尤以在市場過度膨脹，趨向於惡性競爭的環境下，業者在銷售方面，自然就採取高獎金制度，在營業費用當中，無疑又是一項較為沉重的負擔。再者，處於經濟不景氣的年代，人民荷包緊縮，無形中就刪減了休閒遊憩活動之支出，甚而常有停會、退會的現象。無疑地，業者又面臨著經營的危機及挑戰。

(二)獨立性

俱樂部的設備，不論是運動健康設施、餐飲設施或會議聯誼設施，都只是提供給會員使用，對外並不營業。然而，會員分子來自不同的階層和年齡層，是以在設施方面要想滿足各會員的需求，就必須要有多樣化的服務，就算是多樣化的設施，但每過一段時期，也必採取輪流更換，尤其是健身房的設施、兒童遊樂設施，甚至餐會菜餚種類之變化等。

(三)綜合性

俱樂部的服務項目，幾乎是包括食、衣、住、行、育、樂在內。因之，在工作人員方面，務必要具有專業性的知識，尤以游泳池的教練和救生員、高爾夫球場的教練、網球場的教練等。

(四)流動性

俱樂部如果經營成功，對於會員證的價值，就具有投資性、保值性，甚至增值性。於是，就會造成會員證的流通買賣。就以一、二十年前高爾夫球證熱絡的買賣即為一明顯的實例。

(五)地區性

許多俱樂部都設立在山區、農莊、海濱等地區。在交通及地理上而言則是屬於比較偏遠，諸如渡假型、社區型、高爾夫球場等型態的俱樂部，雖有其隱密性及能滿足特殊消費族群，然而必定在招攬上還是會受到限制的。

(六)季節性

俱樂部的經營和其他行業一樣，都會受到季節性和連休假期（long weekend）、旺季、淡季的影響，尤以在風景區附設有住宿及餐飲的休閒俱樂部更為明顯。還有游泳池、滑雪場等均然。

(七)社會階級性

有些俱樂部的經營方式，其會員證是具有社會價值及地位的。甚至要想加入其俱樂部除了要排隊等待之外，還要接受資格審查。諸如台北圓山聯誼會、高雄圓山聯誼會等，過去申請入會就有這些現象。還有以往購買某些高爾夫球證也有此現象，因為擁有這些會員證者，就代表其具有某些社會地位之身分，甚至是值得炫耀者。

第三節　俱樂部的經營範例

一、台北圓山聯誼會

(一)簡介

台北圓山聯誼會（圖14-1）隸屬圓山大飯店，為國際性質之組織，其宗旨在促進國際人士之聯誼，藉以敦睦邦交。會員區分為個人會員、企業團體會員、榮譽會員，均為社會具有聲望之中外人士及股

圖14-1　台北圓山聯誼會外景一角

資料來源：台北圓山大飯店提供。

實公司行號之企業家；中國宮殿式建築、現代化運動設備、親切之服
務及精緻之餐點，集社交禮儀場合及會議、休閒、家庭聚會之功能；
設施有中、西餐廳、咖啡廳、奧林匹克標準的游泳池及跳水台、青砂
土網球場、保齡球館、撞球設施、室內桌球、兒童電腦遊樂室；健身
中心設有三溫暖及按摩浴池、健身器材等。

(二)會費與會員區分

　　表14-1為台北圓山聯誼會一般（家庭）會員入會申請書。至於會
費及會員區分之條件如下：

　　1.最低消費NT$4,000，月會費NT$3,675。
　　2.個人會員：入會費NT$150,000、存證金NT$150,000。
　　3.企業團體會員（主管三人以內）：入會費NT$450,000、存儲金
　　　NT$450,000。

表14-1 台北圓山聯誼會一般（家庭）會員入會申請書

<table>
<tr><td rowspan="2">最近半身正面照片
bust</td><td colspan="2" align="center">臺北圓山聯誼會
THE YUAN SHAN CLUB OF TAIPEI REPUBLIC OF CHINA</td></tr>
<tr><td colspan="2">日期：
Date: _____</td></tr>
</table>

一般（家庭）會員入會申請書
APPLICATION FOR INDIVIDUAL（FAMILY）MEMBERSHIP

姓　名（中文）_____　出生年月日 _____
Name（英文）_____　Date of Birth: _____
　　　（Full Name in Print）請寫正楷

畢業學校 _____　出生地點 _____
Schooling　　　　　　　　　　　　 Place of Birth

住家地址 _____　住家電話 _____
Home Address:　　　　　　　　　　 Home Phone:

公司名稱（中文）_____　職　位 _____
Company Title（英文）　　　　　　 Position:

公司資本額 _____
Capital of the Company

辦公地址 _____　公司電話 _____
Office Address:　　　　　　　　　　 Office Phone:

配　偶 _____　出生年月日 _____
Spouse:　　　　　　　　　　　　　 Date of Birth:

子　女（未婚，25歲以下）_____
Children:

姓名 Name	出生年月日 Date／Birth	姓名 Name	出生年月日 Date／Birth

參加其他社團之名稱 _____
Affiliations with Societies, Association, etc.: _____

嗜好或興趣 _____
Hobbies or Pursuits: _____

申請人簽名
Signature: _____
　　　　　　　Applicant 申請人

第一介紹人
Proposer: _____
　　　Signature 簽名　　　　　　 Membership No.會員號碼

第二介紹人
Seconder: _____
　　　Signature 簽名　　　　　　 Membership No.會員號碼

會員證號碼 _____　核准日期 _____
Membership No.　　　　　　　　　 Date Approved

通訊處 _____
Mailing Address:

※一般會員申請請附營利登記證影本　※家庭會員申請僅限會員之超齡子女，請附身分證影本，及主卡為
　介紹人
※二位介紹人須為不同公司的會員

資料來源：圓山大飯店提供。

4.主管四至二十六人每增一人加付：入會費NT$130,000、存儲金
NT$150,000。

5.眷屬家庭會員（子女二十五歲至三十五歲）：入會費
NT$75,000、存儲金NT$75,000。

6.存儲金如退會籍，可無息歸還。

7.入會費不可退還，企業團體會員會籍可轉讓。

8.每一個會籍含正、副卡及未滿二十五歲之子女卡。

(三)會員權益（一人入會，全家同享）

一處入會，圓山大飯店及台北、高雄聯誼會設施同享。

◆台北圓山聯誼會

1.會員終身制及家庭制、子女可繼續或超逾三十五歲者，可優先
申請個人會員之權利。

2.除主卡外，會員之配偶及二十五歲以下未婚之子女，可享同等
之設施及福利。

3.多功能休閒設備供會員免費使用，聘請專業教練指導。

4.因職務調動或移民國外，可申請退會並退還存儲金。

5.可參與本會舉辦各項活動，如賓果之夜、歌劇之夜、BAR-B-Q
之夜、電影欣賞、親子兒童嘉年華會。

◆台北圓山大飯店

1.各餐廳九折餐飲優惠折扣，可憑會員卡簽字記帳。

2.會員本人訂房六折優惠，會員朋友訂房六五折優惠（各外加
10%原價服務費）。

3.shuttle bus免費接駁車，在圓山捷運站等三條路線定點服務。

4.各類活動會員均可參加。

◆高雄澄清湖圓山大飯店

1.餐飲九折優惠，可憑會員卡簽字記帳。

2.會員本人訂房六折優惠；會員朋友訂房六五折優惠（各外加10%原價服務費）。

◆高雄圓山聯誼會

1.多功能休閒設備供會員免費使用（如游泳池、網球場、健身房、三溫暖、健康水療SPA）。

2.會員免費停車。

3.會員憑證可簽帳。

4.可參與各項活動。

◆互惠聯誼會

1.北京美國會（Beijing American Club）。

2.上海美國會（Shanghai American Club）。

3.雅加達美國會（Jakarta American Club）。

二、高雄圓山聯誼會

(一)簡介

高雄圓山聯誼會為國際性之組織，其宗旨為促進國際人士之聯誼，藉以敦睦邦交，並為本會會員提供良好之社交環境及健身娛樂場所。本會由圓山大飯店投資管理，為非以營利為目的之組織，本會所有財產均係圓山大飯店所屬之財團法人台灣敦睦聯誼會所有，本會會員繳納之入會費及月會則用以支付本會之部分經營費用。會員類別，則分為個人會員、團體會員，凡在社會上具有聲望之中外人士，均可申請入會為個人會員。凡股實之公司行號均可申請入會為企業團體會員，每一企業團體之人數以其高級主管三至十人為限。本會設有會

議、休閒、家庭聚會之功能。設施有中、西餐廳、咖啡廳、酒吧、奧林匹克標準游泳池及跳水台、青砂土網球場（**圖14-2**）、撞球設施、室內桌球、兒童電腦遊樂設施、幼兒育樂設施、健身中心、壁球場、射箭場、羽球館、高爾夫球練習場、籃球場、溜冰場、兒童遊樂場、露天水療沖擊泉（**SPA**）。

(二)入會費、存儲金及會費

　　高雄圓山聯誼會個人會員入會申請書如**表14-2**所示。

圖14-2　高雄圓山聯誼會運動設施一角

資料來源：高雄澄清湖圓山大飯店提供。

表14-2　高雄圓山聯誼會個人會員入會申請書

| 最近半身正面照片 bust |

高雄圓山聯誼會
THE YUAN SHAN CLUB OF KAOHSIUNG REPUBLIC OF CHINA

日期：
Date: _____

個人會員入會申請書
APPLICATION FOR INDIVIDUAL MEMBERSHIP

姓　名（中文）_____　　出生年月日_____
Name（英文）_____　　Date of Birth: _____
　　　　（Full Name in Print）請寫正楷

畢業學校　　　　　　　　　　　　出生地點
Schooling_____　　Place of Birth _____

住家地址　　　　　　　　　　　　住家電話
Home Address: _____　　Home Phone: _____

職　位　　　　　　　　　　　　　身分證字號
Position: _____　　Passport No.: _____
　　請註明公司名稱及職位（Please state name of organization and position）

公司資本額
Capital of the Company _____

辦公地址　　　　　　　　　　　　公司電話
Office Address: _____　　Office Phone: _____

配　偶　　　　　　　　　　　　　出生年月日
Spouse: _____　　Date of Birth: _____

子　女
Children:（未婚，25歲以下）

姓名 Name	出生年月日 Date / Birth	姓名 Name	出生年月日 Date / Birth

參加其他社團之名稱
Affiliations with Societies, Association, etc.: _____

嗜好或興趣
Hobbies or Pursuits: _____

本人瞭解本會籍不含對　貴會之資產有任何所有權且對　貴會任何債務不負任何責任。
本人願維護　貴會之榮譽、願遵守一切章程、條款及規定，並同意可依情況隨時修正之。
As a member, I understand that my membership does not confer any ownership or benefit to any of the property or assets of the Club, and also I shall not assume any liability for the debt of the Club.
I agree to defend the honor of the Club and conform to be bound by the by-laws, rules and regulations, as they may be amended from time to time.

申請人簽名
Signature: _____
Applicant 申請人

第一介紹人
Proposer: _____
　　Signature 簽名　　　　　　　　　　Membership No.會員號碼

第二介紹人
Seconder: _____
　　Signature 簽名　　　　　　　　　　Membership No.會員號碼

會員證號碼　　　　　　　　　　　核准日期
Membership No. _____　　Date Approved _____

通訊處
Mailing Address: _____

資料來源：圓山大飯店提供。

1.個人會員：入會費NT$120,000、存儲金NT$120,000、月會費NT$3,255、最低消費額NT$3,500。

2.企業團體會員：

(1)主管三人以內：入會費NT$360,000、存儲金NT$360,000、月會費NT$3,255、最低消費額NT$3,500。

(2)主管四人至十人每增一人加付：入會費NT$100,000、存儲金NT$120,000、月會費NT$3,255、最低消費額NT$3,500。

(三)會員權利與義務

◆會員權利

1.本會會員及其配偶暨三十歲以下之未婚子女，得持有會員證，而享用本會之各項設施及參加本會舉辦之各類活動。

2.本會會員在圓山大飯店所屬各地區之各項設施中，均可享有優待及簽帳之權利。

◆會員義務

1.本會會員有共同維護本會榮譽之義務。

2.本會會員應依規定，按期繳納會費並結清帳款。

3.本會會員使用本會各項設施時，應自動遵守本會「管理規則」中之各項規定。

4.本會會員如發現下列情形之一者，本會將主動取消或停止其會員資格。

(1)未能依照時限履行對本會應盡之義務，遲延不繳納會費或清償欠帳者。

(2)在本會使用各項設施時，言行失當，有損本會榮譽者。

(3)經法院判決，受有期徒刑以上處分者。

(4)經宣告破產或無償還能力者。

(四)缺席會員、替換會員及減免最低消費額

◆缺席會員

個人會員凡出國期間超過六個月（三年為限），如仍欲保留會籍者，得以書面申請為缺席會員。申請缺席會員後，在六個月內，一旦再至本會消費或使用設施，即自動恢復其個人會員身分並補繳全部月會費及最低消費額。缺席會員之會費免繳，不計最低消費額，但會員申請為缺席期間，其配偶及眷屬亦視同缺席，不得再來消費或使用設施。公司會員不得申請為缺席會員。

申請辦法：提出書面申請；繳交缺席費用（六個月之月會費，缺席六個月至三年缺席費相同），並結清帳款，繳回會員證（含眷屬證）。

◆替換會員

團體或個人會員出國期間不超過三個月（若超過三個月以三個月計算）者，可申請減免最低消費額，一年只能申請一次，必須整月計算。

申請辦法：提出書面申請，結清帳款，繳回會員證（含眷屬證）。

Chapter 15

旅館連鎖經營及國際會議業務

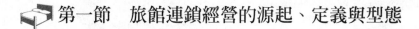

第一節　旅館連鎖經營的源起、定義與型態

一、旅館連鎖經營的源起

　　旅館連鎖經營（hotel chain）係二十世紀偉大的產業之一。由於工商業的突飛猛進，隨之帶動了觀光事業的日進千里，使得觀光旅館之經營，成為今日人們觀光旅遊、休閒活動和社交生活不可或缺之公共場所。然而在國際商機變化萬千，旅館業競爭激烈的環境下，業者也面臨著極大的挑戰與考驗的壓力。要如何紓解競爭壓力，要如何拓展市場，開展新的商機，爭取更多的旅客。甚至要如何提升硬體與軟體的服務品質，要如何打響旅館的知名度與建立旅館優良的形象，要如何滿足旅客的需求，在在皆為旅館業者用盡心機，急於解套的課題。於是乎，旅館的連鎖經營，不論是所有權的（ownership）、直營的、租用的（rent）、特許加盟（franchise）、志願加盟及委託經營管理等連鎖經營方式，均一一適時適地的紛紛出籠。

　　就以國外地區而言，諸如馳名於法國地中海俱樂部的休閒村莊俱樂部的連鎖經營、希爾頓飯店、喜來登飯店、假日飯店、雪萊頓飯店、凱悅飯店、立茲飯店、晶華飯店等都是享譽全球，歷久不衰的五星級連鎖旅館。再說，在北美地區分布於各大都市車站、機場、港口及各主要高速公路旁的汽車旅館，其強調以收費低廉，交通便利之汽車旅館連鎖，其規模之宏偉，無以倫比。再以台灣地區連鎖的沿革而言，諸如自高雄華園大飯店、桃園大飯店之加入假日大飯店系列；高雄國賓大飯店與日本東急及日本航空公司之連鎖推廣訂房；福華大飯店與日本京王飯店之連鎖；台北富都飯店（前中央酒店）改制後加入香港富都連鎖陣營；台北希爾頓大飯店、君悅大飯店、晶華大飯店等委託經營的方式；墾丁凱悅大飯店租用土地五十年由日本人興建後，加入日本航空及南美洲之連鎖經營等；均為台灣地區的國際觀光旅

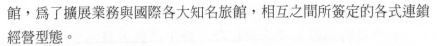

館，為了擴展業務與國際各大知名旅館，相互之間所簽定的各式連鎖經營型態。

再者，以台灣地區的旅館在島內自行連鎖的例子，誠如台北圓山大飯店與高雄澄清湖圓山大飯店；台北國賓大飯店與高雄國賓大飯店；新竹國賓大飯店；福華大飯店之分布於台北、台中、高雄、墾丁、新竹、翡翠灣等連鎖，中信大飯店之花蓮、新竹、嘉義、高雄、中壢等；老爺酒店之於台北、知本、新竹；長榮桂冠之於台北、台中、基隆；麗緻集團之於台北、陽明山、台南、台中、屏東、宜蘭等之台灣地區自行連鎖旅館系列。其他諸如救國團分布於全台各地的活動中心、山莊等住宿設施也是一大連鎖系列。

總之，旅館的連鎖乃是基於反映工商經濟、文化水準、政局安定和國內外旅客需求下，並顧及市場招攬和產品的推廣，所孕育而生的時代產物，同時它也提供了市場未來成長無限的商機。

二、旅館連鎖經營的定義

旅館連鎖既為時代的產物之機制，既為未來市場成長無限的商機。假若適當運用與執行，對於加盟主體、加盟客體，甚至是消費大眾，都有可能帶來益處，也有可能造成彼此之間三贏的局面。有識者對此制度無不寄予最高的重視。至於，加盟連鎖經營的定義是什麼呢？

連鎖經營（franchise）一字係源自於法文，其意為「免於奴隸的意思」，但實質上說，加盟連鎖者係由一方或說加盟主體，授權予另一方加盟客體，來締結彼此企業營運之間的關係。這個主體也許是政府也許是私人，也許是另一企業體。而被授權者也許是個人，也許是另一個企業體。姑且不論授權者與被授權者之間所締結的契約關係就是法律關係，換言之，就是依據其間的遊戲規則來操作商業活動的特權。它是主導生意的一種途徑，最常見於行銷（marketing），甚至推

行到任何產業。

　　最常見的加盟企業連鎖經營，幾乎涵蓋著整個生產事業和服務業，在台灣的餐飲業、旅館業、食品業、大賣場、便利商店（CVS）、旅行業、遊憩娛樂業等，與國外的業者締結加盟連鎖者比比皆然，最明顯的是餐飲業的麥當勞漢堡店、肯德基炸雞店等速食店，還有7-11便利商店等。尤以現代是強調know-how的時代和強調物流（distribution）的時代，甚至是強調多國籍企業（multinational enterprise, MNE）的時代。在此國際企業瞬息萬變，利害攸關，牽一髮動全局的環境下，旅館業為圖生存，為求永續經營，自然採取連鎖經營機制，已是唯一不變的行銷途徑。

　　依據Mahmood A. Khan（1999）對連鎖加盟所做的定義如下：

1.加盟連鎖，是一種配銷貨物和服務的方法。
2.加盟連鎖，是授予個人或同一個團體的「權利」。
3.加盟連鎖，是一種兩方之間的合法協定。
4.同意授權的一方，就是加盟主體或是總部（主體）。
5.加盟主體或總部授權的另一方，稱為加盟者（客體）。
6.加盟總部與加盟者共同操作的系統，就是加盟連鎖制度。

　　簡而言之，加盟連鎖（franchise）就是一種法律的協定；加盟總部（franchiser）同意授權並給執照予「加盟者」（franchisee），在已設定的情況下，銷售產品及服務。

　　另外，L. T. Tarbutton之定義為：「一種長期且持續性的事業關係；從中，加盟總部根據雙方面的需求及限制，授權給加盟者去使用商標或服務標誌。並且針對組織、商品企劃方面，給予加盟者忠告及協助。」

　　根據上面所做的定義，顯而易見的，加盟者才可以使用加盟總部的商標或服務標誌，諸如麥當勞漢堡店的m商標，還有室內統一裝潢和設施；7-11便利商店的商標和一致的裝潢色調，這都是全世界性

一致的，使人遠遠望之就一目瞭然是屬於何種加盟連鎖系統。據此而言，反之，若未加盟未經「加盟總部」授權許可，就是侵犯商標權、侵犯智慧財產權，最著名的有如美國的「三○一法案」，觸犯規定立即採取縮減配額或停止輸入的禁令報復。輕者則列入「觀察名單」，靜觀後效。台灣及中國大陸數年來就常飽受類此的警告，是以，一不小心，「仿冒」的罪名將隨時加冕，損害賠償就隨之而來，絕無倖免，業者能不審慎乎？

三、旅館連鎖經營的型態

依據以上對企業連鎖加盟的定義，實際上也是適用於旅館連鎖，只是連鎖的方式、性質、型態不同而已，這是圍限於彼此授權範圍、內容的區別而已。

至於旅館連鎖加盟的型態，有所謂所有權的、直營的、租用的、特許加盟的、志願加盟的及委託經營管理的，分門別類各有所專，然將之歸納起來大概可分為三種型態：

(一)以商標為主的加盟連鎖

此種型態僅限於加盟者側重於加盟總部的商標，在產品及人員訓練方面似乎就會因地制宜，多數是以販售地方性的產品為主。或許會有部分進口貨品，那也只不過是陪襯性質而已。至於人員教育訓練，在開始加盟前會為加盟者實施經營管理訓練，以及建立財務等管理制度，但畢竟在一段時間之後，頂多是不定期的加以抽查而已。彼此之間存在的「權利關係」大概是以商標權的支付，和廣告費的分攤。類此，就像台灣地區的各式便利商店（convenient store）為然，旅館業亦然。

(二)以商標兼售產品的加盟連鎖

　　這類的加盟型態除了供應加盟總部的「共同商標」之外，還供應商品，有如麥當勞漢堡店，除了提供商標、裝潢格式以及人員訓練制度之外，還要供應其漢堡牛肉以及奶油起司等進口原料。還有可口可樂、百事可樂雖授權在台設廠製造生產，但其最基本的「可樂配方」則來自加盟總部。總部除了抽取商標使用權利金之外，還得購買其原料配方，再加以稀釋裝瓶，這是很實際的一項例子。至於旅館類此型態的加盟型態，除共同使用「原始商標」之外，還得向「母公司」購買旅館的使用設備，以力求統一。

(三)整體配套的加盟連鎖

　　此種加盟連鎖型態，顯而易見的，並非僅限於使用商標權或購買其單一或多項產品。這是一種較新而且極為嚴謹的加盟連鎖制度，而且是持續性的共生關係。除了產品、商標使用之外，還包括了營業整體理念，有如行銷策略和計畫、經營手冊、品質管制、財務管理、廣告活動、教育訓練、研究發展（R & D）等有關加盟者一切的企業活動，無不以「授權者」馬首是瞻，如此一來彼此的關係是持續的，是榮辱與共的，也是嚴謹的，甚至幾近於緊張的、僵硬的。對於新加入的盟友，剛開始或許能於短期內就能籌備就序，順利營業，但久而久之，說不定會覺得礙手礙腳，動彈不得，而有鬆動和疲乏的現象產生。這也是此類連鎖旅館常見的例子。

　　以上概略將旅館的加盟連鎖型態加以分類，但未必全是依此三種模式。最主要還是要視加盟主與加盟者彼此契約的訂定為主。依此三種模式，要言之，係以販售業和餐飲業較為明顯，而旅館業係以招攬住宿旅客為主，則在型態上較不同於零售業。縱然，旅館連鎖經營雖不能保證一定經營成功，但至少它是降低經營風險的一種行銷方式。

第二節　旅館連鎖經營的利弊分析

一、旅館連鎖經營的優點

(一)提高旅館的知名度

旅館連鎖經營，既然選擇優良的品牌，使用已具有國際知名度的旅館商標，在行銷策略上，在知名度上，已占了相當大的優勢，可以說無形中已贏得了旅客的信賴，對於洲際間旅行者之訂房，已獲得不需多加考慮的光彩，無形中就確保了某些程度的客源，因為旅客對於旅館最殷切的希望就是安全感與信心。

(二)可獲得加盟總部的經營經驗

此項寶貴的經驗，對於經營不善的旅館，既有改善的機會，甚至是起死回生。對於剛剛籌設中的新加盟者更有莫大的裨益，至少可以節省時間與金錢，不用摸索，馬上就可步上軌道，說不定真能一炮而紅，步入成功經營的旅程。因為利用盟主「既有經營策略與理念」，是很適合經營不善的老店和即將開幕的新店。

(三)協助市場調查

對於即將籌設中的新加盟者，首應考慮的是市場調查，譬如地點的選擇、市場的競爭力，甚至應採取哪一種型態的旅館來經營，是都市型的商務旅館、渡假型的休閒旅館或供應商旅方便的汽車旅館等。加盟總部憑藉其悠久的歷史，必有無限的寶貴經驗、人才和know-how來協助，就免得盲目的急就章，至少也擺脫了一大半的經營風險，好的開始是成功的一半。

(四)共同採購，節省旅館設備及用品成本

眾所周知，大量的採購是絕對可以降低營運成本，甚而可以減少無謂的浪費，對旅館經營的新手，其獲利之大，不是一件小事。尤以漫無計畫的採購，非但會造成旅館無以彌補的損失，對於往後的管理制度，也會造成無法挽救的後遺症。

(五)統一舉辦員工教育訓練

教育訓練分為職前教育訓練和在職教育訓練，旅館除了硬體的設備之外，首重於軟體之「人的服務」。連鎖旅館不但可以克服教育訓練的障礙，甚至其具有實施已久的教材與經驗，對於加盟者可以輕而易舉的實施職前訓練，在加盟後，營運期間亦可舉行定期及不定期的在職訓練，和舉辦地區性或全球性的加盟旅館經營研討會，藉收互切互磋、去蕪存菁、精益求精之效。

(六)建立電腦連線之訂房作業

旅館客房首重者係訂房，也就是住用率（hotel occupancy rate），然要提高住用率，要取得客源，實在是旅館最為傷透腦筋之事。假使一旦加入連鎖旅館經營體系，應是利用電腦連線訂房作業手續，以爭取客源的最佳操作方式。何況，現在已進入了網際網路的新世代。

(七)建立強而有力的推廣行銷網

連鎖旅館共同建立強而有力的國際推廣行銷網，非但可以共同推廣宣傳，甚至可以省錢省力，由於共同費用的分攤，媒體廣告版面的製作，在在都比單打獨鬥來得節省又有效。

二、旅館連鎖經營的缺點

旅館連鎖經營既然有這麼多的優點，這種經營模式，這種時代潮流的趨勢，實在是抵擋不住，是很值得鼓勵的企業機制。不過往往在優點之後，難免會隱藏著無限的隱憂與缺失，要如何揚棄其缺點，發揮其優點，除了端賴契約內容的訂定，還是要仰望加盟總部與加盟者之間不斷持續的互動與溝通。好的互動、好的溝通實是奠定雙方彼此的和諧與合作。否則，既聯合又鬥爭實係非連鎖旅館機制創立的本意，更非業界所樂見。茲將連鎖旅館的缺點列舉如下以資參考。

(一)旅館加盟雙方溝通不良

連鎖旅館雙方，事先雖有明文契約的訂定，但只是限於書面上的作業程序，至於契約的內容，由於雙方法律的認知，或由於語言的溝通不良，或由於語文的程度差異，造成對於契約的內容，一知半解下即簽字了事，於是投下了往後權利與義務的履行誤差，埋下了往後爭執糾紛衝突的要因，這實在是一件相當令人遺憾之事。

(二)加盟者對於總部的期望幻滅

有些新加盟者，尤以是僅擁有資金，而對旅館行業卻一竅不通的資本主，於簽約之前，誤以為投資旅館，參加連鎖加盟，自然就可以一帆風順，無往不利，怎知等到開始營業後卻事事不能順遂，於是，當初對於總部所抱持的信心與熾熱，一下子化為烏有，一旦期望成為泡影，彼此之間隙形成，怨言不斷，交惡迭迭，最後非但不能達到預期合作的效果，反而坐失加盟的旨意。

(三)加盟者認為限制過多

在加盟簽約之前，欲加盟者對於加盟總部信心滿滿，期望無限，怎知在加盟之後，才發現總部所訂的契約條款內容，尚有一些限制，

如各自行銷策略的規劃與實施，卻受到總部與區域性盟友互為競爭的約束，於是覺得不能自主，壯志難伸，與當初的期望與想像判若鴻溝，彼此的誤會與糾葛於焉而生。

(四)加盟者認為支付總部的費用偏高

在加盟簽約前，雖經兩造雙方同意，加盟者必須繳納一筆權利金，以及每月按營收總數支付一定比率的服務費用，諸如know-how fee或廣告共同分攤費用，但久而久之，加盟者總覺得這一筆龐大的費用，有些利不及惠，甚至減少了其投資報酬及回收，因而感到心痛，進而不悅，彼此之間的協調與和諧氣氛，逐漸失去平衡。

(五)加盟契約的延續與終止

對於雙方加盟契約的簽定，除了權利與義務的約定之外，就是契約的起造日期與終止日期，對於加盟者而言，這是一件非常不能釋懷的威脅，畢竟經年累月的心力，經營的生計，資金的投入，全心全意仰靠連鎖加盟的眷顧，一旦被宣布契約終止，或調高服務費用，實是椎心之痛，也是盟主與加盟者之間最難交集之處。

(六)統一採購，價位偏高

在連鎖總部對於加盟者的設備與用品，為了統一規格與制度，往往會要求加盟者向總部訂貨購用，其原意本是無可厚非，其實也是在大宗採購之下，寄望能夠降低成本。然而，由於總部採購成本的加碼，以及匯率浮動的差額，導致加盟者認為獨自採購反而能節省成本，於是又造成雙方約定的破綻。

(七)加盟者管理事件處置不當影響連鎖整體形象

類此情形屢見不鮮，時有所聞，由於某一個體加盟者天災人禍，或管理不當，造成驚天動地的大新聞，經媒體大肆渲染，盡人皆知，

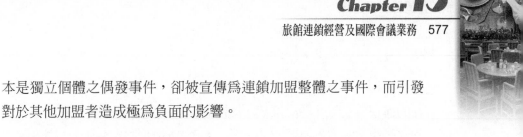

本是獨立個體之偶發事件，卻被宣傳爲連鎖加盟整體之事件，而引發對於其他加盟者造成極爲負面的影響。

第三節　國際會議的源起、定義與型態

一、國際會議的源起

　　假如說，旅館連鎖經營的機制，是現在及將來發展觀光產業的走向與潮流，那麼，國際會議（convention）業務的推廣與舉辦，必也是發展觀光產業當中最重要的環節之一。無怪乎全世界先進的國家，甚至是缺乏觀光資源的國家，無不使盡渾身解數，不甘後人，竭力爭取國際會議的主辦權，以賺取觀光外匯、帶動觀光產業的發展，以及提升其國家或都市的國際知名度。就以東南亞鄰近的新加坡而言，雖爲彈丸之地，既沒有經濟資源，又缺乏觀光資源，然其除發展轉口貿易暨港口轉運中心之外，亦強力的爭取國際會議的主辦權，以推廣這項「無煙囪工業」（no chimney industry）之後所蘊藏豐富的商機。於是就在其中央政府旅遊局（Singapore Tourism Bureau）之下成立了會議局（Convention Bureau）來負責推展其國際會議的業務。由於政府的重視，觀光產業界的支持，在既有推廣國際會議的經費，又有推動國際會議的專才。無怪乎，新加坡竟能在短短數年間，成爲亞太地區舉辦國際會議與展覽數一數二的國家。有鑑於此，台灣地區亦在十年前於世貿中心之下成立國際會議中心，以舉辦國際會議的業務。此外，亦成立了人民團體中華民國國際會議推廣協會，來協助政府推動爭取國際會議及展覽等活動來台舉行。

　　在這資訊發展神速的科技時代裡，資訊的傳達早已縮短了人與人的距離與交流。姑且不論其效果如何，人與人之間面對面的溝通與接觸，仍然是極其重要的，這就是所謂的「見面三分情」，人到底是感

情的動物，一見面，一握手，輕輕的利用「肢體語言」，也許就是最好的溝通與交流。職是之故，國際會議與展覽會等業務活動並不會受到資訊產業的發展有嚴重的影響。台灣地區與世界各國及中國大陸交往日益頻繁，尤以二○○二年加入「世界貿易組織」（WTO）之後，國際會議與展覽會的活動及業務勢必層見疊出，其績效或許亦可企足而盼。

關於國際會議的起源，原本係源自歐洲國家，較早係因國際之間某些議題，彼此之間互相商談，交誼、溝通，到最後竟然討論出了一個結論，產生了一個共識，甚至成了一種約定，久而久之，非但影響了交流之間的國家，彼此成為活動的約束模式，卻在無心插柳柳成蔭的情況下，無形中卻也影響了一些未曾與會的團體或國家。於是，在大家感覺到會議所產生的成效之後，就紛紛地發起與加入國際性的研討會，國際會議的雛形於焉而成，隨之衍生了官方與非官方、營利與非營利的展覽會，這就是國際會議應世的源起。

一九六二年各國咸認為若要推動及發展國際會議業務與活動，務必要有常設的國際機構來執行，遂於荷蘭成立「國際會議協會」（International Congress & Convention Association, ICCA），此係為最具代表性的國際會議社團之一。另外，成立於一九八三年由印尼、韓國、馬來西亞、菲律賓、新加坡、泰國、香港七個政治體系所聯合組成的亞洲會議局（AACVB），局址設於馬尼拉（鈕先鉞，2001），也是國際會議重要的社團之一。

二、國際會議的定義

國際會議的定義：

(一)根據國際會議協會（ICCA）所做之定義

1.固定會議。

2.至少三個國家輪流舉行。

3.與會人數至少在五十人以上。

(二)根據UIA（Union of International Associations）所做之定義

1.至少五個國家輪流舉行。

2.與會人數在三百人以上。

3.國外人士占與會人數40%以上。

(三)中華民國國際會議推展協會所做之定義

1.參加會議的國家，含地主國至少在兩個以上。

2.與會人數須達五十人以上。

3.外國與會人數須占總與會人數25%以上。

4.以年會、展覽或獎勵旅遊等形式均可。

綜合以上各團體對國際會議所做的定義，大概最少具備三個要素：

第一，國際會議係一種固定舉行之會議。

第二，國際會議舉辦的國家或城市並非固定不變，雖會址固定，但則由各國家輪流舉辦。

第三，參加國際會議的國家不管有多少個，但至少與會人士在五十人以上。

三、國際會議的型態

國際會議已衍生包含著展覽會在內。概言之，國際會議約可區分為營利性的與非營利性的會議，換言之，即產業性的與非產業性的會議。

產業界會議則包括了產品發表會、國際性展覽中的會議、教育

訓練、企業行銷會議。類似這樣的會議在旅館舉辦者相當的多。以圓山大飯店為例，二○○一年一月羅氏大藥廠所舉辦的「第三屆亞太地區羅氏移植研討會」、五月份的「中日工程技術研討會」、「全球創館榮譽董事手印大會」、「世界華人工商婦女企管協會」、「義大利Kappa 2001春夏運動休閒服飾展示會」等，其中含有工商產品展覽推廣、行銷策略研討暨教育訓練等活動與議題。

非產業會議，即非營利會議者，係包括有國際性政府組織的會議與國際性非政府組織的會議。二○○一年在圓山大飯店所舉行者有某國總統蒞臨住用客房之外，亦與我國官方舉行正式的會談。另外，國際非政府組織在圓山大飯店舉行者，如：「亞太旅遊協會理事長會議」（PATA）、「第八屆世界華人和平建設會議」、「綠色永續經營國際研討會」、「亞太職安與衛生會議」、「第一屆世界呼吸照護大會」、「世界宗教博物館開幕大會」、「推動全球保護野鳥系列活動」、「二○○一年世界棒球賽」、「辛亥革命九十週年紀念學術研討會」等全球性國際政府與非政府組織之國際會議。

以上所舉數例的產業和非產業性的國際會議，對於旅館客房的住用、餐飲的消費、花藝、郵物通訊、洗衣、購物等都有莫大的助益。對於其他相關觀光產業所牽動的效益，也是同沾雨露，利益分享。

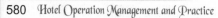 第四節　國際會議的效益

一、國際會議的效益

根據國際會議組織（ICCA）一九九九年的資料中顯示，全球會議的產值280兆美元，而光在美國地區的會議產值約90兆美元，其中國際會議的產值約7.6兆美元，如此龐大的會議市場，如此龐大的會議消費與產值，無怪乎全世界的國家與城市無不紛紛爭食此塊大餅，竭盡

心力在掠奪國際會議的主辦權。

　　至於舉辦國際會議其所涉及的範圍之大，幾乎無所不包，除了住宿業之外，餐飲業、航空運輸業、陸地運輸業、旅遊業、展覽業、媒體業、印刷業、網際網路業、翻譯業、藝品業、視聽設備業、事務機器業、郵電業，甚至最新的行業會議公司等都與國際會議相關聯。

(一)對於舉辦的國家或城市所產生的效益

◆增加外匯收入

　　全世界每個國家一直全心全力的在推動發展觀光產業，其中主要的原因，係在賺取大筆的外匯收入，因為觀光事業既是「無煙囪的工業」，對於造成污染的影響較低，又是一項「無形的輸出」，其觀光外匯的收入是可觀的。

◆提升國家與城市的形象

　　出席國際會議的人士，大都是一些政商名流及社會文化菁英，如果接待得體，經其口口相傳，對於提升國家及城市的知名度與形象，實有無比的裨益。尤以台灣目前邦交國家有限，國際外交舞台狹窄，藉舉辦國際會議來獲得國際間的友誼與諒解，實是最佳途徑之一。

◆提升產業知識及拓展商機

　　藉由國際學術、科技及產業研討會，不但可以提升產業知識，吸收新科技，又可推廣產品，對於產業界的受益實在是一舉數得。同時對於當地的居民又具有極深的教育效能（當然亦應避免負面效應）。

◆增加就業機會

　　根據統計，每一個國際會議的舉行，凡每出席二十位代表就能創造一個全職（full time）的工作機會，對於當地居民的就業提升不少。若以世界性的「國際獅子會」、「國際扶輪社」等社團年會，每一出席盛會，其人數總是數千人以上，對於當地經濟的連鎖效應，實係無

以限量。再者，如奧林匹克冬、夏季運動會之盛會，來自全球的運動選手以及教練團和觀眾之多動輒數萬人，其所牽動的經濟產值更是難以估計。

(二)對於其他相關產業之影響

◆提高航空公司的收入

航空公司由於經營區域不同，如國內航線、國際航線，按照其應遵守之航空規定，不能因乘客減少而遲延或停飛，亦不能因無乘客上、下飛機而過站不停。類此情況，假設有大型國際會議、博覽會及運動會之舉行，不僅是國際線，連國內線都會因旅遊活動而班班客滿。

◆提高陸上運輸業的收入

陸上運輸業指的是大型遊覽汽車、計程車、公共汽車及捷運系統（MRT），一遇有會議或展覽的活動，其交通運輸量幾乎是不敷使用，甚至還要加開或者另闢專線區間車來往服務旅客，對於閒置車輛恐都要全部出動。

◆促進旅行業的業務

國際會議的慣例，大都由大會安排長、短程的旅遊活動，旅行業遊程的設計、導遊業務等都是一時的登門生意，對於旅行業、旅遊景點的營收，可謂飛來鴻福，業者的收入大大增加，也都紛紛提前準備作業，以迎佳賓的光臨。

◆提高旅館的住用率及餐飲收入

由於會議的舉行，與會人士及眷屬的光臨，使得國際觀光旅館的客房為之途塞，一時間一房難求時有所聞，再加上眷屬的相伴隨行更使得旅館的客房人滿為患。尤其是國際會議與會代表的平均住用夜數都在三至四天之譜，連帶地牽動了旅館餐飲的收入、郵電業務、洗衣

業務、商店街等生意，真可謂「全館皆動」忙得不亦樂乎，僅能以歡欣鼓舞、久旱逢甘霖來形容之。

◆促成會議公司的業務興起

　　由於國際會議的頻繁，促使會議公司的異軍突起，過去會議公司的業務，往往寄生於旅行業，近年來由於業務興隆，復以籌備大型會議動輒要花費三、五年的時間，因此，非專業人才實不能勝任，是以會議公司在時來運轉之下就一一上市，掛牌營業，係時勢造英雄。

◆帶動其他行業的生意

　　國際會議活動所需的服務項目甚多，牽涉的服務業亦範圍甚廣，諸如會場布置、事務機器、宣傳印刷、禮品包裝、媒體與翻譯、網際網路、購物商品、郵電等行業都幾乎一致動了起來，甚至攝影公司亦忙得手忙腳亂，笑容滿面。

　　以上就是由於國際會議及展覽會所帶給國家、城市及相關產業的效益分析。

二、旅館接待國際會議業務

　　如眾所周知，旅館業收入的三大來源係客房、餐飲、會議。其中僅有會議業務的接待一項，非但能帶動客房、餐飲，甚至其他旅館相關服務，而且都在同一時期消費。是以旅館會議業務的承攬與接待，至關旅館營運盛衰之成敗。此外，還可顯現旅館層級之高低，對於旅館知名度之提升、形象之建立，國際觀光旅館無不將此奉為圭臬，設立專人招攬會議業務。

附錄

新修正發展觀光條例條文對照表

二〇〇一年十月三十一日立法院修正通過

立法院通過修正條文	原實行條文
第一章　總則	第一章　總則
第一條　爲發展觀光「產」業，宏揚中華文化，「永續經營台灣特有之自然生態與人文景觀資源」，敦睦國際友誼，增進國民身心健康，加速國內經濟繁榮，制定本條例；本條例未規定者，適用其他法律「之規定。」	第一條　爲發展觀光事業，宏揚中華文化，敦睦國際友誼，增進國民身心健康，加速國內經濟繁榮，制定本條例；本條例未規定者，適用其他法律。
第二條　本條例所用名詞，定義如下： 一、觀光「產」業：指有關觀光資源之開發、建設與維護，觀光設施之興建、改善，爲觀光旅客旅遊、食宿提供服務與便利「及提供舉辦各類型國際會議、展覽相關之旅遊服務產業。」 二、觀光旅客：指觀光旅遊活動之人。 三、觀光地區：指風景特定區以外，經中央主管機關會商各目的事業主管機關同意後指定供觀光旅客遊覽之風景、名勝、古蹟、博物館、展覽場所及其他可供觀光之地區。 四、風景特定區：指依規定程序劃定之風景或名勝地區。 五、「自然人文生態景觀區：指無法以人力再造之特殊天然景緻、應嚴格保護之自然動、植物生態環境之重要史前遺跡所呈現之特殊自然人文景觀，其範圍包括：原住民保留地、原住民管制區、野生動物保護區、水產資源保育區、自然保留區、及國家公園內之史蹟保存區、特別景觀區、生態保護區等地區。」 六、觀光遊樂設施：指在風景特定區或觀光地區提供觀光旅客休閒、遊樂之設施。	第二條　本條例所用名詞，定義如左： 一、觀光事業：指有關觀光資源之開發、建設與維護，觀光設施之興建、改善及爲觀光旅客旅遊、食宿提供服務與便利之事業。 二、觀光旅客：指觀光旅遊活動之人。 三、觀光地區：指觀光旅客遊覽之風景、名勝、古蹟、博物館、展覽場所及其他可供觀光之地區。 四、風景特定區：指依規定程序劃定之風景或名勝地區。 五、國民旅舍：指在風景特定區或鄰近地區提供一般旅客旅遊住宿之設施。 六、遊樂設施：指在風景特定區內經觀光主管機關核准提供有益觀光旅客身心之遊樂設施。 七、觀光旅館業：指經營觀光旅館，接待觀光旅客住宿及提供服務之事業。 八、旅館業：指爲旅客代辦出國及簽證手續或安排觀光旅客旅遊、食宿及提供有關服務而收取報酬之事業。 九、導遊人員：指接待或引導觀光旅客旅遊而收取報酬之服務人員。

七、觀光旅館業：指經營國際觀光旅館或一般觀光旅館，對旅客提供住宿及相關服務之營利事業。 八、旅館業：指觀光旅館業以外，「對旅客提供住宿、休息」及其他經中央主管機關核定相關業務之營利事業。 九、民宿：指利用自用住宅空閒房間，結合當地人文、自然景觀、生態、環境資源及農林漁牧生產活動，以家庭副業方式經營，提供旅客鄉野生活之住宿處所。 十、旅行業：指經中央主管機關核准，爲旅客設計安排旅程、食宿、領隊人員、導遊人員、代購代售交通客票、代辦出國簽證手續等有關服務而收取報酬之營利事業。 十一、觀光遊樂業：指經主管機關核准經營觀光遊樂設施之營利事業。 十二、導遊人員：指執行接待或引導來本國觀光旅客旅遊業務而收取報酬之服務人員。 十三、領隊人員：指執行引導出國觀光旅客團體旅遊業務而收取報酬之服務人員。 十四、「生態導覽人員：指爲保存、維護及解說國內特有自然生態資源，由各目的事業主管機關在自然人文生態景觀區所設置之專業人員。」	
第三條　本條例所稱主管機關：在中央爲交通部；在直轄市爲直轄市政府；在縣（市）爲縣（市）政府。	第三條　觀光主管機關：在中央爲交通部；在地方爲省（市）、縣（市）政府。
第四條　中央主管機關爲主管全國觀光事務，設觀光局；其組織另以法律定之。直轄市、縣（市）主管機關爲主管地方觀光事務，得視實際需要，設立觀光機構。	第四條　交通部主管全國觀光事務，設「交通部」觀光局；其組織另以法律定之。省（市）、縣（市）政府爲主管地方觀光事務，得視實際需要，設立觀光機構。

第五條　觀光「產」業之國際宣傳及推廣，由中央主管機關綜理，並得視國外市場需要，於適當地區設辦事機構或與民間組織合作辦理之。 「中央主管機關得將辦理國際觀光行銷、市場推廣、市場資訊蒐集等業務，委託法人團體辦理，其受委託法人團體應具備之資格、條件、監督管理及其他相關事項之辦法，由中央主管機關定之」。 民間團體或營利事業，辦理涉及國際觀光宣傳及推廣事務，除依有關法律規定外，應受中央主管機關之輔導；其辦法，由中央主管機關定之。 為加強國際宣傳，便利國際觀光旅客，中央主管機關得與外國觀光機構或授權觀光機構與外國觀光機構簽訂觀光合作協定，以加強區域性國際觀光合作，並與各該區域內之國家或地區，交換業務經營技術。	第五條　觀光事業之國際宣傳及推廣，由中央「觀光」主管機關綜理，並得視國外市場需要，於適當地區設辦事機構或與民間組織合作辦理之。 民間團體或營利事業，辦理涉及國際觀光宣傳及推廣事務，除依有關法律規定外，應受中央「觀光」主管機關之輔導；其辦法由交通部定之。 為加強國際宣傳，便利國際觀光旅客，交通部得與外國觀光機構或授權觀光機構與外國觀光機構簽訂觀光合作協定，以加強區域性國際觀光合作，並與各地區域內之國家或地區，交換業務經營技術。
第六條　「為有效積極發展觀光產業，中央主管機關應每年就觀光市場進行調查及資訊蒐集，以供擬定國家觀光產業政策之參考。」	
第二章　規劃建設	第二章　規劃建設
第七條　觀光「產」業之綜合開發計畫，由中央主管機關擬訂，報請行政院核定後實施。 各級主管機關，為執行前項計畫所採行之必要措施，有關機關應協助與配合。	第六條　觀光事業之綜合開發計畫，由中央「觀光」主管機關訂「定」，報請行政院核定後實施。 各級「觀光」主管機關，為執行前項計畫所採行之必要措施，有關「主管」機關應協助與配合。
第八條　中央主管機關為配合觀光「產」業發展，應協調有關機關，規劃國內觀光據點交通運輸網，開闢國際交通路線，建立海、陸、空聯運制；並得視需要於國際機場及商港設旅客服務機構；「或輔導直轄市、縣（市）主管機關於重要交通轉運地點，設置旅客服務機構或設施。」	第七條　交通部為配合觀光事業發展，應協調有關機關，規劃國內觀光據點交通運輸網，開闢國際交通路線，建立海、陸、空聯運制；並得視需要於國際機場及商港設旅客服務機構。

國內重要觀光據點，應視需要建立交通運輸設施，其運輸工具、路面工程及場站設備，均應符合觀光旅行之需要。	國內重要觀光據點，應視需要建立交通運輸設施，其運輸工具、路面工程及場站設備，均應符合觀光旅行之需要。
第九條　主管機關對國民及國際觀光旅客在國內觀光旅遊必需利用之觀光設施，應配合其需要，予以旅宿之便利與安寧。	第八條　「觀光」主管機關，對國民及國際觀光旅客在國內觀光旅遊必需利用之觀光設施，應配合其需要，予以旅宿之便利與安寧。
第十條　主管機關得視實際情形，會商有關機關，將重要風景或名勝地區，勘定範圍，劃為風景特定區；並得視其性質，專設機構經營管理之。 依其他法律或由其他目的事業主管機關劃定之風景區或遊樂區，其所設有關觀光之經營機構，均應接受主管機關之輔導。	第九條　「觀光」主管機關，得視實際情形，會商有關機關，將重要風景或名勝地區，勘定範圍，劃為風景特定區；並得視其性質，專設機構經營管理之。 依其他法律或由其他目的事業主管機關劃定之風景區或遊樂區所設之經營機構，有關經營者均應接受中央及「省（市）觀光」主管機關之輔導。
第十一條　風景特定區計畫，應依據中央主管機關會同有關機關，就地區特性及功能所作之評鑑結果，予以綜合規劃。 前項計畫之擬訂及核定，除應先會商主管機關外，悉依都市計畫法之規定辦理。 風景特定區應按其地區特性及功能，劃分為國家級、直轄市級及縣（市）級。	第十條　風景特定區計畫，應依據交通部會同有關機關，就地區特性與功能所作之評鑑結果，予以綜合規劃。 前項計畫之擬訂及核定，除應先會商「觀光」主管機關外，悉依都市計畫法之規定辦理。
第十二條　為維持觀光地區「及風景特定區」之美觀，區內建築物之造形、構造、色彩等及廣告物、攤位之設置，得實施規劃限制；其辦法，由中央主管機關會同有關機關定之。	第十一條　為維持觀光地區之美觀，區內建築物之造形、構造、色彩等及廣告物、攤位之設置，得實施規劃限制；其辦法由交通部會同有關機關定之。
第十三條　風景特定區計畫完成後，該管主管機關，應就發展順序，實施開發建設。	第十二條　風景特定區計畫完成後，該管「觀光」主管機關，應就發展順序，實施開發建設。 風景特定區內之公共設施，得獎勵私人投資辦理，並收取費用；其獎勵辦法及收費標準由交通部定之。

第十四條　主管機關對於發展觀光事業建設所需之公共設施用地，得依法申請徵收私有土地或撥用公有土地。	第十三條　「觀光」主管機關對於發展觀光事業建設所需之公共設施用地，得依法申請徵收私有土地或撥用公有土地。
第十五條　中央主管機關對於劃定為風景特定區範圍內之土地，得依法申請施行區段徵收。公有土地得依法申請撥用或會同土地管理機關依法開發利用。	第十四條　交通部對於劃定為風景特定區範圍內之「私有」土地，得報請行政院核准，依土地法及平均地權條例規定，施行區段徵收。公有土地得依法申請撥用或會同土地管理機關依法開發利用。
第十六條　主管機關為勘定風景特定區範圍，得派員進入公私有土地實施勘查或測量。但應先以書面通知土地所有權人或其使用人。 為前項之勘查或測量，如使土地所有權人或使用人之農作物、竹木或其他地上物受損時，應予補償。	第十五條　為維護風景特定區內自然與文化資源之完整，在該區域內之任何設施計畫，均應徵得該管「觀光」主管機關之同意。
第十七條　為維護風景特定區內自然及文化資源之完整，在該區域內之任何設施計畫，均應徵得該管主管機關之同意。	
第十八條　具有大自然之優美景觀、「生態資源及具有保存價值之文化、人文景觀」資源，應規劃建設為觀光地區。「該區域內之」名勝、古蹟及特殊動植物生態等「景觀資源」，各目的事業主管機關應嚴加維護，禁止破壞。	第十六條　具有大自然之優美景觀資源，應規劃建設為觀光地區。名勝、古蹟及特殊動植物生態地區，各主管機關應嚴加維護，禁止破壞。
第十九條　「為保存、維護及解說國內特有自然生態資源，各目的事業主管機關應於自然人文生態景觀區，設置專業之生態導覽人員，旅客進入該地區，應申請生態導覽人員陪同進入，以提供旅客詳盡之說明，減少破壞行為發生，並維護自然資源之永續發展。」 「自然人文生態景觀區之劃定，由該管主管機關會同目的事業主管機關劃定之」。 「生態導覽人員之資格及管理辦法，由中央主管機關會商各目的事業主管機關定之。」	

第二十條　主管機關對風景特定區內之名勝、古蹟，應會同有關目的事業主管機關調查登記，並維護其完整。 前項古蹟受損者，主管機關應通知管理機關或所有人，擬具修復計畫，經有關目的事業主管機關及主管機關同意後，即時修復。	第十七條　「觀光」主管機關，對風景特定區內之名勝、古蹟應會同有關主管機關調查登記，並維護其完整。 前項古蹟受損者，「觀光」主管機關應通知管理機關或所有人，擬具修復計畫，經有關主管機關及觀光主管機關同意後，即時修復。
第三章　經營管理	第三章　經營管理
第二十一條　經營觀光旅館業者，應先向中央主管機關申請核准，並依法辦妥公司登記後，領取觀光旅館業執照，始得營業。	第十八條　經營觀光旅館業者，應先向中央「觀光」主管機關申請核准，並依法辦妥公司登記後，領取觀光旅館業執照及專用標識，始得開業。
第二十二條　觀光旅館業業務範圍如下： 一、客房出租。 二、附設「餐廳、會議場所、休閒場所及商店之經營。」 三、其他經中央主管機關核准與觀光旅館有關之業務。	第十九條　觀光旅館業業務範圍如左： 一、客房出租。 二、附設餐廳、咖啡廳、酒吧間。 三、國際會議廳。 四、其他經交通部核准與觀光旅館有關之業務。 「觀光旅館因營業需要，得經申請核准後，經營夜總會。」
第二十三條　觀光旅館等級，按其建築與設備標準、經營、管理及服務方式區分之。 觀光旅館之建築及設備標準，由中央主管機關會同內政部定之。	第二十條　觀光旅館等級，按其建築與設備標準、經營、管理及服務方式區分之。 觀光旅館之建築及設備標準，由交通部會同內政部定之。
第二十四條　經營旅館業者，除依法辦妥公司或商業登記外，並應向地方主管機關申請登記，領取登記證後，始得營業。 非以營利為目的且供特定對象住宿之場所，由各該目的事業主管機關「就其安全、經營等事項訂定辦法」管理之。	
第二十五條　主管機關應依據各地區人文、自然景觀、生態、環境資源及農林漁牧生產活動，輔導管理民宿之設置。 民宿經營者，應向地方主管機關申請登記，領取登記證及專用標識後，始得經營。	

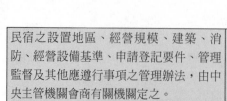
民宿之設置地區、經營規模、建築、消防、經營設備基準、申請登記要件、管理監督及其他應遵行事項之管理辦法，由中央主管機關會商有關機關定之。	
第二十六條　經營旅行業者，應先向中央主管機關申請核准，並依法辦妥公司登記後，領取旅行業執照，始得營業。	第二十一條　經營旅行業者，應先向中央「觀光」主管機關申請核准，並依法辦理公司登記後，領取旅行業執照，始得開業。
第二十七條　旅行業業務範圍如下： 一、接受委託代售海、陸、空運輸事業之客票或代旅客購買客票。 二、接受旅客委託代辦出、入國境及簽證手續。 三、招攬或接待觀光旅客，並安排旅遊、食宿及交通。 四、設計旅程、安排導遊人員或領隊人員。 五、提供旅遊諮詢服務。 六、其他經中央主管機關核定與國內外觀光旅客旅遊有關之事項。 前項業務範圍，中央主管機關得按其性質，區分為綜合、甲種、乙種旅行業核定之。 非旅行業者不得經營旅行業業務，但代售日常生活所需陸上運輸事業之客票，不在此限。	第二十二條　旅行業業務範圍如左： 一、接受委託代售海、陸、空運輸事業之客票或代旅客購買客票。 二、接受旅客委託代辦出、入國境及簽證手續。 三、招待「國內外」觀光旅客並安排旅遊、食宿及交通。 四、其他經交通部核定與國內外觀光旅客前項業務，中央「觀光」主管機關得按其性質區分旅行業種類核定之。
第二十八條　外國旅行業在中華民國設立分公司，應先向中央主管機關申請核准，並依公司法規定辦理認許後，領取旅行業執照，始得營業。 外國旅行業在中華民國境內所置代表人，應向中央主管機關申請核准，並依公司法規定向經濟部備案。但不得對外營業。	第二十三條　外國旅行業在中華民國設立分公司，應先向中央「觀光」主管機關申請核准，並依公司法規定辦理認許後，領取旅行業執照，始得營業。外國旅行業在中華民國境內所置代表人，應向中央「觀光」主管機關申請核准，並依公司法規定向經濟部備案。但不得對外營業。
第二十九條　旅行業辦理「團體旅遊或個別旅客旅遊」時，應與旅客簽訂契約。	第二十四條　旅行業辦理團體觀光旅客「出國」旅遊時，應發行由其負責人簽名

前項契約之格式、應記載及不得記載事項，由中央主管機關定之。 「旅行業將中央主管機關訂定之契約書格式公開並印製於收據憑證交付旅客者，除另有約定外，視為已依第一項規定與旅客簽約。」	或蓋有公司印章之旅遊文件；未發行旅遊文件者，不得招攬旅客組團出國觀光。 前項旅遊文件經旅客同意簽章後，其契約成立。 旅行業因違約對旅客所生之損害，應負賠償責任。 旅遊文件格式及其必須記載之事項，由交通部定之。
第三十條　經營旅行業者，應依規定繳納保證金；其金額，由中央主管機關定之。 金額調整時，原已核准設立之旅行業亦適用之。 旅客對旅行業者，因旅遊糾紛所生之債權，對前項保證金有優先受償之權。 旅行業未依規定繳足保證金，經主管機關通知限期繳納，屆期仍未繳納者，廢止其旅行業執照。	第二十五條　經營旅行業者，應依規定繳納保證金；其金額由交通部定之。 旅行業者因經營旅行業務所生之債務，其債權人對前項保證金優先受償。
第三十一條　觀光旅館業、旅館業、旅行業、觀光遊樂業及民宿經營者，於經營各該業務時，應依規定投保責任保險。 旅行業辦理「旅客」「出國」及「國內」旅遊業務時，應依規定投保履約保證保險。 前二項各行業應投保之保險範圍及金額，由中央主管機關會商有關機關定之。	
第三十二條　導遊人員及領隊人員，應經考試主管機關或其委託之有關機關考試及訓練合格。 前項人員，應經中央主管機關發給執業證，並受旅行業僱用或受政府機關、團體之臨時招請，始得執行業務。 導遊人員或領隊人員取得結業證書或執業證後連續三年未執行各該業務者，應重行參加訓練結業，領取或換領執業證後，始得執行業務。	第二十六條　導遊人員，應經中央觀光主管機關或其委託之有關機關測驗合格，發給執業證書，並受旅行業僱用或受政府機關、團體「為舉辦國際性活動而接待國際觀光旅客」之臨時招請，始得執行業務。

第一項修正施行前已經中央主管機關或其委託之有關機關測驗及訓練合格，取得執業證者，得受旅行業僱用或受政府機關、團體之臨時招請，繼續執行業務。 第一項施行日期，由行政院會同考試院以命令定之。	
第三十三條　有下列各款情事之一者，不得為觀光旅館業、旅行業、觀光遊樂業之發起人、董事、監察人、經理人、執行業務或代表公司之股東： 一、有公司法第三十條各款情事之一者。 二、曾經營該觀光旅館業、旅行業、觀光遊樂業受撤銷或廢止營業執照處分尚未逾五年者。 已充任為公司之董事、監察人、經理人、執行業務或代表公司之股東，如有第一項各款情事之一者，「當然」解任之，中央主管機關應撤銷或廢止其登記，並通知公司登記之主管機關。 旅行業經理人應經中央主管機關或其委託之有關機關團體訓練合格，領取結業證書後，始得充任；其參加訓練資格，由中央主管機關定之。 旅行業經理人連續三年未在旅行業任職者，應重新參加訓練合格後，始得受僱為經理人。 旅行業經理人不得兼任其他旅行業之經理人，並不得自營或為他人兼營旅行業。	第二十七條　觀光旅館業、旅行業不得僱用左列人員為經理人；已充任者，解任之： 一、有公司法第三十條各款情事之一者。 二、曾經營該觀光旅館業、旅行業、受撤銷執照處分尚未逾五年者。 觀光旅館業、旅行業之經理人，未具備其所經營業務之專門學識與能力者，不得充任。
第三十四條　主管機關對各地特有產品及手工藝品，應會同有關機關調查統計，輔導改良其生產及製作技術，提高品質，標明價格，並協助在各觀光地區商號集中銷售。	第二十八條　「觀光」主管機關，對各地特有產品及手工藝品，應會同有關「主管」機關調查統計，輔導改良其生產及製作技術，提高品質，標明價格，並協助在各觀光地區商號集中銷售。

第三十五條　經營觀光遊樂業者，應先向主管機關申請核准，並依法辦妥公司登記後，領取觀光遊樂業執照，始得營業。 「為促進觀光遊樂業之發展，中央主管機關應針對重大投資案件，設置單一窗口，會同中央有關機關辦理。」 「前項所稱重大投資案件，由中央主管機關會商有關機關定之。」	第二十九條　經營風景特定區內國民旅舍及遊樂設施業者，應依規定向該管「觀光」主管機關申請核准，並依法登記後始得開業。
第三十六條　為維護遊客安全，海域管理機關得對海域遊憩活動之種類、範圍、時間及行為限制之，並得視海域環境及資源條件之狀況，公告禁止海域遊憩活動區域；其管理辦法，由中央主管機關會商有關機關定之。	
第三十七條　主管機關對觀光旅館業、旅館業、旅行業、觀光遊樂業或民宿經營者之經營管理、營業設施，得實施定期或不定期檢查。 觀光旅館業、旅館業、旅行業、觀光遊樂業或民宿經營者不得規避、妨礙或拒絕前項檢查，並應提供必要之協助。	第三十條　「觀光」主管機關，對觀光地區之遊樂設施及其使用，應會同有關機關施行安全檢查；其檢查辦法，由交通部定之。
	第三十一條　歷史文物及藝術珍品之陳列，與國樂、國劇、國產電影及民族藝術活動，可供國際觀光旅客欣賞者，「觀光」主管機關應輔導旅行業安排觀光旅客參觀；並對舉辦之機構或團體，會同有關「主管」機關予以獎助。
第三十八條　為加強機場服務及設施，發展觀光「產」業，得收取出境航空旅客之機場服務費；其收費及「相關」作業方式之辦法，由中央主管機關擬訂，報請行政院核定之。	第三十二條　為加強機場服務及設施，發展觀光事業，得徵收出境航空旅客之機場服務費；其收費標準，由交通部報請行政院核定之。

第三十九條　中央主管機關，爲適應觀光「產」業需要，提高觀光從業人員素質，應辦理專業人員訓練，培育觀光從業人員；其所需之訓練費用，得向其所屬事業機構、團體或受訓人員收取。	第三十三條　中央「觀光」主管機關，爲適應觀光事業需要，提高觀光從業人員素質，應辦理專業人員訓練，培育觀光從業人員；其所需之訓練費用，得向其所屬事業機構、團體或受訓人員收取。
第四十條　觀光「產」業依法組織之同業公會或其他法人團體，其業務應受各該目的事業主管機關之監督。	第三十四條　觀光事業依法組織之同業公會或其他法人團體，其業務應受各該目的事業主管機關之監督。
第四十一條　觀光旅館業、旅館業、觀光遊樂業及民宿經營者，應懸掛主管機關發給之觀光專用標識；其型式及使用辦法，由中央主管機關定之。 前項觀光專用標識之製發，主管機關得委託各該業者團體辦理之。 觀光旅館業、旅館業、觀光遊樂業或民宿經營者，經受停止營業或廢止營業執照或登記證之處分者，應繳回觀光專用標識。	
第四十二條　觀光旅館業、旅館業、旅行業、觀光遊樂業或民宿經營者，暫停營業或暫停經營一個月以上者，其屬公司組織者，應於十五日內備具股東會議事錄或股東同意書，非屬公司組織者備具申請書，並詳述理由，報請該管主管機關備查。 前項申請暫停營業或暫停經營期間，最長不得超過一年，其有正常理由者，得申請展延一次，期間以一年爲限，並應於期間屆滿前十五日內提出。 停業期限屆滿後，應於十五日內向該管主管機關申報復業。 未依第一項規定報請備查或前項規定申報復業，達六個月以上者，主管機關得廢止其營業執照或登記證。	
第四十三條　爲保障旅遊消費者權益，旅行業有下列情事之一者，中央主管機關得公告之：	

一、保證金被法院扣押或執行者。

二、受停業處分或廢止旅行業執照者。

三、自行停業者。

四、解散者。

五、經票據交換所公告爲拒絕往來戶者。

六、未依第「三十一」條規定辦理履約保
　　證保險或責任保險者。

第四章　獎勵及處罰	第四章　獎勵及處罰
第四十四條　觀光旅館、旅館與觀光遊樂設施之興建及觀光「產」業之經營、管理，由中央主管機關會商有關機關訂定獎勵項目及標準獎勵之。	第三十五條　觀光旅館、風景特定區內國民旅舍及遊樂設施之興建與觀光事業之經營、管理，由交通部會同有關機關訂定獎勵項目及標準獎勵之。
第四十五條　「民間機構開發經營觀光遊樂設施、觀光旅館經中央主管機關報請行政院核定者，其範圍內所需之公有土地得由公產管理機關讓售、出租、設定地上權、聯合開發、委託開發、合作經營、信託或以使用土地權利金或租金出資方式，提供民間機構開發、興建、營運，不受土地法第二十五條、國有財產法第二十八條及地方政府公產管理法令之限制」。 依前項讓售之公有土地爲公用財產者，仍應變更爲非公用財產，由非公用財產管理機關辦理讓售。	
第四十六條　「民間機構開發經營觀光遊樂設施、觀光旅館經中央主管機關報請行政院核定者，其所需之聯外道路得由中央主管機關協調該管道路主管機關、地方政府及其他相關目的事業主管機關興建之。」	

第四十七條　「民間機構開發經營觀光遊樂設施、觀光旅館經中央主管機關報請行政院核定者，其範圍內所需用地涉及都市計畫或非都市土地使用變更者，應檢具書圖文件送中央主管機關轉請中央都市計畫或區域計畫主管機關，依都市計畫法第二十七條或區域計畫法第十五條之一規定辦理逕行變更，不受每五年通盤檢討之限制。」	
第四十八條　「金融機構對提供民間機構經營觀光遊樂業、觀光旅館業之貸款，經中央主管機關報請行政院核定者，其授信額度及貸款期限得不受銀行法第三十三條之三之限制。」 「前項貸款中央主管機關得洽請相關機關或金融機構給予長期優惠貸款。」	
第四十九條　「民間機構經營觀光遊樂業、觀光旅館業之租稅優惠適用促進民間參與公共建設法第三十六條、第三十七條、第三十八條、第三十九條、第四十條、第四十一條之規定。」	
第五十條　為加強國際觀光宣傳推廣，公司組織之觀光產業，得在下列用途項下支出金額百分之十至百分之二十限度內，抵減當年度應納營利事業所得稅額；當年度不足抵減時，得在以後四年度內抵減之： 一、配合政府參與國際宣傳推廣之費用。 二、配合政府參加國際觀光組織及旅遊展覽之費用。 三、配合政府推廣會議旅遊之費用。 四、配合觀光產業培育人才之費用。 前項投資抵減，其每一年度得抵減總額，以不超過該公司當年度應納營利事業所得稅額百分之五十為限，但最後年度抵減金額，不在此限。 第一項各款投資抵減之適用範圍及抵減率，由行政院定之。	

第五十一條　經營管理良好之觀光「產」業或服務成績優良之觀光「產」業從業人員，由主管機關表揚之；其表揚辦法，由中央主管機關定之。	第三十六條　觀光事業從業人員服務成績優良者，由觀光主管機關獎勵或表揚之。
第五十二條　主管機關，為加強觀光宣傳，促進觀光產業發展，對有關觀光之優良文學、藝術作品，應予獎勵；其辦法由中央主管機關會同有關機關定之。 中央主管機關，對促進觀光產業之發展有重大貢獻者，授給獎金、獎章或獎狀表揚之。	第三十七條　「觀光」主管機關，為加強觀光宣傳，促進觀光產業發展，對有關「觀光地區或風景特定區」之文學、藝術作品，應予獎勵；其辦法由交通部會同有關「觀光」機關定之。 中央「觀光」主管機關，對促進觀光產業之發展有重大貢獻者，授給獎章或獎狀表揚之。
第五十三條　觀光旅館業、旅館業、旅行業、觀光遊樂業或民宿經營者，有玷辱國家榮譽、損害國家利益、妨害善良風俗或詐騙旅客行為者，處新臺幣三萬元以上十五萬元以下罰鍰；情節重大者，定期停止其營業之一部或全部，或廢止其營業執照或登記證。 經受停止營業一部或全部之處分，仍繼續營業者，廢止其營業執照或登記證。 觀光旅館業、旅館業、旅行業、觀光遊樂業之受僱人員有第一項行為者，處新臺幣一萬元以上五萬元以下罰鍰。	第三十八條　觀光事業經營者，有玷辱國家榮譽、損害國家利益、妨害善良風俗或詐騙旅客行為者，處五千元以上、五萬元以下罰鍰；情節重大者，得立即勒令其停業或撤銷其營業執照。
第五十四條　觀光旅館業、旅館業、旅行業、觀光遊樂業或民宿經營者，經主管機關依第「三十七」條第一項檢查結果有不合規定者，除依相關法令辦理外，並令限期改善，屆期仍未改善者，處新臺幣三萬元以上十五萬元以下罰鍰，情節重大者，並得定期停止其營業之一部或全部；經受停止營業處分仍繼續營業者，廢止其營業執照或登記證。 經依第「三十七」條第一項規定檢查結果，有不合規定且危害旅客安全之虞者，在未完全改善前，得暫停其設施或設備一部或全部之使用。	

觀光旅館業、旅館業、旅行業、觀光遊樂業或民宿經營者，規避、妨礙或拒絕主管機關依第「三十七」條第一項規定檢查者，處新臺幣三萬元以上十五萬元以下罰鍰，並得按次連續處罰。

第五十五條　有下列情形之一者，處新臺幣三萬元以上十五萬元以下罰鍰；情節重大者，得廢止其營業執照：
一、觀光旅館業違反第「二十二」條規定，經營核准登記範圍外業務。
二、旅行業違反第「二十七」條規定，經營核准登記範圍外業務。
有下列情形之一者，處新臺幣一萬元以上五萬元以下罰鍰：
一、旅行業違反第「二十九」條第一項規定，未與旅客簽訂旅遊契約。
二、觀光旅館業、旅館業、旅行業、觀光遊樂業或民宿經營者，違反第「四十二」條規定，暫停營業或暫停經營未報請備查或停業期間屆滿未申報復業。
三、觀光旅館業、旅館業、旅行業、觀光遊樂業或民宿經營者，違反依本條例所發布之命令。
未依本條例領取營業執照而經營觀光旅館業務、旅館業務、旅行業務、觀光遊樂業務者，處新臺幣九萬元以上四十五萬元以下罰鍰，並禁止其營業。
未依本條例領取登記證而經營民宿者，處新臺幣三萬元以上十五萬元以下罰鍰，並禁止其營業。

第五十六條　外國旅行業未經申請核准而在中華民國境內設置代表人者，處代表人新臺幣一萬元以上五萬元以下罰鍰，並勒令其停止執行職務。

第三十九條　觀光旅館業、旅行業違反本條例及依據本條例所發布之命令者，予以警告；情節重大者，處五千元以上、五萬元以下罰鍰，或定期停止其營業之一部或全部，或撤銷其營業執照。
未經申請核准而經營觀光旅館業、旅行業者，處一萬元以上、十萬元以下罰鍰，並勒令停業。

第五十七條　旅行業未依第三十一條規定辦理履約保證保險或責任保險,中央主管機關得立即停止其「辦理旅客之出國及國內」旅遊業務,並限於三個月內辦妥投保,逾期未辦妥者,得廢止其旅行業執照。 違反前項停止「辦理旅客之出國及國內」旅遊業務之處分者,中央主管機關得廢止其旅行業執照。 觀光旅館業、旅館業、觀光遊樂業及民宿經營者,未依第「三十一」條規定辦理責任保險者,限於一個月內辦妥投保,屆期未辦妥者,處新臺幣三萬元以上十五萬元以下罰鍰,並得廢止其營業執照或登記證。	
第五十八條　有下列情形之一者,處新臺幣三千元以上一萬五千元以下罰鍰;情節重大者,並得逕行定期停止其執行業務或廢止其執業證: 一、旅行業經理人違反第三十三條第五項規定,兼任其他旅行業經理人或自營或為他人兼營旅行業。 二、導遊人員、領隊人員或觀光事業經營者僱用人員違反依本條例所發布之命令者。 經受停止執行業務處分,仍繼續執業者,廢止其執業證。	第四十條　觀光事業經營者僱用之人員,違反本條例及依據本條例所發布之命令者,處五百元以上、五千元以下罰鍰;情節重大者,並得定期停止其執行業務,或撤銷其執業證書。
第五十九條　未依第「三十二」條規定取得執業證而執行導遊人員或領隊人員業務者,處新臺幣一萬元以上五萬元以下罰鍰,並禁止其執業。	第四十一條　非第二十六條所定之人員而執行導遊業務者,中央觀光主管機關應即勒令其停止執業,並處三千元以上、三萬元以下罰鍰。
第六十條　於公告禁止區域從事海域遊樂活動或不遵守海域管理機關對有關海域遊憩活動所為種類、範圍、時間及行為之限制命令者,由其海域管理機關處新臺幣五千元以上二萬五千元以下罰鍰,並禁止其活動。	

前項行為具營利性質者,處新臺幣一萬五千元以上七萬五千元以下罰鍰,並禁止其活動。	
第六十一條　未依第「四十一」條第三項規定繳回觀光專用標識,或未經主管機關核准擅自使用觀光專用標識者,處新臺幣三萬元以上十五萬元以下罰鍰,並勒令其停止使用及拆除之。	第四十二條　未經觀光主管機關許可,擅自使用觀光專用標識者,由該管觀光主管機關會同有關主管機關勒令停止使用並拆除之。
第六十二條　損壞觀光地區或風景特定區之名勝、自然資源或觀光設施者,有關目的事業主管機關得處行為人新臺幣五十萬元以下罰鍰,並責令回復原狀或償還修復費用。「其無法回復原狀者,有關目的事業主管機關得再處行為人新臺幣五百萬元以下罰鍰。」「旅客進入自然人文生態景觀區未依規定申請生態導覽人員陪同進入者,有關目的事業主管機關得處行為人新臺幣三萬元以下罰鍰。」	第四十三條　損壞觀光地區或風景特定區之名勝、自然資源或觀光設施者,有關主管機關得處行為人新臺幣五萬元以下罰鍰,並責令回復原狀或償還修復費用。
	第四十四條　風景特定區內國民旅舍及遊樂設施業,違反本條例及依據本條例所發布之命令者,處一千元以上、一萬元以下罰鍰,觀光主管機關並得會同有關主管機關按其情節定期停止其營業之一部或全部。
第六十三條　於風景特定區或觀光地區內有下列行為之一者,由其目的事業主管機關處新臺幣一萬元以上五萬元以下罰鍰: 一、擅自經營固定或流動攤販。 二、擅自設置指示標誌、廣告物。 三、強行向旅客拍照並收取費用。 四、強行向旅客推銷物品。 五、其他騷擾旅客或影響旅客安全之行為。 違反前項第一款或第二款規定者,其攤架、指示標誌或廣告物予以拆除並沒入之,拆除費用由行為人負擔。	第四十五條　觀光主管機關,對風景特定區內之流動攤販或擅自設攤、強行照相、強迫推銷物品及其他騷擾旅客之行為者,得處五百元以上、五千元以下罰鍰。

第六十四條　於風景特定區或觀光地區內有下列行為之一者，由其目的事業主管機關處新臺幣三千元以上一萬五千元以下罰鍰： 一、任意拋棄、焚燒垃圾或廢棄物。 二、將車輛開入禁止車輛進入或停放於禁止停車之地區。 三、其他經管理機關公告禁止破壞生態、污染環境及危害安全之行為。	
第六十五條　依本條例所處之罰鍰，經通知限期繳納，屆期未繳納者，依法移送強制執行。	第四十六條　本條例規定之處罰，除另有規定外，由該管「觀光」主管機關處分執行；其有關罰鍰部分於執行無效時，得移送法院強制執行。
第五章　附則	第五章　附則
第六十六條　風景特定區之評鑑、規劃建設作業、經營管理、經費及獎勵等事項之管理規則，由中央主管機關定之。 觀光旅館業、旅館業之設立、發照、經營設備設施、經營管理、受僱人員管理及獎勵等事項之管理規則，由中央主管機關定之。 旅行業之設立、發照、經營管理、受僱人員管理、獎勵及經理人訓練等事項之管理規則，由中央主管機關定之。 觀光遊樂業之設立、發照、經營管理及檢查等事項之管理規則，由中央主管機關定之。 導遊人員、領隊人員之訓練、執業證核發及管理等事項之管理規則，由中央主管機關定之。	第四十七條　風景特定區、觀光旅館業、旅行業、導遊人員之管理規則，由交通部定之。
第六十七條　依本條例所為處罰之裁罰標準，由中央主管機關定之。	
第六十八條　依本條例規定核准發給之證明，得收取證照費；其費額由中央主管機關定之。	第四十八條　依本條例規定核准發生之證照，得徵收證照費；其費額由交通部定之。

第六十九條　本條例修正施行前已依法核准經營旅館業務、國民旅舍或觀光遊樂業務者，應自本條例修正施行之日起一年內，向該管主管機關申請旅館業登記證或觀光遊樂業執照，始得繼續營業。 本條例修正施行後，始劃定之風景特定區或指定之觀光地區內，原依法核准經營遊樂設施業務者，應於風景特定區專責管理機構成立後或觀光地區公告指定之日起一年內，向該管主管機關申請觀光遊樂業執照，始得繼續營業。 本條例修正施行前已依法設立經營旅遊諮詢服務者，應自本條例修正施行之日起一年內，向中央主管機關申請核發旅行業執照，始得繼續營業。	
第七十條　於中華民國六十九年十一月二十四日前已經許可經營觀光旅館業務而非屬公司組織者，應自本條例修正施行之日起一年內，向該管主管機關申請觀光旅館業營業執照，始得繼續營業。 前項申請案，不適用第「二十一」條辦理公司登記及第「二十三」條第二項之規定。	
第七十一條　本條例除另定施行日期者外，自公布日施行。	第四十九條　本條例自公布日施行。

參考書目

一、中文部分

掌慶琳譯（1999），Mahmood A. Khan 著，《餐飲連鎖經營》，揚智文化。

土井正己（1980），《自發性的人事管理》，百科文化事業。

行政院勞委會（2001），1999年度企業內部申訴處理制度觀摩研習會。

沈燕雲、呂秋霞（2001），《國際會議規劃與管理》，揚智文化。

林彩梅（1992），《多國籍企業論》，三版，五南圖書。

謝安田（1999），《人力資源管理》，自印行。

曹勝雄（2001），《觀光行銷學》，揚智文化。

詹益政（1999），《旅館經營實務》，三民書局。

觀光局，《統計年報2001年》。

唐學斌（1992），《觀光學》，豪峰出版。

鈕先鉞（2001），《旅運經營學》，華泰文化。

許士軍（2001），《管理學》，東華書局。

陳定國（1998），《行銷管理導論》，五南圖書。

黃清澤（1984），〈台北市觀光事業經營問題之研究〉，中華學術院觀光事業
　　研究所論文。

黃清澤（1987），〈華僑與國內觀光事業發展之研究〉，中國文化大學民族與
　　華僑研究所碩士論文。

詹益政、黃清澤（2006），《餐旅業經營管理》，五南圖書。

二、英文部分

Tom Power S. (1989). *Marketing Leadership in Hospitality-Foundations and
　　Practices*. Van Nostrand Reinhold.

James W. Cortada (1993). *Tqm for Sales and Marketing Management*. McGraw-Hill
　　Inc.

Mahmood Khan, Michael Olsen, and Turgut Var (1993). *Vnr's Encyclopedia of*

Hospitality and Tourism. New York: Van Nostrand Reinhold.

Jame S. M. Poynter (1991). *Tourdesign, Marketing & Management*. New Jersey: Regents/Prentice Hall.

Medlik, S. (1991). *Managing Tourism*. Oxford, England, Butterworth Heinemann.

Gunn, C. A. (1994). *Tourism Planning*. New York: Taylor & Francis.

National Restaurant Association (1992). Food Service Manager 2000. Curent Issues Report.

Ester Reiter (1995). Making Fastfood Artwork by Richard Slye. McGill-Queen's University Press. Montreal & Kingston, London & Buffalo.

餐飲旅館系列

旅館營運管理與實務

作　　者／鈕先鉞
出　版　者／揚智文化事業股份有限公司
發　行　人／葉忠賢
總　編　輯／閻富萍
地　　址／台北縣深坑鄉北深路三段 260 號 8 樓
電　　話／(02)2664-7780
傳　　真／(02)2664-7633
　E-mail ／ service@ycrc.com.tw
印　　刷／鼎易印刷事業股份有限公司
　ISBN ／ 978-957-818-894-5
初版一刷／2002 年 7 月
二版一刷／2009 年 2 月
定　　價／新台幣 700 元

國家圖書館出版品預行編目資料

旅館營運管理與實務＝ Hotel operation
management and practice / 鈕先鉞著. -- 二
版. -- 臺北縣深坑鄉：揚智文化, 2009.02
　　面；　公分. --（餐飲旅館系列）
參考書目：面
ISBN 978-957-818-894-5（平裝）

1.旅館業管理 2.旅館經營

489.2　　　　　　　　　　　　　97019823